普通高等院校工程训练系列规划教材

金工实习

郗安民　主编
翁海珊　主审

清华大学出版社
北京

内容简介

本书是根据教育部颁布的金工实习教学基本要求，结合编者的教学实践和多年来在学生科技创新活动中的尝试而编写的，力求面向实践教学，培养学生现代化工程素质，启迪学生创新意识。

全书包括：铸造，锻压，焊接，切削加工基础知识，车工，铣工、刨工、磨工，钳工，数控加工，特种加工等内容。每章均附有复习思考题。

本教材可作为高等学校的金工实习教材，还可供高职、高专、成人教育的学生和有关工程技术人员参考。

图书在版编目(CIP)数据

金工实习/郗安民主编. —北京：清华大学出版社，2009.1(2021.9 重印)
(普通高等院校工程训练系列规划教材)
ISBN 978-7-302-19121-6

Ⅰ. 金… Ⅱ. 郗… Ⅲ. 金属加工－实习－高等学校－教材 Ⅳ. TG-45

中国版本图书馆 CIP 数据核字(2008)第 200240 号

责任编辑：庄红权
责任校对：赵丽敏
责任印制：沈 露

出版发行：清华大学出版社
网 址：http://www.tup.com.cn，http://www.wqbook.com
地 址：北京清华大学学研大厦 A 座 邮 编：100084
社 总 机：010-62770175 邮 购：010-62786544
投稿与读者服务：010-62776969，c-service@tup.tsinghua.edu.cn
质量反馈：010-62772015，zhiliang@tup.tsinghua.edu.cn
印 装 者：北京国马印刷厂
经 销：全国新华书店
开 本：185mm×260mm 印 张：17.5 字 数：419 千字
版 次：2009 年 1 月第 1 版 印 次：2021 年 9 月第 15 次印刷
定 价：49.00 元

产品编号：031387-04

改革开放以来，我国贯彻科教兴国、可持续发展的伟大战略，坚持科学发展观，国家的科技实力、经济实力和国际影响力大为增强。如今，中国已经发展成为世界制造大国，国际市场上已经离不开物美价廉的中国产品。然而，我国要从制造大国向制造强国和创新强国过渡，要使我国的产品在国际市场上赢得更高的声誉，必须尽快提高产品质量的竞争力和知识产权的竞争力。清华大学出版社和本编审委员会联合推出的普通高等院校工程训练系列规划教材，就是希望通过工程训练这一培养本科生的重要窗口，依靠作者们根据当前的科技水平和社会发展需求所精心策划和编写的系列教材，培养出更多视野宽、基础厚、素质高、能力强和富于创造性的人才。

我们知道，大学、大专和高职高专都设有各种各样的实验室。其目的是通过这些教学实验，使学生不仅能比较深入地掌握书本上的理论知识，而且掌握实验仪器的操作方法，领悟实验中所蕴涵的科学方法。但由于教学实验与工程训练存在较大的差别，因此，如果我们的大学生不经过工程训练这样一个重要的实践教学环节，当毕业后步入社会时，就有可能感到难以适应。

对于工程训练，我们认为这是一种与社会、企业及工程技术的接口式训练。在工程训练的整个过程中，学生所使用的各种仪器设备都来自社会企业的产品，有的还是现代企业正在使用的主流产品。这样，学生一旦步入社会，步入工作岗位，就会发现他们在学校所进行的工程训练，与社会企业的需求具有很好的一致性。另外，凡是接受过工程训练的学生，不仅为学习其他相关的技术基础课程和专业课程打下了基础，而且同时具有一定的工程技术素养，开始走向工程了。这样就为他们进入社会与企业，更好地融入新的工作群体，展示与发挥自己的才能创造了有利的条件。

近10年来，国家和高校对工程实践教育给予了高度重视，我国的理工科院校普遍建立了工程训练中心，拥有前所未有的、极为丰厚的教学资源，同时面向大量的本科学生群体。这些宝贵的实践教学资源，像数控加工、特种加工、先进的材料成形、表面贴装、数字化制造等硬件和软件基础设施，与国家的企业发展及工程技术发展密切相关。而这些涉及多学科领域的教学基础设施，又可以通过教师和其他知识分子的创造性劳动，转化和衍生出为适应我国社会与企业所迫切需求的课程与教材，使国家投入的宝贵资源发挥其应有的教育教学功能。

为此，本系列教材的编审，将贯彻下列基本原则：

(1) 努力贯彻教育部和财政部有关“质量工程”的文件精神，注重课程改革与教材改革配套进行。

(2) 要求符合教育部工程材料及机械制造基础课程教学指导组所制订的课程教学基本要求。

(3) 在整体将注意力投向先进制造技术的同时，要力求把握好常规制造技术与先进制造技术的关联，把握好制造基础知识的取舍。

(4) 先进的工艺技术，是发展我国制造业的关键技术之一。因此，在教材的内涵方面，要着力体现工艺设备、工艺方法、工艺创新、工艺管理和工艺教育的有机结合。

(5) 有助于培养学生独立获取知识的能力，有利于增强学生的工程实践能力和创新思维能力。

(6) 融汇实践教学改革的最新成果，体现出知识的基础性和实用性，以及工程训练和创新实践的可操作性。

(7) 慎重选择主编和主审，慎重选择教材内涵，严格按照和体现国家技术标准。

(8) 注重各章节间的内部逻辑联系，力求做到文字简练，图文并茂，便于自学。

本系列教材的编写和出版，是我国高等教育课程和教材改革中的一种尝试，一定会存在许多不足之处。希望全国同行和广大读者不断提出宝贵意见，使我们编写出的教材更好地为教育教学改革服务，更好地为培养高质量的人才服务。

普通高等院校工程训练系列规划教材编审委员会
主任委员：傅水根
2008 年 2 月于清华园

前言

许多人回忆起大学生活时，在最难忘的事情中，必然有金工实习这一教学环节，或是说金工实习为自己后几年的大学学习乃至一生的工作产生了重大的影响。我完全赞同这种说法和感受，自己几十年的工作经历也充分地证明了这一点。因此，我坚持认为，在大学教育中，特别是当代的大学教育中，要特别重视实践教学的作用和地位，认真研究理论课和实践教学的相互关系及作用。在国内现有的大学教学环境及资源还不够充分发达的情况下，力求培养出更多的富有创新意识、善于动手实践的高水平工程技术人才。

在这种思想的驱动下，我们根据教育部颁布的金工实习教学的基本要求，结合编者所在学校的金工实习教学实践和多年来在学生科技创新活动中的尝试编写了这本教材。

金工实习是一门实践性极强的技术基础课。它以实践教学为主，学生通过实践操作，初步掌握毛坯的制造、常见零件的加工工艺，所用设备的构造、原理和使用方法等。

在本书编写过程中力求贯彻以实践操作为主的原则，讲求实用。内容的组织包含基础知识、基本操作和操作示例。在传授基础知识的同时，着重强调基本技能的训练。

本书由郗安民教授主编，翁海珊教授担任主审，参加编写工作的教师有：邹静(绪论及第7章)、王建武(第1、2、3章)、蓝蕊(第4、5章)、徐立业、宋明宇(第6、8章)、杨淑清(第9章)。

书中引用并参考了兄弟院校的部分优秀教材的内容，在此，对有关作者和出版社表示衷心的感谢！

由于编者水平所限，书中难免存在纰漏与不妥之处，恳请广大读者指正。

编　者

2008年12月

目
录

绪论

0.1 概　　述

1. 金工实习课程的性质和目的

金工实习(金属工艺学实习的简称)是一门实践性很强的技术基础课,是学生获得机械制造工艺的基础知识,了解现代机械制造工业的生产方式和工艺过程的重要环节之一。

通过实习使学生在掌握一定的工程基础知识和操作技能的过程中,培养学生的工程实践能力、创新意识和创新能力;对学生进行工程素质和思想作风的训练,提高学生的综合素质,为后续课程和今后的工作奠定一定的实践基础。

2. 金工实习的内容

(1) 产品生产的宏观过程如图 0-1 所示。

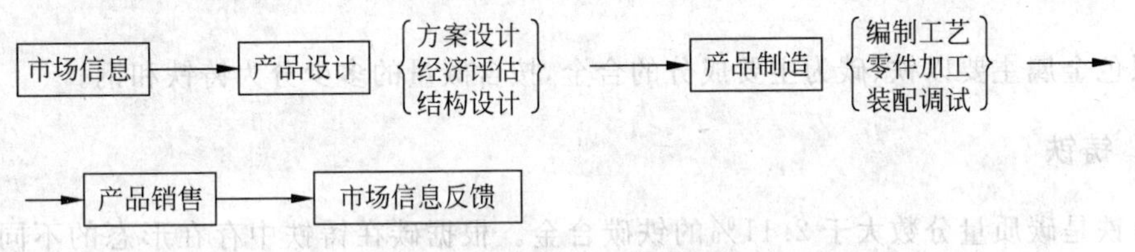

图 0-1　机械制造的宏观过程

(2) 金工实习所涉及的是一般机械制造的全过程,如图 0-2 所示。

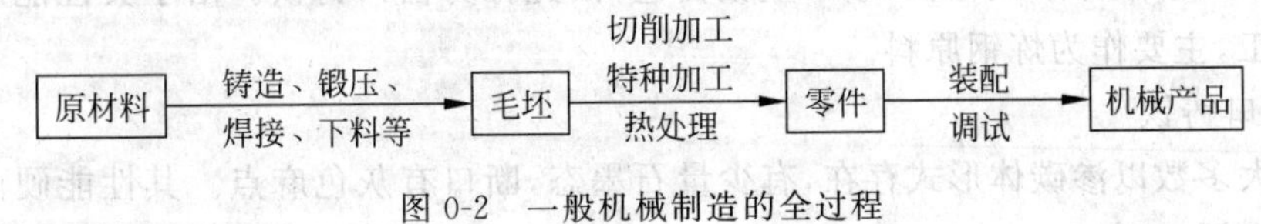

图 0-2　一般机械制造的全过程

毛坯:是指被加工零件的原始坯料,可通过铸造、锻压、焊接等加工方法获得毛坯件。

切削加工:零件的成形过程,就是对毛坯进行加工,把多余的金属切除,得到所需要的零件形状、尺寸以及表面粗糙度等。切削加工的方法很多,主要有车削、铣削、刨削、磨削、钻削等机械加工和钳工两大类。

特种加工:相对传统切削加工而言,主要不是依靠机械能,而是直接利用电能、声能、光能和化学能等能量形式对工件进行加工的各种工艺方法。常用的有电火花、激光、超声波、电解加工等。

热处理：在毛坯制造和切削加工过程中，为了便于切削和保证零件的力学性能，需要在某些加工工艺之前或之后进行热处理。热处理是不改变零件的形状，而通过加热、保温、冷却来改变零件材料的内部组织结构，从而获得所需的力学性能。

装配：将各个零件及电子元器件按一定的顺序和配合关系组装到一起，成为整体，得到机械产品。

0.2 常用金属材料及其性能简介

在金工实习的过程中，常常接触到各种不同的工程材料，工程材料分类如下：

- 工程材料
  - 金属材料
    - 黑色金属
      - 钢
      - 铸铁
    - 有色金属
  - 非金属材料
    - 有机高分子材料：如塑料、合成橡胶、木材等
    - 无机非金属材料：如水泥、玻璃、陶瓷等
  - 复合材料：如金属基复合材料、塑料基复合材料等

因金工实习中常用的是金属材料，以下只介绍常用金属材料及其性能。

0.2.1 金属材料

黑色金属主要以铁、碳为主要成分的合金，按含碳量的多少分为铸铁和钢。

1. 铸铁

铸铁是碳质量分数大于2.11%的铁碳合金。根据碳在铸铁中存在形态的不同可分为以下几种。

1）白口铸铁

碳几乎以渗碳体形式存在，断口呈银白色，因此称为白口铸铁。由于其性能硬且脆，难于切削加工，主要作为炼钢原料。

2）麻口铸铁

碳绝大多数以渗碳体形式存在，有少量石墨态，断口有灰色麻点。其性能硬而脆，机械制造中也少用。

3）灰口铸铁

碳绝大多数以石墨态形式存在，断口呈灰色。工业上用的铸铁几乎都是灰口铸铁。常用于床身、箱体、支架等。

2. 常用的钢

钢是碳质量分数小于2.11%的铁碳合金。

1）按化学成分分类

（1）碳素钢：主要成分是铁、碳元素，不含特意加入的合金元素。碳质量分数小于0.25%为低碳钢；碳质量分数在0.25%～0.60%范围内的为中碳钢；碳质量分数大于0.60%为高碳钢。

（2）合金钢：为了改善钢的性能而有意识地加入一些合金元素的钢，如40Cr、W18Cr4V。合金元素质量分数总和小于5%的为低合金钢；合金元素质量分数总和在5%～10%范围内的为中合金钢；合金元素质量分数总和大于10%的为高合金钢。

2）按用途分类

（1）结构钢：用于制造各种机器零件和工程构件的钢，如：碳素结构钢、优质碳素结构钢、合金结构钢等。

（2）工具钢：用于制造各种工具的钢，如：刃具钢、模具钢、量具钢等。

（3）特殊性能钢：具有某些独特物理性能或化学性能的钢，如：不锈钢、耐热钢、耐磨钢、磁钢等。

3）按质量分类

碳钢质量的优劣，主要根据钢中硫、磷的含量来区分。

（1）普通钢：允许含硫量小于0.055%，允许含磷量小于0.045%。

（2）优质钢：允许含硫量小于0.045%，允许含磷量小于0.040%。

（3）高级优质钢：允许含硫量小于0.03%，允许含磷量小于0.035%。

3. 有色金属

有色金属种类繁多，虽然使用量比黑色金属少，但由于其具有某些特殊性能，所以成为现代工业中不可缺少的金属材料。机械制造中广泛应用的有铜及铜合金、铝及铝合金。

0.2.2　金属材料的性能

金属材料不仅要具备在加工制造过程中应有的工艺性能，而且还要具备机械的使用性能。使用性能（包括物理性能、化学性能、力学性能等）决定了金属材料的应用范围、使用的可靠性和寿命。

1. 工艺性能

工艺性能是指金属材料对加工过程的接受能力和加工的难易程度，包括铸造性能、锻压性能、焊接性能、切削加工性能、热处理性能等。金属材料的工艺性能决定了金属材料的加工方法。

（1）铸造性能：金属材料用铸造成形获得优质铸件的能力，包括金属材料的流动性、冷却时的收缩率等。

（2）锻压性能：金属材料在锻压成形时塑变而不破裂的能力。

（3）焊接性能：金属材料在焊接时是否容易焊接的性能。

（4）切削加工性能：金属材料被刀具切削的难易程度。

（5）热处理性能：金属材料在热处理时的可淬硬性和获得淬透层深度的能力（淬透性）。

2. 力学性能

金属的力学性能是指金属材料抵抗外力作用的特性,包括强度、塑性、硬度、韧性等。

(1) 强度:金属材料在静载荷的作用下抵抗塑性变形和断裂的能力,是机械零件选材和设计的依据。

(2) 塑性:金属材料在静载荷的作用下产生塑性变形而不破坏的能力。

(3) 硬度:金属材料表面抵抗硬物体压入的能力,材料硬度越高,耐磨性能越好。

(4) 冲击韧性:金属材料在冲击载荷的作用下抵抗断裂破坏的能力。

0.3 钢的热处理简介

热处理是将钢在固态下,进行加热、保温和冷却,改变其表面或内部组织,从而获得所需性能的工艺方法。

通过热处理可以提高材料的力学性能(强度、硬度、塑性和韧性等),同时,还可改善其工艺性能(如改善毛坯或原材料的切削性能,使之易于加工),从而扩大材料的使用范围,提高材料的利用率,也满足了一些特殊使用要求。因此,各种机械中许多重要零件都要进行热处理。

在热处理时,要根据零件的形状、大小、材料及性能等要求,采取不同的加热速度、加热温度、保温时间以及冷却速度。因而有不同的热处理方法,常用的有普通热处理和表面热处理两类。常用的普通热处理有退火、正火、淬火和回火,如图 0-3 所示。表面热处理可分为表面淬火与化学热处理两类。

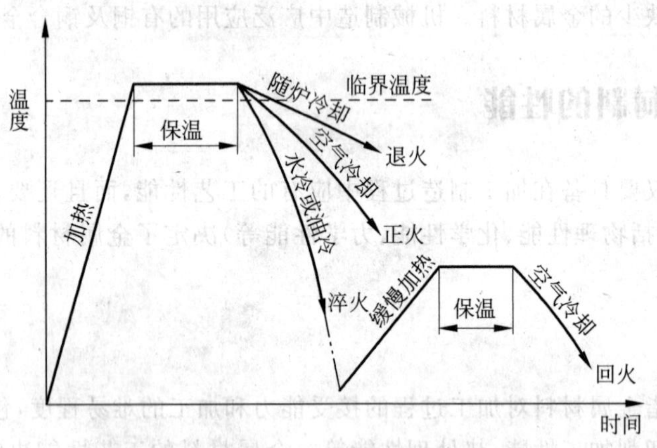

图 0-3 常用热处理方法的工艺曲线示意图

0.3.1 钢的普通热处理

1. 退火

将钢加热到某一适当温度,并保温一定时间,然后缓慢冷却(一般随炉冷却)的工艺过程称为退火。退火的主要目的是：改善组织，使成分均匀、晶粒细化，提高钢的力学性能，消除内应力，降低硬度，提高塑性和韧性，改善切削加工性能。

退火既为了消除和改善前道工序遗留的组织缺陷和内应力，又为后续工序做好准备，因此，退火又称预先热处理。如在零件制造过程中常对铸件、锻件、焊接件进行退火处理，便于以后的切削加工或为淬火作组织准备。

2. 正火

将钢加热到适当温度，保温一定时间，然后在空气中自然冷却的工艺过程称为正火。

正火的主要目的与退火基本类似。其主要区别是正火的冷却速度稍快，正火比退火所得到的组织细，强度和硬度比退火的高，而塑性和韧性则稍低，内应力消除不如退火彻底。因此，有些塑性和韧性较好、硬度低的材料(如低碳钢)，可以通过正火处理，提高工件硬度，改善其切削性能。正火热处理的生产周期短、效率高，因此，在能达到零件性能要求时，尽可能选用正火。

3. 淬火

将钢加热到临界温度以上，保温一定时间，然后快速冷却的工艺过程称为淬火。淬火的主要目的是：提高工件强度和硬度，增加耐磨性。淬火是钢件强化最经济有效的热处理工艺，几乎所有的工具、模具和重要的零件都需要进行淬火热处理。

淬火后，钢的硬度高、脆性大，一般不能直接使用，必须进行回火后(获得所需综合性能)才能使用。

4. 回火

将已经淬火的钢重新加热到一定温度，保温一定时间，然后冷却到室温的工艺过程称为回火。回火一方面可以消除或减少淬火产生的内应力，降低硬度和脆性，提高韧性；另一方面可以调整淬火钢的力学性能，达到钢的使用性能。根据回火温度的不同，回火可分为低温回火、中温回火和高温回火三种。

1) 低温回火

低温回火的回火温度为150～250℃，主要是减少工件内应力，降低钢的脆性，保持高硬度和高耐磨性。低温回火主要应用于要求硬度高、耐磨性好的工件，如量具、刃具(钳工实习时用的锯条、锉刀等)、冷变形模具和滚珠轴承等。

2) 中温回火

中温回火的回火温度为350～450℃。经中温回火后可以使工件的内应力进一步减少，组织基本恢复正常，因而具有很高的弹性。中温回火主要应用于各类弹簧、高强度的轴及热锻模具等工件。

3) 高温回火

高温回火的回火温度为500～650℃。经高温回火后可以使工件的内应力大部分消除，具有良好的综合力学性能(既有一定的强度、硬度，又有一定的塑性、韧性)。通常将淬火后再高温回火的处理称为调质处理。调质处理被广泛用于综合性能要求较高的重要结构零件，其中轴类零件应用最多。

0.3.2 钢的表面热处理

机械制造中有不少零件表面要求具有较高的硬度和耐磨性,而心部要求有足够的塑性和韧性。这些要求很难通过选择材料来解决。为了兼顾零件表面和心部的不同要求,可采用表面热处理方法。生产中应用较广泛的有表面淬火与化学热处理等。

1. 表面淬火

将钢件的表面快速加热到淬火温度,在热量还未来得及传到心部之前迅速冷却,仅使表面层获得淬火组织的工艺过程称为表面淬火。淬火后需进行低温回火,以降低内应力,提高表面硬化层的韧性和耐磨性。表面淬火适用于对中碳钢和中碳合金钢材料的表面热处理。

2. 化学热处理

化学热处理是利用化学介质中的某些元素渗入到工件的表面层,来改变工件表面层的化学成分和结构,从而达到使工件的表面层具有特定要求的组织和性能的一种热处理工艺。通过化学热处理可以强化工件表面,提高表面的硬度、耐磨性、耐腐蚀性、耐热性及其他性能等。

按照渗入元素的种类不同,化学热处理可分为渗碳、渗氮、氰化和渗金属法等。

渗碳是将零件置于高碳介质中加热、保温,使碳原子渗入表面层的过程。零件渗碳再经过淬火和低温回火,使工件的表面层具有高硬度和耐磨性,而工件的中心部分仍然保持着低碳钢的韧性和塑性。

渗氮是将零件置于高氮介质中加热、保温,使氮原子渗入表面层的过程。其目的是提高零件表面层的硬度与耐磨性以及提高疲劳强度、抗腐蚀性等。

氰化(又称碳氮共渗)是使零件表面同时渗入碳原子与氮原子的过程,它使钢表面具有渗碳与渗氮的特性。

渗金属是指以金属原子渗入钢的表面层的过程。它使钢的表面层合金化,以使工件表面具有某些合金钢、特殊钢的特性,如耐热、耐磨、抗氧化、耐腐蚀等。生产中常用的有渗铝、渗铬、渗硼、渗硅等。

0.4 零件技术要求

机械产品都是由许多相互关联的零件装配而成。设计零件时,需根据零件在机器中的不同作用提出合理的要求,这些要求通称为零件的技术要求。零件的技术要求包括尺寸精度、表面粗糙度、形状精度、位置精度、热处理方法和表面处理等。

1. 尺寸精度

任何加工方法都不可能也没必要将零件的尺寸加工到绝对准确,切削加工总是有误差的。零件加工后的实际尺寸相对于理想尺寸的准确程度称为尺寸精度。尺寸精度是用尺寸公差来控制的。尺寸公差是切削加工中允许零件尺寸的变动量。在基本尺寸相同的情况下，尺寸公差愈小，则尺寸精度愈高。反之亦然。

GB 1800—1978 至 GB 1804—1979 将尺寸公差等级共分为 20 个等级，分别用 IT01、IT0、IT1、IT2、IT3、IT4、…、IT18 表示，其中 IT01 公差值最小，尺寸精度最高。

不同的加工方法，可以达到不同的尺寸公差等级。在满足使用要求的前提下，一般选用较低的尺寸公差等级，以降低制造成本。

2. 表面粗糙度

机械加工零件的表面总会留下切削加工的痕迹，即使看起来是光滑的表面，放大后也会发现是高低不平的。零件表面的微观不平度称为表面粗糙度。常用轮廓算术平均偏差 Ra 值表示，其值越小，表面越光滑。

不同的加工方法可以达到不同的表面粗糙度。要合理地在图纸上标注表面粗糙度，必须掌握各种加工方法，以及详细了解零件各表面在装配体中的功能。除了外观需要外，一般在满足使用要求的情况下，选用较低要求的表面粗糙度，可以降低成本。

3. 形状精度

形状精度是指零件上线、面要素的实际形状相对于理想形状的准确程度。形状精度是用形状公差来控制的。

国标 GB 1182—1980 至 GB 1184—1980 规定了 6 项形状公差，其符号如表 0-1 所示。

表 0-1　形状公差的名称及符号

项目	直线度	平面度	圆度	圆柱度	线轮廓度	面轮廓度
符号	—	▱	○	⌭	⌒	⌓

4. 位置精度

位置精度是指零件上点、线、面的实际位置相对于理想位置的准确程度。位置精度是用位置公差来控制的。

国标 GB 1182—1980 至 GB 1184—1980 规定了 8 项位置公差，其符号如表 0-2 所示。

表 0-2　位置公差的名称及符号

项目	平行度	垂直度	倾斜度	位置度	同轴度	对称度	圆跳动	全跳动
符号	//	⊥	∠	⌖	◎	⌯	↗	⌰

铸 造

基本要求

(1) 熟悉砂型铸造的生产工艺过程、特点和应用。

(2) 了解砂型的结构,掌握模样、铸件、零件之间的关系。

(3) 掌握手工造型并熟悉机械造型的基本方法以及铸造合金的熔炼设备和熔炼过程。

(4) 熟悉铸件分型面的选择,掌握两箱造型(整模、分模、挖砂造型)的特点和应用。

1.1 铸造概述

铸造是熔炼金属、制造铸型,并将熔融金属浇注、压射或吸入铸型型腔,凝固后获得一定形状与性能的毛坯或零件的成形方法。铸造所获得的毛坯或零件称为铸件。

铸造是生产毛坯的主要方法之一,在机械制造中铸件占有重要的地位。据统计,按重量估算,一般机械设备中铸件占 40%~90%,在金属切削机床中铸件占 70%~80%。

铸造之所以得到广泛的应用,是因为它具有如下优点。

(1) 可以生产形状复杂,特别是具有复杂内腔的毛坯或零件。例如,内燃机的汽缸体和汽缸盖、机床的箱体、机架和床身等。

(2) 铸造的适应性很广。工业中常用的金属材料,如碳素钢、合金钢、铸铁、青铜、黄铜、铝合金等,都可用于铸造,尤其对于铸铁和难以锻造及切削加工的合金材料,都可用铸造方法来制造零件和毛坯。铸件可轻仅几克,重至数百吨,壁厚可由几 mm 到 1m。在大型零件的生产中,铸造的优越性尤为显著。

(3) 铸件的成本低。铸造所用的原材料大都来源广泛,价格低廉,并可直接利用报废的机件、废钢和切屑。在一般情况下,铸造设备需要的投资较少,生产周期短。

(4) 采用精密铸造制造的铸件形状和尺寸与零件非常接近,因而节约金属,减少了切削加工的工作量。

铸造生产也存在着不足之处:铸造组织的晶粒比较粗大,且内部常有缩孔、缩松、气孔、砂眼等铸造缺陷,因而铸件的力学性能一般不如锻件;铸造生产工序较多,工艺过程较难控制,致使铸件的废品率较高;铸造的工作条件较差,劳动强度比较大。

根据铸造生产方法的不同,铸造主要分为砂型铸造和特种铸造两大类,细分如下。

- 铸造
  - 砂型铸造
    - 湿砂型铸造(其砂型不经烘干可直接进行浇注)
    - 干砂型铸造(其砂型为经烘干的高黏土砂型)
    - 表干型砂型铸造(只是砂型表层烘干一定厚度的型砂)
    - 自硬砂型铸造(利用化学硬化反应得到的砂型)
  - 特种铸造
    - 熔模型铸造(也称失蜡铸造或精密铸造)
    - 金属型铸造(其铸型是用金属材料制成)
    - 离心铸造(浇注时铸型高速旋转以使金属液产生离心力)
    - 压力铸造(高温下快速充型和冷却凝固时均需加高压)
    - 挤压铸造
    - 低压铸造(液态金属充型时辅以由下向上的较低压力)
    - 陶瓷型铸造
    - 壳型铸造
  - 其他铸造方法,如覆砂金属型铸造(在金属模或砂箱表面覆以一定厚度的型砂)

1. 金属材料的性能

金属材料的性能包括使用性能和工艺性能,具体如下。

- 金属材料性能
  - 使用性能
    - 物理性能(指密度、熔点、导热性、导电性、热膨胀性、磁性等)
    - 化学性能(指耐腐蚀性、抗氧化性等)
    - 力学性能(指强度、塑性、硬度、冲击韧性及疲劳强度等)
  - 工艺性能(指铸造、锻造、焊接和切削加工性能等)

除此之外,铸造材料的铸造性能一定要好;铸造成的铸件还应具有满足要求的使用性能(如一定的硬度,或耐磨性,或抗压性,或减振性,或耐腐蚀性等),且要有一定的可加工性能。

2. 常用铸造材料

(1) 灰铸铁。灰铸铁具有良好的铸造性能和切削性能,有较高的耐磨性、减振性及较低的缺口敏感性,且价格便宜,因此被广泛使用。在铸铁生产中,灰铸铁产量约占80%以上。如HT200常被用来制作承受较大负荷、形状复杂或精度要求高的机床床身、箱体和机架(铸件需进行去应力退火,以减小铸件的内应力)、机床导轨和缸体(铸件需进行表面淬火,淬火硬度达50~55HRC,用以增加导轨表面和缸体内壁的硬度和耐磨性)。

(2) 可锻铸铁(实际并不可锻造)。可锻铸铁通过石墨化退火可有较高的强度、很大的塑性和韧性、低温韧性好,且铁液处理相对简单、质量稳定、容易组织流水生产。因此,可锻铸铁广泛应用于汽车、拖拉机制造行业,用来制造形状复杂、承受冲击载荷的薄壁、中小型零件。如KTH330-08(黑心)可用来制造承受中等动载和静载的机床用扳手、汽车车轮壳等;KTZ650-02(珠光体)可用来制造承受较高载荷、耐磨性较好且要有一定韧性的重要零件,如曲轴、连杆、齿轮等。

(3) 球墨铸铁(经过球化处理使石墨大部分或全部呈球状)。球墨铸铁具有良好的力学性能和工艺性能,并能通过热处理(退火消除内应力、正火提高强度和耐磨性、调质获得良好的综合力学性能)进一步调整其力学性能。因此,可代替碳素铸钢和可锻铸铁,用来制造一些受力复杂,强度、硬度、韧性和耐磨性要求较高的零件。如QT500-7AK可用来制造内燃机油泵齿轮及飞轮、铁路车辆轴瓦。

(4) 铸钢(铸造用碳钢)。铸钢一般用于制造形状复杂(很难用锻造或机械加工方法制造)、力学性能要求较高(用铸铁铸造达不到力学性能要求)的机械零件。如 ZG270-500 有较高的强度和较好的塑性,铸造性能和切削性能良好,因此,用来制造轧钢机机架、水压机横梁等。1998 年,由中国第二重型机械集团公司制造的最大铸钢件,其长度为 3.5m(中厚板轧机机架),铸件毛坯重 375t,用钢液 530t,所用材料就是 ZG270-500。同样由我国第二重型机械集团公司生产的重 4t,600MW 汽轮机高压外缸缸体的毛坯是用 ZG15CrMo 铸造而成的。

(5) 铸造黄铜(铜合金)。铸造黄铜是由普通黄铜通过加入主加元素和其他元素铸造而成,有较高的硬度和抗拉强度,并有一定的塑性。如 ZCuZn38 就常用来制造法兰、阀座、手柄、螺母等。

(6) 铸造铝合金(俗称硅铝明)。铸造铝合金具有优良的铸造性能,可通过变质处理提高合金的力学性能;还可加入铜、镁等元素,再经淬火、时效处理,进一步提高合金的力学性能。如 ZL105,可用于制造在低于 225℃的较高温度下工作的形状复杂零件:风冷发动机的汽缸头、油泵体(用金属型铸造或砂型铸造,需经时效低温短时处理)。

(7) 其他材料。除了上述材料外,还有蠕墨铸铁、冷激合金铸铁、不锈钢等材料制造的铸件。

1.2 砂型铸造基础知识

铸造生产方法可分为砂型铸造和特种铸造两大类。砂型铸造是最基本的铸造方法,也是使用最早、应用最广泛的铸造方法,砂型铸件约占铸件总量的 90%以上。

1.2.1 砂型铸造简述

砂型铸造是将熔炼合格的液态金属或合金浇入砂质铸型(即砂型)型腔,冷却凝固后可获得一定形状和性能铸件的铸造方法。砂型铸造的两大因素是熔融金属和铸型。与其他铸造方法相比,砂型铸造简单易行,具有适应性广、生产设备简单且原材料来源广、成本低、见效快等优点,因而在目前的铸造生产中仍占主导地位。

砂型铸造的缺点在于砂型是一次性铸型,造型工作量很大,尤其是手工造型,生产效率低;铸件的精度和表面质量较差,毛坯余量较大;而且由于影响质量的因素很多,易产生铸造缺陷,质量不稳定,废品率高,力学性能较差。此外,在铸造车间中,工人的劳动条件较差。砂型铸造的生产过程是周期性的,当一批铸件从砂型中取出后,要清理造型场地,处理型砂,接着又开始下一批的造型。

要想获得一件合格的铸件是很不容易的,需要经金属材料及非金属材料的准备,合金熔炼、造型、造芯、合型浇注、凝固冷却、落砂、清理等一系列既交叉又相互关联的连续、完整的工艺过程。砂型铸造生产的主要工艺环节如图 1-1 所示,图 1-2 所示为砂型铸造的一个应用。

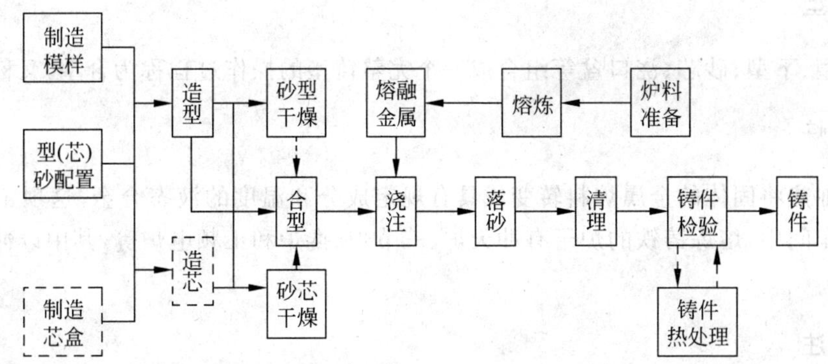

图 1-1　砂型铸造主要工艺过程示意图

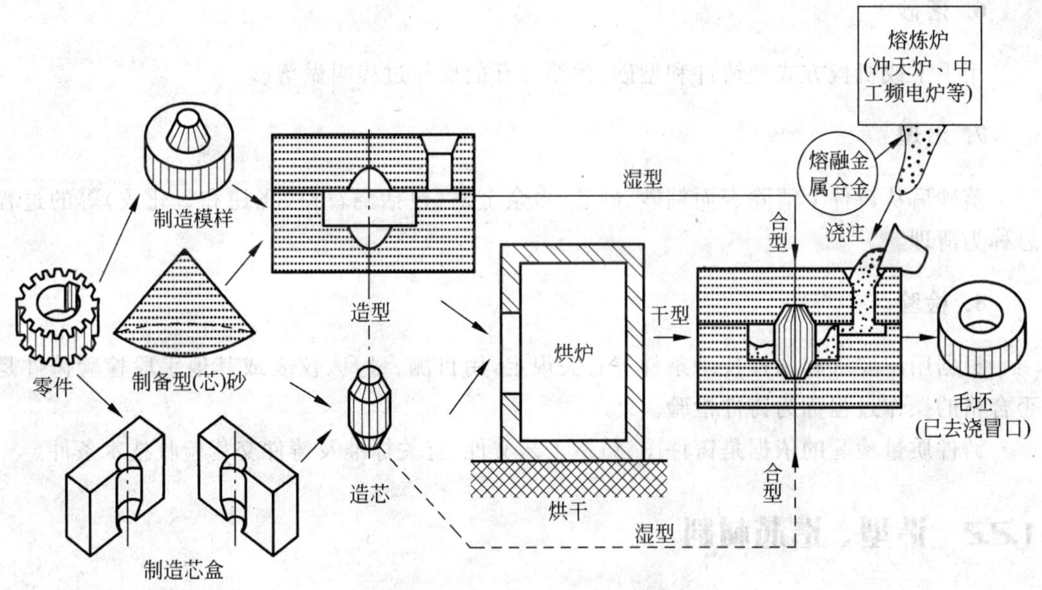

图 1-2　典型零件毛坯的砂型铸造工艺过程(齿轮)

现将砂型铸造的主要工艺环节介绍如下：

1. 造型

造型工艺过程主要包括填砂、舂砂、起模、修型、合型等主要工序。在造型工作中，不仅要用经济、简便的方法把砂型制造出来，而且要根据具体的铸件，采取有效的措施，防止铸件产生缺陷。

2. 造芯

制造型芯的过程称为造芯。造芯时一般用木质或金属芯盒。在造芯工作中，不仅要用经济、简便的方法把型芯制造出来，而且要根据具体的铸件，采用有效措施，防止铸件产生各种缺陷。

3. 合型

将上型、下型、砂芯、浇口盆等组合成一个完整铸型的操作过程称为合型，又称合箱。

4. 熔炼

通过加热将固体的金属炉料转变成具有规定成分和温度的液态合金，这项工作叫做熔炼。铸造车间中，熔炼铸铁的炉子有冲天炉、三节炉、搀炉和工频电炉等，其中以冲天炉应用最广。

5. 浇注

将熔融金属从浇包注入铸型的操作过程叫做浇注。

6. 落砂

用手工或机械方式使铸件和型砂、砂箱分开的操作过程叫做落砂。

7. 清理

落砂后从铸件上清除表面粘砂、砂芯、多余金属(包括浇冒口、飞翅和氧化皮)等的过程总称为清理。

8. 检验

根据用户要求和图样技术条件等有关规定，用目测、量具、仪表或其他手段检验铸件是否合格的操作过程称为铸件检验。

铸件质量检验的依据是铸件图、铸造工艺文件、有关标准及铸件交货验收技术条件。

1.2.2 造型、造芯材料

砂型是由型砂做成的。型砂的质量直接影响着铸件的质量，型砂质量不好会使铸件产生气孔、砂眼、粘砂和夹砂等缺陷，这些缺陷造成的废品约占铸件总废品的50%以上。中、小铸件广泛采用湿砂型(不经烘干可直接浇注的砂型)，大铸件则用干砂型(经过烘干的砂型)。

1. 湿型砂的组成

湿型砂主要由石英砂、膨润土、煤粉和水等材料所组成，也称潮模砂。石英砂是型砂的主体，主要成分是SiO_2，其熔点为1713℃，是耐高温的物质。膨润土是一种黏结性较大的黏土，用作黏结剂，吸水后形成胶状的黏土膜，包覆在砂粒表面，把单个砂粒黏结起来，使型砂具有湿态强度。煤粉是附加物质，在高温受热时，分解出一层带光泽的碳附着在型腔表面，起防止铸铁件粘砂的作用。砂粒之间的空隙起透气作用。紧实后的型砂结构见图1-3。

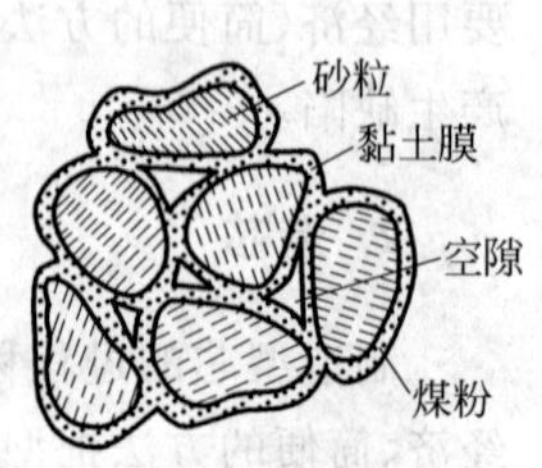

图1-3 型砂结构示意图

2. 对湿型砂的性能要求

为保证铸件质量,必须严格控制型砂的性能。对湿型砂的性能要求分为两类:一类是工作性能,指砂型经受自重、外力、高温金属液烘烤和气体压力等作用的能力,包括湿强度、透气性、耐火度和退让性等;另一类是工艺性能,指便于造型、修型和起模的性能,如流动性、韧性、起模性和紧实率等。特别在机器造型中,这些性能更为重要。

(1) 湿强度。湿型砂抵抗外力破坏的能力称为湿强度,包括抗压、抗拉和抗剪强度等,其中抗压强度影响最大。足够的强度可保证铸型在铸造过程中不破损、塌落和胀大;但强度太高,会使铸型过硬,透气性、退让性和落砂性很差。

(2) 透气性。型砂间的孔隙透过气体的能力称为透气性。浇注时,型内会产生大量气体(水分汽化为高温过热蒸汽和空气受热膨胀),这些气体必须通过铸型排出去。如果型砂透气性太低,气体留在型内,会使铸件形成呛火、气孔等缺陷。但透气性太高会使砂型疏松,铸件易出现表面粗糙和机械粘砂的缺陷。

(3) 耐火度。耐火度是指型砂经受高温热作用的能力。耐火度主要取决于砂中 SiO_2 的含量,SiO_2 含量越多,型砂耐火度越高。对铸铁件,砂中 SiO_2 含量≥90%就能满足要求。

(4) 退让性。铸件凝固和冷却过程中产生收缩时,型砂能被压缩、退让的性能称为退让性。型砂退让性不足,会使铸件收缩受到阻碍,产生内应力和变形、裂纹等缺陷。对小砂型避免舂得过紧;对大砂型,常在型(芯)砂中加入锯末、焦炭粒等材料以增加退让性。

(5) 溃散性。溃散性是指型砂浇注后容易溃散的性能。溃散性好可以节省落砂和清砂的劳动量。溃散性与型砂配比及黏结剂种类有关。

(6) 流动性。型砂在外力或本身重量作用下,砂粒间相对移动的能力称为流动性。流动性好的型砂易于充填、舂紧和形成紧实度均匀、轮廓清晰、表面光洁的型腔,可减轻紧砂劳动量,提高生产率。

(7) 韧性。韧性也称可塑性,指型砂在外力作用下变形、去除外力后仍保持所获得形状的能力。韧性好,型砂柔软、容易变形,起模和修型时不易破碎及掉落。手工起模时在模样周围砂型上刷水的作用就是增加局部型砂的水分,以提高型砂韧性。

(8) 水分、最适宜的干湿程度和紧实率。为得到所需的湿强度和韧性,湿型砂必须含有适量水分,使型砂具有最适宜的干湿程度。型砂太干或太湿均不适于造型,也易引起各种铸造缺陷。

3. 型砂的种类

按黏结剂的不同,型砂可分为下列几种。

1) 黏土砂

黏土砂是以黏土(包括膨润土和普通黏土)为黏结剂的型砂。

2) 水玻璃砂

水玻璃砂是由水玻璃(硅酸钠的水溶液)为黏结剂配制而成的型砂。水玻璃加入量为砂子质量的6%～8%。

3) 树脂砂

树脂砂是以合成树脂(酚醛树脂和呋喃树脂等)为黏结剂的型砂。树脂加入量为砂子质量的 3%～6%，另加入少量硬化剂水溶液，其余为新砂。

4. 芯砂

为获得铸件的内腔或局部外形，用芯砂或其他材料制成的安放在型腔内部的组元称为型芯。绝大部分型芯是用芯砂制成的，又称砂芯。由于砂芯的表面被高温金属液所包围，受到的冲刷及烘烤比砂型厉害，因此砂芯必须具有比砂型更高的强度、透气性、耐火性和退让性等，这主要依靠配制合格的芯砂及采用正确的造芯工艺来保证。

芯砂种类主要有黏土砂、水玻璃砂和树脂砂等。黏土砂芯因强度低、需加热烘干、溃散性差，应用日益减少；水玻璃砂主要用在铸钢件砂芯中；有快干自硬特性、强度高、溃散性好的树脂砂则应用日益广泛，特别适用于大批量生产的复杂砂芯。少数中小砂芯还用合脂砂。为保证足够的强度、透气性，芯砂中黏土、新砂加入量要比型砂高，或全部用新砂。

1.2.3 手工造型的工具及附具

由于手工造型的种类较多、方法各异，再加上生产条件、地域差异和使用习惯等的不同，造成了手工造型时使用的造型工具、修型工具及检验测量用具等附具也多种多样，结构形状和尺寸也可各不相同。

下面列出其中一部分常用或常见的造型工具、附具，如图 1-4 所示。

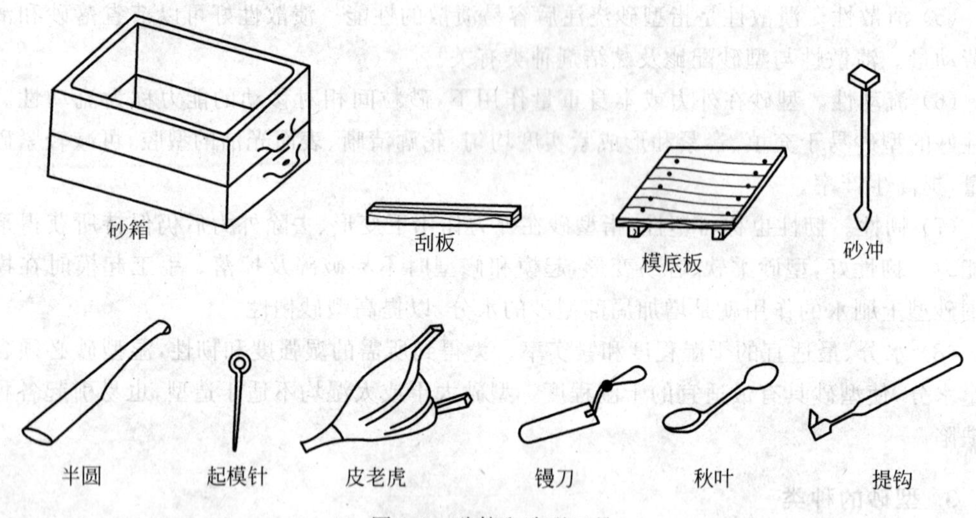

图 1-4 砂箱和造型工具

1）砂箱

砂箱一般是由铸铁、钢、木料等材料制成的、坚实的方形或长方形框子，如图 1-4 所示。砂箱要有准确的定位和锁紧装置。砂箱通常由上箱和下箱组成，上、下箱之间用销子定位。手工造型常用的砂箱有可拆式砂箱、无挡砂箱、有挡砂箱等形式。目前生产单位常用的一般都是结构合理、尺寸规格标准化、系列化、通用化的砂箱。

2）造型模底板

造型模底板用来安装和固定模样用，在造型时用来托住模样、砂箱和砂型，一般由硬质木材或铝合金、铸铁、铸钢制成，如图 1-4 所示。模底板应具有光滑的工作面。

3) 刮板

刮板也称刮尺,如图 1-4 所示。在型砂舂实后,用来刮去高出砂箱的型砂。刮板一般由平直的木板或铁板制成,其长度应比砂箱宽度长些。

4) 砂冲

砂冲也称舂砂锤、捣砂杵,舂实型砂用,如图 1-4 所示。其平头用来锤打紧实、舂平砂型表面,如砂箱顶部的砂;尖头(扁头)用来舂实模样周围及砂箱靠边处或狭窄部分的型砂。

5) 起模针和起模钉

起模针和起模钉用于从砂型中取出模样。起模针与通气针十分相似,一般比通气针粗,用于取出较小的木模;起模钉工作端为螺纹形,用于取出较大的模样,如图 1-4 所示。

6) 半圆

半圆也称竹片梗、平光杆,用来修整砂型垂直弧形的内壁和底面,如图 1-4 所示。

7) 皮老虎

皮老虎用来吹去模样上的分型砂及散落在型腔中的散砂、灰土等,如图 1-4 所示。使用时注意不要碰到砂型或用力过猛,以免损坏砂型。

8) 镘刀

镘刀也称刮刀,用来修理砂型或砂芯的较大平面,也可开挖浇注系统、冒口,切割大的沟槽及在砂型插钉时把钉子揿入砂型。镘刀通常由头部和手柄两部分构成,头部一般用工具钢制成,有平头、圆头、尖头几种,手柄用硬木制成,如图 1-4 所示。

9) 秋叶

秋叶也称双头铜勺,用来修整砂型曲面或窄小的凹面,如图 1-4 所示。

10) 提钩

提钩也称砂钩,用来修理砂型或砂芯中深而窄的底面和侧壁及提出掉落在砂型中的散砂,由工具钢制成,如图 1-4 所示。常用的提钩有直砂钩和带后跟砂钩。

现将手工造型的主要工序介绍如下。

1) 造型准备

型砂配制好后,接着准备底板、砂箱和必要的造型工具。开始造型时,首先应确定模样在砂箱中的位置,壁之间必须留有 30～100mm 的距离,称为吃砂量。

吃砂量不宜太大,否则需填入更多的型砂,并且耗费时间,加大砂型的重量;若吃砂量过小,则砂型强度不够,在浇注时,金属液容易流出。

2) 手工造型基本过程

(1) 模样、底板、砂箱按一定空间位置放置好后,填入型砂并舂紧,填砂时,应分批加入。填砂和舂砂时应注意:

① 用手把模样周围的型砂压紧。因为这部分型砂形成形腔内壁,要承受金属熔液的冲击,故对它的强度要求较高。

② 每加入一次砂,这层砂都应舂紧,然后才能再次加砂,依此类推,直至把砂箱填满紧实。

③ 舂砂用力大小应适当,用力过大,砂型太紧,型腔内气体出不来;用力过小,砂粒之间黏结不紧,砂型太松易塌箱。此外,应注意同一砂型各处紧实度是不同的,靠近砂箱内壁应舂紧,以防塌箱;靠近型腔部分型砂应较紧,使其具有一定强度;其余部分砂层不宜过

紧,以利于透气。

(2) 砂型造好后,应在分型面上撒分型砂,然后再造另一个砂型,以便于两个砂型在分型面处分开。应该注意的是模样的分模面上不应有分型砂,如果有,应吹去。撒分型砂时,应均匀散落,在分型面上有均匀的一薄层即可,分型砂应是无黏结剂的干燥的细砂。

(3) 上砂型制成后,应在模样的上方用通气针扎出气孔。出气孔分布应均匀,深度不能穿透整个砂型。

(4) 用浇口棒做出直浇道,开好浇口杯(外浇口)。

(5) 做合型线(定位符号),合型线是上、下砂箱合型的基准。

(6) 起模前,可在模样周围的型砂上用毛笔刷些水,以增加该处型砂的强度,防止起模时损坏砂型。起模时,应先轻轻敲击模样,使其与周围的型砂分开。起模操作要胆大心细,手不能抖动。起模方向应尽量垂直于分型面。

(7) 起模后,型腔如有损坏,可用工具修复。

(8) 合型时,应找正定位销或对准两砂箱的合型线(定位符号),防止错型。

1.3 砂型铸造的基本操作

1.3.1 型砂的制备

型砂的制备工艺对型砂获得良好的性能有很大影响。浇注时,砂型表面受高温铁水的作用,砂粒碎化、煤粉燃烧分解,型砂中灰分增多,部分黏土丧失黏结力,均使型砂的性能变坏。所以,落砂后的旧砂,一般不直接用于造型,需掺入新材料,经过混制,恢复型砂的良好性能后才能使用。旧砂混制前需经磁选及过筛以去除铁块及砂团。型砂的混制是在混砂机中进行的,在碾轮的碾压及搓揉作用下,各种原材料混合均匀并使黏土膜均匀包敷在砂粒表面。

型砂的混制过程是:先加入新砂、旧砂、膨润土和煤粉等干混 2～3min,再加水湿混 5～7min,性能符合要求后从出砂口卸砂。混好的型砂应堆放 4～5h,使水分均匀(调匀)。使用前还要用筛砂机或松砂机进行松砂,以打碎砂团和提高型砂性能,使之松散好用。

1.3.2 造型

用型砂及模样等工艺装备制造铸型的过程称为造型。这种铸型又称砂型,是由上砂型、下砂型、型腔(形成铸件形状的空腔)、砂芯、浇注系统和砂箱等部分组成的。铸型的组成及各部分名称见图 1-5。上、下砂型的接合面称为分型面。上、下砂型的定位可用泥记号(单件、小批量生产)或定位销(成批、大量生产)。

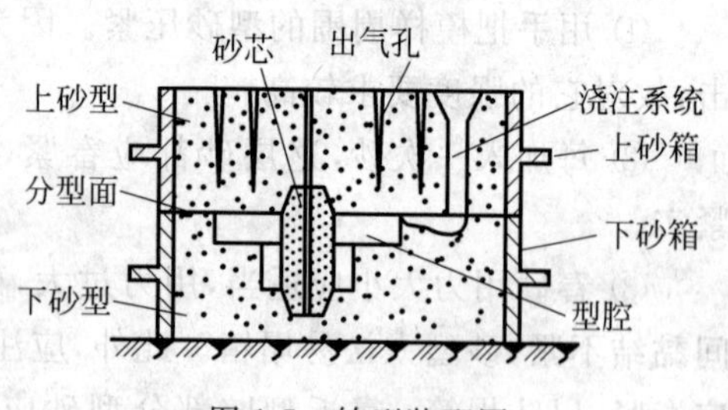

图 1-5 铸型装配图

造型方法可分为手工造型和机器造型两大类。

1. 手工造型

手工造型是全部用手工或手动工具紧实的造型方法，其特点是操作灵活，适度性强。因此，在单件、小批量生产中，特别是不宜用机器造型的重型复杂件，常用此法，但手工造型效率低，劳动强度大。

一个完整的手工造型工艺过程，应包括准备工作、安放模样、填砂、紧实、起模、修型、合型等主要工序。图1-6为手工造型的主要工序流程图。

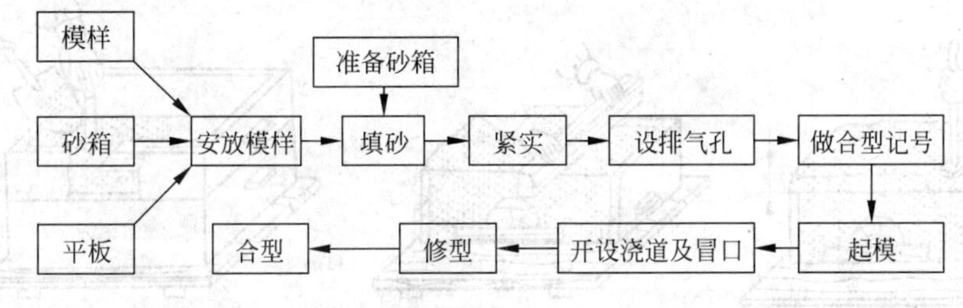

图1-6 手工造型的主要工序流程图

2. 手工造型方法

根据铸件结构、生产批量和生产条件，手工造型常用方法有：整体模造型、分开模造型、挖砂造型、假箱造型和活块造型等。

1）整体模造型

整体模造型的特点是模样为整体，模样截面由大到小，放在一个砂箱内，可一次从砂中取出，造型比较方便。图1-7(a)所示为轴承座零件图，在主视图中可以看出，其截面由底面到顶面逐渐缩小，因此，可采用整体模造型。图1-7为轴承座零件两箱整体模造型的操作示意图，其操作的主要要点如下所述。

(1) 安放模样。如图1-7(b)所示，首先选择平直的底板和尺寸适当的砂箱。放稳底板后，清除板上的散砂，放好下砂箱，将模样擦净放在底板上适当的位置，如图1-7(c)所示。

(2) 填砂和舂砂。如图1-7(d)所示，舂砂时必须将型砂分次加入，每次加入量要适当。先加面砂，并用手将模样周围的砂塞紧，然后加背砂。舂砂时应均匀地按一定路线进行，以保证型砂各处紧实度均匀，并注意不要撞到模样上，舂砂力大小要适当。同一砂型的各处的紧实度是不同的：靠近砂箱内壁应舂紧，以免塌箱；靠近模样处应较紧，以使型腔承受熔融金属的压力；其他部分应较松，以利于透气。舂满砂箱后，应再堆高一层砂，用平头锤打紧。下砂箱应比上砂箱舂得稍紧实些。

(3) 刮平砂箱与扎出气孔。如图1-7(e)所示，用刮砂板刮去砂箱上面多余的型砂后，使其表面与砂箱四边齐平，再用通气针扎出分布均匀、深度适当的气孔。气孔应扎在模样投影面的上方，出气孔的底部应离模样上表面10mm左右。

(4) 撒分型砂与放上砂箱。下型造好后，将其翻转180°如图1-7(f)所示。在造上型之前，应在分型面上撒分型砂，以防上、下型砂粘在一起。撒分型砂时手应距砂型稍高，一边转圈，一边摆动，使分型砂从五个指尖合拢的中心均匀地撒落下来。

(5) 填砂与紧实。先放置浇道棒，如图1-7(f)所示。浇道棒的位置要合理可靠，并先用

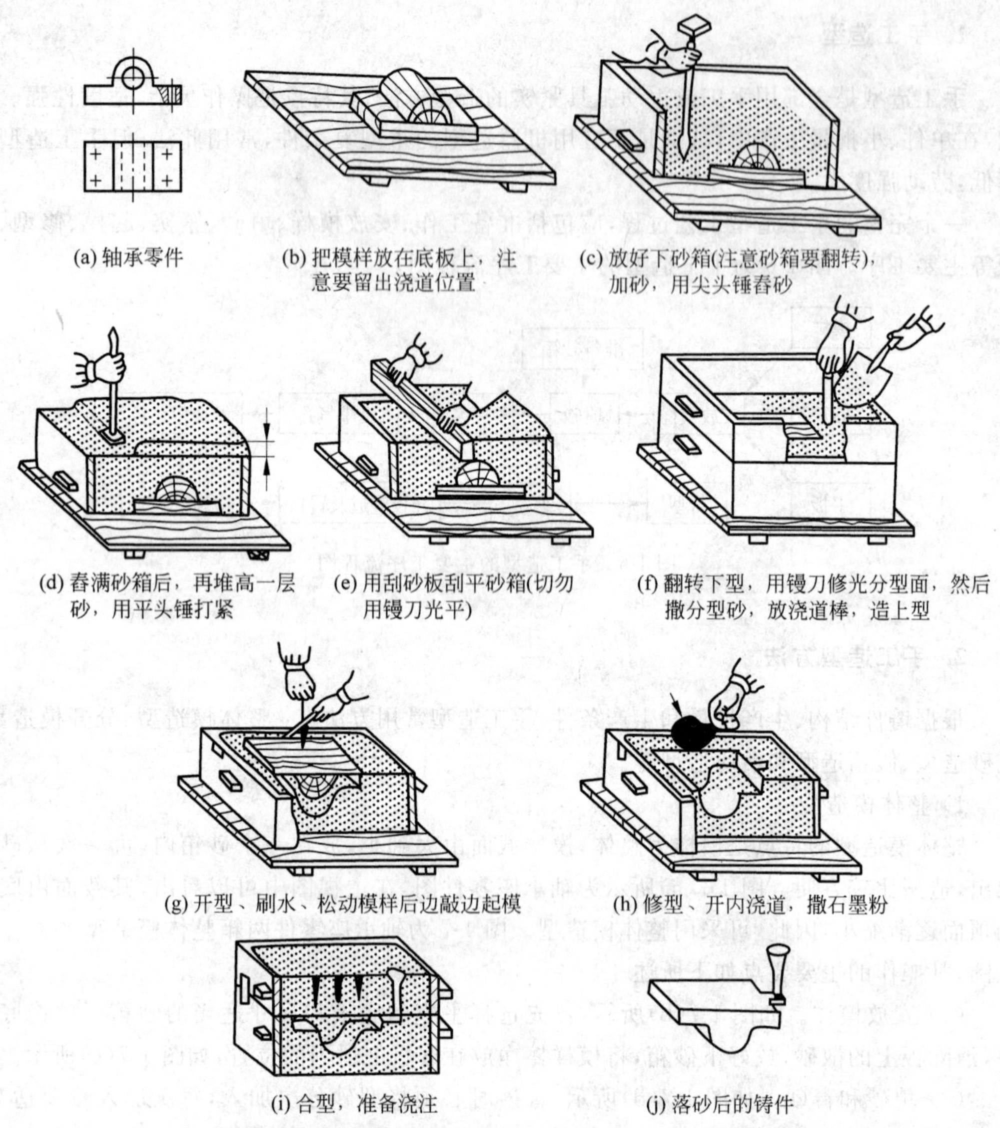

图 1-7　轴承座零件两箱整体模造型的操作示意图

面砂固定它们的位置。其填砂和舂砂操作与造下型相同。连接处应修成圆滑过渡，以引导熔融金属平移流入砂型。

(6) 修整上砂箱面与开型。如图 1-7(g)所示，先用刮板刮去多余背砂，使砂型表面与砂箱四边齐平，再用镘刀光平浇冒口处的型砂。用通气针扎出气孔，取出浇冒口模样，在直浇道上端开挖浇口杯。如果砂箱没有定位装置，则还需要在砂箱外壁上、下型相接处，做出定位符号(粉笔号、泥号)，以免上、下砂型合箱时，铸件产生错箱缺陷。然后，再取去上箱，将上箱翻转 180°后放平。

(7) 起模。如图 1-7(g)所示，清除分型面上的分型砂，用掸笔沾些水，刷在模样周围的型砂上，以增强这部分型砂的强度和塑性，防止起模时损坏砂型。刷水时应一刷而过，且不宜过多。起模时，起模针应钉在模样的重心上，并用小锤前后左右轻轻地敲打起模针的下部，使模样和砂型之间松动，然后将模样慢慢地向上垂直提起。

(8) 修型、开挖横浇道和内浇道。如图 1-7(h)所示，先开挖浇注系统的横浇道和内浇道，并修光浇注系统的表面；起模时若损坏砂型，则需修型，修型时应由上而下、由里向外进行。

(9) 烘干与合型。如图 1-7(i)所示，修型完毕后需要将上、下砂型烘干，以增强砂型的强度和透气性。砂型烘干后即可合箱，合箱时应注意使砂箱保持水平下降，并应对准定位符号，防止错箱。

(10) 浇注与落砂。将熔融金属平缓地注入铸型中，称为浇注；待熔融金属在铸型中充分冷却和凝固后，用手工或机械方法将铸件从型砂、芯砂和砂箱中分开的操作，称为落砂。图 1-7(j)所示为落砂后的铸件。

2) 分开模造型

分开模造型的特点是当铸件截面不是由大到小逐渐递减时，可将模样在最大水平截面处分开，从而使分开的模样在不同的分型面上顺利起出。最简单的分开模造型为两箱分开模造型，如图 1-8 所示。

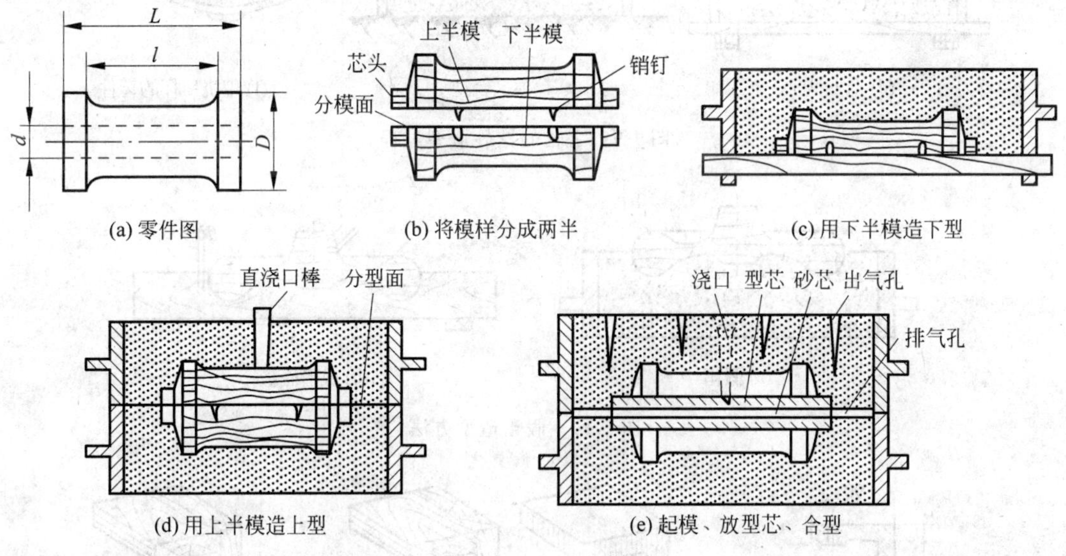

(a) 零件图　(b) 将模样分成两半　(c) 用下半模造下型

(d) 用上半模造上型　(e) 起模、放型芯、合型

图 1-8　分开模造型

3) 挖砂造型

有些铸件的分型面是一个曲面，起模时覆盖在模样上面的型砂阻碍模样的起出，因此，必须将覆盖在其上的型砂挖去才能正常起模，这种造型方法称为挖砂造型。图 1-9 为手轮的挖砂造型过程。挖砂造型生产率低，对操作人员的技术水平要求较高，一般仅适用于单件或小批量生产小型铸件。当铸件的生产数量较多时，可采用假箱造型代替挖砂造型。

4) 假箱造型

假箱造型是利用预制的成形底板(亦称翻箱板)或假箱，来代替挖砂造型中所挖去型砂的造型方法，如图 1-10 所示为两种假箱造型方法。

5) 活块造型

活块造型是将整体模或芯盒侧面的伸出部分做成活块，起模或脱芯后，再将活块取出的造型方法，如图 1-11 所示。活块用钉子或燕尾榫与模样主体连接。造型时应特别细心，防止舂砂时活块位置移动；起模时要用适当的方法从型腔侧壁取出活块。因此，活块造型操作难度大，生产效率低，适用于单件或小批量生产。

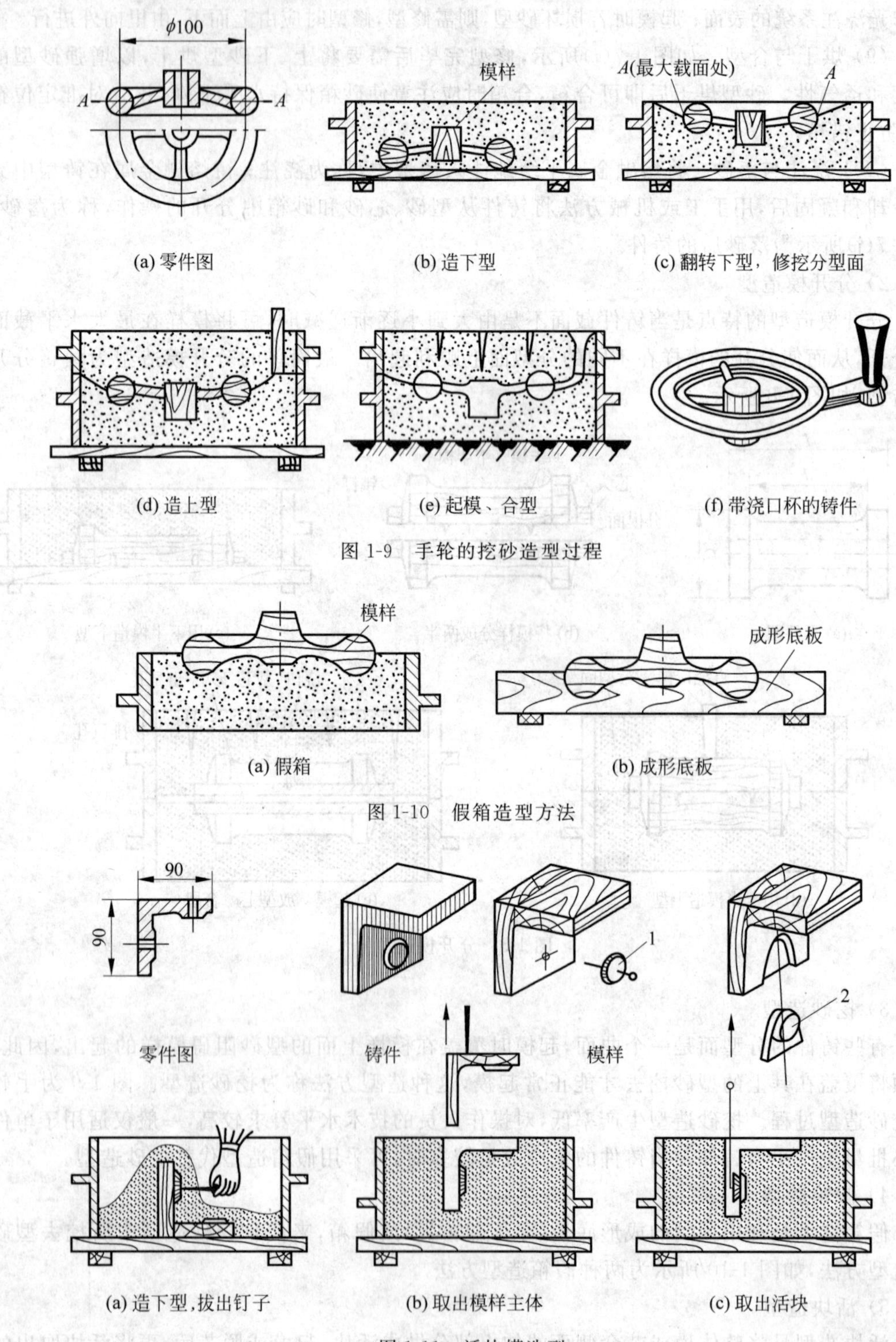

图 1-9 手轮的挖砂造型过程

图 1-10 假箱造型方法

图 1-11 活块模造型

1—用钉子连接的活块；2—用燕尾榫连接的活块

表 1-1 给出了几种常用手工造型方法的特点和适用范围。

表 1-1 各种手工造型方法的特点和适用范围

造型方法	简 图	特 点	适用范围
整模造型		模样为一整体，分型面为平面，型腔在一个砂箱中，造型方便，不会产生错箱缺陷	铸件最大截面靠一端，且为平直的铸件
分模造型		型腔位于上、下砂箱内。模样为分体结构，模样的分开面为模样的最大截面且造型方便	最大截面在中部的铸件
挖砂造型		模样是整体的，将阻碍起模的型砂挖掉，分型面是曲面，造型费工	单件、小批量生产，分型面不是平面的铸件
活块造型		将妨碍起模部分做成活块。造型费工，要求操作技术高。活块移位会影响铸件精度	单件、小批量生产，带有凸起部分又难以起模的铸件
刮板造型	刮板	模样制造简化，但造型费工，要求操作技术高	单件、小批量生产，大、中型回转体铸件
假箱造型		在造型前预先做出代替底板的底胎，即假箱。再在底胎上做下箱，由于底胎并未参加浇注，故称假箱。假箱造型比挖砂造型操作简单，且分型面整齐	用于成批生产需要挖砂的铸件
三箱造型		中砂箱的高度有一定要求。操作复杂，难以进行机器造型	单件、小批量生产，中间截面小的铸件
地坑造型		造型是利用车间地面砂床作为铸型的下箱。由于仅用上箱便可造型，减少了制造专用下箱的准备时间，减少了砂箱的投资。但造型费工，且要求工人技术较高	制造批量不大的大中型铸件

3. 机器造型

在现代化的铸造车间里，铸造生产中的造型、制芯、型砂处理、浇注、落砂等工序均由机器来完成，并把这些工艺过程组成机械化的连续生产流水线，不仅提高了生产率，而且也提高了铸件精度和表面质量，改善了劳动条件。尽管设备投资较大，但在大批量生产时，铸件成本可显著降低。

将造型过程中两项最主要的操作——紧砂和起模实现机械化的造型方法称为机器造型。机器造型是采用模板两箱造型。模板是将模样和浇注系统沿分型面与模底板连成一个组合体的专用模具。造型后，模底板形成分型面，模样形成铸型空腔。模底板的厚度不影响铸件的形状和大小。

模板分为单面和双面两种。

单面模板是模底板一面有模样的模板。上、下半个模样分装在两块模底板上，分别称为上模板和下模板，如图 1-12 所示。用上、下模板分别在两台造型机上造出上、下半个铸型，然后合型成整体铸型。单面模板结构较简单，应用较多。

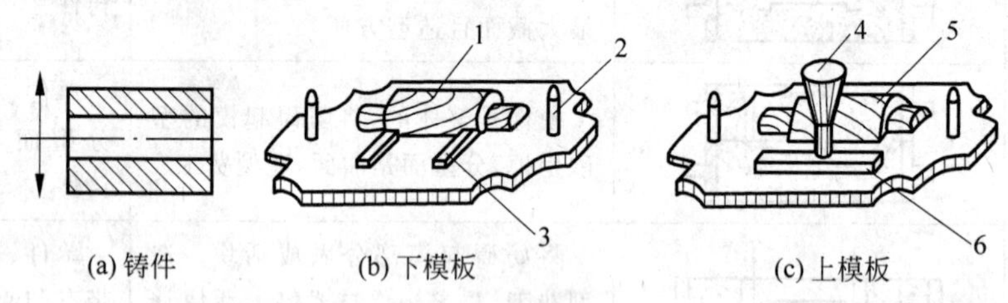

图 1-12 单面模板

1—下模样；2—定位销；3—内浇道；4—直浇道；5—上模样；6—横浇道

双面模板是把上半个模样和浇注系统固定在模底板一侧，而下半个模样固定在该模底板对应位置的另一侧。由同一模板在同一台造型机上造出上、下半个铸型，然后合型成整体铸型，如图 1-13 所示。

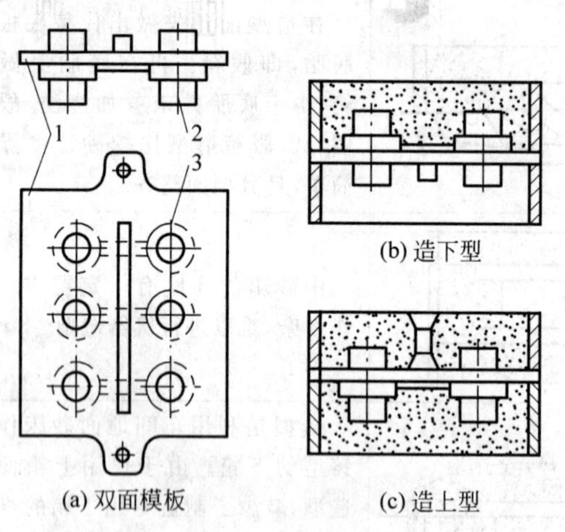

图 1-13 双面模板造型

1—模底板；2—下模样；3—上模样

机器造型不能用于干砂型铸造，难以生产巨大型铸件，又不能用于三箱造型，同时由于取出活块费时费工，降低了生产率，因此也应避免活块造型。

造型机的种类繁多，其紧实型砂和起模方式也不同。机器造型按紧实方式的不同，分压实造型、震压造型、抛砂造型和射砂造型四种基本方式。

1）压实造型

压实造型是利用压头的压力将砂箱内的型砂紧实，图 1-14 为压实造型示意图。

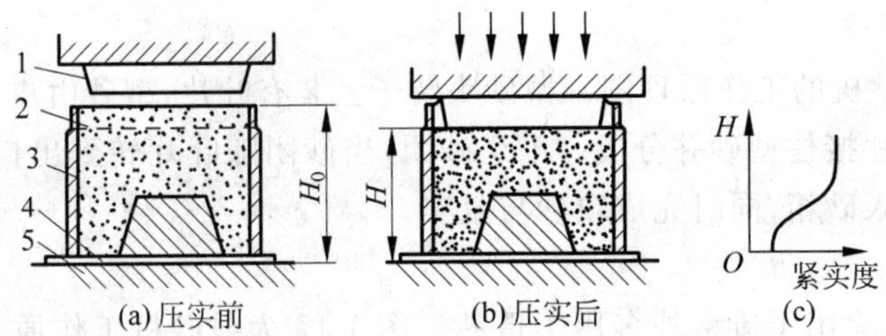

图 1-14　压实造型示意图

1—压头；2—辅助框；3—砂箱；4—模底板；5—工作台

先将型砂填入砂箱和辅助框中，然后压头向下将型砂紧实。辅助框是用来补偿紧实过程中型砂被压缩的高度。压实造型生产率较高，但砂型沿砂箱高度方向的紧实度不够均匀，一般越接近模底板，紧实度越差。因此，压实造型只适于高度不大的砂箱。

2）震压造型

震压造型是以压缩空气为驱动力，通过振动和撞击对型砂进行紧实。图 1-15 所示为顶杆起模式震压造型机的工作过程示意图。

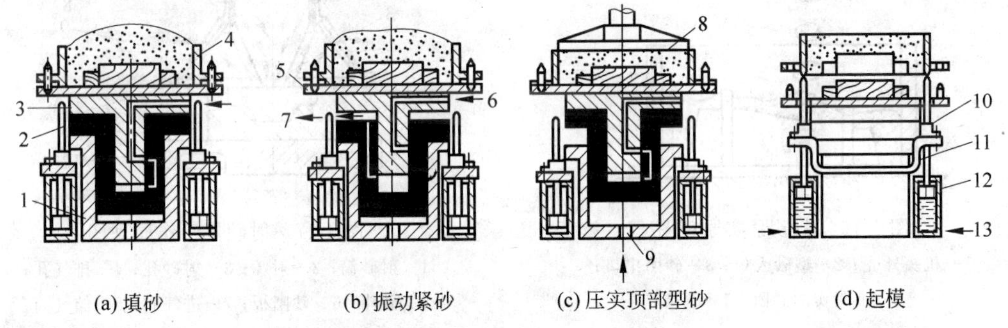

图 1-15　震压式造型机的工作过程示意图

1—压实汽缸；2—压实活塞；3—振击活塞；4—砂箱；5—模底板；6—进气口 1；7—排气口；8—压板；9—进气口 2；10—起模顶杆；11—同步连杆；12—起模液压缸；13—压力油

工作过程如下：

(1) 填砂。将砂箱放在造型机振击活塞上方的模底板上，打开砂斗门，向砂箱内填满型砂，如图 1-15(a)所示。

(2) 振动紧砂。打开震压气阀，使压缩空气由进气口 1 进入振击活塞底部，顶起振击活塞及其以上部分。在振击活塞上升过程中关闭进气口 1，接着打开排气口，在重力的作用下，使振击活塞下落，并与压实活塞顶面发生撞击。如此反复多次，使砂型逐渐紧实，如图 1-15(b)所示。

(3) 压实顶部型砂。将造型机压板移到砂箱上方，打开压实阀，使压缩空气由进气口 2 进入压实活塞底部，顶起压实活塞及其以上部分。在压板的压力下，砂型上部被进一步压实，如图 1-15(c)所示。然后排出压实缸内气体，使压实活塞及其以上部分复原，就完成了紧实砂型的过程。

(4) 起模。当压缩空气推动压力油进入两个起模液压缸时，由同步连杆连在一起的四根起模顶杆平稳地将砂箱顶起，从而使砂型与模底板分离，完成了起模过程，如图 1-15(d)所示。

3）抛砂造型

图 1-16 为抛砂机的工作原理图。抛砂头转子上装有叶片，型砂由皮带输送机连续地送入，高速旋转的叶片接住型砂并分成一个个砂团，当砂团随叶片转到出口处时，由于离心力的作用，以高速抛入砂箱，同时完成填砂与紧实。

4）射砂造型

射砂紧实方法除用于造型外多用于造芯。图 1-17 为射砂机工作原理图。由储气筒中迅速进入到射膛的压缩空气，将型芯砂由射砂孔射入芯盒的空腔中，而压缩空气经射砂板上的排气孔排出，射砂过程是在较短的时间内同时完成填砂和紧实，生产率极高。

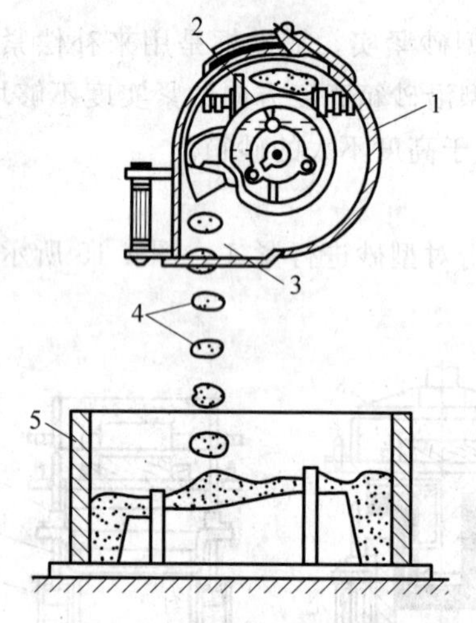

图 1-16　抛砂紧实原理图

1—机头外壳；2—型砂入口；3—砂团出口；4—被紧实的砂团；5—砂箱

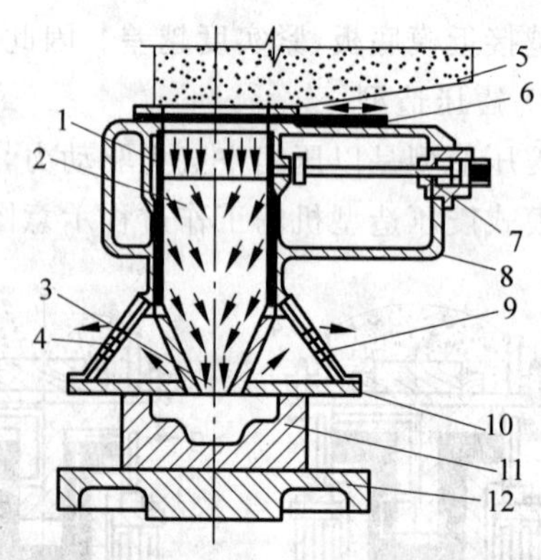

图 1-17　射砂机工作原理图

1—射砂筒；2—射膛；3—射砂孔；4—排气孔；5—砂斗；6—砂闸板；7—进气阀；8—储气筒；9—射砂头；10—射砂板；11—芯盒；12—工作台

1.3.3 造芯

1. 砂芯的分类

砂芯的分类方法，通常有下述几种：按尺寸大小分类、按干湿程度分类、按黏结剂分类、按造芯工艺分类、按砂芯复杂程度分类。造芯方法的分类如图 1-18 所示。

2. 砂芯的作用

（1）形成铸件的内腔、内孔。砂芯的几何形状与要形成的内腔及内孔相一致。

（2）形成铸件的外形。对于外部形状复杂的局部凹凸面，工艺上均可用砂芯来形成。

（3）加强铸型强度。某些特定铸件的重要部分或铸型浇注条件恶劣处，可用砂芯形成。

3. 手工造芯

手工造芯是传统的造芯方法，一般依靠人工填砂紧实，也可借助木锤或小型捣固机进行紧实，制好后的砂芯放入烘炉内烘干硬化。

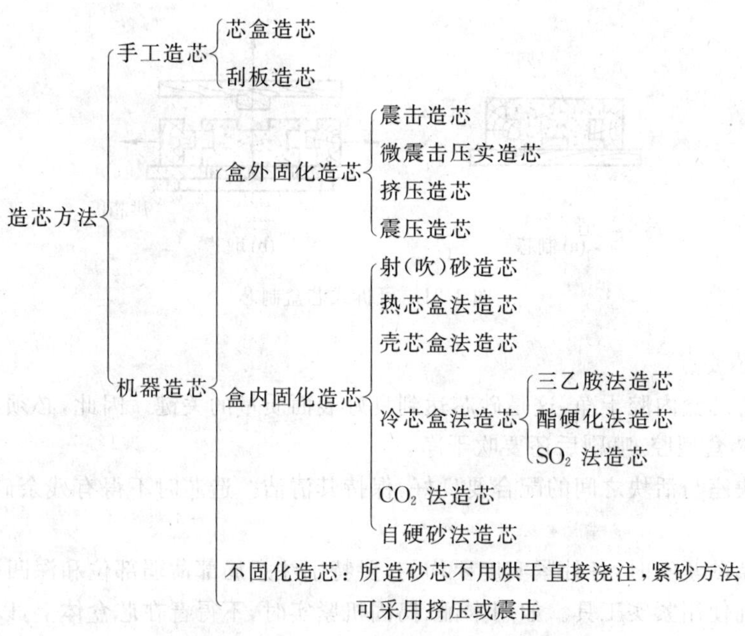

图 1-18 造芯方法的分类

砂芯一般是用芯盒制成的，芯盒的空腔形状和铸件的内腔相适应。根据芯盒的结构，手工制芯方法可以分为下列三种。

(1) 对开式芯盒制芯。适用于圆形截面的较复杂砂芯，其制芯过程见图 1-19。

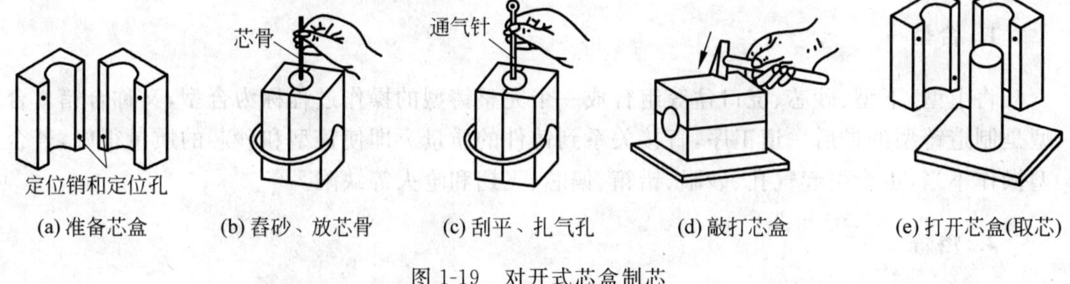

图 1-19 对开式芯盒制芯

(2) 整体式芯盒制芯。用于形状简单的中、小砂芯，其制芯过程见图 1-20。

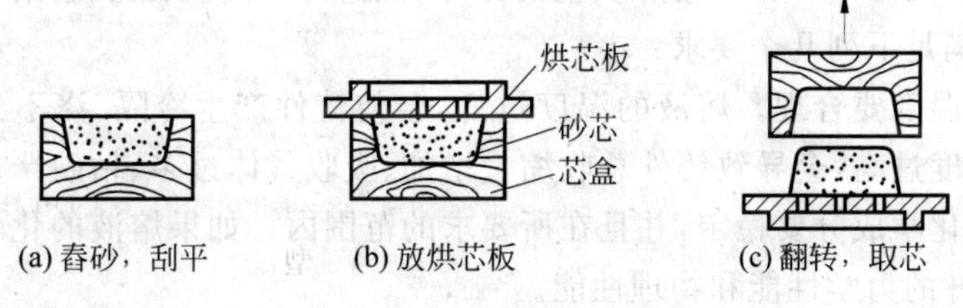

图 1-20 整体式芯盒制芯

(3) 可拆式芯盒制芯。对于形状复杂的中、大型砂芯，当用整体式和对开式芯盒无法取芯时，可将芯盒分成几块，分别拆去芯盒取出砂芯(图 1-21)。芯盒的某些部分还可以做成活块。

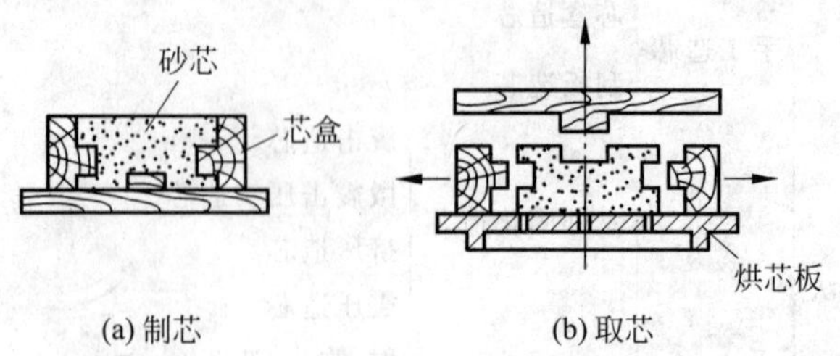

图 1-21　可拆式芯盒制芯

手工造芯要点：

(1) 保持芯盒内腔干净，这是砂芯达到良好表面质量的关键。因此，必须经常用柴油等清洗剂喷刷芯盒型腔，喷刷后还要吹干净。

(2) 活块座与活块之间的配合要良好，保持其清洁。造芯时不得有残余砂，并注意防止磨损。

(3) 在填砂紧实时，各处紧实度要均匀，要特别注意局部薄弱部位和深凹处的紧实度。

(4) 正确使用紧实工具。如用木锤、捣固机紧实时，不得舂在芯盒体上，以防损坏芯盒。

(5) 在设置气道操作时，所设置的通气道与芯头出气孔相通，通气道不得开设在型腔上。

(6) 型芯中应放入芯骨以提高其强度，小型芯的芯骨可用铁丝做成，大中型芯的芯骨要用铸铁铸成。安放芯骨时，一要注意芯骨周围用砂塞紧，二要注意外层吃砂量不得过小。

1.3.4 合型、熔炼、浇注、落砂、清理、检验和热处理及铸件缺陷

1. 合型

将上型、下型、砂芯、浇口盆等组合成一个完整铸型的操作过程称为合型，又称合箱。合型是制造铸型的最后一道工序，直接关系到铸件的质量。即使铸型和砂芯的质量很好，若合型操作不当，也会引起气孔、砂眼、错箱、偏芯、飞翅和呛火等缺陷。

2. 熔炼

用于铸造的金属材料种类繁多，有铸铁、铸钢、铸造铝合金、铸造铜合金等，其中铸铁件应用最多，占铸件总重量的80%左右。目前，使用最广的熔炼设备是冲天炉、工频感应炉、中频感应炉、电炉及坩埚炉等。熔炼质量的好坏对能否获得优质的铸件有着重要的影响，因此，熔炼质量应满足下列几个要求：

(1) 熔液的温度要合理。熔液的温度过低，会使铸件产生冷隔、浇不到、气孔及夹渣等缺陷；熔液的温度过高，会导致铸件总收缩量增加、吸收气体过多、粘砂严重等缺陷。

(2) 熔液的化学成分要稳定，并且在所要求的范围内。如果熔液的化学成分不合格、不稳定，会影响铸件的力学性能和物理性能。

(3) 熔炼生产率要高，成本低。

3. 浇注

把熔融金属从浇包(图 1-22)浇入铸型的过程称为浇注。由于浇注操作不当，常使铸件

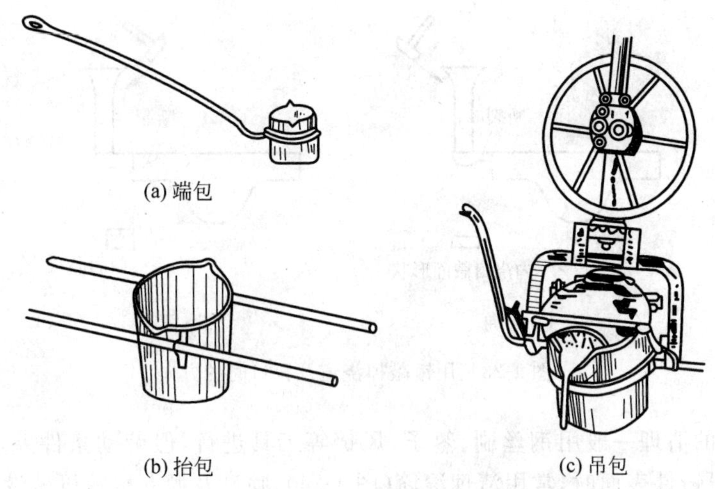

图 1-22　各种浇包

产生气孔、冷隔、浇不到、缩孔、夹渣等缺陷。

1）浇注前准备工作

(1) 准备浇包：浇包数量要足，使用前必须烘干烘透，否则会降低熔液温度，而且还会引起熔液沸腾和飞溅。

(2) 整理好场地，引出熔液出口，熔渣出口的下面不能有积水，要铺上干砂。

2）浇注要点

(1) 浇包内金属液不能太满，以免抬运时飞溅伤人。

(2) 浇注时须对准浇口，并且熔液不可断流，以免铸件产生冷隔。

(3) 应控制浇注温度和浇注速度。浇注温度与合金种类、铸件大小及壁厚有关。速度应适中，太慢不易充满铸型，太快会冲刷砂型，也会使气体来不及逸出，使铸件内部产生气孔。

(4) 浇注时应将砂型中冒出的气体点燃，以防 CO 气体对人体的危害。

4. 落砂

落砂是用手工或机械使铸件和型砂、砂箱分开的操作。落砂时要注意开箱时间，开箱过早铸件未凝固部分易发生烫伤事故，并且开箱太早也会使铸件表面产生硬化层，造成机械加工困难，甚至会使铸件产生变形和开裂等缺陷。

落砂后应对铸件进行初步检验，如有明显缺陷，则应单独存放，以决定其是否报废或修补。初步合格的铸件，才可进行清理。

5. 清理

清理是指落砂后从铸件上清除表面粘砂、型砂、多余金属(包括打掉浇冒口、飞翅和氧化皮)等过程的总称。

对于铸铁件，清除浇道及冒口多用锤头敲打，敲打浇道及冒口时应注意锤击方向，如图 1-23 所示，以免将铸件敲坏。敲打时应注意安全，敲打方向不应正对他人。铸钢件因塑性很好，一般用气割清除浇道及冒口，而有色金属多用锯割方法除掉浇道及冒口。

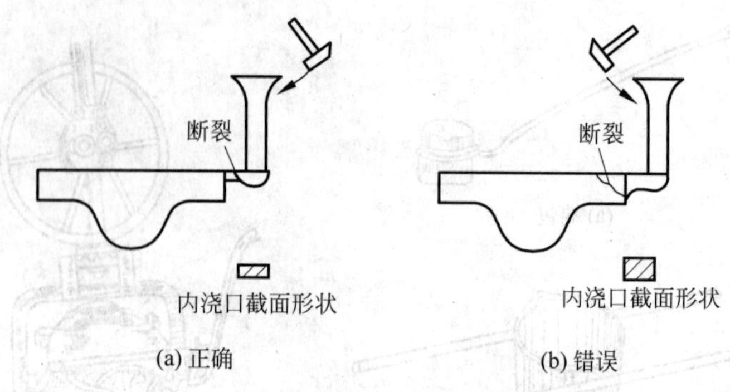

图 1-23　用锤敲掉浇道及冒口时的方向

铸件表面的清理一般用钢丝刷、錾子、风铲等工具进行，但劳动条件差，生产率低。因此，清理大批量铸件表面时，常用清理滚筒(图 1-24)、喷砂及抛丸机等机械设备进行。

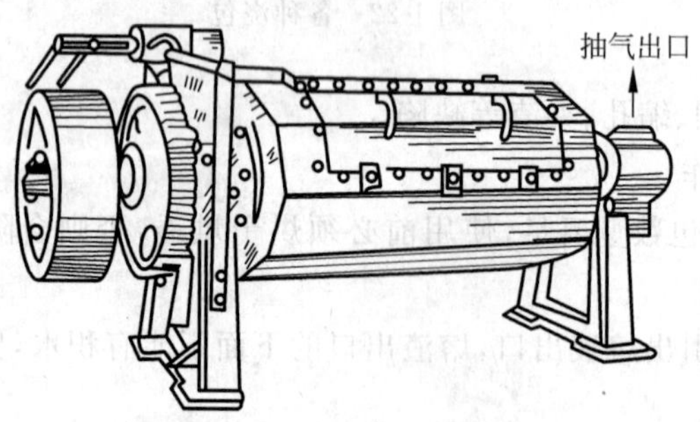

图 1-24　铸件清理滚筒

6. 检验

根据用户要求和图纸技术条件等有关协议的规定，用目测、量具、仪表或其他手段检验铸件是否合格的操作过程称铸件质量检验。铸件质量检验是铸件生产过程中不可缺少的环节。

1) 铸件外观质量检验

(1) 铸件形状和尺寸检测　利用工具、夹具、量具或划线检测等手段检查铸件实际尺寸是否落在铸件图规定的铸件尺寸公差带内。

(2) 铸件表面粗糙度的评定　利用铸造表面粗糙度比较样块评定铸件实际表面粗糙度是否符合铸件图上规定的要求。评定方法可按 GB/T 15056—1994 进行。

(3) 铸件表面或近表面缺陷检验　用肉眼或借助于低倍放大镜检查暴露在铸件表面的宏观质量。如飞边、毛刺、抬型、错箱、偏心、表面裂纹、黏砂、夹砂、冷隔、浇不到等。也可以利用磁粉检验、渗透检验等无损检测方法检查铸件表面和近表面的缺陷。

2) 铸件内在质量检验

(1) 铸件力学性能检验　包括常规力学性能检验，如测定铸件抗拉强度、屈服点、伸长率、断面收缩率、挠度、冲击韧性、硬度等；非常规力学性能检验，如断裂韧性、疲劳强度、高温力学性能、低温力学性能、蠕变性能等。除硬度检测外，其他力学性能的检验多用试块或破坏抽验铸件本体进行。

(2) 铸件特殊性能检验　如铸件的耐热性、耐腐蚀性、耐磨性、减振性、电学性能、磁学性能、压力密封性能等。

(3) 铸件的化学分析　对铸造合金的成分进行测定。铸件化学分析常作为铸件验收条件之一。

(4) 铸件显微检验　对铸件及铸件断口进行低倍、高倍金相观察,以确定内部组织结构、晶粒大小以及内部夹杂物、裂纹、缩松、偏析等。铸件显微检验往往是用户提出要求时才进行。

(5) 铸件内部缺陷的无损检验　用射线探伤、超声波探伤等无损检测方法检查铸件内部的缩孔、缩松、气孔、裂纹等缺陷,并确定缺陷大小、形状、位置等。

根据铸件质量检验结果,可将铸件分为合格品、返修品和废品三类。铸件的质量符合有关技术标准或交货验收技术条件的为合格品;铸件的质量不完全符合标准,但经返修后能够达到验收条件的可作为返修品;如果铸件外观质量和内在质量不合格,不允许返修或返修后仍达不到验收要求的,只能作为废品。

7. 热处理

铸件在冷却过程中,因各部位冷却速度不同,会产生一定的内应力。内应力的存在会引起铸件的变形和开裂。因此,清理后的铸件一般要进行消除内应力的时效处理。铸铁件时效处理方法有人工时效和自然时效两种方法。人工时效是将铸铁件缓慢加热至 500～600℃,保温一定时间,然后随炉缓慢冷至 300℃以下出炉空冷;自然时效是将铸铁件在露天下放置一年以上,利用日光照射使铸造内应力缓慢松弛,从而使铸铁件尺寸稳定的处理方法,自然时效特别适用于大型铸铁件。

8. 铸件常见的缺陷

铸造工艺比较复杂,容易产生各种缺陷,从而降低了铸件的质量和成品率。为了防止和减少缺陷,首先应确定缺陷的种类,分析其产生的原因,然后找出解决问题的最佳方案。常见的铸件缺陷有:气孔、缩孔、缩松、砂眼、渣气孔、夹砂、粘砂、冷隔、浇不到、裂纹、错箱、偏芯等(见表 1-2),以及化学成分不合格、力学性能不合格、尺寸和形状不合格等。这些缺陷大多是在浇注和凝固冷却过程中产生的,主要与铸型、温度、冷却、工艺以及金属熔液本身特性等因素有关。有些缺陷是通过观察就可以发现的,有的需通过检验而查出。

表 1-2　铸件常见缺陷的特征及其产生的主要原因

类别	缺陷名称和特征	主要原因分析
孔洞	**气孔**　铸件内部出现的孔洞,常为梨形、圆形,孔的内壁较光滑	1. 砂型紧实度过高; 2. 型砂太湿,起模、修型时刷水过多; 3. 砂芯未烘干或通气道堵塞; 4. 浇注系统不正确,气体排不出去
	缩孔　铸件厚截面处出现的形状极不规则的孔洞,孔的内壁粗糙 **缩松**　铸件截面上细小而分散的缩孔	1. 浇注系统或冒口设置不正确,无法补缩或补缩不足; 2. 浇注温度过高,金属液收缩过大; 3. 铸件设计不合理,壁厚不均匀无法补缩; 4. 和金属液化学成分有关,铸件中 C、Si 含量少,合金元素多时易出现缩松

续表

类别	缺陷名称和特征	主要原因分析
孔洞	**砂眼** 铸件内部或表面带有砂粒的孔洞 	1. 型砂强度不够或局部没舂紧，掉砂； 2. 型腔、浇口内散砂未吹净； 3. 合箱时砂型局部挤坏，掉砂； 4. 浇注系统不合理，冲坏砂型(芯)
	渣气孔 铸件浇注时的上表面充满熔渣的孔洞，常与气孔并存，大小不一，成群集结 	1. 浇注温度太低，熔渣不易上浮； 2. 浇注时没挡住熔渣； 3. 浇注系统不正确，挡渣作用差
表面缺陷	**机械粘砂** 铸件表面粘附着一层砂粒和金属的机械混合物，使表面粗糙 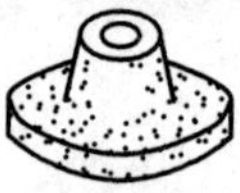	1. 砂型舂得太松，型腔表面不致密； 2. 浇注温度过高，金属液渗透力大； 3. 砂粒过粗，砂粒间空隙过大
	夹砂 铸件表面产生的疤片状金属突起物。表面粗糙，边缘锐利，在金属片和铸件之间夹有一层型砂 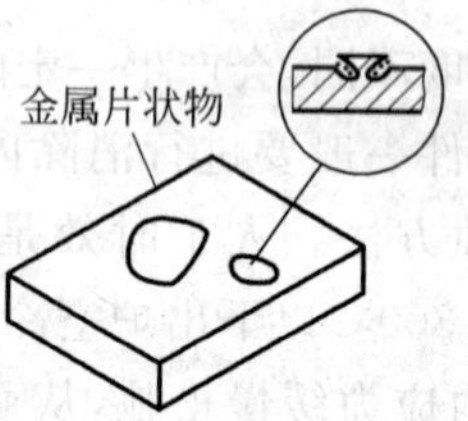 金属片状物	1. 型砂热湿强度较低，型腔表层受热膨胀后易鼓起或开裂； 2. 砂型局部紧实度过大，水分过多，水分烘干后，易出现脱皮； 3. 内浇口过于集中，使局部砂型烘烤厉害； 4. 浇注温度过高，浇注速度过慢
形状尺寸不合格	**偏芯** 铸件内腔和局部形状位置偏错 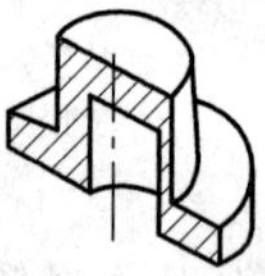	1. 砂芯变形； 2. 下芯时放偏； 3. 砂芯没固定好，浇注时被冲偏
	浇不到 铸件残缺，或形状完整但边角圆滑光亮，其浇注系统是充满的 **冷隔** 铸件上有未完全融合的缝隙，边缘呈圆角 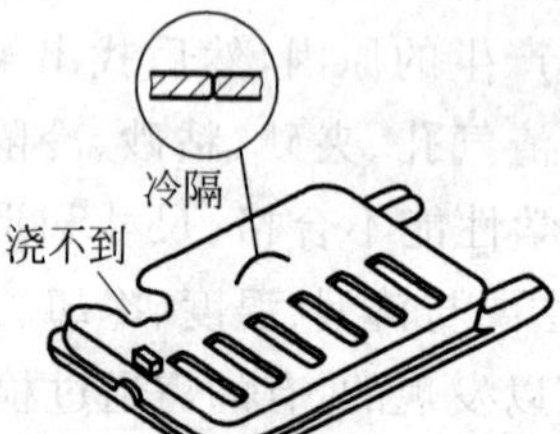 冷隔 浇不到	1. 浇注温度过低； 2. 浇注速度过慢或断流； 3. 内浇道截面尺寸过小，位置不当； 4. 未开出气口，金属液的流动受型内气体阻碍； 5. 远离浇口的铸件壁过薄
	错箱 铸件的一部分与另一部分在分型面处相互错开 	1. 合箱时上、下型错位； 2. 定位销或泥记号不准； 3. 造型时上、下模有错动
裂纹	**热裂** 铸件开裂，裂纹断面严重氧化，呈暗蓝色，外形曲折而不规则 **冷裂** 裂纹断面不氧化，并发亮，有时轻微氧化。呈连续直线状 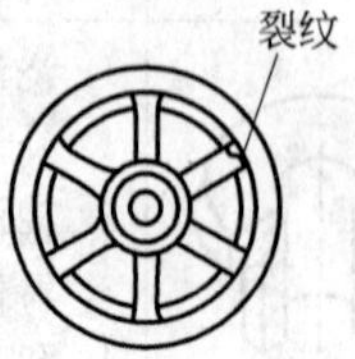 裂纹	1. 砂型(芯)退让性差，阻碍铸件收缩而引起过大的内应力； 2. 浇注系统开设不当，阻碍铸件收缩； 3. 铸件设计不合理，薄厚差别大

1.4 铸造工艺

铸造生产中，首先要根据零件结构特点、技术要求、生产批量和现有生产条件等因素确定铸造工艺，并绘制铸造工艺图。铸造工艺图即表示铸型分型面、浇冒口系统、浇注位置、芯子结构尺寸、控制凝固措施(冷铁、保温衬板)等的图纸。它常常是用文字或用规定颜色的工艺符号把以上内容直接绘制在零件工作图上。铸造工艺图是指导模样和铸型的制造、生产准备和验收等的最基本的工艺文件，也是大批量生产中绘制铸件图、模样图和铸型装配图的主要依据。

绘制铸造工艺图时，首先要正确选择分型面和浇注位置，并在此基础上确定铸件的主要工艺参数等。

1.4.1 铸件浇注位置的选择

浇注位置是指金属浇注时铸件在铸型中所处的空间位置。浇注位置的选择是否正确，对铸件质量影响很大。浇注位置的选择一般应考虑下列原则。

(1) 铸件的重要加工面和主要工作面应朝下或位于侧面。这是因为铸件上部凝固速度慢，晶粒较粗大，易形成缩孔、缩松，而且气体、非金属夹杂物密度小，易在铸件上部形成砂眼、气孔、渣气孔等缺陷。铸件下部的晶粒细小，组织致密，缺陷少，质量优于上部。当铸件有几个重要加工面或重要面时，应将主要的和较大的加工面朝下或侧立。当无法避免在铸件上部出现的加工面时，应适当加大加工余量，以保证加工后铸件的质量。

图 1-25 中机床床身导轨和铸造锥齿轮的锥面都是主要工作面，浇注时应朝下。图 1-26 为吊车卷筒，主要加工面为外圆柱面，采用立位浇注，卷筒的全部圆周表面位于侧面，可保证质量均匀一致。

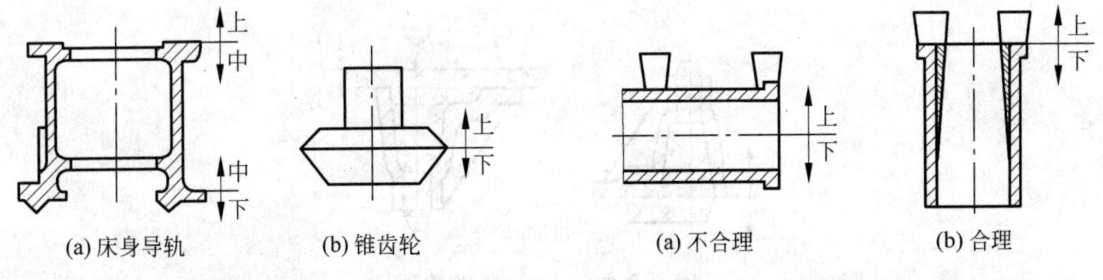

(a) 床身导轨 (b) 锥齿轮

图 1-25 重要工作面的朝下原则

(a) 不合理 (b) 合理

图 1-26 吊车卷筒的浇注位置

(2) 铸件的大平面应朝下。若朝上放置，不仅易产生砂眼、气孔、夹渣等缺陷，而且高温金属液体使型腔上表面的型砂受强烈热辐射的作用急剧膨胀，产生开裂或拱起，在铸件表面造成夹砂结疤缺陷。所以对平板类铸件，合理的放置如图 1-27 所示。

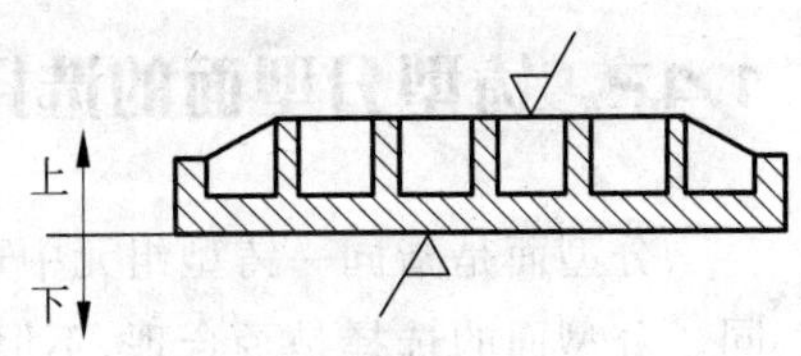

图 1-27 平台的浇注位置

(3) 铸件上面积较大的薄壁部分，应处于铸型的下部或处于垂直、倾斜位置。这样可增加液体的流动性，避免铸件产生浇不到或冷隔缺陷。图 1-28 为箱盖铸件，将薄壁部分置于铸型上部，易产生浇不到、冷隔等缺陷，如图 1-28(a)所示；将薄壁部分改置于铸型下部后，如图 1-28(b)所示，可避免产生浇不到和冷隔等缺陷。

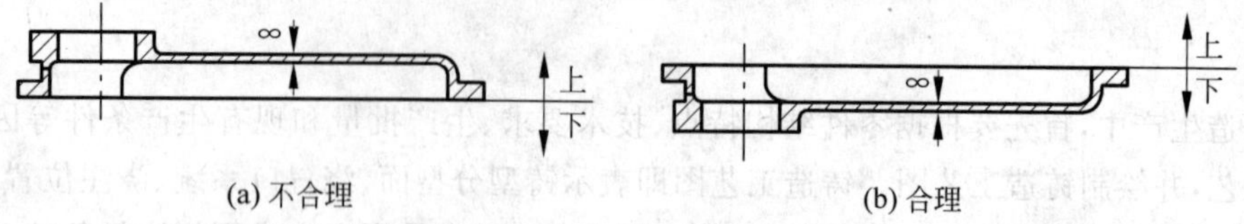

图 1-28 箱盖的浇注位置

(4) 易形成缩孔的铸件，应将截面较厚的部分放在分型面附近的上部或侧面，便于安放冒口，使铸件自下而上，朝冒口方向定向凝固，如图 1-29 所示。

(5) 应尽量减少芯子的数量，便于芯子的安放、固定和排气。图 1-30 为床腿铸件，采用图 1-30(a)方案，中间空腔需一个很大的芯子，增加了制芯的工作量；采用 1-30(b)方案，中间空腔由自带芯形成，简化了造型工艺。图 1-31 为支架的浇注位置的选择方案，图 1-31(b)方案便于合型和排气，且安放芯子牢靠、合理。

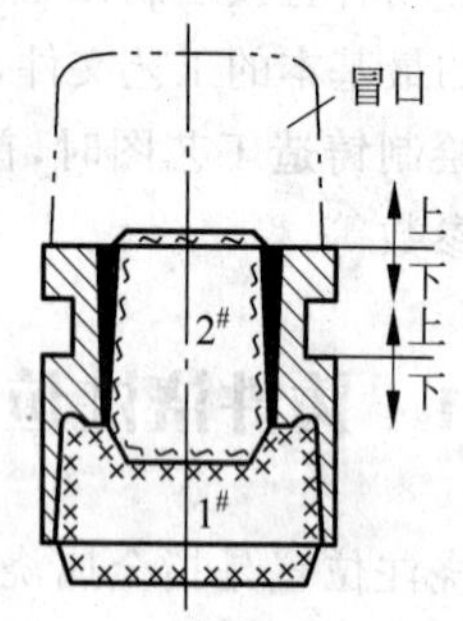

图 1-29 双排链轮的浇注位置

1#，2#—型芯编号

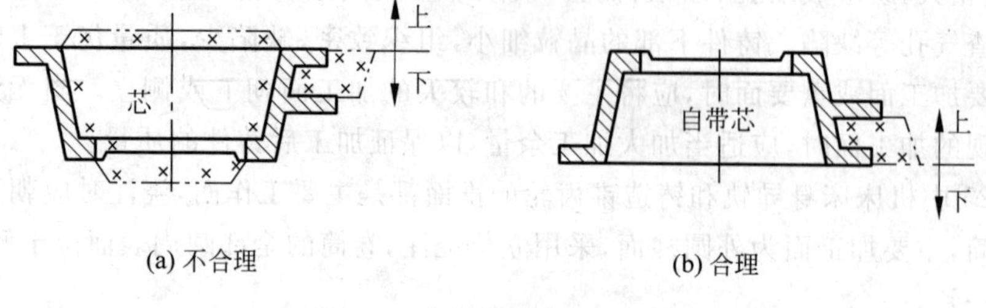

图 1-30 床腿铸件的浇注位置

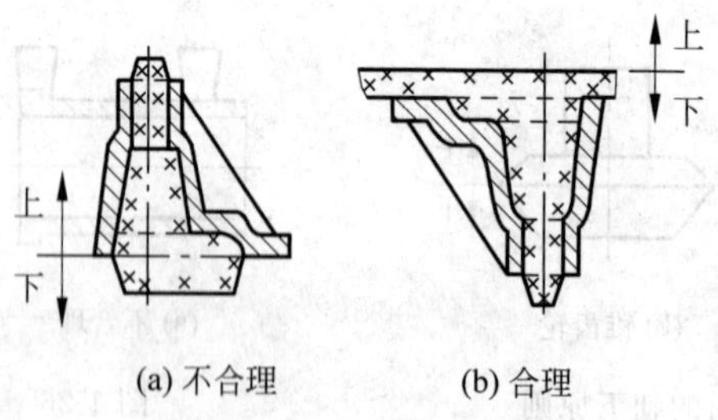

图 1-31 支架的浇注位置

1.4.2 铸型分型面的选择

分型面是指同一铸型组元中可分开部分的分界面。分型面通常与砂箱之间的接触面相同。分型面的选择是否合理，不但影响铸件的质量，而且也影响制模、造型、制芯、合箱等工序的复杂程度，需认真考虑。选择分型面的主要原则如下。

(1) 分型面应选择在铸件的最大截面处,以便于起模。图 1-32 所示为起重臂铸件分型面的选择方案。按图 1-32(b)中所示的分型面为一平直面,可用分模造型、起模方便。如果采用俯视图弯曲对称面为分型面,则需采用挖砂或假箱造型,使造型过程复杂化。

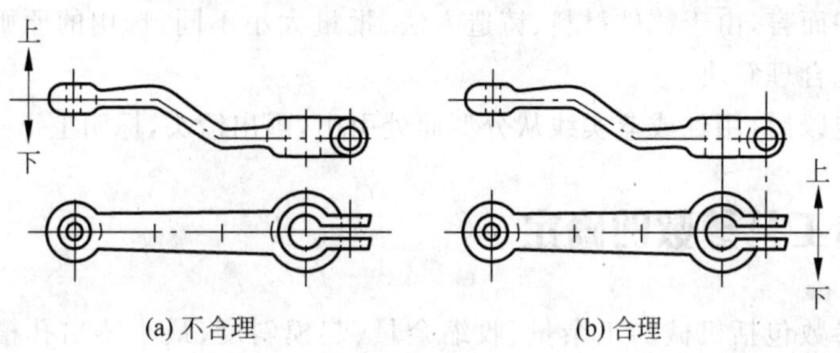

图 1-32 起重臂的分型面

(2) 应使铸型的分型面最少,这样不仅可简化造型过程,而且也可减少因错型造成铸件误差。图 1-33 所示为槽轮铸件分型面的选择方案。图 1-33(a)所示为分离模活砂块两箱造型,轮槽部分用环状活湿砂块形成。虽有一个分型面,但造型时必须用手工操作,多次翻动砂箱才能取出模样,铸件的精度低,生产率低。图 1-33(b)所示有两个分型面,需三箱手工造型,操作复杂。图 1-33(c)所示只有一个分型面,轮槽部分用环状型芯来形成,可用整模两箱机器造型。这样既简化了造型过程,又保证了铸件质量,提高了生产率,是最佳方案。

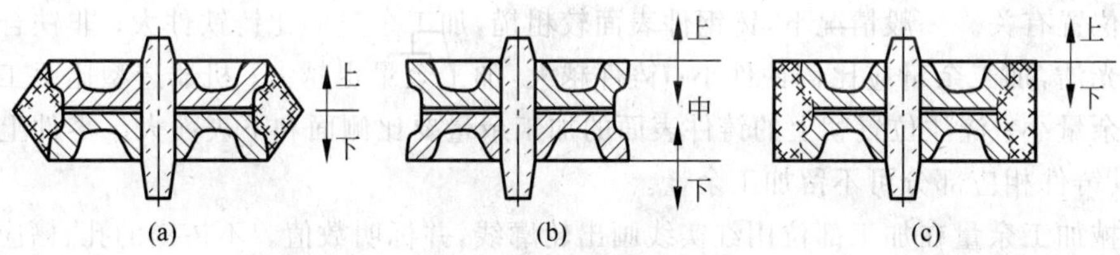

图 1-33 槽轮的分型面

(3) 应尽量使铸件全部或大部分在同一个砂箱内。这样不仅减少了因错箱造成的误差,而且使铸件的基准面与加工面在同一个砂箱内,保证了铸件的位置精度。图 1-34 所示为汽车后轮壳的正确铸造方案。其中 $\phi350$mm 外圆为加工基准面,铸件全部放在下砂箱

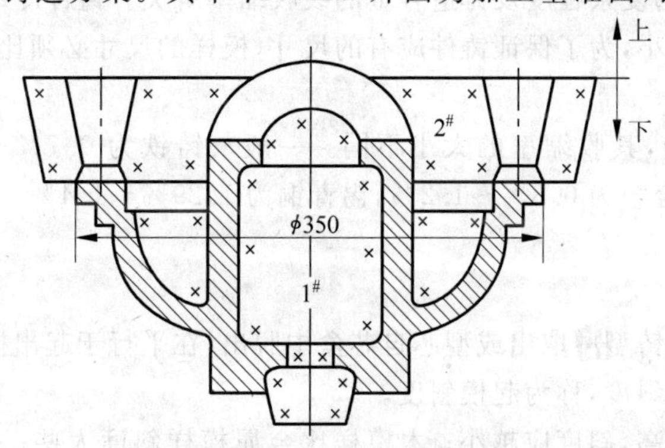

图 1-34 后轮壳的工艺方案

1# —形成内腔型芯; 2# —简化模型型芯

内。机械加工时，卡住 ϕ350mm 的圆周处，加工内孔，可避免因分型面选择不当而造成质量问题。若以 ϕ350mm 圆周顶面为分型面，虽能节省型芯，但分型面上易形成裂缝，有可能在加工完孔后，因壁厚不均匀造成铸件质量降低，甚至报废。

对具体铸件而言，由于铸件材料、铸造方法、批量大小不同，选用的原则也有很大区别，应根据具体情况合理解决。

分型面选定以后，用红或蓝实线从分型面处引出，画出箭头，标明上下。

1.4.3 铸造工艺参数的确定

铸造工艺参数包括机械加工余量、收缩余量、起模斜度、最小铸出孔槽、铸造圆角及芯头、芯座等。

1. 机械加工余量

为进行机械加工，铸件比零件增大的一层金属称为机械加工余量。

加工余量的选择应适当，加工余量如留得过大，不仅使机械加工的工作量增大，而且造成金属材料的浪费；加工余量过小，加工后零件表面因残留黑皮而报废，或因铸件表面有过硬黑皮难以加工而加速刀具的磨损。

铸件机械加工余量的选择与铸造合金的种类、铸件的大小、生产方法及加工面在浇注时所处的位置有关。一般情况下，铸钢件表面较粗糙，加工余量应比铸铁件大；非铁合金铸件表面较光洁，加工余量应比铸铁件小；铸件越大，加工余量也越大；机器造型比手工造型铸件加工余量小；浇注位置朝上的铸件表面的加工余量要比侧面和下表面大。零件上的非加工面，其铸件相应部分可不留加工余量。

机械加工余量在加工部位用红实线画出轮廓线，并标明数值。不铸出的孔、槽应打上红叉，如果是在剖面上，可画红色剖面线，或全部涂红色。

2. 收缩余量

为补偿铸件收缩，模样比铸件图纸尺寸增大的数值称为收缩余量。收缩余量的大小与铸件尺寸大小、结构的复杂程度及铸造合金的线收缩率有关。铸件冷却后，由于铸造合金的线收缩使铸件尺寸减小，为了保证铸件应有的尺寸，模样的尺寸必须比铸件的对应尺寸加大一个收缩量。

不同的铸造合金，其收缩率的大小不同。一般灰铸铁为 0.7%～1.0%，铸造碳钢为 1.5%～2.0%，铝硅合金为 0.8%～1.2%，锡青铜为 1.29%～1.4%。

3. 起模斜度

为了使模样易从铸型中取出或型芯自芯盒中脱出，在平行于起出模样的方向上，模样壁上都应留出一定的倾斜度，称为起模斜度。

一般模样立壁越高，斜度应越小；木模样比金属模样斜度大些；手工造型比机器造型的模样斜度大些。铸件外壁的起模斜度为 1°～3°，而内壁的起模斜度为 3°～10°。零件上的结构斜度与起模斜度一致时，模样上可不加起模斜度。对于形状简单、起模无困难的模样可不加起模斜度。

4. 最小铸出孔和槽

零件上的孔与槽是否铸出,不仅取决于工艺上的可能性,而且还必须考虑生产的经济条件。一般说来,较大的孔、槽应当铸出,以减少切削加工的工时,节约金属。较小的孔、槽,因增加了铸造工艺的难度,不铸出留待切削加工反而更经济。最小铸出孔、槽的尺寸,一般由铸造合金的种类、生产批量等因素决定。灰铸铁件最小铸出孔(毛坯孔径)推荐如下:单件、小批量生产取 30～50mm,成批生产时取 15～30mm,大批量生产时取 12～15mm。对于零件图上不要求加工的孔、槽,不论尺寸大小,一般都应铸出来。

5. 铸造圆角

模样上相交壁的交角处做成的圆弧过渡称为铸造圆角。铸造圆角既可防止铸件壁的交接处因材料聚积和应力集中而产生缩孔和裂纹,同时,也便于液体金属在型腔中流动而不冲坏铸型。

6. 型芯头

为了在铸型中形成支撑型芯的空腔,模样比铸件多出的突出部分称为型芯头,而由模样的型芯头在铸型中形成的空腔称为型芯座。有时把型芯上与型芯座配合的部位也称为型芯头。型芯座只是用来安放型芯的型芯头,不形成铸件的轮廓。

型芯头的尺寸和形状要根据型芯在铸型中安放是否稳定、下型芯是否方便而定。型芯头与型芯座间应有 1～4mm 的间隙,以便顺利安放型芯。芯头形式和结构如图 1-35、图 1-36 所示。

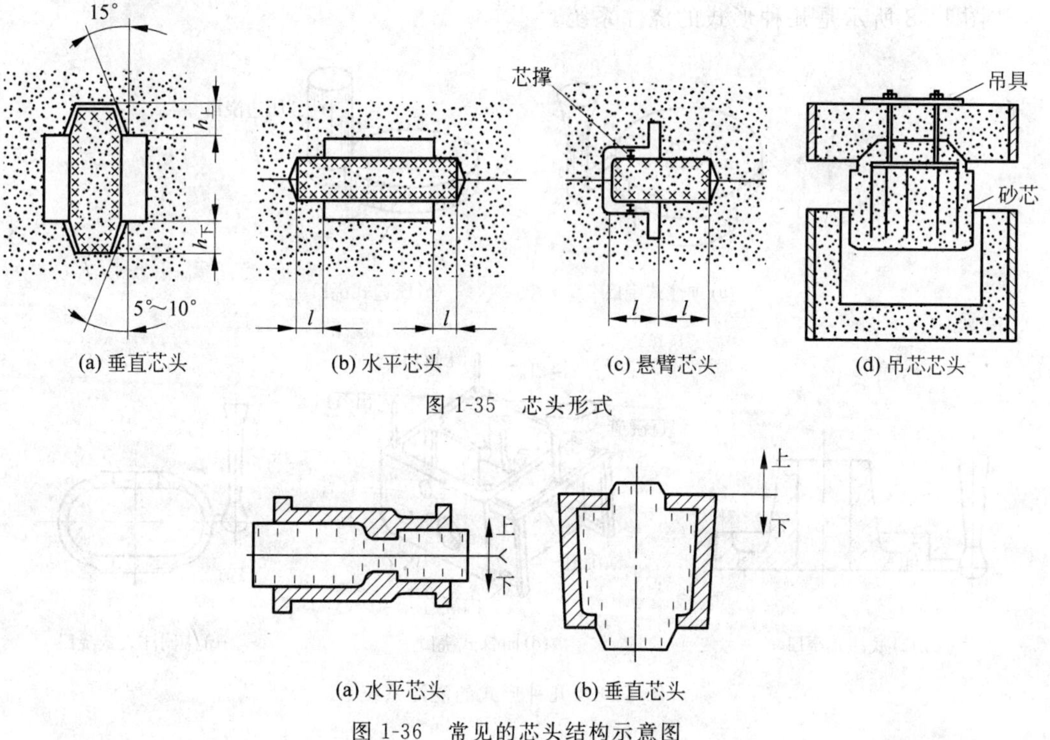

(a) 垂直芯头　(b) 水平芯头　(c) 悬臂芯头　(d) 吊芯芯头

图 1-35 芯头形式

(a) 水平芯头　(b) 垂直芯头

图 1-36 常见的芯头结构示意图

1.4.4 浇冒口系统

浇注系统是为填充金属液而开设于铸型中的一系列通道，也叫浇口。浇注系统通常由外浇道、直浇道、横浇道和内浇道组成。图 1-37 所示为典型的浇注系统。

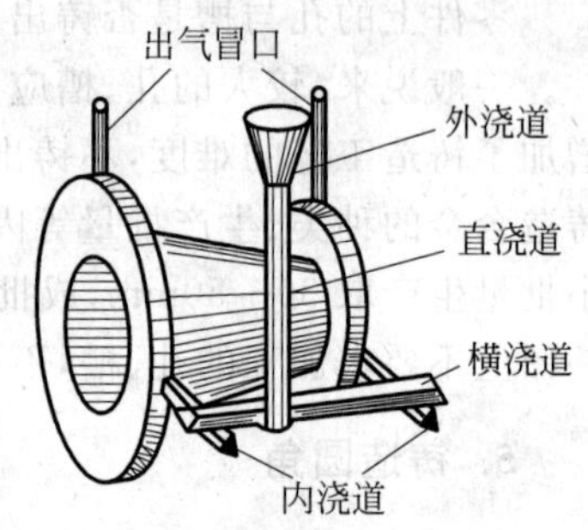

图 1-37 典型的浇注系统

浇注系统与铸件质量有密切关系。生产中常因浇口设置不当而导致冲砂、砂眼、气孔、浇不到、冷隔和裂纹等铸件缺陷。在浇注过程中浇注系统各组元的作用如下。

(1) 外浇道。也叫外浇口，常用的外浇道有漏斗形和浇口盆两种形式。造型时将直浇道上部扩大成漏斗形外浇道，因结构简单，常用于中小型铸件的浇注。浇口盆用于大中小铸件的浇注。外浇道的作用是承受来自浇包的金属液，缓和金属液的冲刷，使它平稳地流入直浇道。

(2) 直浇道。直浇道是浇注系统中的垂直通道，其形状一般是一个有锥度的圆柱体。它的作用是将金属液从外浇道平稳地引入横浇道，并形成充型的静压力。

(3) 横浇道。横浇道是连接直浇道和内浇道的水平通道，截面形状多为梯形。它除向内浇道分配金属液外，主要起挡渣作用，阻止夹杂物进入型腔。为了便于集渣，横浇道必须开在内浇道上面，末端距最后一个内浇道要有一段距离。

(4) 内浇道。内浇道是引导金属液进入型腔的通道，截面形状为扁梯形、三角形或月牙形，其作用是控制金属液流入型腔的速度和方向，调节铸型各部分温度分布。

图 1-38 所示是几种形式的浇注系统。

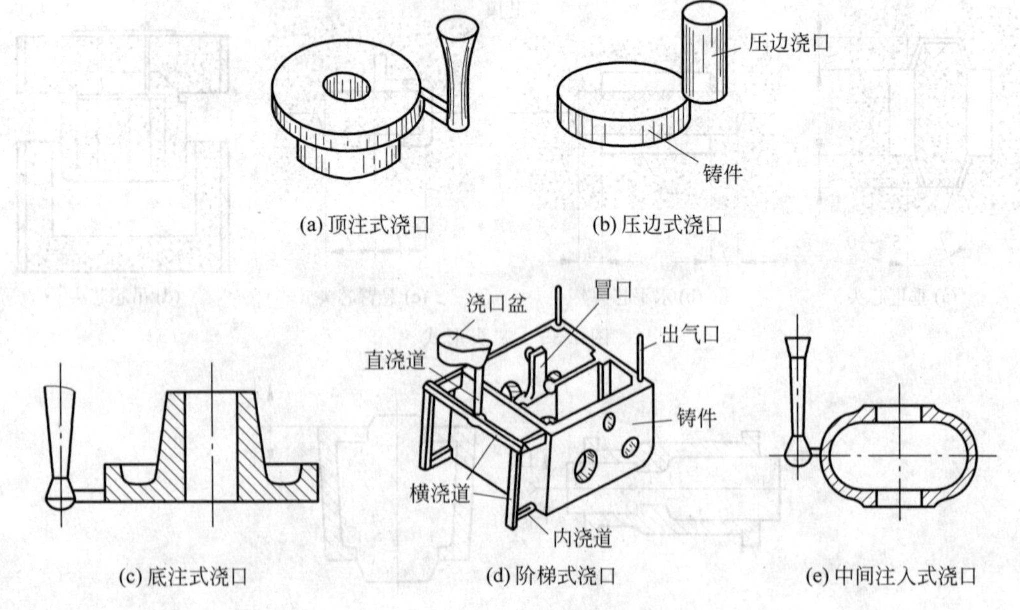

图 1-38 几种形式的浇注系统

(5) 冒口。常见的缩孔、缩松等缺陷是由于铸件冷却凝固时体积收缩而产生的。为防止缩孔和缩松,往往在铸件的顶部或厚实部位设置冒口。冒口是指在铸型内特设的空腔及注入该空腔的金属(图 1-37 和图 1-38)。冒口中的金属液可不断地补充铸件的收缩,从而使铸件避免出现孔洞。清理时冒口和浇注系统均被切除掉。冒口除了补缩作用外,还有排气和集渣的作用。

1.4.5 铸造工艺图

铸造工艺图是在零件图上,以规定的符号表示分型面、型芯结构尺寸、浇冒口系统和各项工艺参数等工艺内容所得到的图形。单件、小批量生产时,铸造工艺图用红蓝色线条画在零件图上。图 1-39 所示为滑动轴承的零件图和铸造工艺图,图中分型面、分模面、活块、加工余量、拔模斜度和浇冒口系统等用红线画出,不铸出的孔用红线打叉,铸造收缩率用红字注在零件图右下方,芯头边界和型芯剖面符号用蓝线画出。

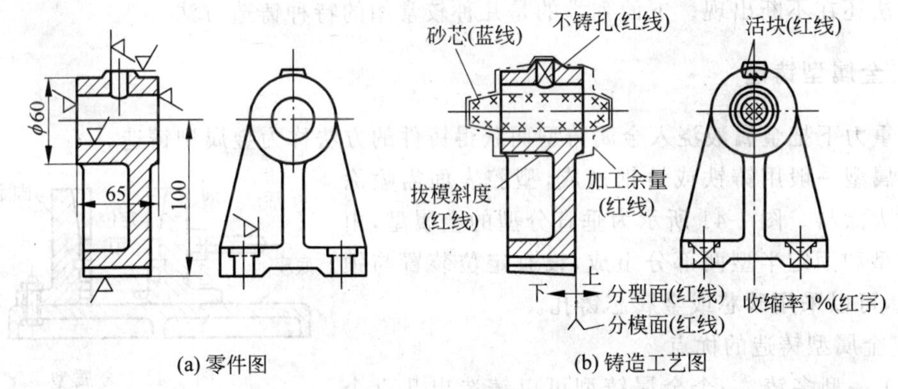

图 1-39 滑动轴承的零件图和铸造工艺图

1.4.6 模样的结构特点

铸造工艺图确定后,铸件、模样和芯盒的形状、尺寸随即相应确定。图 1-40 所示为木质模样、芯盒和铸件的结构,成批、大批量生产时则用塑料模样和金属模样。

与零件(图 1-39(a))相比,铸件结构的差别是:各加工面有加工余量厚度;垂直于分型面的加工面应有斜度;铸件上三个小孔不铸出,该处成为实心结构,见图 1-40(c)。

模样是用木材、金属或其他材料制成,用来形成铸型型腔的工艺装备。与铸件相比,模样的结构特点是:模样主体形状、尺寸与铸件一致,但每个尺寸都相应加上了金属收缩量,以抵消铸件在铸造过程中的尺寸收缩;模样上对应于用型芯形成的孔或外形部位,应做出凸出的芯头(见图 1-40(a))。滑动轴承模样为整体模带一个活块和一个芯头。

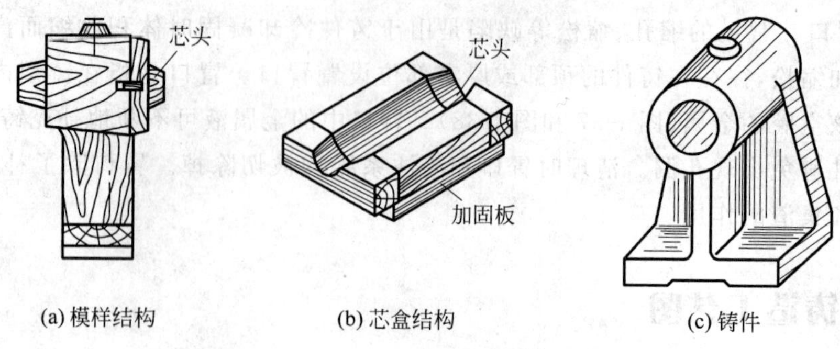

(a) 模样结构　　(b) 芯盒结构　　(c) 铸件

图 1-40　滑动轴承的模样和铸件结构图

1.5 特种铸造

除普通砂型铸造以外的其他铸造方法统称为特种铸造。特种铸造方法很多，而且各种新方法还在不断出现。下面列举的是几种较常用的特种铸造方法。

1. 金属型铸造

在重力下把金属液浇入金属铸型而获得铸件的方法称为金属型铸造。

金属型一般用铸铁或铸钢做成，型腔表面需喷涂一层耐火涂料。图 1-41 所示为垂直分型的金属型，由活动半型和固定半型两部分组成，设有定位装置与锁紧装置，可以采用砂芯或金属芯铸孔。

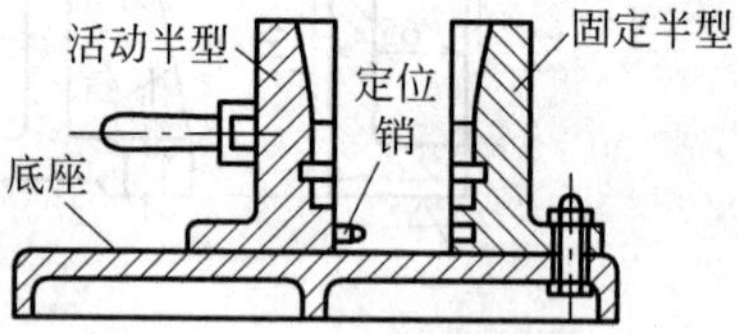

活动半型　固定半型　定位销　底座

图 1-41　金属型

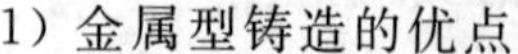

1）金属型铸造的优点

（1）一型多铸，一个金属铸型可以铸造出几百个甚至几万个铸件；

（2）生产率高；

（3）冷却速度较快，铸件组织致密，力学性能较好；

（4）铸件表面光洁，尺寸准确，铸件尺寸公差等级可达 CT6～CT9（尺寸公差 0.5～2.2mm）。

2）金属型铸造的缺点

（1）金属型成本高，加工费用大；

（2）金属型没有退让性，不宜生产形状复杂的铸件；

（3）金属型冷却快，铸件易产生裂纹。

金属型铸造常用于大批量生产有色金属铸件（如铝、镁、铜合金铸件），也可浇注铸铁件。

2. 压力铸造

压力铸造是将金属液在高压下高速充型，并在压力下凝固获得铸件的方法。其压力从几到几十兆帕，铸型材料一般采用耐热合金钢。用于压力铸造的机器称为压铸机。压铸机的种类很多，目前应用较多的是卧式冷压室压铸机，其生产工艺过程如图 1-42 所示。

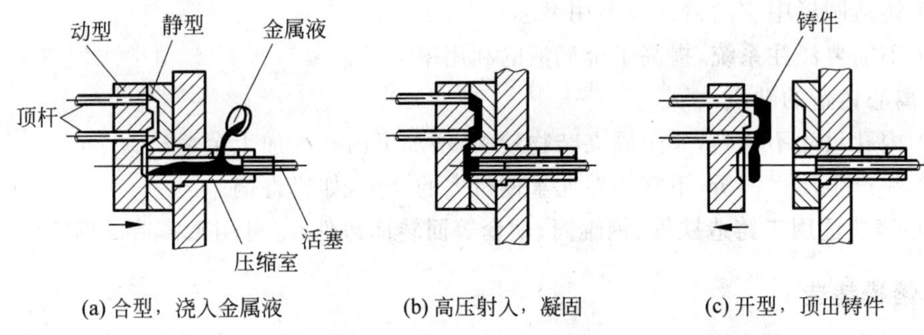

(a) 合型，浇入金属液 (b) 高压射入，凝固 (c) 开型，顶出铸件

图 1-42 压铸工艺过程示意图

1）压力铸造的优点

（1）由于金属液在高压下成形，因此可以铸出壁很薄、形状很复杂的铸件；

（2）压铸件在高压下结晶凝固，组织致密，其力学性能比砂型铸件提高 20%～40%；

（3）压铸件表面粗糙度 Ra 值可达 3.2～0.8μm，铸件尺寸公差等级可达 CT4～CT8（尺寸公差 0.26～1.6mm），一般不需再进行机械加工，或只需进行少量机械加工；

（4）生产率很高，每小时可生产几百个铸件，而且易于实现半自动化、自动化生产。

2）压力铸造的缺点

（1）铸型结构复杂，加工精度和表面粗糙度要求很严，成本很高；

（2）不适于压铸铸铁、铸钢等金属，因浇注温度高，铸型的寿命很短；

（3）压铸件易产生皮下气孔缺陷，不宜进行机械加工和热处理，否则气孔会暴露出来，形成凸瘤。

压力铸造适用于有色合金的薄壁小件大批量生产，在航空、汽车、电器和仪表工业中广泛应用。

3. 离心铸造

离心铸造是将金属液浇入旋转的铸型中，然后在离心力的作用下凝固成形的铸造方法，其原理如图 1-43 所示。离心铸造一般都是在离心铸造机上进行的，铸型多采用金属型，可以围绕垂直轴或水平轴旋转。

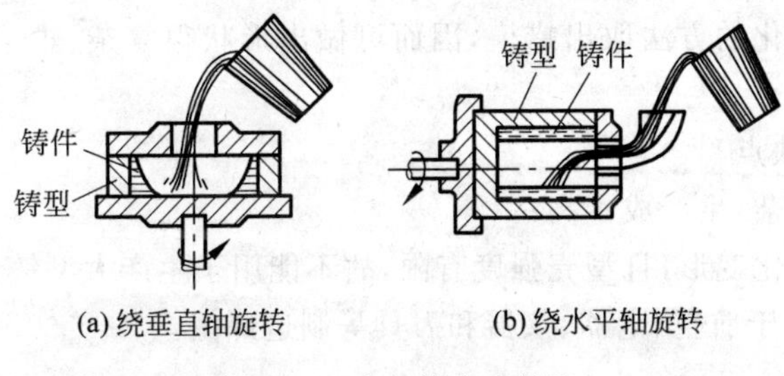

(a) 绕垂直轴旋转 (b) 绕水平轴旋转

图 1-43 离心铸造示意图

1）离心铸造的优点

（1）合金液在离心力的作用下凝固，组织细密，无缩孔、气孔、渣眼等缺陷，铸件的力学性能较好；

(2) 铸造圆形中空的铸件可不用型芯；

(3) 不需要浇注系统，提高了金属液的利用率。

2) 离心铸造的缺点

(1) 内孔尺寸不精确，非金属夹杂物较多，增加了内孔的加工余量；

(2) 易产生比重偏析，不宜铸造比重偏析大的合金，如铅青铜。

离心铸造适用于铸造铁管、钢辊筒、铜套等回转体铸件，也可用来铸造成形铸件。

4. 熔模铸造

熔模铸造是用易熔材料(如蜡料)制成模样(称蜡模)，用加热的方法使模样熔化流出，从而获得无分型面、形状准确的型壳，经浇注获得铸件的方法，又称失蜡铸造。

图 1-44 为叶片的熔模铸造工艺过程示意图。先在压型中做出单个蜡模(图 1-44(a))，再把单个蜡模焊到蜡质的浇注系统上(统称蜡模组，见图 1-44(b))。随后在蜡模组上分层涂挂涂料及撒上石英砂，并硬化结壳。熔化蜡模，得到中空的硬型壳(图 1-44(c))。型壳经高温焙烧去掉杂质后浇注(图 1-44(d))。冷却后，将型壳打碎取出铸件。熔模铸造的型壳也属于一次性铸型。

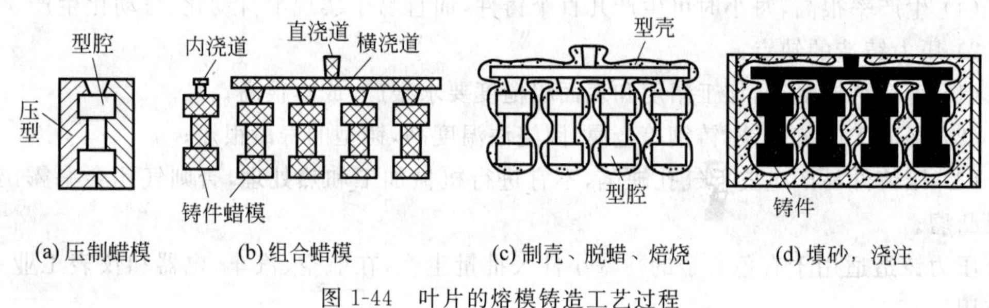

图 1-44 叶片的熔模铸造工艺过程

1) 熔模铸造的优点

(1) 铸件精度高，铸件尺寸公差等级可达 CT4～CT7(尺寸公差 0.26～1.1mm)，表面粗糙度 Ra 值可达 6.3～1.6μm，一般可以不再机械加工；

(2) 适用于各种铸造合金，特别是对于熔点很高的耐热合金铸件，它几乎是目前惟一的铸造方法，因为型壳材料是耐高温的；

(3) 因为是用熔化的方法取出蜡模，因而可做出形状很复杂、难于机械加工的铸件，如汽轮机叶片等。

2) 熔模铸造的缺点

(1) 工艺过程复杂，生产成本高；

(2) 因蜡模易软化变形，且型壳强度有限，故不能用于生产大型铸件。

熔模铸造广泛用于航空、电器、仪器和刀具等制造部门。

5. 消失模铸造

消失模铸造是将高温金属液浇入包含泡沫塑料模样在内的铸型内，模样受热逐渐气化燃烧，从铸型中消失，金属液逐渐取代模样所占型腔的位置，从而获得铸件的方法，也称为实型铸造。

消失模铸造是20世纪60年代出现，80年代迅速发展起来的一种铸造新工艺。与传统的砂型铸造相比，有下列主要区别：一是模样采用特制的可发泡聚苯乙烯(EPS)珠粒制成，这种泡沫塑料密度小，570℃左右气化、燃烧，气化速度快、残留物少；二是模样埋入铸型内不取出，型腔由模样占据；三是铸型一般采用无黏结剂和附加物质的干态石英砂振动紧实而成，对于单件生产的中大型铸件可以采用树脂砂或水玻璃砂按常规方法造型。消失模铸造工艺过程如图1-45所示。

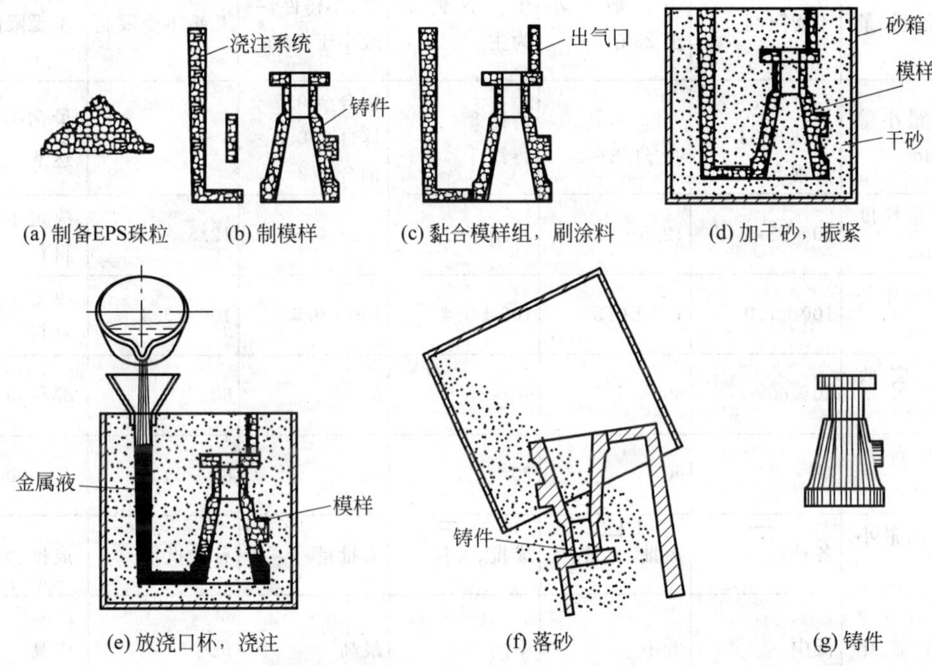

图1-45　消失模铸造工艺过程示意图

1）消失模铸造的优点

(1) 铸件质量好。无拔模、下芯、合型等导致尺寸偏差的工序，使铸件尺寸精度提高；由于模样表面覆盖有涂料，使铸件表面粗糙度降低。铸件尺寸公差等级一般为CT5～CT7，表面粗糙度 Ra 值为6.3～12.5μm。铸型无分型面，不产生飞边、毛刺等缺陷，铸件外观光整。

(2) 生产效率高。简化了制模、造型、落砂、清理等工序，使生产周期缩短。

(3) 生产成本低。省去木材、型砂黏结剂等原辅材料和相应设备及制造费用。

(4) 适用范围广。对合金种类、铸件尺寸及生产数量几乎没有限制。

2）消失模铸造的缺点

(1) 泡沫塑料模是一次性的，报废一个铸件就会大大提高生产成本。

(2) 铸件易产生与泡沫塑料模有关的缺陷，如黑渣、皱纹、增碳、气孔等。

(3) 泡沫塑料模气化形成的烟雾、气体对环境有一定的污染。

与其他特种铸造方法相比，消失模铸造应用范围广泛，如压缩机缸体、水轮机转轮体、大型机床床身、冲压和热锻模具以及铝合金汽车发动机缸体、缸盖、进气管等。铸件重量可从1kg到几十吨。

表1-3中列出对几种铸造方法的比较。

表 1-3　几种铸造方法的比较

比较项目	砂型铸造	熔模铸造	金属型铸造	压力铸造	消失模铸造	离心铸造
适用合金范围	各种合金	非合金钢、合金钢、有色金属	各种合金，以有色金属为主	有色金属	各种合金	铸铁、铸钢、铜合金
适用铸件大小及质量范围	不受限制	一般小于25kg	中、小铸件为主	中、小铸件，一般小于10kg	几乎不受限制	不受限制
铸件最小壁厚/mm	铝合金3 铸铁3～4 铸钢5	0.5～0.7 孔 ϕ1.5～2	铸铝3 铸铁5	铝合金0.5 锌合金0.3 铜合金2	3～4	最小内孔达 ϕ7
表面粗糙度 $Ra/\mu m$	50～12.5	12.5～1.6	12.5～6.3	3.2～0.8	12.5～6.3	决定于铸型材料
铸件尺寸公差/mm	100±1.0	100±0.3	100±0.4	100±0.3	100±0.3	决定于铸型材料
工艺实收率①/%	30～60	60	40～50	60	60	85～95
毛坯利用率②/%	70	90	70	95	80～90	70～90
投产的最小批量	各种批量	成批、大量	成批、大量	大批量	各种批量	成批、大量
生产率（一般机械化程度）	低中	低中	中高	最高	低中	中高
应用举例	机床床身、支座、轴承盖、曲轴、汽缸盖、汽缸体、水轮机等	刀具、叶片、自行车零件、机床零件刀杆、风动工具等	铝活塞、水暖器材、水轮机叶片、一般有色合金铸件等	汽车化油器、缸体、喇叭、电器、仪表、照相机壳及支架等	压缩机缸体、汽车件模具、轿车铝缸体、缸盖等	各种铸铁管、套筒、环、辊、叶轮、滑动轴承等

① 工艺实收率＝(铸件质量/(铸件质量＋浇冒口质量))×100%；

② 毛坯利用率＝(零件质量/铸件质量)×100%。

1.6　铸造技术的发展趋势

随着科学技术尤其是高技术的迅速发展和全球可持续发展战略的实施，现代铸造技术正朝着铸件的高性能化、精密化、轻薄化、清洁化、专业化、智能化及网络化的方向发展。

(1) 不断提高铸件的外观质量和内在质量，实现铸件的高性能化、精密化、轻薄化。应大力发展和应用树脂自硬砂、冷芯盒自硬工艺、湿芯盒法及壳型(芯)法以及涂料技术，尤其是转移涂料技术(非占位涂料)；采用特种铸造和现代铸造方法(如精密铸造、压力铸造、低压铸造和实型铸造等)，来实现铸件外观质量的精密化及近无余量精密成形；大力发展和应用铸铁感应电炉熔炼工艺、先进的铁液脱硫技术和过滤技术，采用氩气净化、钙线射入净化、AOD 精炼工艺和 VOD 精炼工艺等钢液精炼技术；并应加强金属基复合材料的开发和应用等，从而大幅度改善铸件的内在质量，提高铸件的性能，实现铸件的轻量化和薄壁化。

(2) 实现绿色集约化铸造，保证可持续发展。铸造应不断应用新技术、新工艺、新材料、新设备，实现低消耗、低污染或无污染及铸造生产的宜人化环境，生产清洁化的产品。

(3) 实现专业化铸造生产。规模经营、技术先进、管理良好是现代企业的基本要素，专业化生产、规模经营有利于提高技术水平，实现机械化、自动化、智能化生产，提高产品质量，降低生产成本，提高效益。

(4) 加强计算机和机器人(机械手)的应用，实现铸造生产的集成化、智能化、网络化和虚拟化。计算机技术几乎被应用到铸造生产的各个环节，且应用范围还在不断扩大。在计算机辅助设计上，已由二维发展到三维，并向集成化、智能化、网络化、虚拟化和绿色化方向发展。以三维造型为基础的 CAD/CAE/CAPP/CAM 的集成，尤其进一步与 RPM 的集成，可以构成一个闭环快速产品开发系统，在并行工程(concurrent engineering，CE)环境下，能对产品设计进行快速评价和修改，以响应市场大规模客户化生产的需要。铸造 CAE 技术的高度集成，包括多物现场(温度场、流动场、应力应变场等)的集成、多合金材质的集成及多铸造方式的集成。铸造生产智能化是基于铸造 CAE 技术、铸造专家系统从信息处理系统来实现，能实现铸造缺陷的自动预报、自动反馈与自动响应，完成最佳铸造工艺的智能决策。网络化是利用信息高速公路或互联网互联的协同 CAD，实现计算机支持协同工作，达到远程设计和制造的目的。在计算机检测与控制上，主要用于型砂性能及砂处理过程的在线检测与控制、熔炼过程的在线检测与控制、金属液质量的炉前快速检测与监控、铸件成形过程的检测与控制及铸件成品质量的检验等方面。随着人工智能技术水平的提高，机械手和机器人在工作环境恶劣的铸造生产中的应用将会越来越多。

复习思考题

1. 什么是砂型铸造？砂型铸造主要有哪些工序？
2. 常用铸造材料有哪些？各自应用于什么场合？
3. 湿型砂应具备哪些性能？这些性能如何影响铸件的质量？
4. 简述手工造型的操作基本技术。
5. 简述手工造芯的操作基本技术。
6. 手工造型和机器造型相比较，各有什么优缺点？
7. 什么叫分型面？选择分型面应考虑哪些问题？
8. 模样、铸件、零件之间有什么区别和联系？
9. 何谓铸造工艺参数？包括哪些内容？
10. 浇注系统由哪几部分组成？各部分起什么作用？
11. 常见铸造缺陷有哪些？试述其产生的原因。
12. 简述挖砂造型的操作要领。

2 锻压

基本要求

(1) 了解锻压的分类、成形的特点与应用。

(2) 了解锻造材料的加热目的及碳钢的锻造温度范围。

(3) 熟悉锻件的冷却方法及选择。

(4) 掌握自由锻的基本工序,会初步制定简单锻件锻造工序。

(5) 了解冲压基本工序及应用。

2.1 锻压概述

锻压是锻造和冲压的总称。它是对坯料施加外力,使其产生塑性变形,以改变坯料尺寸、形状,并改善其性能的一种加工方法。锻压方法的分类及其生产过程如图 2-1 所示。

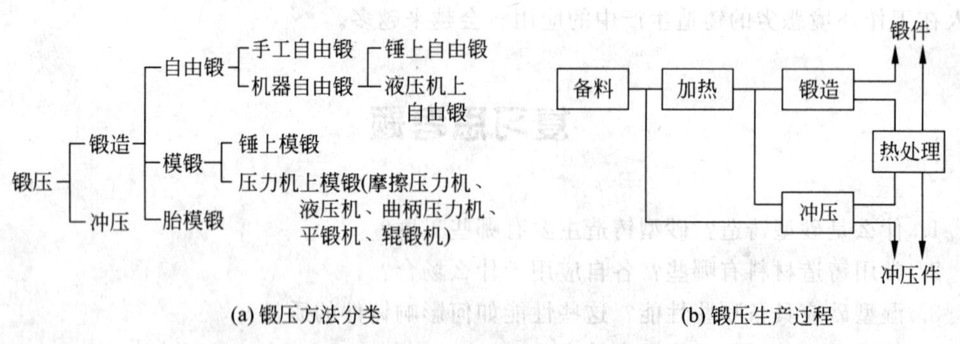

(a) 锻压方法分类　　(b) 锻压生产过程

图 2-1　锻压方法分类与锻压生产过程

锻压属于塑性成形。用于锻压的材料必须具有良好的塑性,以便在锻压时能产生较大的塑性变形而不破裂。常用于锻压的材料中,钢的含碳量和合金元素的含量越少,其塑性越好;常用的有色金属(如铜、铝)及其合金都具有良好的塑性;有些非金属材料和复合材料也可用于锻压。塑性差的材料(如铸铁)不能锻压。

锻造中小型零件的毛坯,常以圆钢或方钢为坯料;大型零件的毛坯多以铸锭为坯料;冲压则用板料。经锻造或冲压后的工件称为锻件或冲压件。

锻压生产的特点和应用如下。

(1) 能改善金属的组织，提高其力学性能。这是由于加工时的塑性变形可以使金属坯料获得较细密的晶粒，并能消除钢锭遗留下来的内部缺陷（微裂纹、气孔等），合理控制零件的纤维方向，因而制成的产品力学性能较好。

(2) 能节约金属，提高经济效益。由于锻造可使坯料的体积重新分配，获得更接近零件外形的毛坯，加工余量小，因此在零件的制造过程中材料损耗少。如制造直径为 ϕ8mm、长22mm 的螺钉，锻压加工所用的材料仅为切削加工的1/3。

(3) 能加工各种形状及重量的产品。如形状简单的螺钉，形状复杂的多拐曲轴；重量极轻的表针及重达数百吨的大轴。

锻压与铸造相比也有其不足之处，锻造不适合加工形状极为复杂的零件。

锻压是机械制造中提供机械零件毛坯的主要加工工艺之一。如承受重载荷、冲击载荷的重要机械零件（主轴、连杆、重要的齿轮及炮筒等），多以锻件为毛坯；汽车、拖拉机、航空、家用电器、仪器仪表等工业中广泛使用的是板料冲压件。

2.2 锻造生产过程

锻造生产的过程主要包括下料—加热—锻打成形—冷却—热处理等。

1. 下料

下料是根据锻件的形状、尺寸和重量从选定的原材料上截取相应的坯料。中小型锻件一般以热轧圆钢或方钢为原材料。锻件坯料的下料方法主要有剪切、锯割、氧气切割等。大批量生产时，剪切可在锻锤或专用的棒料剪切机上进行，生产效率高，但坯料断口质量较差。锯割可在锯床上使用弓锯、带锯或圆盘锯进行，坯料断口整齐，但生产率低，主要适用于中小批量生产。采用砂轮锯片锯割可大大提高生产率。氧气切割设备简单，操作方便，但断口质量也较差，且金属损耗较多，只适用于单件、小批量生产的条件，特别适合于大截面钢坯和钢锭的切割。

2. 坯料的加热

1) 加热的目的和要求

除少数具有良好塑性的金属可在常温下锻造外，大多数金属都应加热后锻造成形。

锻造时，将金属加热，能降低其变形抗力，提高其塑性，并使内部组织均匀，以便达到用较小的锻造力来获得较大的塑性变形而不破裂的目的。

一般来说，金属加热温度越高，金属的强度和硬度越低，塑性也就越高。

金属锻造时，允许加热的最高温度，称为始锻温度。金属在锻造过程中，热量逐渐散失，温度下降。金属温度降低到一定程度后，不但锻造费力，而且易开裂，所以必须停止锻造，重新加热。金属停止锻造的温度称为终锻温度。

2) 锻造温度范围

锻造温度范围是指金属开始锻造的温度（始锻温度）到锻造终止的温度（终锻温度）之间的温度区间。

(1) 始锻温度的确定原则

使金属在加热过程中不产生过热、过烧缺陷的前提下,尽可能的取高一些。这样便扩大了锻造温度的范围,以便有充裕的时间进行锻造,减少加热次数,提高生产率。

(2) 终锻温度的确定原则

在保证金属停锻前有足够塑性的前提下,终锻温度应取低一些,以便停锻后能获得较细密的内部组织,从而获得较好性能的锻件。但终锻温度过低,金属难以继续变形,易出现锻裂现象和损伤锻造设备。

常用金属材料的锻造温度范围如表 2-1 所示。

表 2-1　常用材料的锻造温度范围

种类	牌号举例	始锻温度/℃	终锻温度/℃
低碳钢	20,Q235A	1200～1250	700
中碳钢	35,45	1150～1200	800
高碳钢	T8,T10A	1100～1150	800
合金钢	30Mn2,40Cr	1200	800
铝合金	2A12(LY12)	450～500	350～380
铜合金	HPb59-1	800～900	650

金属加热的温度可用仪表来测定,但在实际生产中,一般凭经验,通过观察被加热锻件的火色来判断。碳素钢的火色与其对应温度关系如表 2-2 所示。

表 2-2　碳素钢加热温度与其火色的对应关系

火色	黄白	淡黄	黄	淡红	樱红	暗红	赤褐
温度/℃	1300	1200	1100	900	800	700	600

3) 加热缺陷及防止措施

金属在加热过程中可能产生的缺陷有:氧化、脱碳、过热、过烧和裂纹等。

(1) 氧化

在高温下,工件的表层金属与炉气中的氧化性气体(O_2,H_2O 和 SO_2)等发生化学反应而生成氧化皮,造成金属烧损,烧损量占总重量的 2%～3%。下料时,应考虑这个烧损量。严重的氧化会造成锻件表面质量下降,若是模锻,还会加剧锻模的磨损。

减少氧化的措施是在保证加热质量的前提下,尽量采用快速加热并避免金属在高温下停留时间过长;还应控制炉气中的氧化性气体,如严格控制送风量或采用中性、还原性气体加热等措施。

(2) 脱碳

金属在高温下长时间与氧化性炉气接触发生化学反应,造成表层中碳元素的烧损而降低金属表层碳的含量,这种现象称为脱碳。脱碳后,金属表层的硬度和强度会明显降低,从而影响锻件质量。

减少脱碳的方法与减小氧化的措施相同。

(3) 过热

当金属加热温度过高或在高温下停留时间过长时,其内部组织会迅速长大变粗,这种现象叫做过热。过热的金属在锻造时容易产生裂纹，力学性能变差。如果锻后发现过热组织，可用热处理(如正火或调质)方法将其消除，使内部组织细化、均匀。

(4) 过烧

当金属的加热温度过高到接近熔化温度时，其内部晶粒间的结合力将完全失去，一经锻造就会碎裂，这种现象称为过烧。过烧的缺陷无法挽救，只有报废。避免金属过烧的方法是注意加热温度和保温时间，并控制炉气成分。

(5) 裂纹

对于导热性能差的金属材料，如果加热过快，坯料内外温差较大，膨胀不一致，而产生内应力，严重时会产生裂纹。为防止产生裂纹，应制定和遵守正确的加热规范(包括入炉温度、加热速度、保温时间等)。

4) 加热设备

(1) 反射炉

燃料在燃烧室中燃烧，高温炉气(火焰)通过炉顶反射到加热室中加热坯料的炉子称为反射炉。反射炉以烟煤为燃料，其结构和工作原理如图 2-2 所示。燃烧所需的空气由鼓风机送入，经换热器预热后送入燃烧室。高温炉气越过火墙进入加热室。加热室的温度可达 1350℃。废气对换热器加热后从烟道排出，坯料从炉门放入和取出。

反射炉因燃煤而对环境有严重污染，应限制使用并逐步淘汰。

(2) 室式炉

炉膛三面是墙，一面有门的炉子称为室式炉。室式炉以重油或天然气、煤气为燃料，室式重油炉的结构如图 2-3 所示。

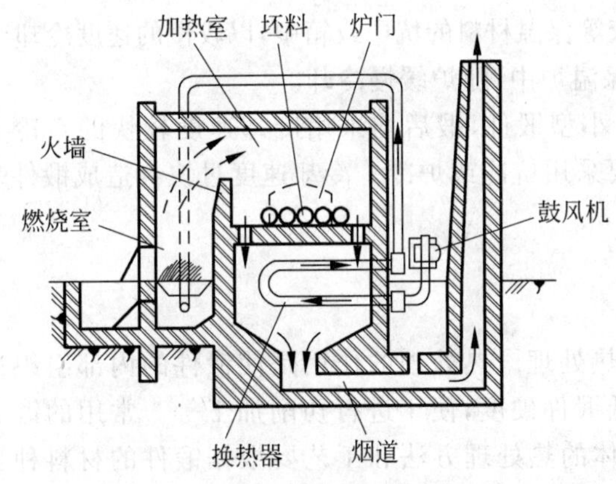

图 2-2 反射炉的结构和工作原理

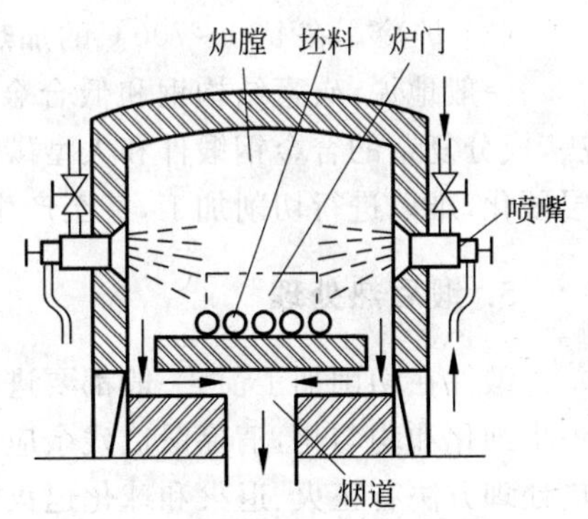

图 2-3 室式重油炉结构示意图

压缩空气和重油分别由两个管道送入喷嘴，压缩空气从喷嘴喷出时所造成的负压，将重油带出并喷成雾状，进行燃烧。

室式炉比反射炉的炉体结构简单、紧凑，热效率较高，对环境的污染较小。

(3) 电阻炉

电阻炉利用电阻加热器通电时所产生的热量作为热源，以辐射方式加热坯料。电阻炉分为中温炉(加热器为电阻丝，最高使用温度约 1100℃)和高温炉(加热器为硅碳棒，最高使用温度可达 1600℃)。图 2-4 所示为箱式电阻加热炉。

电阻炉操作简便，可通过仪表准确控制炉温，且可通入保护性气体控制炉内气氛，以减少或防止坯料加热时的氧化，对环境无污染。电阻炉及其他电加热炉正日益成为坯料的主要加热设备。

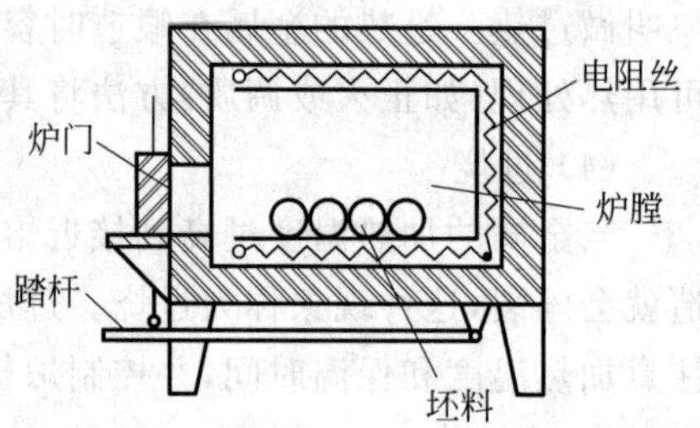

图 2-4 箱式电阻炉结构示意图

3. 锻造成形

坯料在锻造设备上经过锻造成形，才能达到一定的形状和尺寸要求。常用的锻造方法有自由锻、模锻和胎模锻三种。自由锻是将坯料直接放在自由锻设备的上、下砥铁之间施加外力，或借助于简单的通用性工具，使之产生塑性变形的锻造方法。自由锻生产率低，锻件形状一般较简单，加工余量大，材料利用率低，工人劳动强度大，对工人的操作技艺要求高，只适用于单件或小批量生产的条件，但对大型锻件来说，它几乎是惟一的制造方法。模锻是将坯料放在固定于模锻设备的锻模模膛内，使坯料受压而变形的锻造方法。与自由锻相比，模锻具有生产率较高、锻件精度较高、材料利用率较高等一系列优点，但其设备投资大，锻模制造成本高，锻件的尺寸和重量受到限制，主要适用于中小型锻件的大批量生产。胎模锻是在自由锻设备上，利用简单的非固定模具(胎模)生产锻件的方法。它兼有自由锻和模锻的某些特点，适用于形状简单的小型锻件的中小批量生产。

4. 锻件的冷却

锻件的冷却也是保证锻件质量的重要环节。冷却的方式有三种：

(1) 空冷。在无风的空气中，在干燥的地面上冷却。

(2) 坑冷。在充填有石棉灰、沙子或炉灰等保温材料的坑中或箱中，以较慢的速度冷却。

(3) 炉冷。在 500～700℃的加热炉或保温炉中，随炉缓慢冷却。

一般地说，碳素结构钢和低合金钢的中小型锻件，锻后均采用冷却速度较快的空冷方法，成分复杂的合金钢锻件和大型碳钢件，要采用坑冷或炉冷。冷却速度过快会造成锻件表层硬化，难以进行切削加工，甚至产生裂纹。

5. 锻后热处理

锻件在切削加工前，一般都要进行一次热处理。热处理的作用是使锻件的内部组织进一步细化和均匀化，消除锻造残余应力，降低锻件硬度，便于进行切削加工等。常用的锻后热处理方法有正火、退火和球化退火等。具体的热处理方法和工艺要根据锻件的材料种类和化学成分确定。

2.3 自由锻

将加热后的金属坯料放在铁砧上或锻造机械的上、下砥铁之间进行的锻造，称为自由锻造。前者称为手工自由锻造，后者称为机器自由锻造。自由锻造所用的设备、工具有极大的通用性，工艺灵活性高，最适合于形状较简单的单件或小批生产件和大型锻件的生产。由于锻件的精度低，生产率低等缺点，随着工业的发展，除特大锻件外，自由锻更多地被模锻所取代。

2.3.1 自由锻设备和工具

1. 自由锻设备

机器自由锻造所用设备有两类：一类是以冲击力使坯料变形的空气锤、蒸汽-空气锤等；另一类是以静压力使坯料变形的水压机、曲柄压力机等。

(1) 空气锤。空气锤以空气作为传递运动的媒介物，它是生产小型锻件的常用设备，如图 2-5 所示。空气锤由锤身、压缩缸、工作缸、传动机构、操纵机构、落下部分及砧座等几个部分组成。电动机带动压缩缸内活塞运动，将压缩空气经旋阀送入工作缸的下腔或上腔，驱使上砥铁或锤头上下运动进行打击。通过脚踏杆或手柄操作控制阀可使锻锤空转、落下部分即锤头（工作活塞、锤杆、上砥铁）上悬、锤头下压、连续打击和单次锻打等多种动作，满足锻造的各种需要。

空气锤的吨位用落下部分的质量来表示。锻锤的打击力大约是落下部分的 100 倍左右。空气锤的吨位一般为 50～1000kg。

(2) 蒸汽-空气锤。蒸汽-空气锤是以蒸汽或压缩空气为工作介质驱动锤头上下运动对坯料进行打击。如图 2-6 为双柱拱式蒸汽-空气锤。它的工作原理是通过操作手柄控制滑阀，使气体进入汽缸的上、下腔并推动活塞上、下运动，达到使锤头上悬、下压、单打或连续打击等动作。蒸汽-空气锤的吨位（也用落下部分的质量来表示）比空气锤大，一般为 1～5t。主要用于生产大中型锻件。

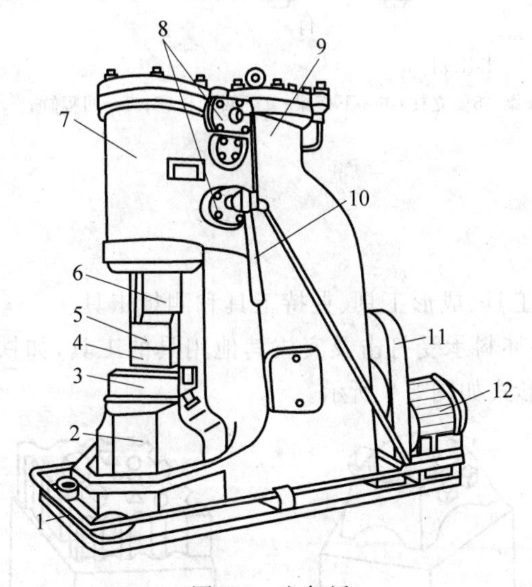

图 2-5 空气锤

1—踏杆；2—砧座；3—砧垫；4—下砥铁；5—上砥铁；6—锤头；7—工作缸；8—控制阀；9—压缩缸；10—手柄；11—减速机构；12—电动机

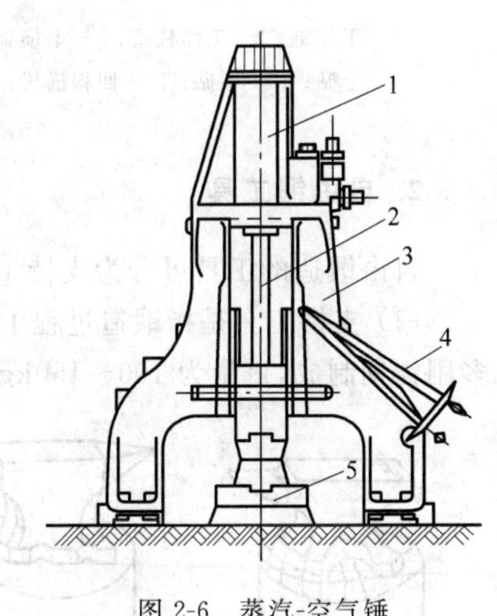

图 2-6 蒸汽-空气锤

1—工作汽缸；2—落下部分；3—机架；4—操纵手柄；5—砧座

(3) 水压机。水压机是在静压力下进行工作的，是制造重型锻件的惟一锻造设备。如图 2-7 所示。水压机的典型结构由三梁（上横梁、下横梁、活动横梁）、四柱（四根立柱）、两缸（工作缸、回程缸）和操纵系统（分配器、操纵手柄）组成。活动横梁和下横梁上各装有上砧和下砧，坯料置于下砧上。利用活动横梁上下往复运动，实现对坯料施压，使坯料变形。水压机的动能由另设的高压水泵和蓄压器供给。

水泵能产生的高压水约为 200atm(1atm＝101 325Pa)左右，水压机的锻造能力以它所能产生的最大压力表示，如 2000kN 水压机。目前自由锻造水压机吨位可达 6～150MN，所能锻造的钢锭质量为 1～300t。

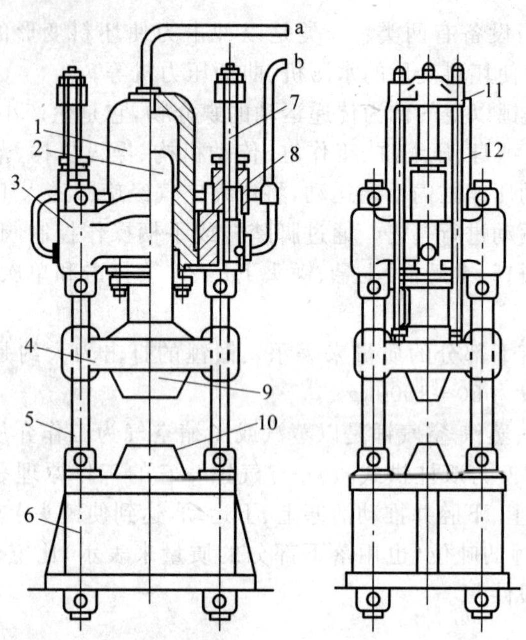

图 2-7　水压机

1—工作缸；2—工作柱塞；3—上横梁；4—活动横梁；5—立柱；6—下横梁；7—回程柱塞；8—回程缸；9—上砧；10—下砧；11—回程横梁；12—拉杆

2. 自由锻工具

自由锻造的工具可分为支持工具、锻打工具、成形工具、夹持工具和测量工具。

(1) 支持工具是指锻造过程中用来支持坯料承受打击及安放其他用具的工具，如铁砧。多用铸钢制成，重量为 100～150kg，其主要形式如图 2-8 所示。

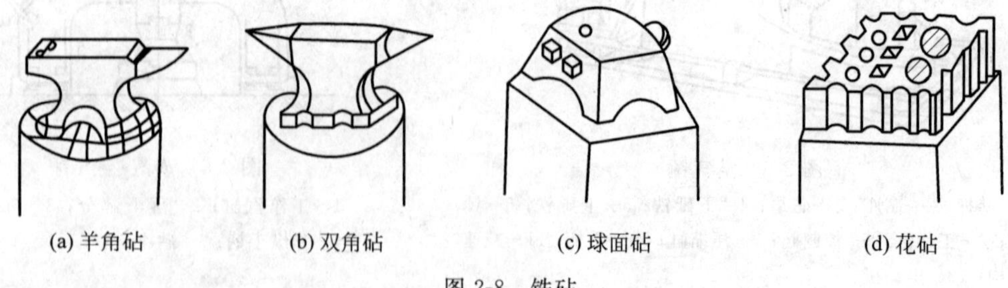

(a) 羊角砧　(b) 双角砧　(c) 球面砧　(d) 花砧

图 2-8　铁砧

(2) 锻打工具是指锻造过程中产生打击力并作用于坯料上使之变形的工具，如大锤、手锤等。大锤一般用 60、70 钢或 T7、T8 钢制造，重量为 3.6～3.7kg，其主要形式如图 2-9 所示；手锤的重量为 0.67～0.9kg，其锤头主要形式如图 2-10 所示。

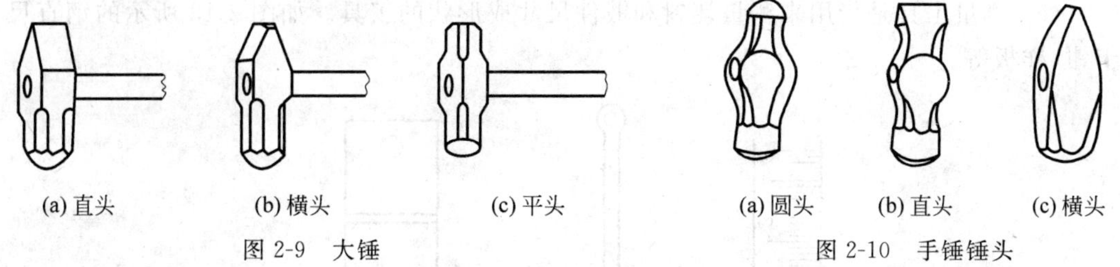

图 2-9 大锤　　图 2-10 手锤锤头

(3) 成形工具是指锻造过程中直接与坯料接触并使之变形而达到所要求形状的工具。如图 2-11 所示为冲孔用的冲子、修光外圆面的摔子以及漏盘、型锤等。

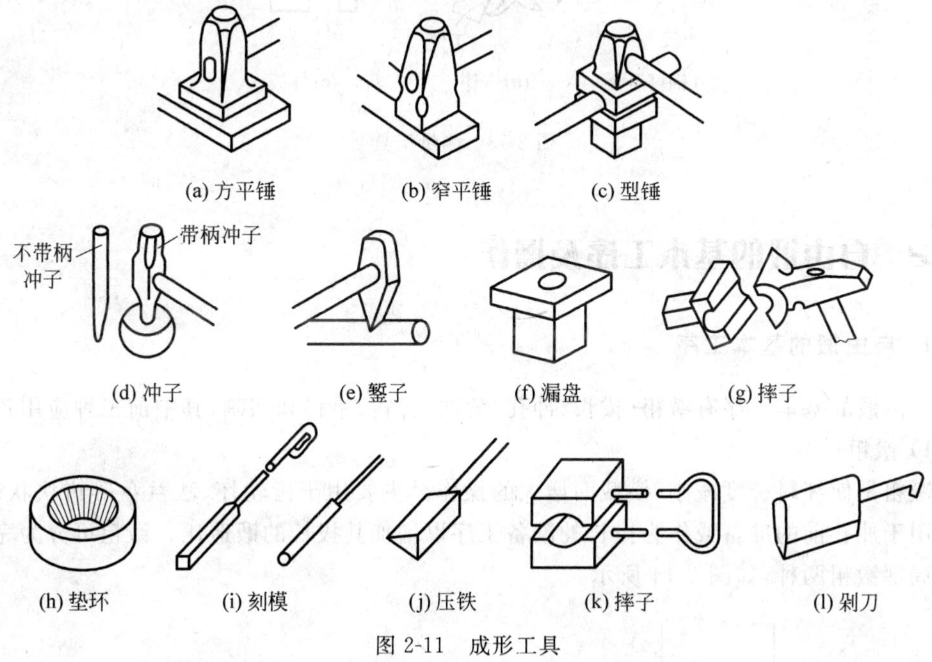

图 2-11 成形工具

(4) 夹持工具是指用来夹持、翻转和移动坯料的工具，如图 2-12 所示的钳子。

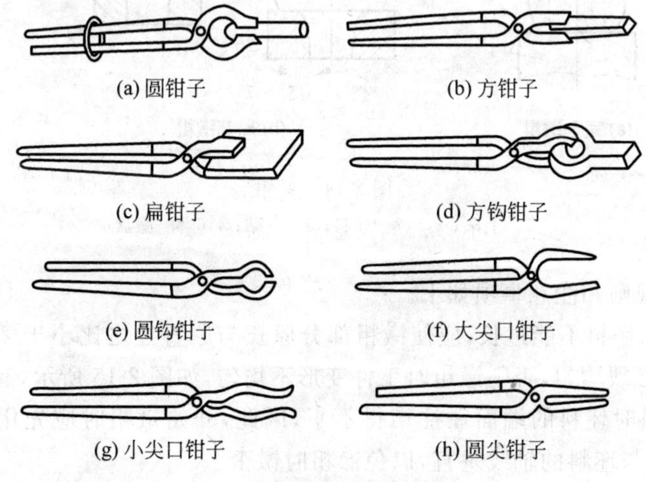

图 2-12 钳子

(5) 测量工具是指用来测量坯料和锻件尺寸或形状的工具。如图 2-13 所示的钢直尺、卡钳、样板等。

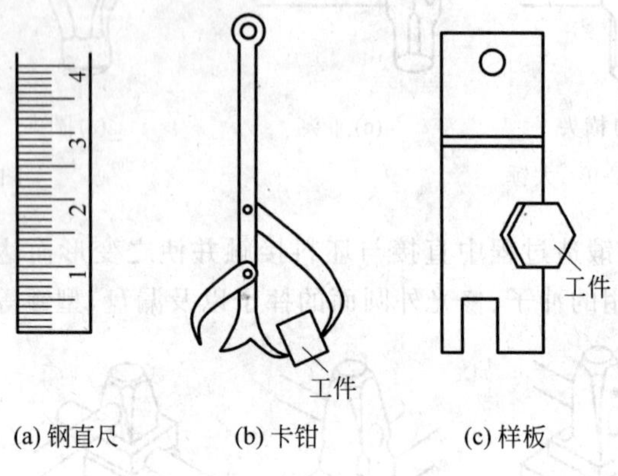

(a) 钢直尺　(b) 卡钳　(c) 样板

图 2-13　测量工具

2.3.2　自由锻的基本工序及操作

1. 自由锻的基本工序

自由锻的基本工序有镦粗、拔长、冲孔、弯曲、扭转、错移和切割,其中前三种应用较多。

1) 镦粗

镦粗是使坯料长度减小,横截面增大的操作。主要用于齿轮坯、法兰盘等饼块状锻件,也可用于冲孔前的准备或作为拔长的准备工序以增加其拔长的锻造比。镦粗可分为完全镦粗和局部镦粗两种,如图 2-14 所示。

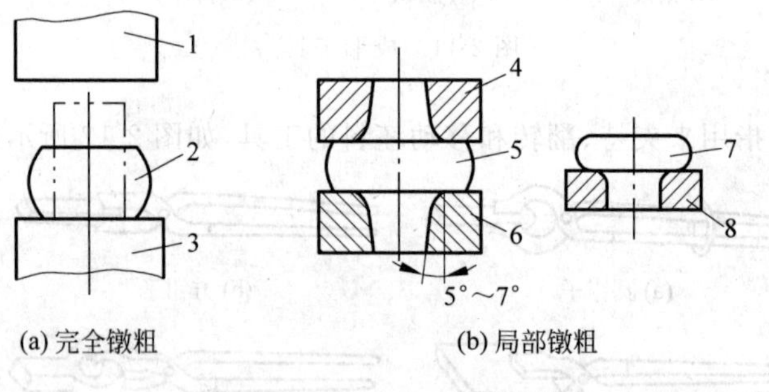

(a) 完全镦粗　(b) 局部镦粗

图 2-14　镦粗

1—上砧；2,5,7—坯料；3—下砧；4,6,8—漏盘

镦粗操作的规则和注意事项如下。

(1) 镦粗用的坯料不能过长,应使镦粗部分原长与原直径之比小于 2.5,以免镦弯；工件镦粗部分加热必须均匀,否则镦粗时工件变形不均匀,如图 2-15 所示,有时还可能镦裂。

(2) 镦粗下料时坯料的端面往往切得不平,因此,开始镦粗时应先用手锤轻击坯料端面,使端面平整并与坯料的轴线垂直,以免镦粗时镦歪。

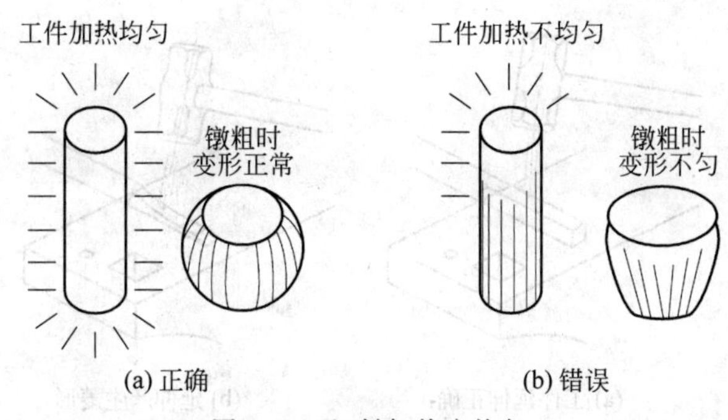

图 2-15 坯料加热应均匀

(3) 镦粗时锻打力要重且正(图 2-16(a)),否则工件会被镦成细腰形,若不及时纠正,在工件上还会产生夹层(图 2-16(b));锻打时,锤还要打正,且锻打力的方向应与工件轴线一致,否则工件会被镦歪或镦偏(图 2-16(c))。

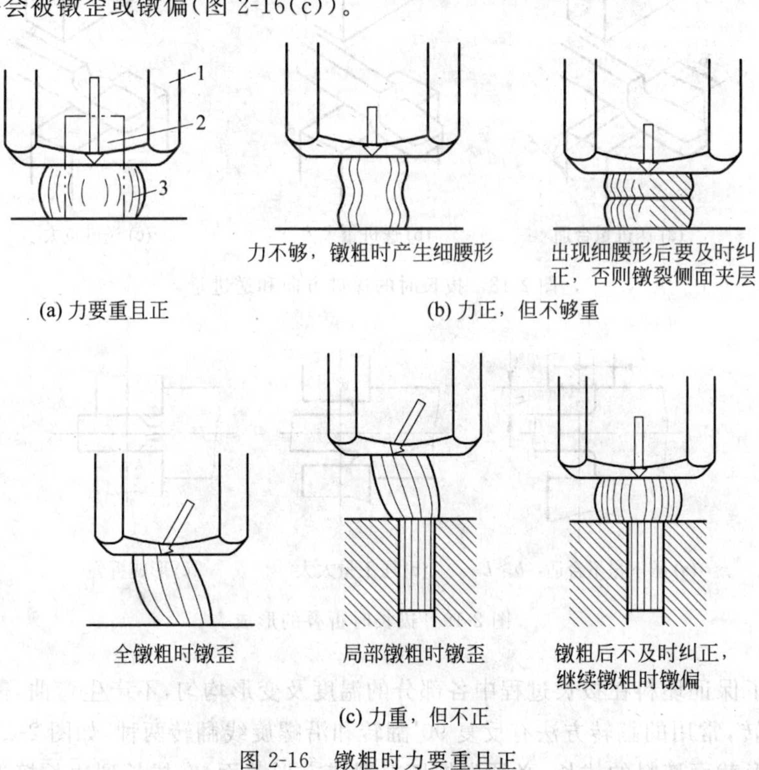

图 2-16 镦粗时力要重且正

1—大锤;2—坯料;3—工件

2) 拔长

拔长是使坯料长度增大,横截面减小的操作。主要用于轴、拉杆、炮筒等具有长轴线的锻件。拔长操作的规则和注意事项如下:

(1) 拔长时工件要放平,锤打要准,力的方向要垂直,以免产生菱形,如图 2-17 所示。

(2) 拔长时工件应沿上下砧的宽度方向送进,每次送进量 L 应为砧面宽度 B 的 0.3～0.7 倍(图 2-18(a))。送进量太大,锻件主要向宽度方向流动,降低延伸效率(图 2-18(b));送进量太小,容易产生夹层(图 2-18(c))。

(3) 单边压下量 h 应小于送进量 L,否则会产生折叠,如图 2-19 所示。

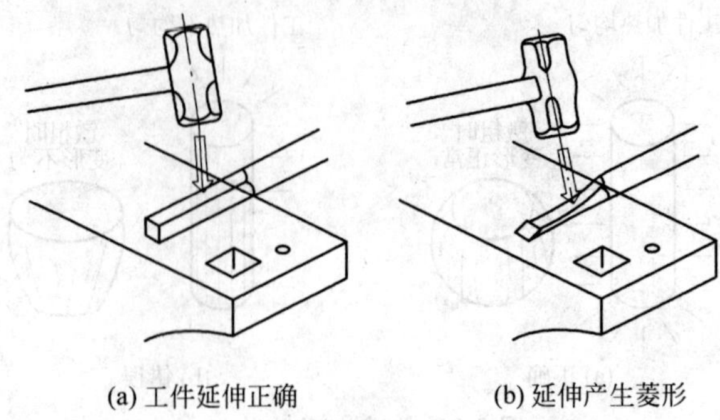
(a) 工件延伸正确　　(b) 延伸产生菱形

图 2-17　锤打的位置要准，力的方向要垂直

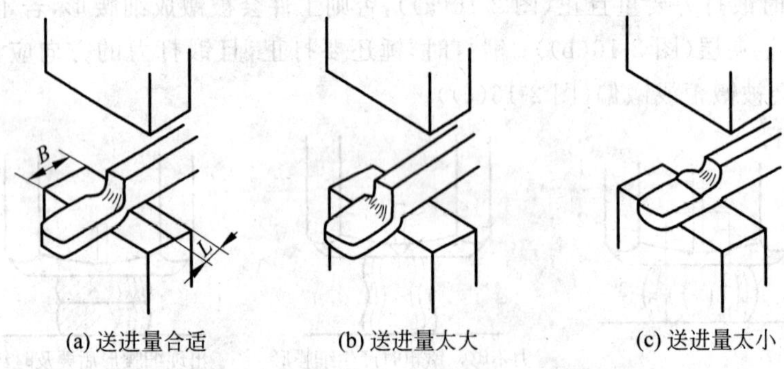

(a) 送进量合适　　(b) 送进量太大　　(c) 送进量太小

图 2-18　拔长时的送进方向和送进量

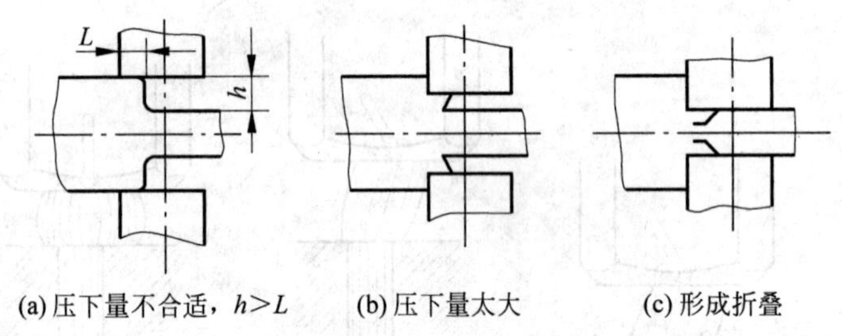

(a) 压下量不合适，$h>L$　　(b) 压下量太大　　(c) 形成折叠

图 2-19　拔长时折叠的形成

(4) 为了保证坯料在拔长过程中各部分的温度及变形均匀，不产生弯曲，需将坯料不断地绕轴线翻转，常用的翻转方法有反复 90°翻转和沿螺旋线翻转两种，如图 2-20 所示。

(5) 圆形截面坯料的拔长，必须先把坯料锻成方形截面，在拔长到边长接近锻件的直径时，再锻成八角形，最后滚成圆形，其过程如图 2-21 所示。

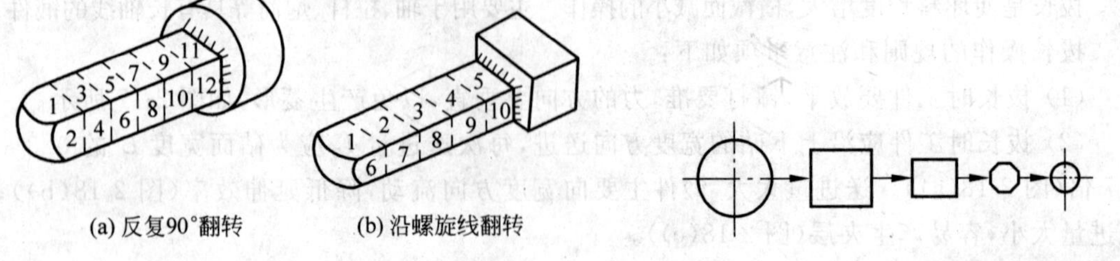

(a) 反复90°翻转　　(b) 沿螺旋线翻转

图 2-20　拔长时的翻转方法　　图 2-21　拔长圆形截面坯料的截面变化过程

(6) 拔长台阶轴时,应先在截面分界处用压肩摔子压出凹槽,称为压肩。压肩后将一端局部拔长,即可锻出台阶轴,如图 2-22 所示。

(7) 拔长后的工件表面并不平整,因此,工件的平面需用窄平锤或方平锤修整,圆柱面需用型锤修整,如图 2-23 所示。

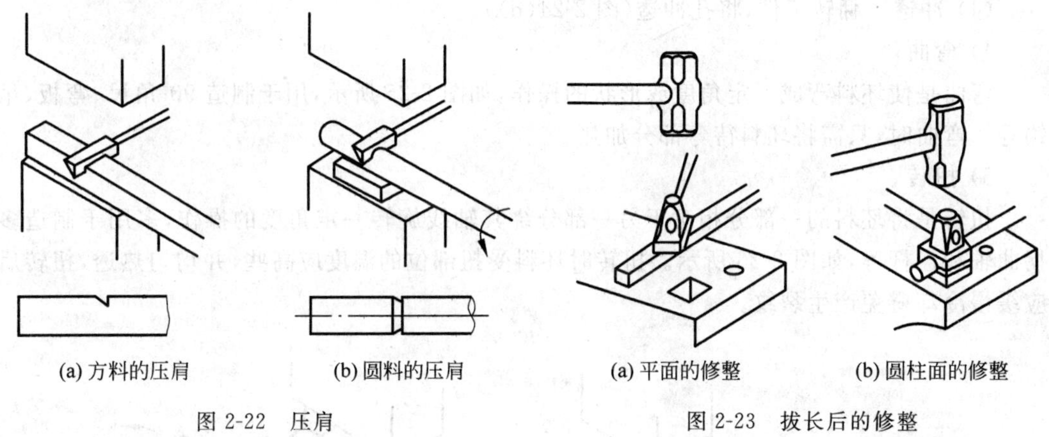

(a) 方料的压肩　(b) 圆料的压肩

图 2-22　压肩

(a) 平面的修整　(b) 圆柱面的修整

图 2-23　拔长后的修整

3) 冲孔

冲孔是在坯料上冲出通孔或不通孔的操作。其操作规则和步骤(图 2-24)如下:

(1) 准备。为了尽量减小冲孔深度并使端面平整,须先将坯料镦粗。

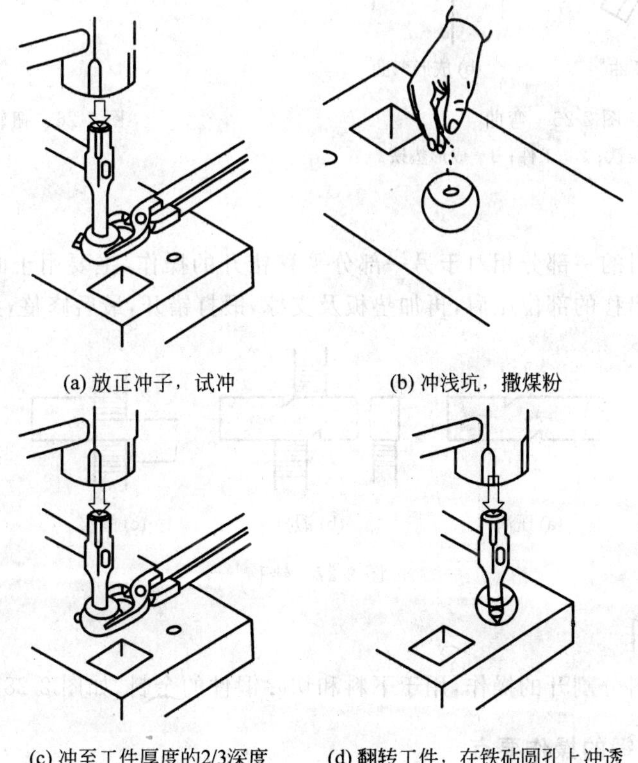

(a) 放正冲子,试冲　(b) 冲浅坑,撒煤粉

(c) 冲至工件厚度的2/3深度　(d) 翻转工件,在铁砧圆孔上冲透

图 2-24　冲孔的步骤

(2) 试冲。为了保证孔位准确，应先轻轻冲出孔位凹痕(图 2-24(a))，然后检查孔位是否正确。如有偏差，应再次试冲，加以纠正。

(3) 冲深。为了便于拔出冲子，先向凹痕内撒少许煤粉(图 2-24(b))，再继续冲至坯料厚度的 3/4～2/3(图 2-24(c))。

(4) 冲透。翻转工件，将孔冲透(图 2-24(d))。

4) 弯曲

弯曲是使坯料弯成一定角度或形状的操作，如图 2-25 所示，用于制造 90°角尺、弯板、吊钩等。弯曲时，只需将坯料待弯部分加热。

5) 扭转

扭转是将坯料的一部分相对于另一部分绕其轴线旋转一定角度的操作，多用于制造多拐曲轴和连杆等，如图 2-26 所示。扭转时坯料受扭部位的温度应高些，并均匀热透，扭转后应缓慢冷却避免产生裂纹。

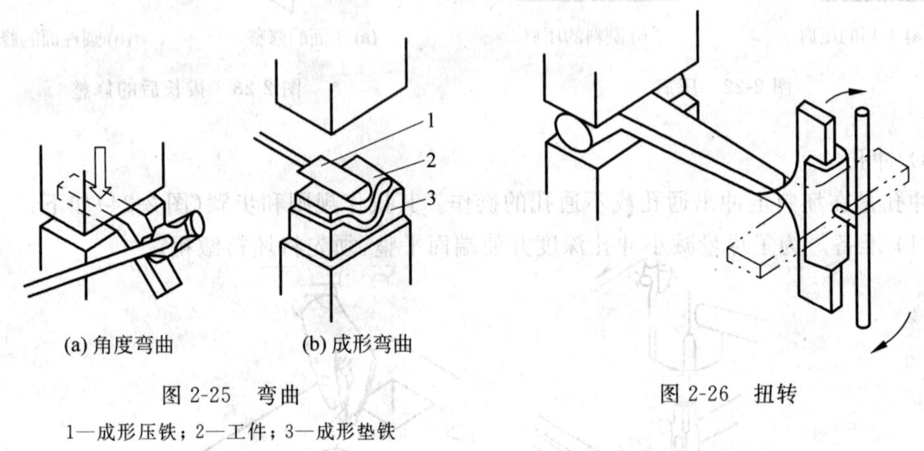

(a) 角度弯曲　(b) 成形弯曲

图 2-25　弯曲

1—成形压铁；2—工件；3—成形垫铁

图 2-26　扭转

6) 错移

错移是将坯料的一部分相对于另一部分平移错开的操作，主要用于曲轴的制造。错移时先在坯料需要错移的部位压肩，再加垫板及支撑，锻打错开，最后修整，如图 2-27 所示。

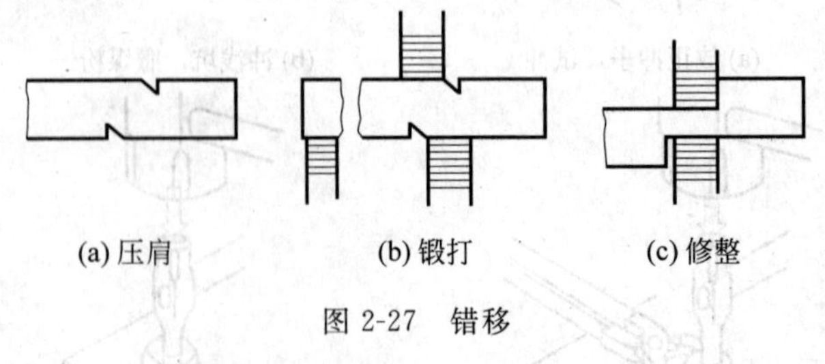

(a) 压肩　(b) 锻打　(c) 修整

图 2-27　错移

7) 切割

切割是将坯料分割开的操作，用于下料和切除锻件的余料，如图 2-28 所示。

2. 手工自由锻的操作要点

手工自由锻由掌钳工和打锤工两人互相配合完成。

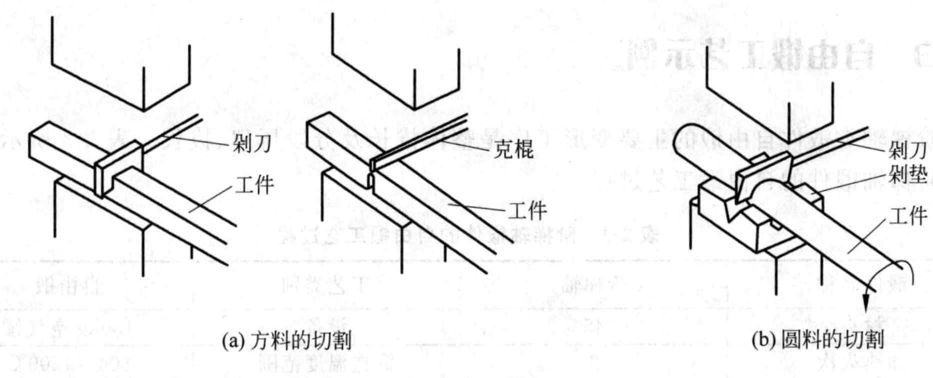

(a) 方料的切割　(b) 圆料的切割

图 2-28　切割

(1) 掌钳。掌钳工站在铁砧后面，左脚稍向前。左手握钳，用以夹持、移动和翻转工件；右手握手锤，用以锻打或指示大锤的落点和打击的轻重。

握钳的方法随翻料方向的不同而不同，如图 2-29 所示。根据挥动手锤时使用的关节不同，手锤的打法分为三种，如图 2-30 所示。其中手挥和肘挥法用于给大锤作指示，臂挥法有时用来修整锻件。

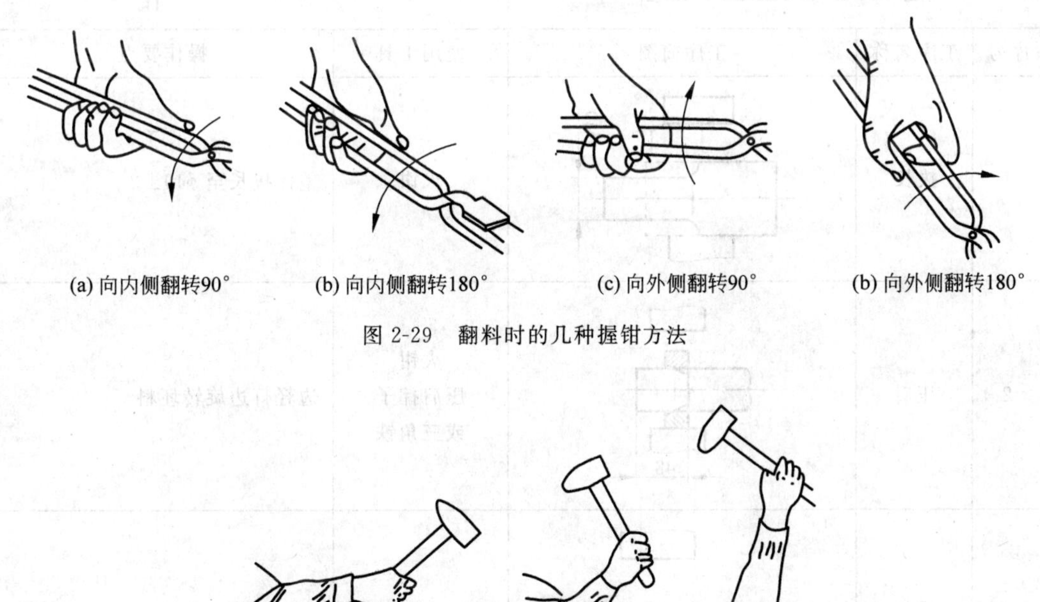
(a) 向内侧翻转90°　(b) 向内侧翻转180°　(c) 向外侧翻转90°　(b) 向外侧翻转180°

图 2-29　翻料时的几种握钳方法

(a) 手挥　(b) 肘挥　(c) 臂挥

图 2-30　手锤的打法

(2) 打锤。锻造时，打锤工应听从掌钳工的指挥，锤打的轻重和落点由手锤指示。大锤的打法有抱打、抡打和横打三种。使用抱打时，在打击坯料的瞬间，能利用坯料对锤的弹力使举锤较为省力；抡打时的打击速度快，锤击力大；只有当锤击面处于砧面垂直时，才使用横打法。

2.3.3 自由锻工艺示例

阶梯轴类锻件自由锻的主要变形工序是整体拔长及分段压肩、拔长。表 2-3 所示为一简单阶梯轴锻件的自由锻工艺过程。

表 2-3 阶梯轴锻件的自由锻工艺过程

锻件名称	阶梯轴	工艺类别	自由锻
材料	45	设备	150kg 空气锤
加热火次	2	锻造温度范围	800～1200℃
锻件图		坯料图	
$\phi32\pm2$ $\phi49\pm2$ $\phi37\pm2$ 42 ± 3 83 ± 3 270 ± 5		$\phi65$ 95	

序号	工序名称	工序简图	使用工具	操作要点
1	拔长	$\phi49$	火钳	整体拔长至 $\phi49\pm2$
2	压肩	48	火钳 压肩摔子 或三角铁	边轻打边旋转坯料
3	拔长		火钳	将压肩一端拔长至略大于 $\phi37$
4	摔圆	$\phi37$	火钳 摔圆摔子	将拔长部分摔圆至 $\phi37\pm2$

续表

序号	工序名称	工序简图	使用工具	操作要点
5	压肩	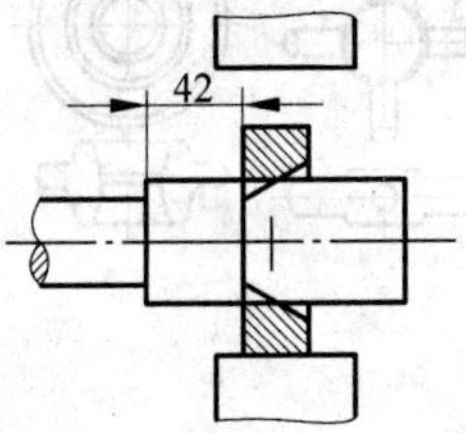 42	火钳 压肩摔子 或三角铁	截出中段长度 42mm 后，将另一端压肩
6	拔长	（略）	火钳	将压肩一端拔长至略大于 $\phi32$
7	摔圆	（略）	火钳摔 圆摔子	将拔长部分摔圆至 $\phi32\pm2$
8	精整	（略）	火钳，钢板尺	检查及修整轴向弯曲

2.4 模型锻造简介

模型锻造简称模锻，是将金属坯料置于锻模模膛内，在冲击力或压力作用下产生塑性流动，由于模膛对金属坯料流动的限制，从而使金属坯料充满模膛获得与模膛形状相同的锻件。锻模结构及模锻过程如图 2-31 所示。

模锻与自由锻相比有以下特点。

（1）生产效率高。模锻时，金属的变形是在锻模模膛内进行，故能较快地获得所需形状，生产率一般比自由锻高 3～4 倍，甚至十几倍。

（2）锻件成形靠模膛控制，故可锻出形状复杂、尺寸准确，更接近于成品的锻件（图 2-32）且锻造流线比较完整，有利于提高零件的力学性能和使用寿命。

（3）锻件表面光洁，尺寸精度高，加工余量小，节约材料和切削加工工时。

（4）操作简便，质量易于控制，生产过程易实现机械化、自动化。

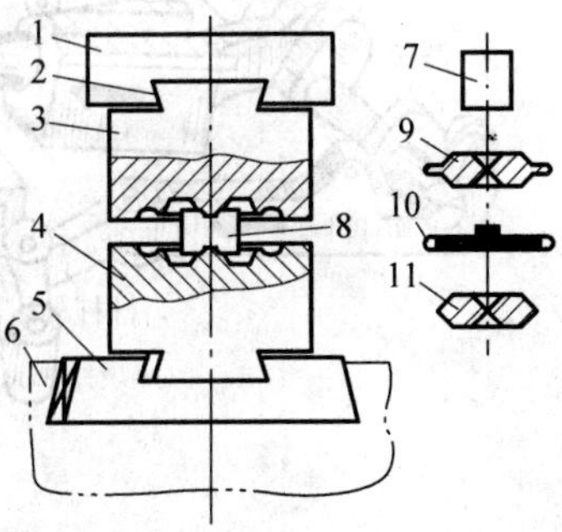

（5）模锻需要专门的模锻设备，要求功率大、刚性好、精度高，设备投资大，能量消耗大。另外，锻模制造工艺复杂、制造成本高、周期长。

图 2-31 模锻过程示意图

1—锤头；2—契铁；3—上模；4—下模；5—模座；6—砧铁；7—坯料；8—锻造中的坯料；9—带毛边和连皮的锻件；10—毛边和连皮；11—锻件

由于上述特点，模锻主要适用于中小型锻件或成批、大量生产。目前，模锻生产已越来越广泛应用于汽车、航空航天、国防工业和机械制造业中，而且随着现代化工业生产的发展，锻件中模锻件的比例逐渐提高。例如，按质量计算，汽车上的锻件中模锻件占 70%，机动车占 60%。

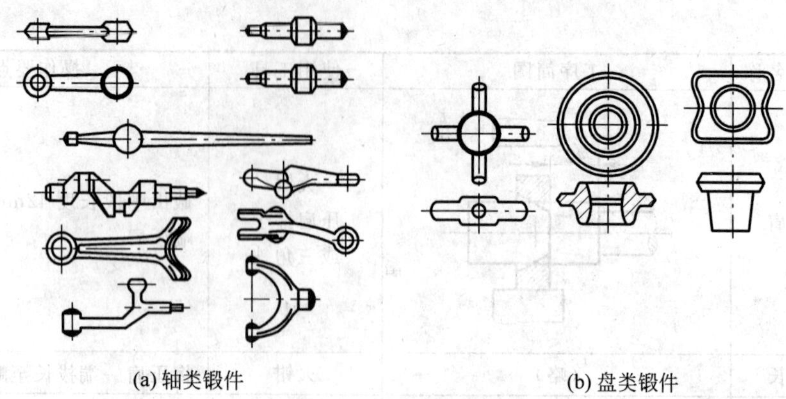

图 2-32 典型模锻件

1. 平锻机上模锻

平锻机相当于卧式曲柄压力机(图 2-33)。它没有工作台,锻模由固定凹模、活动凹模和凸模三部分组成,具有两个相互垂直的分模面。当活动凹模与固定凹模合模时,便夹紧坯料,主滑块带动凸模进行模锻成形。

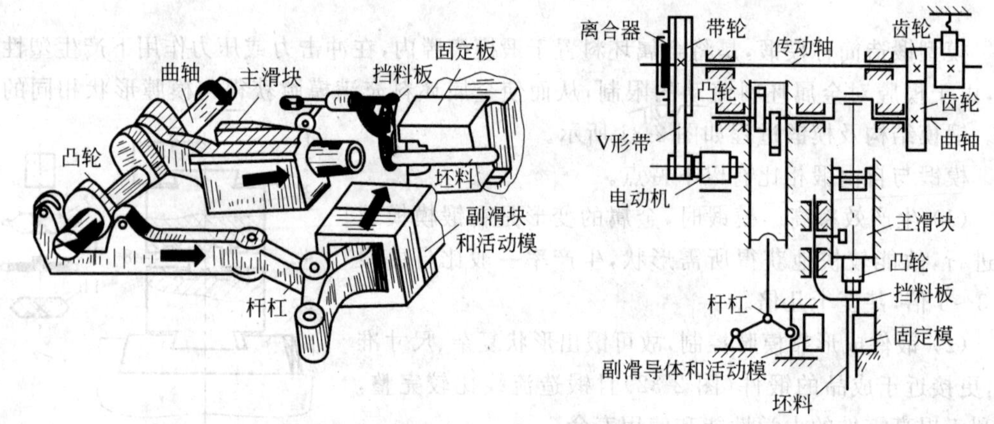

图 2-33 平锻机示意图

平锻机上模锻主要有以下特点。

(1) 坯料多是棒料和管材,可锻造出曲柄压力机所不能锻造的长杆类锻件,并能锻出通孔(见图 2-34)。

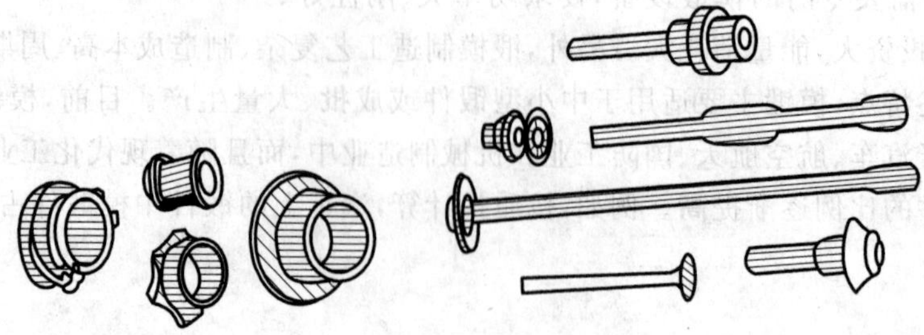
图 2-34 平锻机模锻件

(2) 锻模有两个分模面,可以锻出其他设备上无法成形的侧面带有凸台和凹槽的锻件;锻件无飞边,精度高。

平锻机上模锻也是一种高效率、高质量、容易实现机械化和自动化的模锻方法。但平锻机造价高,投资大,仅适用于大批量生产。

2. 摩擦压力机上模锻

摩擦压力机(图 2-35)是靠飞轮旋转所积蓄的能量转化为金属的变形能而进行锻造的。电动机经带轮、摩擦盘、飞轮和螺杆带动滑块作上、下往复运动,操纵机构控制左、右摩擦盘分别与飞轮接触,利用摩擦力改变飞轮转向。

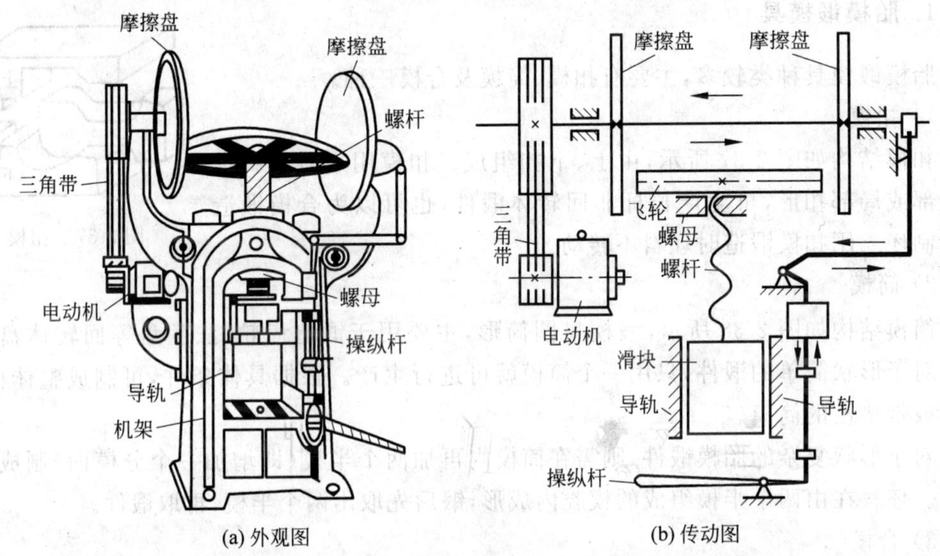

图 2-35 摩擦压力机

摩擦压力机的行程速度介于模锻锤和曲柄压力机之间,滑块行程和打击能量均可自由调节,坯料在一个模膛内可以多次锤击,能够完成镦粗、成形、弯曲、预锻等成形工序和校正、精整等后续工序。

摩擦压力机构造简单,投资费用少,工艺适应性广,但传动效率低,一般只能进行单模膛模锻,广泛用于中批量生产的小型模锻件,以及某些低塑性合金锻件。

摩擦压力机锻件如图 2-36 所示。

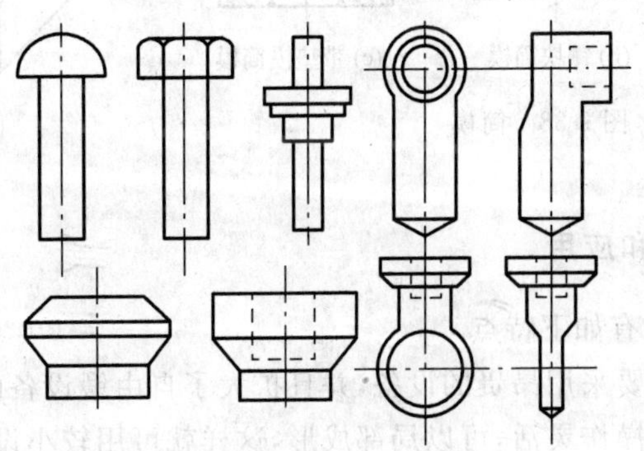

图 2-36 摩擦压力机锻件

2.5 胎模锻造

胎模锻造是在自由锻设备上使用胎模(不固定在锤上的锻模)进行锻造的方法。它介于自由锻与模锻之间。胎模锻一般采用自由锻方法制坯,然后在胎模中最后成形。胎模锻可采用多个模具,每个模具都能完成模锻工艺中的一个工序。因此,胎模锻能锻出不同外形、不同复杂程度的锻件。目前胎模锻在我国应用非常普遍。

1. 胎模锻模具

胎模锻模具种类较多,主要有扣模、筒模及合模三种。

1)扣模

扣模结构如图 2-37 所示,由上、下扣组成。扣模用来对坯料进行全部或局部扣形,可生产长杆非回转体锻件,也可以为合模锻造进行制坯。用扣模锻造时坯料不转动。

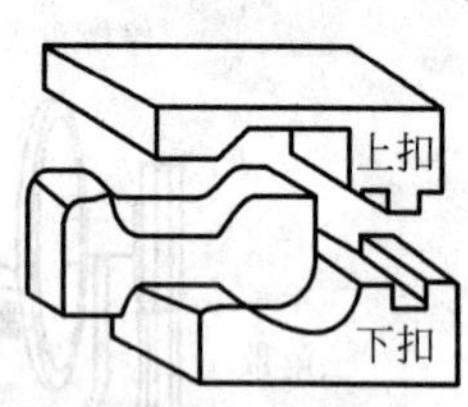

图 2-37 扣模

2)筒模

筒模结构如图 2-38 所示,锻模呈圆筒形,主要用于锻造齿轮、法兰盘等回转体盘类锻件。对于形状简单的锻件,只用一个筒模就可进行生产。根据具体条件,可制成整体模、镶块模或带垫模的筒模。

对于形状复杂的胎模锻件,则需在筒模内再加两个半模(即增加一个分模面)制成组合筒模。坯料在由两个半模组成的模膛内成形,锻后先取出两个半模,再取锻件。

3)合模

合模的结构如图 2-39 所示,通常由上模和下模两部分组成。为了使上、下模吻合及不使锻件产生错移,经常用导柱和导销定位。合模多用于生产形状较复杂的非回转体锻件。如连杆、叉形件等锻件。

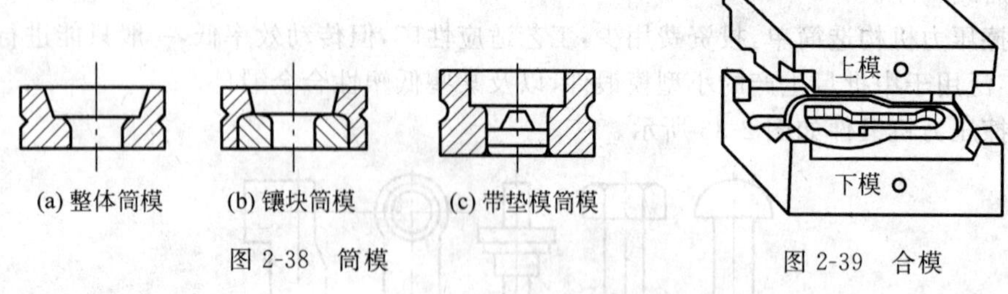

图 2-38 筒模

图 2-39 合模

2. 胎模锻的特点和应用

胎模锻与模锻相比有如下特点。

(1) 胎模锻造不需要采用昂贵的设备,并且扩大了自由锻设备的应用范围。

(2) 胎模锻造工艺操作灵活,可以局部成形,这样就可用较小设备锻造出较大的锻件。

(3) 胎模是一种不固定在锻造设备上的模具,结构较简单,制造容易,周期短,可降低锻件的成本。

但胎模锻件的尺寸精度不如锤上模锻件高，工人劳动强度大；胎模容易损坏，生产率不高。胎模锻造适合于中小批量生产，多用在没有模锻设备的中小型工厂中。

2.6 冲　压

在冲床的压力作用下，用冲模使板料分离或变形，从而制成所需形状和尺寸的制件的加工方法叫冲压。冲压件的厚度一般都很小(1～2mm 以下)，不需加热，通常在室温下进行，故又称冷冲压。冲压件尺寸准确，表面光洁，冲压后一般不再进行加工，而只需钳工稍作加工或修整后，即可使用。

2.6.1 冲压设备及工具

1. 冲床

冲床是冲压加工的基本设备。常用的冲床有开式双柱冲床，如图 2-40 所示。电动机通过一对皮带轮减速后带动带轮转动，踩下踏板后，离合器闭合并带动曲轴旋转，再经过连杆带动滑块沿导轨作上、下往复运动，进行冲压加工。如果将踏板踩下后立即抬起，滑块冲压一次后，便在制动器的作用下，停止在最高位置，如果踏板不抬起，滑块就进行连续冲压。

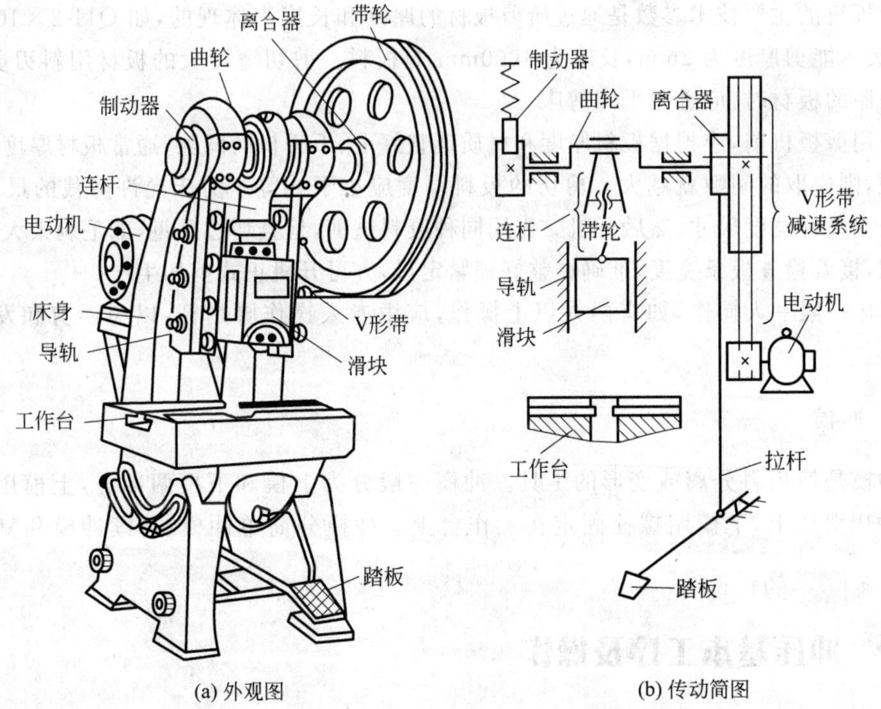

图 2-40　开式双柱冲床

2. 剪板机(剪床)

剪板机的用途是将板料剪成一定宽度的条料,它是下料的基本设备。

剪板机的外形及传动原理如图 2-41 所示。电动机 1 带动带轮使轴 2 转动,通过齿轮传动及牙嵌离合器 3 带动曲轴 4 转动,使装有上刀片的滑块 5 上、下运动,完成剪切动作。6 是工作台,其上装有下刀片。制动器 7 与离合器配合,可使滑块停在最高位置。

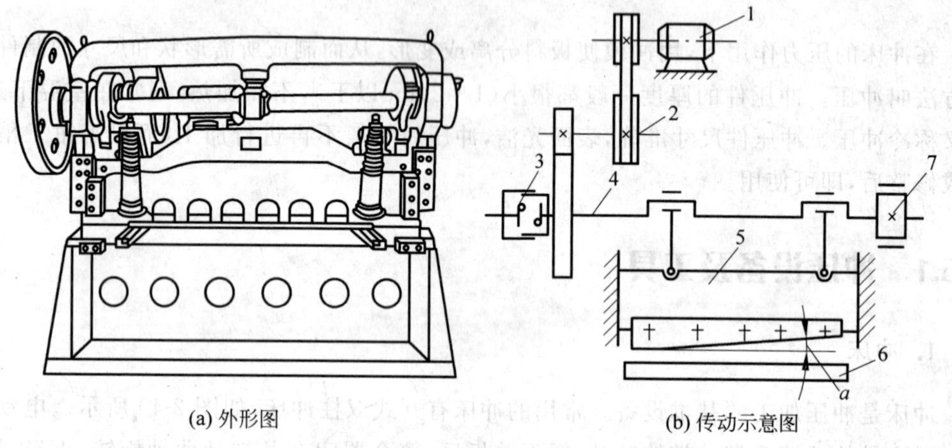

图 2-41 剪板机结构示意图

1—电动机;2—轴;3—牙嵌离合器;4—曲轴;5—滑块;6—工作台;7—制动器

剪板机的主要技术参数是通过所剪板材的厚度和长度来体现的,如 Q11-2×1000 型剪板机,表示能剪厚度为 2mm,长度为 1000mm 的板料。剪切宽度大的板材用斜刃剪床;剪切窄而厚的板材时,应选用平刃剪床。

使用剪板机前,应根据板料厚度和材质调整好上、下刃口的间隙,通常板材厚度越大,材质越硬,则应取的间隙就越大。剪切的板料厚度应小于或等于剪床允许剪裁的最大厚度。先初步调整好宽度尺寸,然后开机。先用同种废料试剪,检查切边质量,如毛刺太大,则再精调间隙,接着检查板条宽度,准确调整好锁紧定尺,方可开机正式剪切生产。

剪床一般一人操作,如有两人以上操作,应由专人操作脚踏杆,以免误剪和发生安全事故。

3. 冲模

冲模是使板料分离或变形的工具。冲模一般分为上模和下模两部分,上模用模柄固定在冲床滑块上,下模用螺栓固定在工作台上。冲模分简单冲模、连续冲模和复合冲模三种。

2.6.2 冲压基本工序及操作

冲压基本工序分为分离工序和变形工序两类。分离工序包括切断、冲裁(落料和冲孔)等工序。变形工序包括弯曲、拉深、翻边、成形等工序。各工序的特点和应用见表 2-4。

表 2-4 板料冲压主要工序

工序名称		定义	简图	应用举例
分离工序	剪裁	用剪床或冲模沿不封闭的曲线或直线切断	成品、坯料、废料	用于下料或加工形状简单的平板零件，如冲制变压器的矽钢片芯片
	落料	用冲模沿封闭轮廓曲线或直线将板料分离，冲下部分是成品，余下部分是废料	冲头、坯料、凹模、成品、坯料、工件、废料	用于需进一步加工工件的下料，或直接冲制出工件，如平板型工具板头
	冲孔	用冲模沿封闭轮廓曲线或直线将板料分离，冲下部分是废料，余下部分是成品	冲头、工件、凹模、成品、冲下部分、废料、坯料	用于需进一步加工工件的前工序，或冲制带孔零件，如冲制平垫圈孔
变形工序	弯曲	用冲模或折弯机，将平直的板料弯成一定的形状	上模、坯料、下模、凸模、凹模	用于制作弯边、折角和冲制各种板料箱柜的边缘
	拉伸	用冲模将平板状的坯料加工成中空形状，壁厚基本不变或局部变薄	冲头、压板、坯料、凹模	用于冲制各种金属日用品（如碗、锅、盆、易拉罐身等）和汽车油箱等
	翻边	用冲模在带孔平板工件上用扩孔方法获得凸缘或把平板料的边缘按曲线或圆弧弯成竖直的边缘	冲头、工件、凹模、工件、上模、下模	用于增加冲制件的强度或美观
	卷边	用冲模或旋压法，将工件竖直的边缘翻卷	上模、成形前、坯料、下模、旋压滚轮、产品、型模、顶柱	用于增加冲制件的强度或美观，如做铰链

2.7 塑性成形发展趋势

1. 计算机技术的应用

1）塑性成形过程计算机模拟

塑性成形过程是一个十分复杂的过程，从事塑性加工的理论工作者总是希望获得工件在成形过程中不同阶段不同部位的应力分布、应变分布、温度分布、硬化状况以及残余应力等，以便寻求最为有利的工艺参数和模具结构参数，对产品质量实现有效控制。在应用计算机进行这一工作之前，人们只能对变形问题做出诸多假设和简化，分析一些简单的变形问题，获得近似解。随着计算机的应用，才使模拟塑性变形过程成为可能。近年来，通过计算机，采用有限元法或其他数值分析方法模拟各种塑性加工工序的变形过程得到了广泛的应用和发展。

2）塑性成形过程的自动化控制

电子技术和计算机技术的应用，使塑性成形加工设备向机电一体化和机电仪一体化方向发展，实现了对生产过程中工艺参数的自动检测、自动显示及自动控制。

数控加工技术（CNC）在板料冲压中应用较多，目前已开发出 CNC 压力机、CNC 弯板机、CNC 液压弯管机、CNC 剪板机等设备。CNC 压力机朝着高速度（频率 1000 次/min，工作台移动速度 105m/min）、高精确度（定位精度为±0.01mm）和高自动化程度方向发展。

3）推广 CAD/CAE/CAM 技术

随着计算机技术的迅速发展，CAD/CAE/CAM 技术在塑性加工领域的应用日趋广泛，为推动塑性加工的自动化、智能化、现代化进程发挥了重要作用。

在锻造生产中，利用 CAD/CAM 技术可进行锻件、锻模设计，材料选择，坯料计算，制坯工序、模锻工序及辅助工序设计，确定锻造设备及锻模加工等一系列工作。

在板料冲压成形中，随着数控冲压设备的出现，CAD/CAM 技术得到了充分的应用。尤其是冲裁件 CAD/CAM 系统应用已经比较成熟，不仅使冲模设计、冲裁件加工实现了自动化，大幅度提高了生产率，而且对于大型复杂冲裁件，还省去了大型、复杂的模具，从而大大降低了产品成本。目前，CAD/CAE/CAM 技术也已在板料冲压成形工序（如弯曲、胀形、拉伸等）中得到了应用，尤其是应用在汽车覆盖件的成形中，给整个汽车工业带来了极为深刻的变革。利用 CAE（其核心内容是有限元分析、模拟）技术，对 CAD 系统设计的覆盖件及其成形模具进行覆盖件冲压成形过程模拟，将模拟计算得到的数据再反馈给 CAD 系统进行模具参数优化，最后送交 CAM 系统完成模具制造。这样就省去了传统工艺中反复多次的繁杂的试模、修模过程，从而大大缩短了汽车覆盖件的生产乃至整个汽车改型换代的时间。

2. 发展省力成形工艺

塑性成形件相对于铸造件、焊接件具有内部组织致密、力学性能好且稳定的优点。但是，传统的塑性成形往往需要大吨位的设备，初期投资非常大。而实际上，塑性加工也并不是沿着大工件—大变形力—大设备—大投资这样的逻辑发展下去的。

从塑性成形的力学考虑,发展省力成形工艺的主要途径有如下三种。

1) 改变应力状态

受力物体处于异号应力状态时,材料容易产生塑件变形,即变形力较小。

2) 降低流动应力

属于这一类的成形方法有超塑性成形及半固态成形,前者属于较低应变速率的成形,后者属于特高温下的成形。半固态成形是利用金属材料从固态向液态,或从液态向固态转变过程中所经历的半固态温度区间内实现的加工过程。半固态成形技术最广泛的应用是在汽车工业,还将被越来越多地用于航空、兵器、仪表等行业。

3) 减小接触面积

减小接触面积不仅使总压力减小,而且使变形区单位面积上的作用力减小,其原因是减少了摩擦对变形的拘束。属于这类的成形工艺有旋压、辊锻、楔横轧、摆动碾压等。

3. 提高成形精度

近年来,近无余量成形(near net shape forming)很受重视,其主要优点是减少材料消耗,节约后续加工的能量,当然就会降低成本。提高产品精度一方面要使金属能充填模腔中很精细的部位;另一方面又要有很小的模具变形。等温锻造由于模具与工件的温度一致,工件流动性好,变形力小,模具弹性变形小,是实现精锻的好方法。粉末锻造,由于容易得到最终成形所需要的精确的预制坯,所以既节省材料又节约能源。

4. 实现产品—工艺—材料一体化

以前,塑性成形往往是“来料加工”,近来由于机械合金化的出现,可以不通过熔炼得到各种性能的粉末,塑性加工时可以自配材料经热等静压(HIP)再经等温锻造得到产品。

复合材料,包括颗粒增强及纤维增强的复合材料的成形,已经自然地落到了塑性加工的范畴。材料工艺一体化给塑性加工带来了更多的机会和更大的活动范围。

复习思考题

1. 锻压成形的实质是什么?与铸造相比,锻压有哪些特点?
2. 简述锻造的生产过程。
3. 什么是锻造温度范围?试述始锻温度和终锻温度的确定原则。
4. 常见的加热缺陷有哪些?各种缺陷对锻造过程和锻件质量有何影响?
5. 锻件有哪几种冷却方式?各自的适用范围如何?
6. 手工自由锻时,大锤打法有几种?在应用时各自有何特点?
7. 空气锤的吨位含义是什么?锻锤落下部分包括哪些?
8. 自由锻的基本工序有哪些?镦粗时应遵循的规则和注意事项有哪些?
9. 你所知道的模锻设备有哪些?并各述其特点。
10. 冲压基本工序有哪些?

焊 接

基本要求

(1) 了解焊接的基本概念、分类、特点和应用。

(2) 比较完整地掌握手工电弧焊的焊接工艺和操作方法。

(3) 了解常见焊接缺陷和防止措施。

(4) 熟悉气焊、气割、氩弧焊等焊接工艺的特点和应用。

3.1 焊接概述

焊接是通过加热或加压,或两者并用,并且用或不用填充材料,使工件达到结合的一种永久性连接方法。它是现代工业生产中用来制造各种金属结构和机械零件的主要工艺方法之一,在许多领域得到了广泛的应用。

焊接的方法种类很多,按其工艺特点可分为熔焊、压焊和钎焊三大类。熔焊是指待焊处的母材金属熔化,但不加压力以形成焊缝的焊接方法。压焊是指在焊接过程中,必须对焊件施加压力(加热或不加热),以完成焊接的方法。钎焊是指利用比母材熔点低的金属材料作钎料,将焊件和钎料加热到高于钎料熔点,但低于母材熔点的温度,利用液态钎料润湿母材,填充接头间隙,并与母材相互扩散而实现连接焊件的方法。常用焊接方法分类如图 3-1 所示。

焊接生产的特点和应用如下所述。

(1) 与铆接相比,焊接具有节省金属材料,生产率高,接头强度高、密封性能好,易于实现机械化和自动化等优点。

(2) 与铸造相比,焊接工序简单,生产效率高,节省材料,成本低,有利于产品的更新。

(3) 对于大型、复杂的结构件,采用铸—焊、锻—焊、冲—焊复合工艺,能实现以小拼大、化繁为简,以克服铸造或锻造设备能力的不足,有利于降低成本、节省材料、提高经济效益。

(4) 能连接异种金属,便于制造双金属结构。如将硬质合金刀片和车刀刀杆焊在一起;在已磨损的工件表面堆焊一层耐磨材料,以延长其使用寿命。

但焊接也存在一些不足之处,如结构不可拆,更换修理不方便;焊接结构容易产生应力与变形,容易产生焊接缺陷等。

焊接技术主要应用于金属结构构件的制造上,如建筑结构、船体、车辆、航空航天、电子电器产品、锅炉及压力容器等。

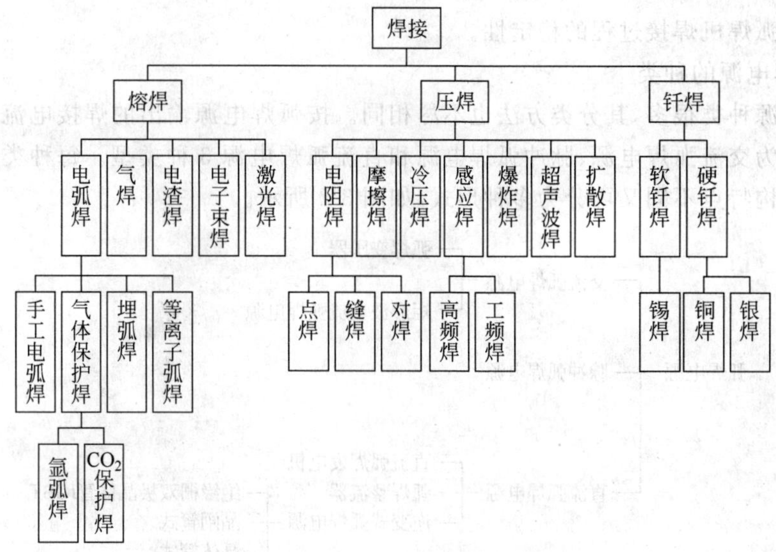

图 3-1 常用焊接方法分类

3.2 焊接基础知识

3.2.1 电弧焊设备及工具

每种焊接方法都需要配用一定的焊接设备。焊接设备的电源功率、设备的复杂程度、成本等都直接影响到焊接生产的经济效益，因此焊接设备也是选择焊接方法时必须考虑的重要因素。

1. 焊条电弧焊对焊机的要求

为了使焊条电弧焊在焊接过程中电弧燃烧稳定，不发生断弧，焊条电弧焊用焊机应具备下列基本条件：

（1）要求焊机能承受焊接回路短时间的持续短路，限制短路电流值，使之不超过焊接电流的 50%，防止焊接因短路过热而烧坏。

（2）具有良好的动特性。短路时，电弧电压等于零，要求恢复到工作电压的时间不超过 0.05s。

（3）具有足够的电流调节范围和功率。

2. 弧焊电源

不同材料、不同结构的工件，需要采用不同的电弧焊工艺方法，而不同的电弧焊工艺方法则需用不同的电弧焊机。例如，操作方便、应用最为广泛的焊条电弧焊，需要手弧焊机；锅炉、化工、造船等工业需要埋弧焊机；适用于焊接化学性活泼金属的气体保护电弧焊，需要气体保护电弧焊机；适用于焊接高熔点金属的等离子弧焊，则需要等离子弧焊机。由上述可知，各种电弧焊方法所需的供电装置即弧焊电源是电弧焊机的重要组成部分，它是为焊接电弧供给电能的装置，能够满足电弧焊的电气特性。弧焊电源电气性能的优劣，在很大程度上决定电弧焊机焊接过程的稳定性。

1）弧焊电源的种类

弧焊电源种类很多，其分类方法也不尽相同。按弧焊电源输出的焊接电流波形形状将弧焊电源分为交流弧焊电源、脉冲弧焊电源和直流弧焊电源3种类型。每种类型的弧焊电源根据其结构特点不同又可分为多种形式，如图3-2所示。

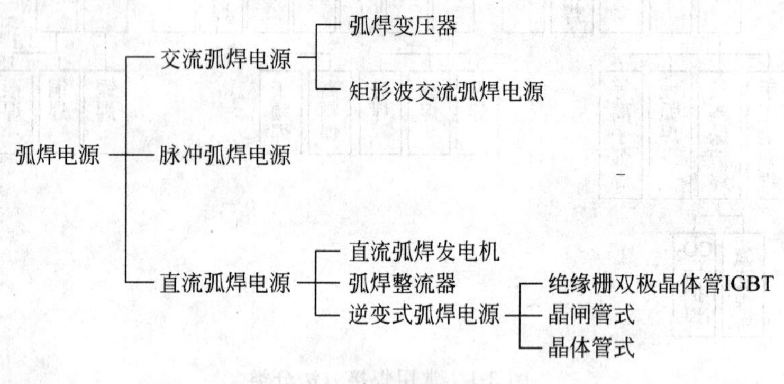

图3-2 弧焊电源的种类

2）常见弧焊电源的特点和用途

（1）交流弧焊电源

交流弧焊电源包括弧焊变压器、矩形波交流弧焊电源两种。

① 弧焊变压器即工频交流弧焊电源是把电网的交流电变成适合于电弧焊的低电压交流电，它由变压器、电抗器等组成。弧焊变压器实际上是一种特殊的降压变压器。它将220V或380V的电源电压降到60～80V（即焊机的空载电压）以满足引弧的需要。焊接时电压会自动下降到电弧正常工作所需的电压（30～40V）。输出电流从几十安到几百安，可根据需要调节电流的大小。弧焊变压器具有结构简单、易造易修、成本低、空载损耗小、噪声小等优点，但其输出电流波形为正弦波，因此，电弧稳定性较差，功率因数低，一般用于焊条电弧焊、埋弧焊和钨极惰性气体保护电弧焊等方法。

② 矩形波交流弧焊电源是利用半导体控制技术来获得矩形交流电流的电源。由于输出电流过零点时间短，电弧稳定性好，正负半波通电时间和电流比值可以自由调节，适合于铝及铝合金钨极氩弧焊。

（2）脉冲弧焊电源

脉冲弧焊电源的焊接电流以低频调制脉冲方式馈送，一般由普通的弧焊电源与脉冲发生电路组成。它具有效率高、输入线能量较小、线能量调节范围宽等优点，主要用于气体保护电弧焊和等离子弧焊。

（3）直流弧焊电源

① 直流弧焊发电机。直流弧焊发电机一般由特种直流发电机、调节装置和指示装置等组成。电动机带动发电机旋转，输出满足焊接要求的直流电。按驱动动力的不同，直流弧焊发电机可分为两种：直流弧焊电动发电机（以电动机驱动并与发电机组成一体）和直流弧焊柴油发电机（以柴油驱动并与发电机组成一体）。它与弧焊整流器相比，制造比较复杂，噪声及空载损耗大，效率低，价格高；但其抗过载能力强，输出脉冲小，受电网电压波动的影响

小，一般用于碱性焊条电弧焊。

② 弧焊整流器。弧焊整流器是通过整流器把交流电转变为直流电的装置，是由变压器、整流器、调节装置及指示装置等组成。它用于直流弧焊电源焊接时，由于正极和负极上的热量不同，可以分为正接和负接两种方法。把焊条接负极，称为正接法；反之称为负接法。焊接厚板时，一般采用直流正接法，这时电弧中的热量大部分集中在焊件上，有利于加快焊件熔化，保证足够的熔深。焊接薄板时，为了防止烧穿，常采用反接。

弧焊整流器既弥补了交流电焊机电弧稳定性不好的缺点，又有比一般的直流弧焊发电机制造方便、价格低、空载损耗小、噪声小等优点。而且大多数弧焊整流器可以远距离调节焊接工艺参数，能自动补偿电网电压波动对输出电压和电流的影响。弧焊整流器一般可以作为各种弧焊方法的电源。

③ 逆变式弧焊电源。逆变式弧焊电源把单相（或三相）交流电经整流后，由逆变器转变为几百至几万赫兹的中频交流电，降压后输出交流或直流电。整个过程由电子电路控制，使电源获得符合要求的动特性和外特性。它具有高效节能、重量轻、体积小、功率因数高等优点，可应用于各种弧焊方法。逆变式弧焊电源既可以输出交流电，又可以输出直流电。

3. 焊条电弧焊的工具

进行焊条电弧焊时必需的工具有夹持焊条的焊钳，保护操作者皮肤、眼睛免于灼伤的手套和面罩，清除焊缝表面渣壳用的清渣锤和钢丝刷等。焊钳用来夹持焊条和传导电流。焊钳必须绝缘，常用焊钳如图 3-3(a)所示。面罩是用来遮挡焊接时产生的弧光和飞溅的金属，保护操作人员的脸部和眼睛，常用面罩如图 3-3(b)所示。

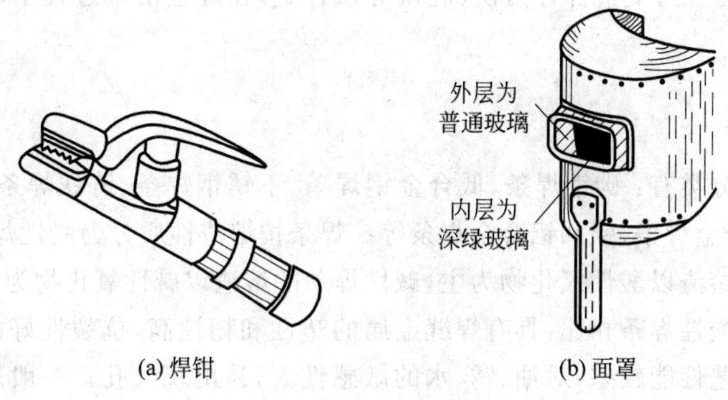

(a) 焊钳 (b) 面罩

图 3-3

3.2.2 焊条

焊条电弧焊焊条是焊接材料，一般由金属焊芯和药皮两部分组成，如图 3-4 所示。

1. 焊芯

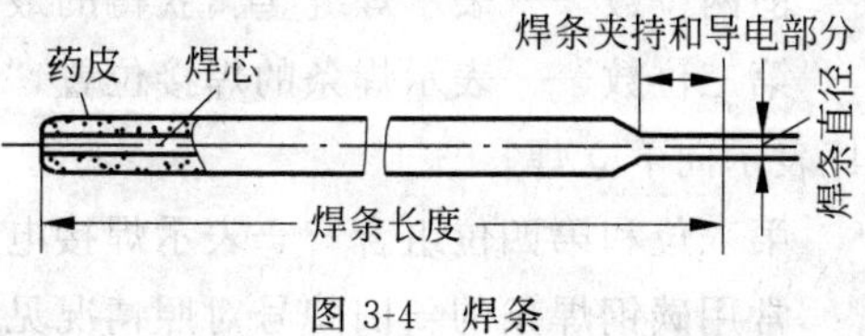

图 3-4 焊条

金属焊芯是指焊条内的金属丝，它具有一定的直径和长度。焊芯的化学成分直接影响焊缝质量。焊芯通常为含碳、硫、磷较低的专用焊丝。目前我国常用的碳素结构钢焊芯牌号有：H08,H08A,H08MnA等。

焊条的直径是表示焊条规格的一个主要尺寸，一般是用焊芯的直径来表示，焊芯的长度即焊条长度。焊条的直径为2～6mm，长度为200～500mm。常用焊条直径和长度规格如表3-1所示。

表3-1 常用焊条的直径和长度规格

焊条直径/mm	2.0	2.5	3.2	4.0	5.0
焊条长度/mm	250	250	350	350	400
	300	300	400	400	450

焊芯在焊接时的作用有两个：一是作为电极传导电流，产生电弧；二是熔化后作为填充金属，与熔化的母材一起组成焊缝金属。

2. 药皮

药皮由多种矿石粉和铁合金粉等组成，用水玻璃调和包敷于焊芯表面。其作用有以下几个方面：

(1) 稳定电弧。药皮中含有钾、钠等元素，能在较低电压下电离，既容易引弧又稳定电弧。

(2) 机械保护。药皮在电弧高温下熔化，产生气体和熔渣，隔离空气，减少了氧和氮对熔池的侵入。

(3) 冶金处理。药皮中含有锰铁、硅铁等铁合金，在焊接冶金过程中起脱氧、去硫和渗合金等作用。

3. 焊条种类

焊条按用途分类有：碳钢焊条、低合金钢焊条、不锈钢焊条、铸铁焊条、堆焊焊条、镍合金焊条、铜和铜合金焊条、铝和铝合金焊条等。焊条按熔渣性质分为酸性焊条和碱性焊条两种。酸性焊条的熔渣以酸性氧化物为主，碱性焊条的熔渣以碱性氧化物为主。

碱性焊条与酸性焊条相比，具有焊缝金属的塑性和韧性高，抗裂性好的优点。但是，碱性焊条的焊接工艺性能较差，对油、锈、水的敏感性大，易出现气孔。一般来说，碱性焊条适用于对焊缝塑性和韧性要求高的重要焊接结构；无特殊要求时，应尽量使用酸性焊条。两种焊条的性能差异很大，不能随便混用。

碳钢焊条型号按熔敷金属的抗拉强度、药皮类型、焊接位置和焊接电流种类进行划分。其表示方法以英文字母“E”后面加四位数字表示，具体编制方法如下：

字母“E”——表示焊条；

前两位数——表示焊缝金属获得的最低抗拉强度；

第三位数——表示焊条的焊接位置，“0”及“1”表示全位置焊接，“2”表示平焊及平角焊，“4”表示向下立焊；

第三位和第四位组合——表示焊接电流种类及药皮类型。

常用碳钢焊条的新旧牌号对照情况见表3-2。

表 3-2 常用碳钢焊条

型号	原牌号	药皮类型	焊接位置	电流种类
E4322	J424	氧化铁型	平焊	交流或直流
E4303	J422	钛钙型	全位置焊接	交流或直流
E5015	J507	低氢钠型	全位置焊接	直流反接
E5016	J506	低氢钾型	全位置焊接	直流或交流

3.2.3 焊接接头形式、坡口形状和焊接位置

1. 接头形式

根据焊件厚度和工作条件不同,需要采用不同的焊接接头形式。常用的焊接接头形式有:对接、搭接、角接和丁字接,如图 3-5 所示。其中对接接头受力比较均匀,是最常用的一种焊接接头形式,重要的受力焊缝应尽量选用。

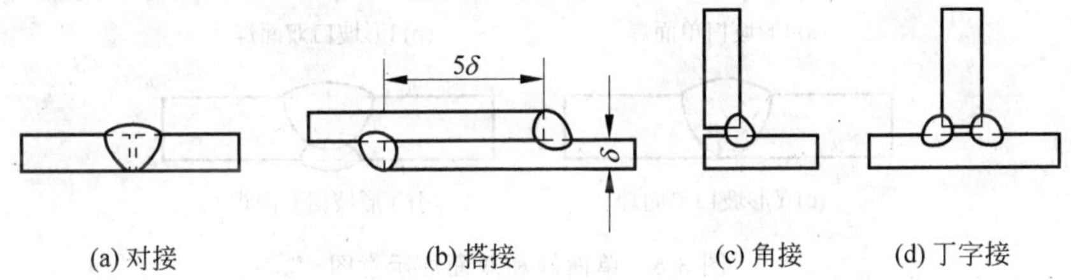

图 3-5 常见的焊接接头形式

2. 坡口形状

当焊件较薄时(<6mm),在焊件接头处只要留有一定的间隙就可保证焊透;当厚度≥6mm 时,为焊透和减少母材熔入熔池中的相对数量,根据设计和工艺要求,在焊件的待焊部位应加工成一定几何形状的沟槽,这种沟槽称为坡口,坡口各部分名称如图 3-6 所示。为了防止烧穿,常在坡口根部留有 2～3mm 直边,称为钝边。为保证钝边焊透也需留有根部间隙。常见对接接头的坡口形状如图 3-7 所示;施焊时,对 I 形坡口、Y 形坡口和带钝边 U 形坡口可根据实际情况,采用单面焊和双面焊,如图 3-8 所示;但对双 V 形坡口施焊时,必须采用双面焊。

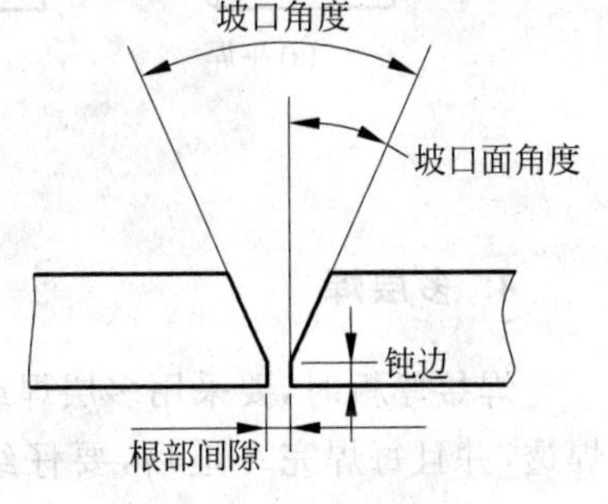

图 3-6 坡口各部分名称

3. 焊接位置

按焊缝在空间位置的不同,可分为平焊、横焊、立焊和仰焊,如图 3-9 所示。平焊操作方便,劳动强度低,生产率高,熔融金属不易流散,容易保证焊缝质量,是理想的操作空间位置,应尽量采用;横焊、立焊次之;仰焊最差。

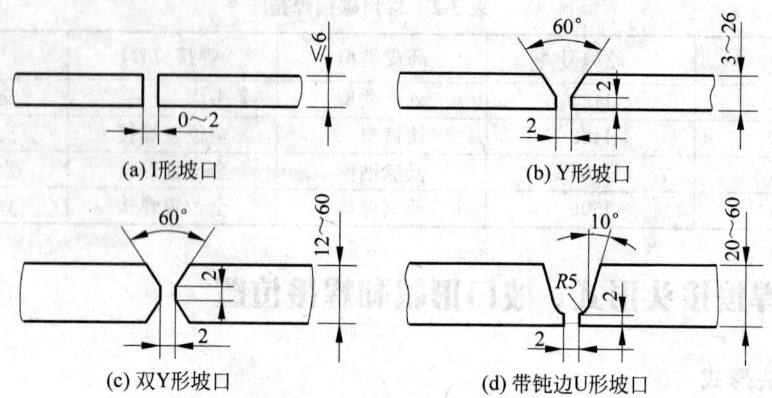

图 3-7 对接接头的坡口形状

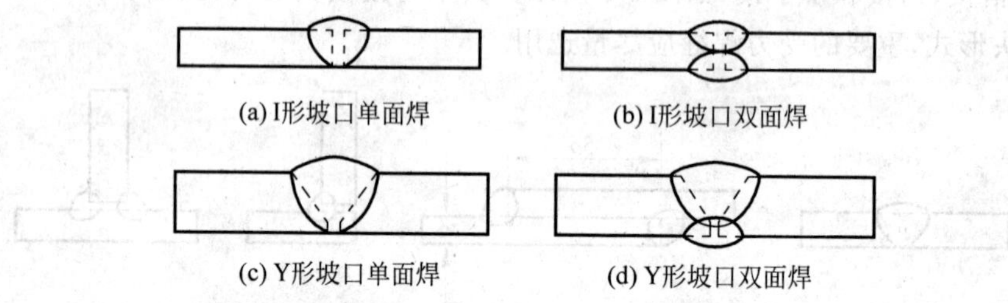

图 3-8 单面焊和双面焊示意图

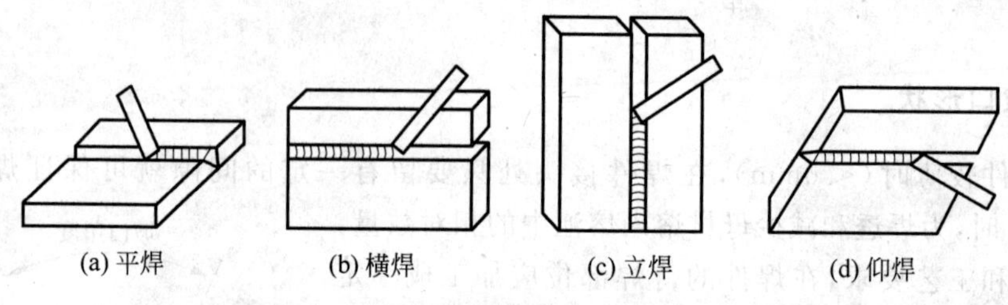

图 3-9 焊缝的空间位置

4. 多层焊

焊接厚板时，要采用多层焊或多层多道焊，如图 3-10 所示。多层焊时，要保证焊缝根部焊透，并且每焊完一道后，要仔细检查、清理，才可施焊下一道，以防产生夹渣、未焊透等缺陷。

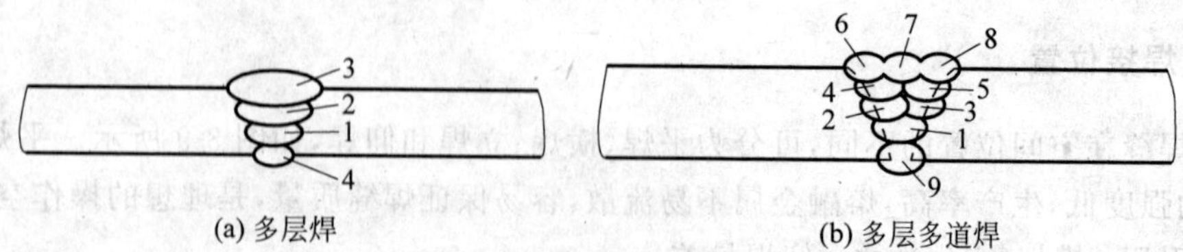

图 3-10 对接平焊的多层焊示意图

3.2.4 焊接基本工艺参数

1. 焊条直径

根据焊件厚度和焊接位置的不同,应合理选择焊条直径。一般来说,焊厚焊件时用粗焊条,焊薄焊件时用细焊条;进行立焊、横焊和仰焊时,焊条直径应比平焊时细些,焊条直径的选择见表3-3。

表3-3　焊条直径选择　mm

焊件厚度	2	2～3	4～6	6～12	>12
焊条直径	1.6～2.0	2.5～3.2	3.2～4.0	4.0～5.0	5.0～6.0

2. 焊接电流

焊接电流的大小根据焊条直径来选择。一般来说,细焊条选小电流,粗焊条选大电流。焊接低碳钢件时,焊接电流大小的经验公式如下:

$$I=(30\sim60)d$$

式中,I为焊接电流,A;d为焊条直径,mm。

3. 电弧电压

电弧电压由电弧长度决定。电弧长则电弧电压高,反之则低。焊条电弧焊时的电弧长度是指焊芯熔化端到焊接熔池表面的距离。若电弧过长,电弧飘摆、燃烧不稳定、熔深减小、熔宽加大,并且容易产生焊接缺陷。若电弧太短,熔滴过渡时可能经常发生短路,使操作困难。正常的电弧长度应小于或等于焊条直径,即所谓短弧焊。

4. 焊接速度

焊接速度是指单位时间内焊接电弧沿焊件接缝移动的距离。焊条电弧焊时,一般不规定焊接速度,而由焊工凭经验掌握。

5. 焊接层数

厚板焊接时,常采用多层焊或多层多道焊。相同厚度的焊板,增加焊接层数,有利于提高焊缝金属的塑性和韧性,但焊接变形增大,生产效率下降。层数过少,每层焊缝厚度过大,接头性能变差。一般每层焊缝厚度以不大于4～5mm为好。

3.3 焊接基本操作

3.3.1 手工电弧焊

手工电弧焊是手工操纵焊条利用电弧(中心温度5000～8000K)作为热源的焊接方法。现将其主要过程(引弧、运条、收尾)介绍如下。

1. 引弧

焊接前，将焊钳和焊件分别接到电源的输出端两极，用焊钳夹持焊条。

引弧是弧焊时引燃焊接电弧的过程。引弧的方法有敲击法和划擦法两种。引弧时，首先将焊条末端与工件表面接触形成短路，然后迅速将焊条向上提起2～4mm，电弧即可引燃，如图3-11所示。引弧操作时应注意以下几点：

(1) 焊条轻轻敲击或划擦后要迅速提起，否则易黏住焊件，产生短路。若发生黏条，可将焊条左右摇动后拉开。若拉不开，则要松开焊钳，切断电路，待焊条冷却后再处理。

(2) 焊条不能提得过高，否则会灭弧。

(3) 如果焊条与焊件接触多次仍不能引弧，应将焊条在焊件上重击几下，清除端部绝缘物质(氧化铁、药皮等)，以便再次起弧。

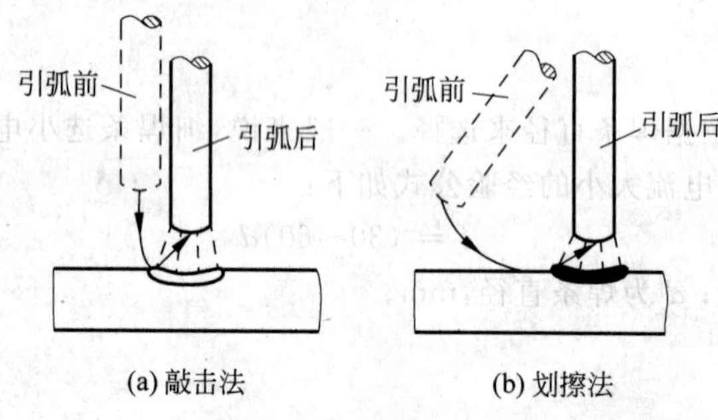

图 3-11 引弧方法

2. 运条

引弧后，首先必须掌握好焊条与焊件之间的角度，如图3-12所示。同时，在操作过程中要使焊条同时完成图3-13中的三个基本动作，即

(1) 焊条向下送进运动。送进速度应等于焊条熔化速度，以保持弧长不变。

(2) 焊条沿焊缝纵向移动。移动速度应等于焊接速度。

(3) 焊条沿焊缝横向移动。焊条以一定的运动轨道周期性地沿焊缝左右摆动，以便获

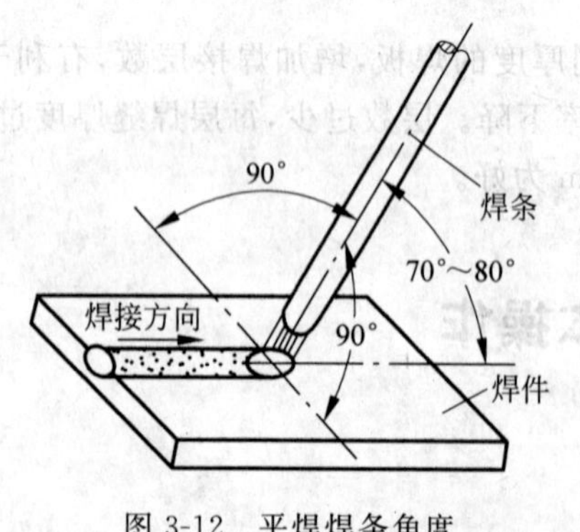

图 3-12 平焊焊条角度

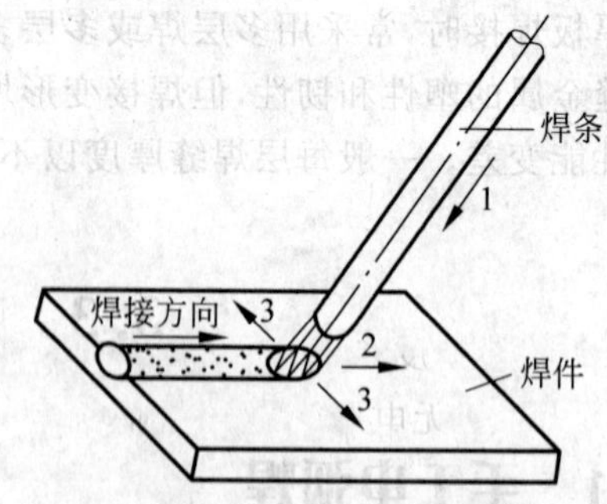

图 3-13 焊条运条基本动作

1—向下送进；2—沿焊接方向移动；3—横向摆动

得一定宽度的焊缝，如图 3-14 所示。

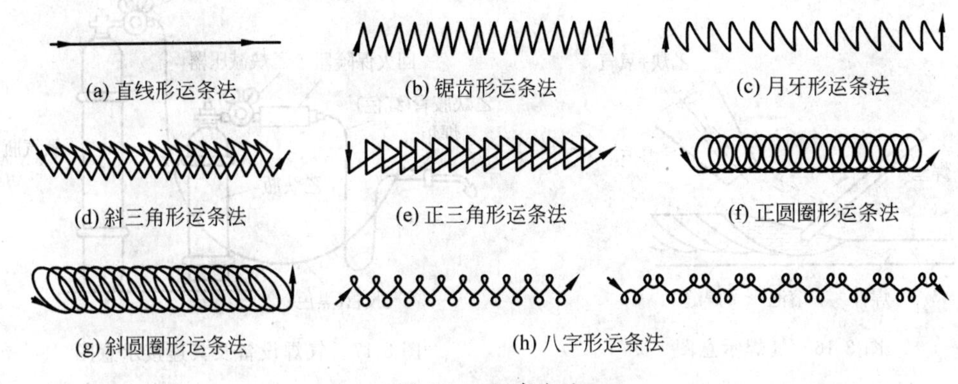

图 3-14　运条方法

3. 收尾

焊缝收尾时，为防止尾坑的出现，焊条应停止向前移动。可采用划圈收尾法、后移收尾法等，自下而上地慢慢拉断电弧，以保证焊缝尾部成形良好，如图 3-15 所示。

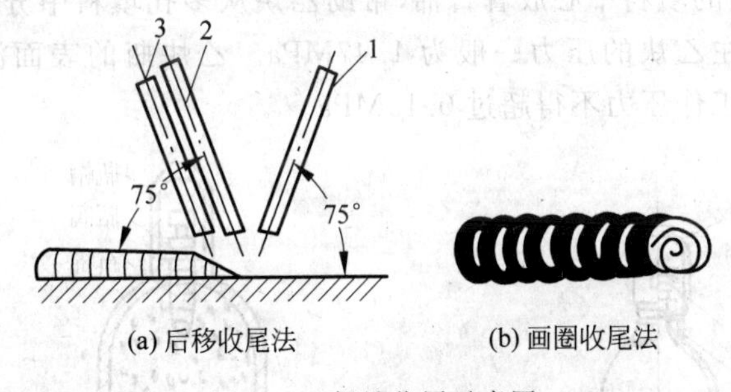

图 3-15　焊缝收尾示意图

3.3.2 气焊

气焊是利用气体火焰来熔化母材和填充金属的焊接方法，如图 3-16 所示。

气焊通常以乙炔作可燃性气体，氧气作助燃气。乙炔和氧气在焊炬中混合后，从焊嘴喷出并燃烧，其燃烧温度可达 3150℃左右。同时，燃烧产生的大量 CO_2 和 CO 气体包围在熔池周围，使熔池不易被氧化。

与焊条电弧焊相比，气焊的温度较低，热量分散，加热缓慢，对熔池的保护性较差。所以气焊生产率低，焊件变形严重，焊件质量较差。但是，气焊操作方便，易于控制，灵活性强，主要用于焊接厚度在 3mm 以下的薄钢板，焊接铜、铝等低熔点有色金属以及对铸铁进行补焊等。另外，在无电源的野外作业场合也常使用气焊。

1. 气焊设备

气焊设备主要有氧气瓶、乙炔瓶、减压器、回火保险器、焊炬、橡胶管等，这些设备的连接如图 3-17 所示。

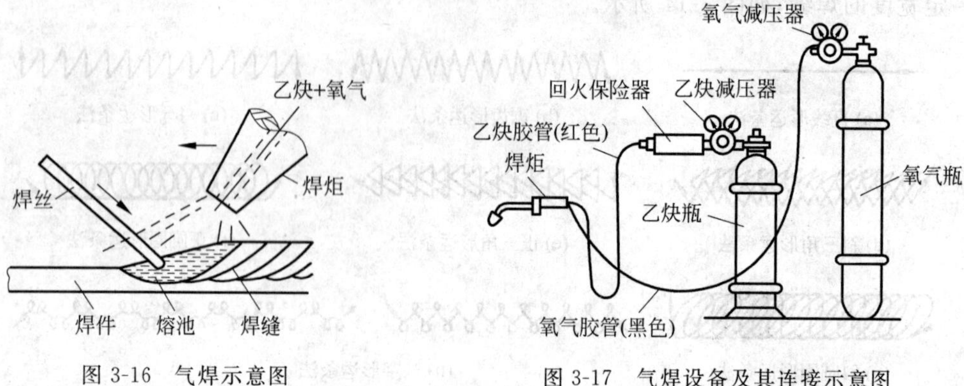

图 3-16 气焊示意图

图 3-17 气焊设备及其连接示意图

(1) 氧气瓶。氧气瓶是用于储存氧气的高压容器,如图 3-18 所示。其外观涂成蓝色,并标明"氧气"。氧气瓶的上部有氧气阀,其储存氧气的最高压力是 15MPa,容积一般为 40L。

(2) 乙炔瓶。乙炔瓶是储存乙炔的钢瓶,如图 3-19 所示。瓶内装有浸满丙酮的多孔填充物(活性炭、木屑等)。丙酮对乙炔有良好的溶解能力,可使乙炔稳定而安全地储存在钢瓶中。在乙炔瓶阀下面的填料中心放着石棉,帮助乙炔从多孔填料中分解出来。乙炔瓶的容积一般为 40L,其灌注乙炔的压力一般为 1.47MPa。乙炔瓶的表面涂成白色,并标明"乙炔"。使用时乙炔的工作压力不得超过 0.15MPa。

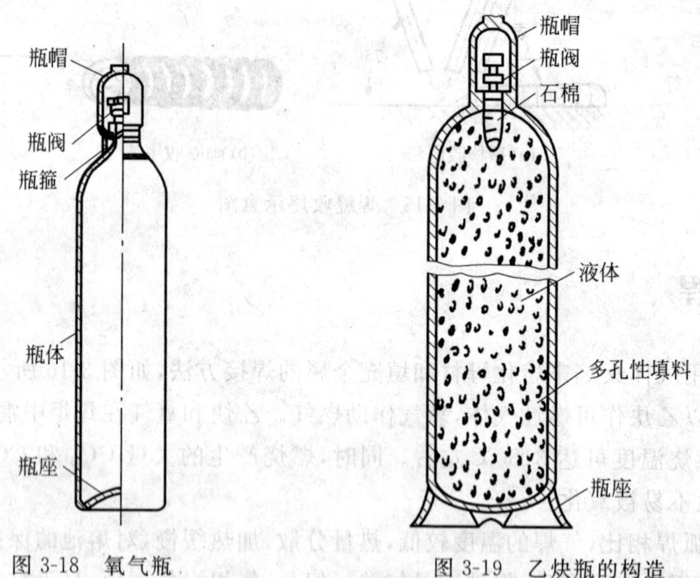

图 3-18 氧气瓶

图 3-19 乙炔瓶的构造

乙炔是一种无色而有特殊臭味的气体,化学性能活泼,容易爆炸。当乙炔与空气混合或与氧气混合后,遇到火星或高温时,会发生燃烧或爆炸,并且与紫铜、银等长期接触,也会引起爆炸。

(3) 减压器。减压器的作用是将氧气瓶流出的高压氧气降低到所需的工作压力,并保持压力稳定。减压器的外形如图 3-20 所示。

(4) 回火保险器。回火保险器是装在燃料气体系统上的防止向燃气管路或气源回烧的保险装置。它一般安装在乙炔瓶的出气口附近，其作用是截住并熄灭发生的回火，保证乙炔瓶的安全。

(5) 焊炬。焊炬是将氧气和乙炔按需要的比例混合，并由焊嘴喷出点燃，以形成气焊火焰的工具，如图 3-21 所示。焊炬一般配有 3～5 个大小不同的焊嘴，供焊接时选用。

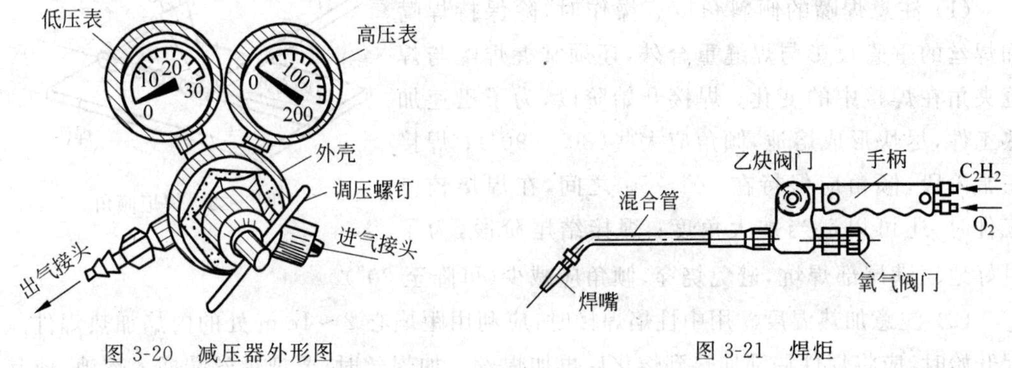

图 3-20 减压器外形图　　　图 3-21 焊炬

2. 焊接火焰

按氧气和乙炔的混合体积比例不同，焊接时会产生三种不同性质的气焊火焰，如表 3-4 所示。

表 3-4 三种火焰的特性与应用

火焰	O_2/C_2H_2	特点	应用	简图
中性焰	1.0～1.2	气体燃烧充分，故被广泛应用	低碳钢、中碳钢、合金钢、铜和铝等合金	焰心 内焰 外焰
碳化焰	<1.0	乙炔燃烧不完全，对焊件有增碳作用	高碳钢、铸铁、硬质合金等	
氧化焰	>1.2	火焰燃烧时有多余氧，对熔池有氧化作用	黄铜	

3. 焊丝与焊剂

焊丝是填充金属，分为低碳钢、铜及铜合金、铝及铝合金等。焊剂的主要作用是保护焊缝，并增加熔融金属的流动性。焊接低碳钢时一般不用焊剂。

4. 气焊的基本操作技术

1) 点火、调节火焰和灭火

点火时，先稍开一点氧气阀门，再开乙炔阀门，随后用明火点燃，然后逐渐开大氧气阀门直到所需火焰状态。在点火过程中，若有放炮声或火焰熄灭，应迅速减少氧气或放掉不纯的乙炔，重新点火。灭火时，应先关乙炔阀门，后关氧气阀门，否则会引起回火。

2）平焊操作

平焊时，通常右手握焊炬，左手捏焊丝，左、右手相互配合，沿焊缝向左或向右焊接。正常操作时，焊丝和焊炬的倾角如图 3-22 所示。平焊的操作要点如下。

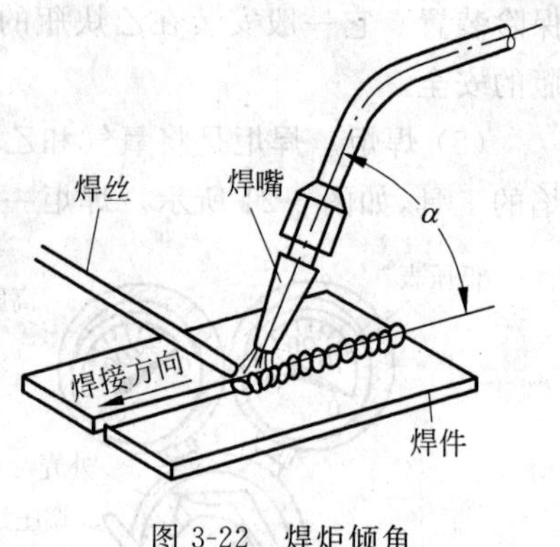

图 3-22 焊炬倾角

（1）注意焊嘴的倾斜角度。操作时，除保持焊嘴和焊丝的垂直投影与焊缝重合外，还须掌握焊嘴与焊缝夹角在焊接中的变化；焊接开始阶段，为了迅速加热工件，尽快形成熔池，倾角应大些（80°～90°）；焊接正常阶段，倾角应保持在 40°～50°之间，在焊接较厚工件时，还可以适当加大角度；焊接结尾阶段，为了更好地填满尾部焊坑，避免烧穿，倾角应减少（可降至 20°）。

（2）注意加热温度。用中性焰焊接时，应利用距焰心 2～4mm 处的内焰加热焊件。气焊开始时，应将焊件局部加热到熔化后再加焊丝。加焊丝时，要把焊丝端插入熔池，使其熔化形成共同的熔池。焊接过程中，要控制熔池温度，避免熔池下塌。

（3）注意焊接速度。气焊时，焊炬沿焊接方向移动的速度应保证焊件熔化并保持熔池有一定的大小。

3.3.3 气割

1. 气割原理

如图 3-23 所示，气割是利用金属在纯氧中燃烧，形成熔融性氧化物，被高压氧气流吹走而使之分离的切割方法。气割的主要工具是割炬，常见的割炬构造如图 3-24 所示。气割对材料的要求需满足下列条件。

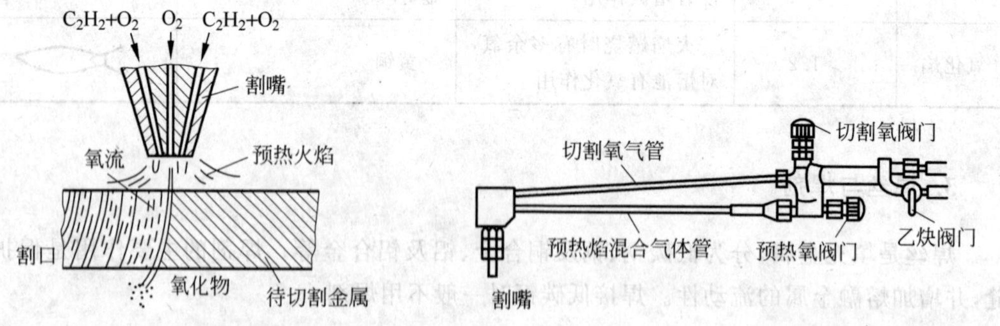

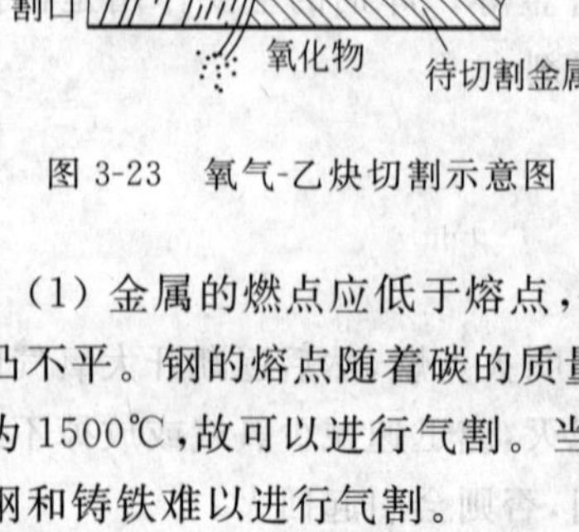

图 3-23 氧气-乙炔切割示意图

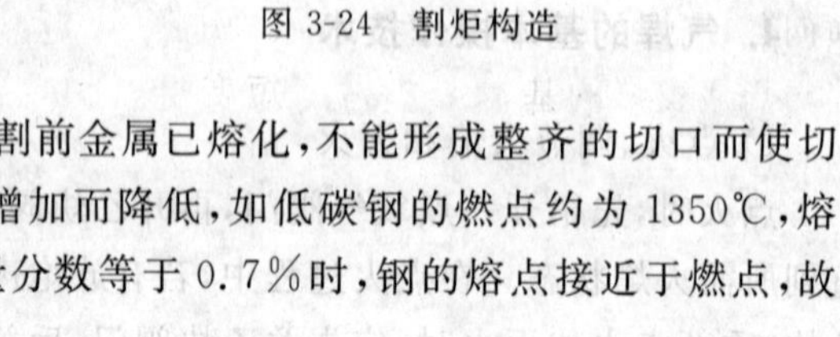

图 3-24 割炬构造

（1）金属的燃点应低于熔点，否则在切割前金属已熔化，不能形成整齐的切口而使切口凹凸不平。钢的熔点随着碳的质量分数的增加而降低，如低碳钢的燃点约为 1350℃，熔点约为 1500℃，故可以进行气割。当碳的质量分数等于 0.7%时，钢的熔点接近于燃点，故高碳钢和铸铁难以进行气割。

(2) 燃烧生成的金属氧化物的熔点应低于金属本身的熔点,且流动性较好,以便于及时将氧化物吹走,露出新的表面而继续燃烧。例如,铝的熔点(660℃)低于三氧化二铝的熔点(2050℃),所以铝和铝的合金不具备气割条件。

(3) 金属燃烧时能释放大量的热,而且其导热性要低,保证下层金属有足够的预热温度,保证切割过程连续不断地进行。

综上所述,能符合气割的材料是低碳钢、中碳钢和低合金高强度结构钢。高碳钢、铸铁、不锈钢、黄铜、铝及其合金不宜进行气割。

2. 气割的基本操作技术

气割操作的关键是气割过程中保持割嘴与工件有合适的角度。具体操作要求如下:

(1) 割嘴对切口左右两边必须保持垂直,如图 3-25(a)所示。

(2) 割嘴在切割方向上与工件之间的夹角随工件厚度而变化。切割 5mm 以下钢板时,割嘴应向切割方向后倾 20°~50°,如图 3-25(b)所示;切割厚度在 5~30mm 的钢板时,割嘴可始终保持与工件垂直,如图 3-25(c)所示;切割 30mm 以上的厚钢板时,开始朝切割方向前倾斜 5°~10°,结尾时也是倾斜 5°~10°,中间切割过程中保持割嘴与工件垂直,如图 3-25(d)所示。

(3) 割嘴离工件表面距离应始终使预热的焰心端部距工件 3~5mm。

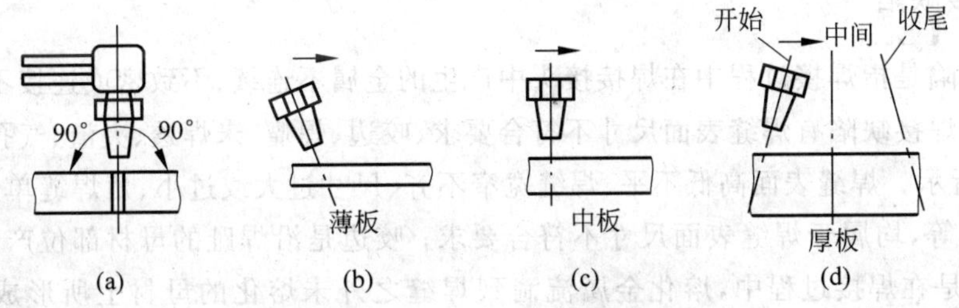

图 3-25 割炬与工件之间的角度

3.4 焊接变形和焊接缺陷

1. 焊接变形

熔焊时,焊件受到局部的不均匀加热,焊缝及其附近的金属被加热到高温时,受温度较低的临近母材金属所限制,不能自由膨胀。因此,冷却后将会发生纵向(沿焊缝长度方向)和横向(垂直焊缝方向)的收缩,从而引起焊接变形。

焊接变形的基本形式有缩短变形、角变形、弯曲变形、扭曲变形和波浪形变形等,如图 3-26 所示。焊接变形降低了焊接结构的尺寸精度,为防止和矫正焊接变形要采取一系列工艺措施,从而增加了制造成本,变形严重时还会造成焊件报废。

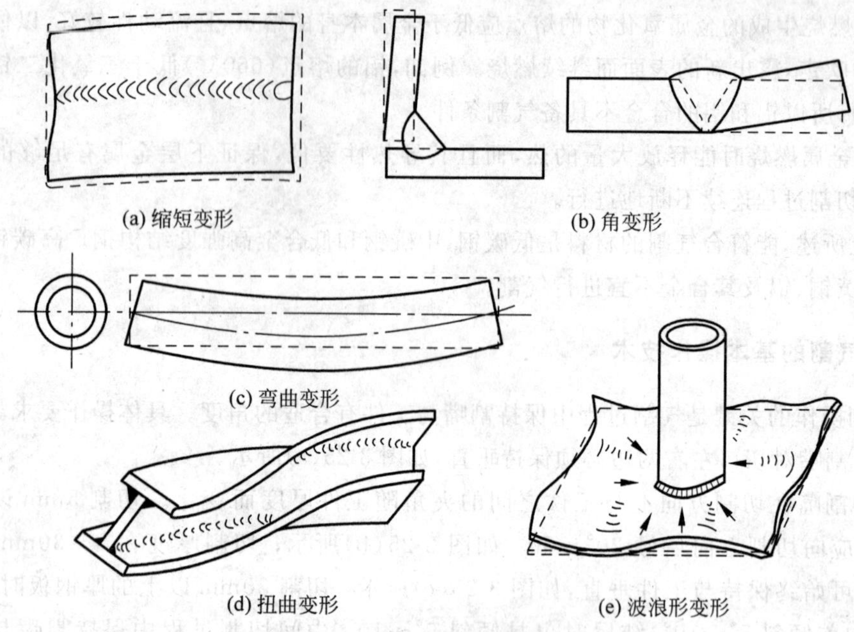
(a) 缩短变形
(b) 角变形
(c) 弯曲变形
(d) 扭曲变形
(e) 波浪形变形

图 3-26　焊接变形的基本形式

2. 焊接缺陷

焊接缺陷是指焊接过程中在焊接接头中产生的金属不连续、不致密或连接不良的现象。熔焊常见的焊接缺陷有焊缝表面尺寸不符合要求、咬边、焊瘤、未焊透、夹渣、气孔和裂纹等，如图 3-27 所示。焊缝表面高低不平、焊缝宽窄不齐、尺寸过大或过小、角焊缝单边以及焊角尺寸不合格等，均属于焊缝表面尺寸不符合要求；咬边是沿焊趾的母材部位产生的沟槽或凹陷；焊瘤是在焊接过程中，熔化金属流淌到焊缝之外未熔化的母材上所形成的金属瘤；未焊透是指焊接时接头根部未完全熔透的现象；气孔是指熔池中的气体在凝固时未能逸出而残留下来所形成的空穴；裂纹是指焊接接头中局部地区的金属原子结合力遭到破坏而形成的新界面所产生的缝隙。熔焊常见焊接缺陷的产生原因和防止措施见表 3-5。

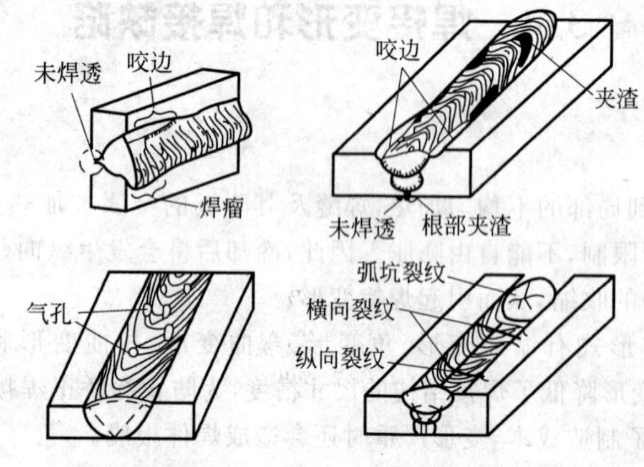

图 3-27　熔焊常见的焊接缺陷

表 3-5 常见焊接缺陷产生的原因和防止措施

缺陷名称	缺陷简图	缺陷特征	产生原因	防止措施
尺寸和外形不符合要求	焊缝高低不平，宽度不齐，波形粗劣 余高过大或过小	焊波粗劣，焊缝宽度不匀，高低不平	1. 运条不当； 2. 焊接工艺参数及坡口尺寸选择不当	选择恰当的坡口尺寸、装配间隙及焊接规范，熟练掌握操作技术
咬边	咬边 咬边	焊件和焊缝交界处，在焊件一侧上产生凹槽	1. 焊条角度和摆动不正确； 2. 焊接电流过大，焊接速度太快	选择正确的焊接电流和焊接速度，掌握正确的运条方法，采用合适的焊条角度和弧长
焊瘤	焊瘤	熔化金属流淌到焊缝之外的母材上而形成金属瘤	1. 焊接电流较大，电弧较长、焊接速度较慢； 2. 焊接位置选择及运条不当	尽可能采用平焊，正确选择焊接工艺参数，正确掌握运条方法
烧穿	烧穿	熔化态金属从焊缝反面漏出而形成穿孔	1. 坡口间隙过大； 2. 电流太大或焊速较慢； 3. 操作不当	确定合理的装配间隙，选择合适的焊接工艺参数，掌握正确的运条方法
未焊透	未焊透	母材与母材之间，或母材与熔敷金属之间尚未熔，如根部未焊透、边缘未焊透及层间未焊透等	1. 焊接速度较快、焊接电流较小； 2. 坡口角度较小，间隙过窄； 3. 焊件坡口不干净	选择合理的焊接规范，正确地选用坡口形式、尺寸和间隙，加强坡口清理，正确操作
夹渣	夹渣	焊后残留在焊缝金属中的宏观非金属夹杂物	1. 前道焊缝熔渣未清除干净； 2. 焊接电流较大，焊接速度较快； 3. 焊缝表面不干净	多层焊时，层层清渣，坡口清理干净，正确选择工艺参数
气孔	气孔	熔池中溶入过多的 H_2、N_2 及产生的 CO 气体，凝固时来不及逸出，形成气孔	1. 焊件表面有水、锈、油； 2. 焊条药皮中水分过多； 3. 电弧较长，保护不好，大气侵入； 4. 焊接电流较小，焊接速度较快	严格清除坡口上的水、锈、油，焊条按要求烘干，正确选择焊接工艺参数

3.5 其他焊接方法

3.5.1 气体保护焊

气体保护电弧焊是利用外加气体作为电弧介质并保护电弧和焊接区的电弧焊方法，简称气体保护焊。常用的气体保护焊有氩弧焊和二氧化碳气体保护焊等。

1. 氩弧焊

用氩气作为保护气体的气体保护焊称为氩弧焊。按所采用的电极不同，氩弧焊可分为钨极氩弧焊和熔化极氩弧焊两类，如图 3-28 所示。

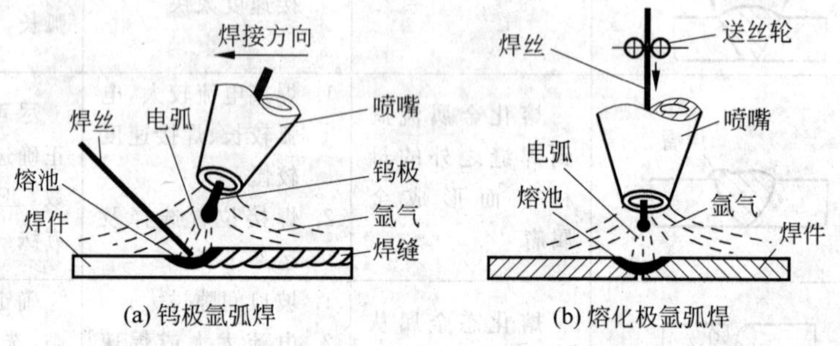

图 3-28 氩弧焊示意图

钨极氩弧焊按操作方式不同分为手工焊、半自动焊和自动焊三种。手工焊时，填充焊丝的添加和电弧的移动均靠手工操作；半自动焊时，填充焊丝的送进由机械控制，电弧的移动则靠手工操作；自动焊时，填充焊丝的送进和电弧的移动都由机械控制。目前，工业生产中应用最广泛的是手工钨极氩弧焊，其焊接过程如图 3-28(a)所示。焊接时，在钨极与焊件之间产生电弧，焊丝从一侧送入，在电弧热作用下，焊丝端部与焊件熔化形成熔池，随着电弧前移，熔池金属冷却凝固后形成焊缝。氩气从焊枪的喷嘴中连续喷出，在电弧周围形成气体保护层隔绝空气，以防止空气对钨极、电弧、熔池及加热区的有害污染，从而获得优质焊缝。

在整个焊接过程中，钨极不熔化，但有少量损耗。为尽量减少钨极损耗，钨极氩弧焊通常采用直流正接，且所使用的焊接电流不能过大。因此，钨极氩弧焊适用于焊接较薄的焊件。焊接铝、镁及其合金时，需采用交流电源。这是因为当焊件处于负极的半周时，焊件表面上熔点较高的氧化物能够得以清除(称为“阴极破碎”作用)；而当钨极处于负极的半周时，又可得到冷却，减少损耗。

钨极材料一般采用钍钨(在钨中加入 1%～2%的 ThO_2)和铈钨(在钨中加入 2%的 CeO)。其中钍钨极的放射性较大，铈钨极的放射性很小。

手工钨极氩弧焊焊接设备系统如图 3-29 所示，主要由焊接电源、控制系统、焊枪、供气系统和供水系统等部分组成。

熔化极氩弧焊的焊接过程如图 3-28(b)所示，它利用焊丝作电极，在焊丝端部与焊件之间产生电弧，焊丝连续地向焊接熔池送进。氩气从焊枪喷嘴喷出以排除焊接区周围的空气，

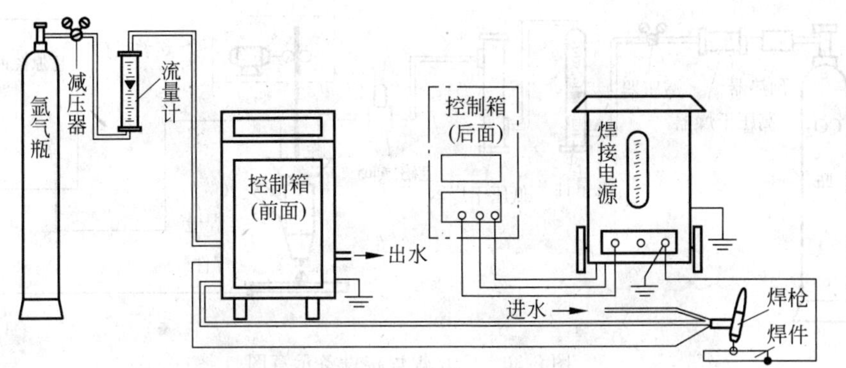

图 3-29　手工钨极氩弧焊焊接设备系统示意图

保护电弧和熔化金属免受大气污染，从而获得优质焊缝。熔化极氩弧焊的操作方式分自动和半自动两种。焊接时可以采用较大的焊接电流，通常适用于焊接中厚板焊件。焊接钢材时，熔化极氩弧焊一般采用直流反接，以保证电弧稳定。

氩弧焊的优点是：由于氩气是惰性气体，它既不与金属发生化学反应，又不溶解于金属，因而是一种理想的保护气体，能获得高质量的焊缝；氩气的导热系数小，且是单原子气体，高温时不分解吸热，电弧热量损失小，所以电弧一旦引燃就很稳定；明弧焊接，便于观察熔池，进行控制；可以进行各种空间位置的焊接，易于实现机械化和自动化。

氩弧焊的缺点是：不能通过冶金反应消除进入焊接区的氢和氧等元素的有害作用，其抗气孔能力较差，故焊前必须对焊丝和焊件坡口及坡口两侧 20mm 范围的油、锈等进行严格清理；氩气价格贵，焊接成本高；氩弧焊设备较为复杂，维修不便。

氩弧焊几乎可以焊接所有的金属材料，目前主要用于焊接易氧化的非铁合金(如铜、铝、镁、钛及其合金)、难熔活性金属(钼、锆、铌等)、高强度合金钢以及一些特殊性能合金钢(如不锈钢、耐热钢等)。

2. 二氧化碳气体保护焊

二氧化碳气体保护焊是利用 CO_2 气体作为保护气体的气体保护焊，简称 CO_2 焊。它利用焊丝作电极并兼作填充金属，其焊接过程和熔化极氩弧焊类似。

CO_2 气体的密度约为空气的 1.5 倍。在受热时 CO_2 气体急剧膨胀，体积增大，可有效地排除空气，避免空气中的 N_2 和 H_2 对焊缝金属的有害污染。

CO_2 气体在高温下分解产生 CO 和 O_2，故 CO_2 焊的电弧气氛中实际上是 CO_2、CO 和 O_2 共存。在高温下，CO 气体比较稳定，且不溶于液态金属；而 CO_2 和 O_2 则具有很强的氧化性，会引起合金元素烧损，使焊缝金属中含氧量增加，故必须采用含脱氧元素的焊丝。目前，已经列入国家标准的 CO_2 焊焊丝型号有 ER49-1、ER50-2 和 ER50-G 等。型号中“ER”表示焊丝，字母 ER 后面的两位数字表示熔敷金属的最低抗拉强度(如“49”表示熔敷金属的最低抗拉强度不小于 490MPa)，短划“-”后面的数字或字母表示焊丝化学成分分类代号。

CO_2 焊的操作方式分半自动和自动两种，生产中应用较广泛的是半自动 CO_2 焊。其焊接设备主要由焊接电源、焊枪、送丝系统、供气系统和控制系统等部分组成，如图 3-30 所示。焊接电源需采用直流反接。

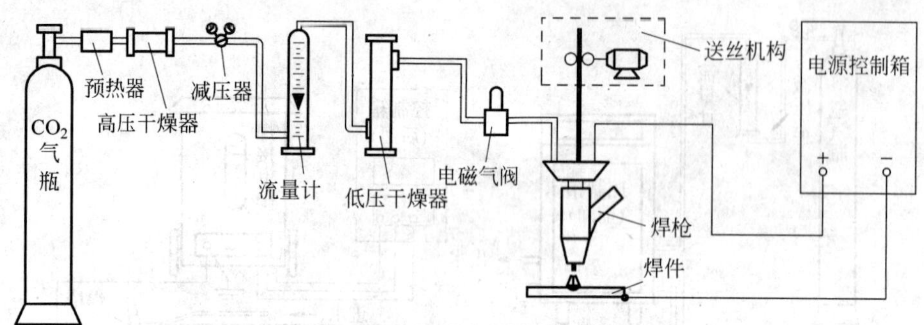

图 3-30　CO_2 焊焊接设备示意图

CO_2 焊只能采用直流电源，主要有硅整流电源、晶闸管整流电源、晶体管电源和逆变电源等。

焊枪的主要作用是输送焊丝和 CO_2 气体、传导焊接电流等，其冷却方式有气冷和水冷两种。当焊接电流小于 600A 时可采用气冷，大于 600A 时应采用水冷。

供气系统由 CO_2 气瓶、预热器、高压和低压干燥器、减压器、流量计以及电磁气阀等组成。预热器的作用是防止在瓶口或减压器处结冰堵塞气路，因为 CO_2 气体经过减压器时体积会膨胀，并吸收大量的热，导致气体温度降低。干燥器的作用是减少 CO_2 气体中的水分，防止产生气孔。

常用的送丝方式有推丝式和拉丝式等。其中推丝式应用最广，适合于直径 1.0mm 以上的钢焊丝；拉丝式适合于直径 1.0mm 以下的钢焊丝。

CO_2 焊的优点是：由于采用廉价的 CO_2 气体，生产成本低；电流密度大，生产率高；焊接薄板时，比气焊速度快，变形小；操作灵活，适用于进行各种位置的焊接。其主要缺点是飞溅大，焊缝成形较差，此外，焊接设备比手弧焊机复杂。

由于 CO_2 气体是一种氧化性气体，焊接过程中会使焊件合金元素氧化烧损，故它不适用于焊接非铁合金和高合金钢。CO_2 焊主要适用于低碳钢和低合金结构钢的焊接。

3.5.2 埋弧焊

1. 焊接过程

埋弧焊是利用在焊剂层下燃烧的电弧的热量熔化焊丝、焊剂和母材而形成焊缝的一种电弧焊方法。它的操作方式可分为自动和半自动两种，生产中普遍应用的是埋弧自动焊，其全部焊接操作（引燃电弧、焊丝送进、电弧移动、焊缝收尾等）均由机械控制。

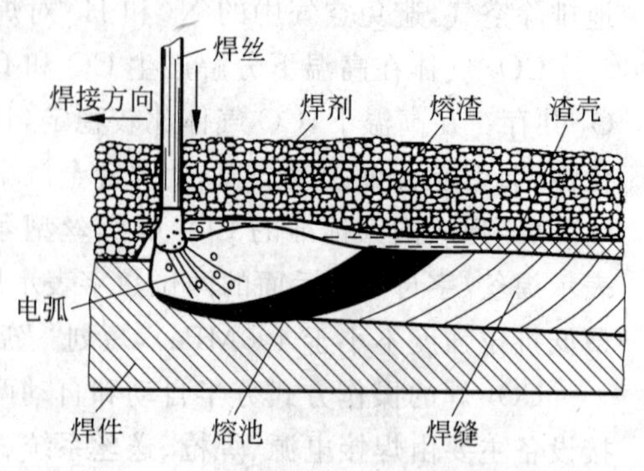

图 3-31　埋弧焊焊缝形成过程

埋弧焊焊缝的形成过程如图 3-31 所示。焊丝末端与焊件之间产生电弧以后，电弧的热量使焊丝、焊件和焊剂熔化，有一部分甚至蒸发。金属与焊剂的蒸发气体形成一个包围电弧和熔池金属的封闭空间,使电弧和熔池与外界空气隔绝。随着电弧向前移动,电弧不断熔化前方的焊件、焊丝和焊剂,而熔池的后部边缘开始冷却凝固形成焊缝。密度较小的熔渣浮在熔池表面,冷却后形成渣壳。

2. 埋弧自动焊机

埋弧自动焊机由焊接电源、控制箱和焊车三部分组成。MZ-1000 型埋弧自动焊机是一种常用的埋弧自动焊机,其工作情况如图 3-32 所示。焊机型号中,“M”表示埋弧焊机,“Z”表示自动焊机,短划“-”后面的数字“1000”表示额定焊接电流为 1000A。

(1) 焊接电源。埋弧自动焊的焊接电源可以采用弧焊变压器(MZ-1000 型埋弧自动焊机可配用 BX2-1000 型弧焊变压器),也可以采用弧焊整流器。焊接电源输出端的两极分别接到焊件和焊车的导电嘴上。

(2) 控制箱。控制箱内装有控制焊接过程和调节焊接工艺参数的各种电器元件。控制箱与焊接电源、焊车之间由控制线和控制电缆连接。

(3) 焊车。焊车由机头、焊丝盘、操纵盘、焊剂漏斗和小车等部分组成,由立柱和横梁将各部分连接成整体,其结构如图 3-32 所示。机头上装有送丝机构、焊丝矫直机构和导电机构等,机头可以绕横梁或立柱转动,也可以倾斜成一定角度以焊接角焊缝。立柱左右位置也可以调节。小车由直流电动机通过减速箱和离合器驱动,其速度可以在一定范围内均匀调节。操纵盘上装有焊接电流表和电压表、电弧电压和焊接速度的调节器以及各种控制开关与按钮。利用操纵盘可以在焊接前调定焊接电流、电弧电压和焊接速度,还可以调节焊丝的上、下位置,在焊接过程中,焊接工艺参数也可以随时调节,调节以后能自动保持工艺参数不变。

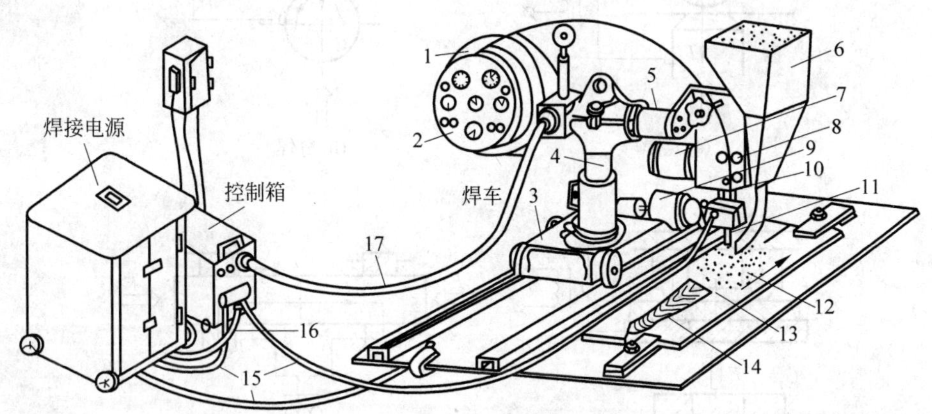

图 3-32 埋弧自动焊工作情况示意图

1—焊丝盘;2—操纵盘;3—小车;4—立柱;5—横梁;6—焊剂漏斗;7—送丝电动机;8—送丝轮;9—小车电动机;10—机头;11—导电嘴;12—焊剂;13—渣壳;14—焊缝;15—焊接电缆;16—控制丝;17—控制电缆

3. 埋弧自动焊的特点与应用

与焊条电弧焊比较,埋弧焊有以下优点:

(1) 由于焊丝伸出导电嘴的长度短,焊丝导电部分的导电时间短,故可以采用较大的焊接电流，所以熔深大，对较厚的焊件可以不开坡口或坡口开得小些，这样既提高了生产率，又节省了焊接材料和加工工时。

(2) 对熔池保护可靠，焊接质量好且稳定。

(3) 由于实现了焊接过程的机械控制，对焊工操作技术水平要求不高，同时减轻了劳动强度。

(4) 电弧在焊剂层下燃烧，避免了弧光对人体的伤害，改善了劳动条件。

埋弧自动焊的缺点是：适应性差，只宜在水平位置焊接；焊接设备较复杂，维修保养工作量较大。

埋弧自动焊适用于中厚板焊件的批量生产，焊接水平位置的长直焊缝和较大直径的环焊缝。

3.5.3 电阻焊

电阻焊又称为接触焊，是利用电流通过焊件接头的接触面及邻近区域产生的电阻热，将焊件连接处局部加热到熔化或塑性状态，并在压力作用下实现连接的一种压焊方法。电阻焊的主要方法有点焊、缝焊、凸焊和对焊等，如图 3-33 所示。

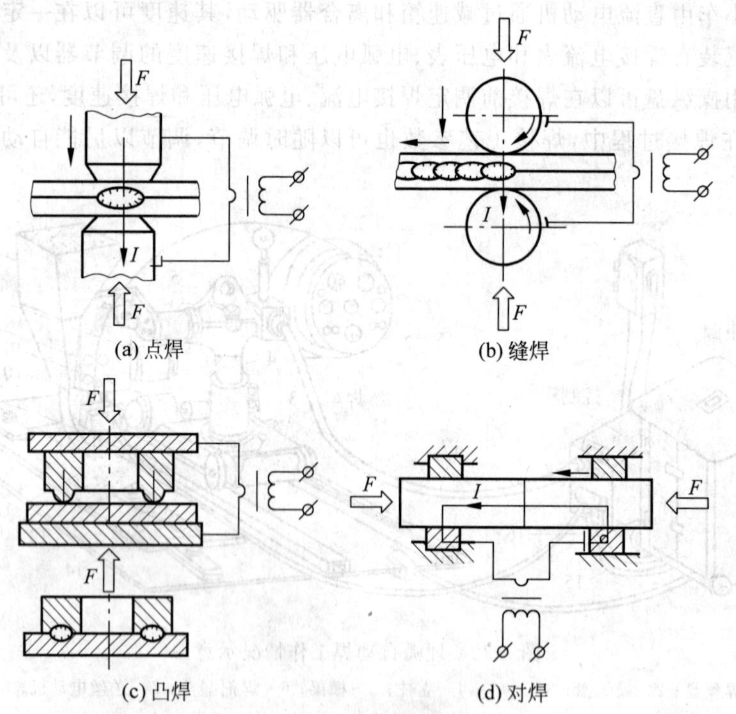

图 3-33 电阻焊的主要方法

电阻焊的生产率高，不需要填充金属，焊接变形小，操作简单，易于实现机械化和自动化。电阻焊时，加在工件上的电压很低(几伏至十几伏)，但焊接电流很大(几千安至几万安)，故要求电源功率大。

1. 点焊

点焊焊件只在有限的接触面(即所谓“焊点”)上实现连接,并形成扁球形的熔核(图 3-33(a))。点焊的焊接过程如图 3-34 所示。焊接前,将焊件表面清理干净,装配后送入点焊机的上、下电极之间,加压力使其接触良好(图 3-34(a));然后,通电使两焊件接触表面受热,局部熔化,形成熔核(图 3-34(b));断电后保持或增大压力,使熔核在压力作用下冷却凝固,从而形成焊点(图 3-34(c));最后,卸去压力,取出焊件(图 3-34(d))。

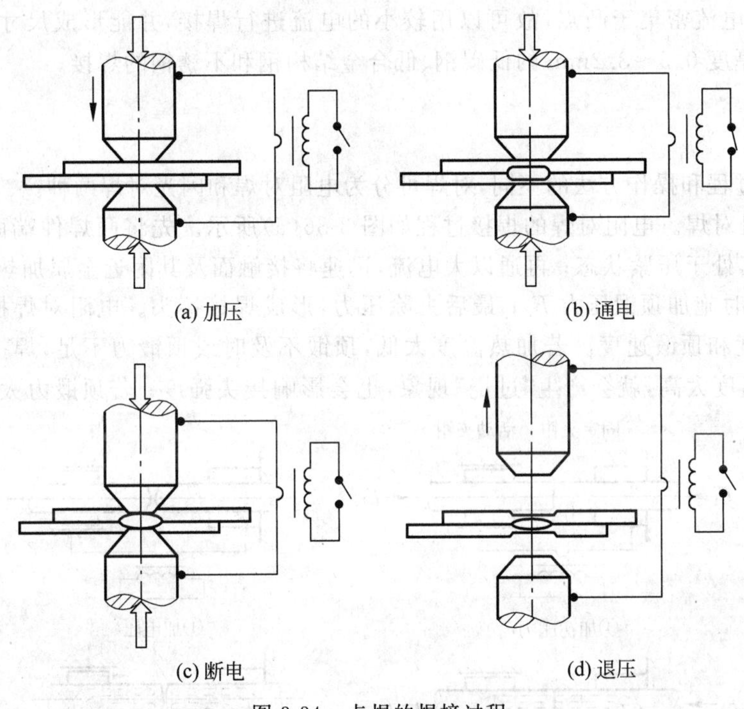

图 3-34 点焊的焊接过程

机械加压式点焊机的结构如图 3-35 所示,主要由机架、焊接变压器、电极和电极臂、加压机构、脚踏开关和冷却水系统组成。

焊接变压器是点焊电源,其次级线圈只有一圈回路。焊接电流的调节主要通过改变点焊机的调节闸刀(图中未画出)位置来改变变压器初级线圈的圈数,从而改变次级电压来达到。

点焊主要适用于不要求密封的薄板搭接结构和金属网、交叉钢筋等构件的焊接。

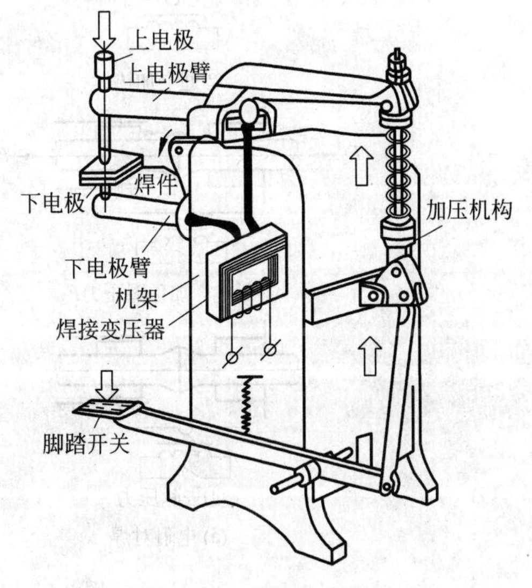

图 3-35 点焊机示意图

2. 缝焊

缝焊的焊接过程与点焊类似。它采用一对圆盘状电极代替点焊时所用的圆柱形电极

(图 3-33(b)),圆盘状电极压紧焊件并转动,依靠电极和焊件之间的摩擦力带动焊件向前移动,配合断续通电(或连续通电),形成一连串相互重叠的焊点,称为缝焊焊缝。缝焊适用于厚度 3mm 以下、要求密封的薄板搭接结构的焊接,如汽车油箱等。

3. 凸焊

凸焊是点焊的一种变形(图 3-33(c))。在一个焊件上预先压出一个或多个凸点,使其与另一个焊件的表面相接触并通电加热到所需温度,然后压塌,使这些接触点形成焊点。由于是凸点接触,电流密集于凸点,故可以用较小的电流进行焊接,并能形成尺寸较小的焊点。凸焊适用于厚度 0.5～3.2mm 的低碳钢、低合金结构钢和不锈钢的焊接。

4. 对焊

按焊接过程和操作方法的不同,对焊可分为电阻对焊和闪光对焊两种。

(1) 电阻对焊。电阻对焊的焊接过程如图 3-36(a)所示。先将两焊件端面对齐并加初压力 F_1,使其处于压紧状态;再通以大电流,迅速将接触面及其附近金属加热到塑性状态;而后断电,同时施加顶锻压力 F_2;最后去除压力,形成焊接接头。电阻对焊操作的关键是控制加热温度和顶锻速度。若加热温度太低,顶锻不及时或顶锻力不足,焊接接头就不牢固;若加热温度太高,就会产生"过烧"现象,也会影响接头强度;若顶锻力太大,则可能引

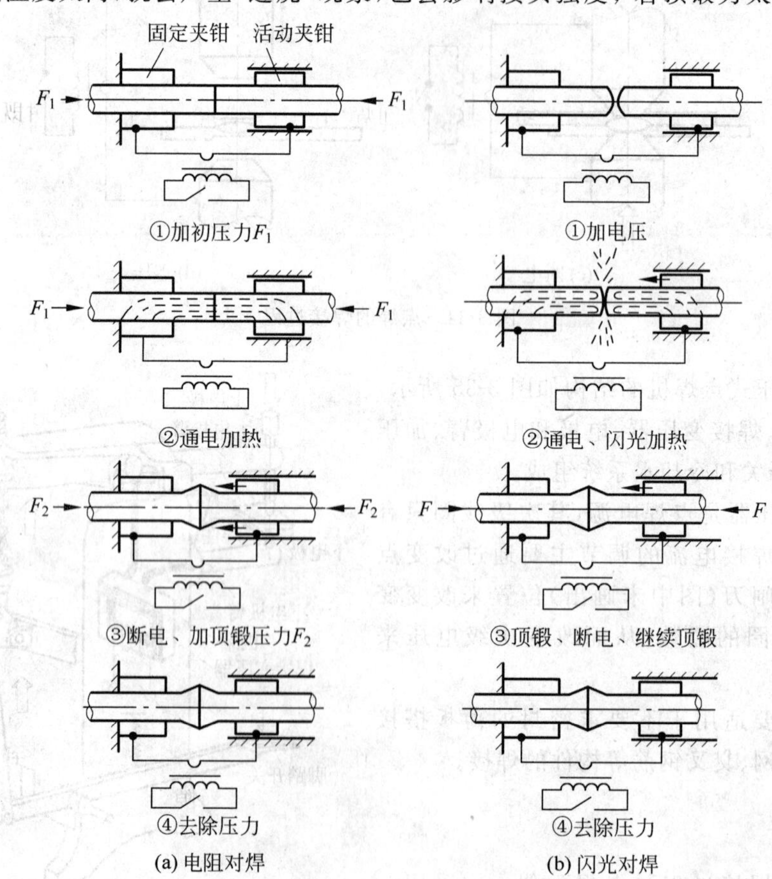

图 3-36　对焊的焊接过程

起接头变形量增大，甚至产生开裂现象。

电阻对焊的优点是焊接操作简单，焊接接头外形光滑匀称(图 3-37(a))；缺点是焊前对连接表面清理要求高，接头质量难以保证。它宜用于小断面金属型材的对接，如直径小于20mm 的低碳钢棒料和管子的对接等。

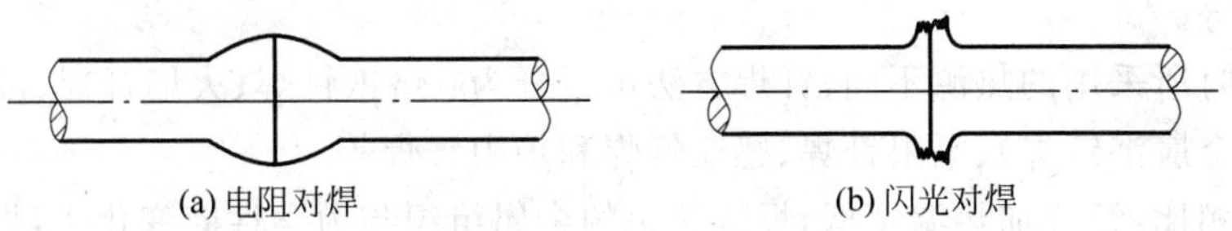

图 3-37 电阻对焊和闪光对焊的焊接接头外形

(2) 闪光对焊。闪光对焊的焊接过程如图 3-37(b)所示。两焊件装配成对接接头后不接触，先接通电源；再逐渐移近焊件使端面局部接触，大电流通过时产生的电阻热使接触点金属迅速熔化、蒸发、爆破，高温金属颗粒向外飞射形成闪光，经多次闪光加热后，焊件端面在一定深度范围内达到预定温度，立即施加压力 F 进行断电顶锻；最后去除压力，形成焊接接头。

闪光对焊的优点是焊接前接头表面不需任何加工和特殊的清理，接头强度高，接头质量容易保证；缺点是焊接操作较复杂，接头表面毛糙。它是工业生产中常用的对焊方法，适用于受力要求高的各种重要对焊件。

对焊机的结构如图 3-38 所示，其主要部件包括机架、焊接变压器、夹持机构、加压机构和冷却水系统等。焊接变压器的次级线圈连同焊件在内仅有一圈回路。夹钳既用于夹持焊件并对焊件施加压力，又起电极作用，传导焊接电流。冷却水通过焊接变压器和夹钳等。

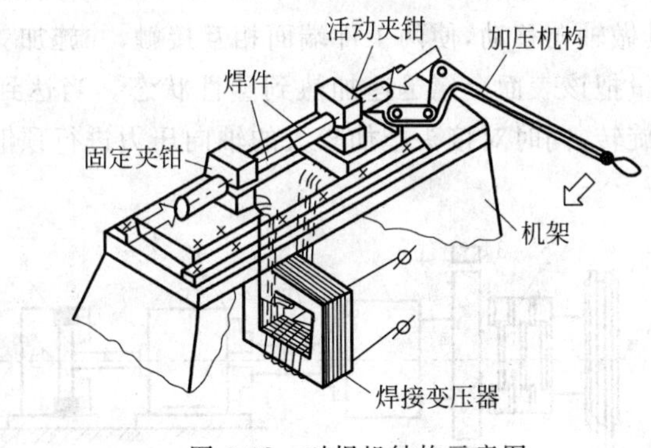

图 3-38 对焊机结构示意图

3.5.4 钎焊

钎焊是采用熔点比母材熔点低的金属材料作为钎料，将焊件和钎料加热到高于钎料熔点、低于母材熔点的温度，利用液态钎料润湿母材，填充接头间隙，并与母材相互扩散实现连接焊件的方法。

按钎料熔点不同，钎焊分为硬钎焊和软钎焊两类。钎料熔点高于 450℃ 的钎焊称为硬钎焊，常用的硬钎料有铜基钎料和银基钎料等；钎料熔点低于 450℃ 的钎焊称为软钎焊，常用的软钎料有锡铅钎料和锡锌钎料等。

钎焊时，一般要用钎剂。钎剂能去除钎料和母材表面的氧化物，保护母材连接表面和钎料在钎焊过程中不被氧化，并改善钎料的润湿性（钎焊时液态钎料对母材浸润和附着的能力）。硬钎焊时，常用的钎剂有硼砂、硼砂与硼酸的混合物等；软钎焊时，常用钎剂有松香、氯化锌溶液等。

按钎焊时所采用的热源不同，钎焊方法可以分为：烙铁钎焊、火焰钎焊、浸沾钎焊（包括盐浴钎焊和金属浴钎焊）、电阻钎焊、感应钎焊和炉中钎焊等。

与熔焊相比，钎焊加热温度低，焊接接头的金属组织与力学性能变化小，焊接变形也小，容易保证焊件的尺寸精度；某些钎焊方法可以一次焊成多条钎缝或多个焊件，生产率高；可以焊接同种或异种金属，也可以焊接金属与非金属；可以实现其他焊接方法难以实现的复杂结构的焊接，如蜂窝结构、封闭结构等。但是，钎焊接头强度较低，耐热能力较差，焊前准备工作要求较高。钎焊广泛用于制造硬质合金刀具、钻探钻头、散热器、自行车架、仪器仪表、电真空器件、导线、电机、电器部件等。

3.5.5 摩擦焊

摩擦焊是利用焊件表面相互摩擦所产生的热，使端面达到热塑性状态，然后迅速施加顶锻力，在压力作用下完成焊接的压焊方法。

1. 摩擦焊焊接过程

摩擦焊焊接过程如图 3-39 所示。先把两工件同心地安装在焊机夹紧装置中，回转夹具作高速旋转，非回转夹具做轴向移动，使两工件端面相互接触，并施加一定轴向压力，依靠接触面强烈摩擦产生的热量把该表面金属迅速加热到塑性状态。当达到要求的变形量后，利用刹车装置使焊件停止旋转，同时对接头施加较大的轴向压力进行顶锻，使两焊件产生塑性变形而焊接起来。

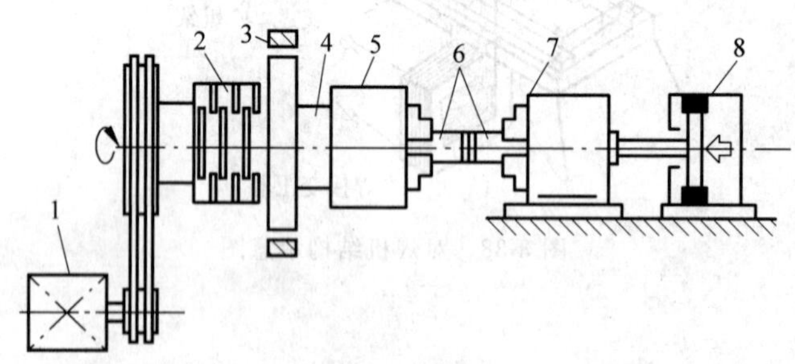

图 3-39 摩擦焊示意图

1—电动机；2—离合器；3—制动器；4—主轴；5—回转夹具；6—焊件；7—非回转夹具；8—轴向加压油缸

2. 摩擦焊的特点及应用

(1) 接头质量好且稳定。摩擦焊温度一般都低于焊件金属的熔点，热影响区很小，接头在顶锻压力下产生塑性变形和再结晶，因此组织致密；同时摩擦表面层的杂质（如氧化膜、吸附层等)随变形层和高温区金属一起被破碎清除,接头不易产生气孔、夹渣等缺陷。另外,摩擦面紧密接触,能避免金属氧化,不需外加保护措施。所以,摩擦焊接头质量好,且质量稳定。

(2) 焊接生产率高。由于摩擦焊操作简单,焊接时不需添加其他焊接材料,因此,操作容易实现自动控制,生产率高。

(3) 可焊材料种类广泛。摩擦焊可焊接的金属范围较广,除用于焊接普通黑色金属和有色金属材料外,还适于焊接在常温下力学性能和物理性能差别很大,不适合熔焊的特种材料和异种材料。

(4) 经济效益好。摩擦焊设备简单(可用车床改装),电能消耗少(只有闪光对焊的1/15～1/10),焊前对焊件不需作特殊清理,焊接时不需外加填充材料进行保护,因此,经济效益好。

(5) 焊件尺寸精度高。由于摩擦焊焊接过程及焊接参数容易实现自动控制,因此焊件尺寸精度高。

(6) 生产条件好。摩擦焊无火花、弧光及尘毒,工作场地卫生,操作方便,降低了工人的劳动强度。

摩擦焊接头一般是等断面的,也可以是不等断面的,但需要有一个焊件为圆形或筒形(图 3-40)。摩擦焊广泛应用于圆形工件、棒料及管子的对接,可焊实心焊件的直径达 2mm 到 100mm 以上,管子外径可达数百毫米。

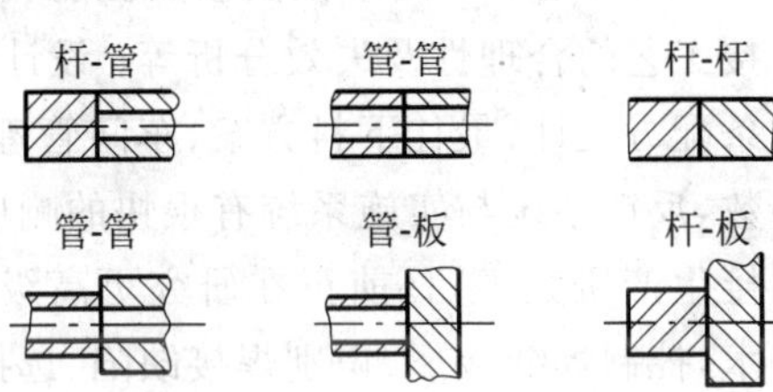

图 3-40 摩擦焊接头形式

3.6 焊接技术发展趋势

3.6.1 计算机在焊接中的应用及发展

1. 计算机辅助焊接过程控制

焊接过程的自动化是提高焊接效率,保证产品质量的一个极其重要的手段。焊接质量控制的对象是焊接参数及其合理调节,其控制效果第一,可表现在焊缝金属的内在质量,如金相组织好,内部缺陷少等方面;第二,表现在几何形状,如焊缝成形、焊接熔深和熔透控制等方面。在焊接控制中,都利用了计算机高精度的运算和大容量存储的功能,同时将神经元网络和模糊控制引入到熔透控制中,实现了焊接过程的质量自动控制。在压焊方面,通过神经网络的计算机确定并适时控制焊接时的最佳焊接参数,是压焊领域中的一个发展方向。

2. 焊接结构计算机辅助设计和制造

焊接结构种类繁多,涉及航空、航天、造船、化工、机床、桥梁等各个领域,焊接结构的多样化,迫切需要开发应用焊接结构的计算机辅助设计和计算机辅助制造软件,以适应于柔性制造和计算机集成制造的需要。

3. 焊接过程的模拟及定量控制

焊接过程的变化规律十分复杂,如冶金过程、焊接温度分布、焊接熔池的成形、应力应变以及焊缝跟踪和熔透控制等,长期以来只能定性地依靠经验加以预测,随着计算机的发展,如何从经验走向定量控制就成为发展的必然趋势。

(1) 数值模拟。通过数值模拟对焊接过程获得定量认识(如焊接温度场、焊接热循环、焊接冷裂敏感性判据、焊接区的强度和韧性等),可以免去大量试验而得到定量的预测信息,而且可节省大量经费、人力和时间。

(2) 物理模拟。采用缩小比例或简化了某些条件的模拟件来代替原尺寸的实物研究。例如,焊接热力物理模拟、模拟件爆破试验、断裂韧度试验等。物理模拟和数值模拟各有所长,只有两者很好地结合起来才能获得最佳效果。

(3) 焊接专家系统。目前焊接专家系统在焊接领域中按其功能可分为以下三种专家系统:诊断型——用于预测接头性能、应力应变、裂纹敏感性、结构安全可靠性、寿命预测、焊接工艺的合理性及失效分析等;设计型——可以根据约束条件进行结构设计、工艺设计、焊条配方设计、最佳下料方案、车间管理等;实时控制型——它是根据初始条件,控制焊接参数,反馈系统与实施系统有很快的响应速度。这三类焊接专家系统已不同程度地应用于焊接生产研究中,目前正在研究更高级的智能专家系统,如应用模糊控制和神经网络控制技术,控制焊缝成形、识别焊接缺陷、选择最佳焊接条件等。

3.6.2 高效焊接技术的应用及发展

1. 焊接设备方面的新进展

(1) 新型焊接电源。目前国内外的一些新型焊接电源,不论是交流还是直流,都在向更高级的方向发展。其主要特点是使一台焊接电源具有多种输出特征,所以电子控制的焊接电源已成为当今焊接电源的发展方向。

(2) 焊接设备的配套化。在采用高效焊接方法后,焊机的焊接时间在整个焊接过程中所占的比例逐渐减小。为提高整个焊接过程的生产效率,采取措施使整个焊接过程的各道工序尽可能地机械化、合理化、连续化,实现焊接操作的流水作业。

2. 新型焊接材料

(1) 新型气体保护焊丝。在大量推广应用气体保护焊方法的过程中,除了焊接设备有了改进和发展外,焊丝的品种也有了很大的发展。主要表现在二氧化碳气体保护焊所用的焊丝由实心焊丝改为药芯焊丝。所谓药芯焊丝,就是外层为不同形态的钢皮,而内层是由钢皮包裹的焊剂。药芯焊丝的特点是在焊接过程中除了 CO_2 气体保护外,还有熔渣的保护,因此焊接过程更加稳定,飞溅更小,焊缝表面成形更加光滑。

(2) 单面焊衬垫材料。近年来,我国造船行业中使用的单面焊衬垫材料有了很大发展,各种软硬衬垫的品种基本上已接近国外的水平,但在质量上还有一些差距,其中最显著的是二氧化碳气体保护焊所用的陶瓷衬垫。

3. 自保护焊接方法

所谓自保护焊接方法是在气体保护焊方法的基础上发展而成的。在船体建造中使用得最广泛的是二氧化碳气体保护焊方法，该方法的最新工艺是使用药芯焊丝的二氧化碳气体保护焊。由于采用了气渣联合保护，大大改善了焊接过程，因而使该工艺的使用范围不断扩大，在先进的造船厂中，在船体建造中的使用比例已超过50%以上。而自保护焊是采用不外加气体保护的药芯焊丝进行焊接，在焊接过程中依靠药芯焊丝自身产生的气体及熔渣保护焊接熔池。这样可以简化焊接设备，尤其是焊枪的尺寸与质量都可明显减小，从而减轻了工人的劳动强度。由于科技的不断发展，目前的自保护药芯焊丝的品种规格已基本上可以与二氧化碳气体保护焊相媲美。因此它已用于冶金、建筑、石油、化工、造船等各个行业，它的发展前景十分广阔，并可能取代二氧化碳气体保护焊方法。

4. 焊接机器人

高效焊接技术经过30多年的发展，现在已进入一个更高的发展阶段，即进入使用焊接机器人的时代。在国外，焊接机器人已广泛应用于焊接生产，其中汽车工业应用得最多。国内也研制了多种焊接机器人，并用于生产。将专家系统和模糊控制及神经元网络引入焊接机器人可进一步提高焊接质量，今后焊接机器人将逐步代替人去从事劳动强度高、劳动环境恶劣并具有一定危险性的焊接作业。

3.6.3 发展恶劣条件下的焊接技术

恶劣条件主要是指高温、放射性、水下及空间技术条件。核能工业、海洋工业以及空间技术在21世纪的发展，必然要求在放射性、水下及空间条件下进行焊接或焊补。为空间焊接开发新的焊接工艺，为放射性及深水条件下焊接研究远距离操纵的自动化焊接设备，为水下焊接建立深水焊接模拟中心，研究高气压的电弧及焊接质量等，是21世纪焊接领域面临的新课题。

复习思考题

1. 什么是焊接？焊接可分为几大类？各种焊接方法有何特点？
2. 弧焊机有哪几种？说明你在实习中使用的弧焊机的型号和主要技术参数。
3. 焊条由哪两部分组成？各部分的作用是什么？
4. 常用的焊接接头形式有哪些？应该如何选择焊接接头形式？焊接工艺参数有哪些？应该如何选择焊接电流？
5. 焊接缺陷有哪些？试述其产生的原因及防止措施。
6. 简述气焊和气割的基本操作技术。
7. 简述氩弧焊、CO_2气体保护焊的特点和应用范围。
8. 简述手工电弧焊的操作要领。

切削加工基础知识

基本要求

(1) 熟悉切削运动和切削要素的概念、表示方法和单位。

(2) 掌握工具的组成结构及材料。

(3) 熟悉切削加工常用量具的种类及应用。

4.1 切削加工概述

切削加工是利用切削刀具(或工具)和工件作相对运动,从毛坯上切除多余的金属层,以获得尺寸精度、形状和位置精度、表面质量完全符合图纸要求的机器零件的加工方法。经过铸造、锻压、焊接所加工出来的大都为零件的毛坯,一般是很少能够在机器上直接使用的,机器中的绝大多数零件一般都要经过切削加工才能获得。因而,切削加工对保证产品质量和性能、降低产品成本有着重要的意义。切削加工方式主要有车削、铣削、刨削、磨削、镗削、钻削等,如图 4-1 所示。

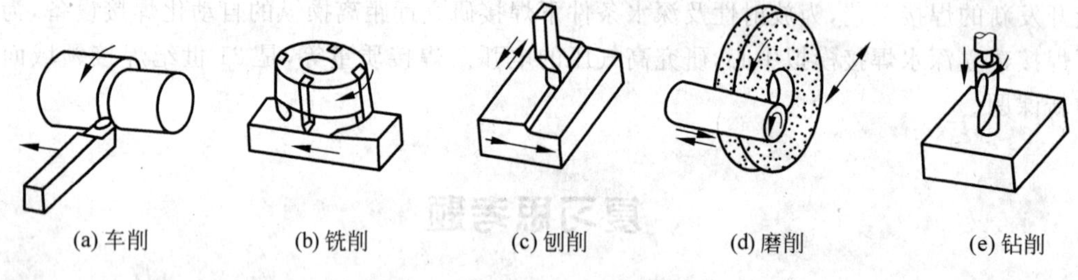

(a) 车削　(b) 铣削　(c) 刨削　(d) 磨削　(e) 钻削

图 4-1　切削加工的主要方式

4.2 切削加工的基本术语和定义

4.2.1 切削运动

切削加工是靠刀具和工件之间的相对运动来实现的。各种机床为实现加工所必需的加工刀具与主工件间的相对运动称为切削运动。根据在切削过程中所起的作用不同,切削运动分为主运动和进给运动。两者的运动形式不同便构成了不同的工种。

1）主运动

主运动是从工件上切除切削层，使工件上形成新表面的运动（在图中通常用 v_c 表示）。通常主运动是速度最高，消耗功率最多的运动。各种切削加工中主运动只有一个，它可以由被加工工件完成，如车削；也可以由切削刀具完成，如铣削。

2）进给运动

不断地把切削层投入切削的运动，称为进给运动（在图中通常用 f 表示）。进给运动与主运动一起即可不断的从工件上切除多余切削层，得到新的加工表面。通常进给运动速度低，消耗的功率少。在各种切削加工中进给运动可能只有一个，也可能有数个；它可以是连续的，也可以是间断的；可以是直线运动，也可以是旋转运动。

4.2.2 切削过程中形成的工件表面

切削过程中，工件上的切削层不断地被刀具切除变成切屑，在此过程中工件上会产生三个不断变化的表面，如图 4-2 所示，它们分别是：

（1）待加工表面：工件上即将切去金属层的表面。

（2）已加工表面：已切除多余金属层而形成的新表面。

（3）过渡表面：切削刃正在切削的表面。该表面的位置始终在待加工表面与已加工表面之间不断变化。因此有时也称它为加工表面或切削表面。

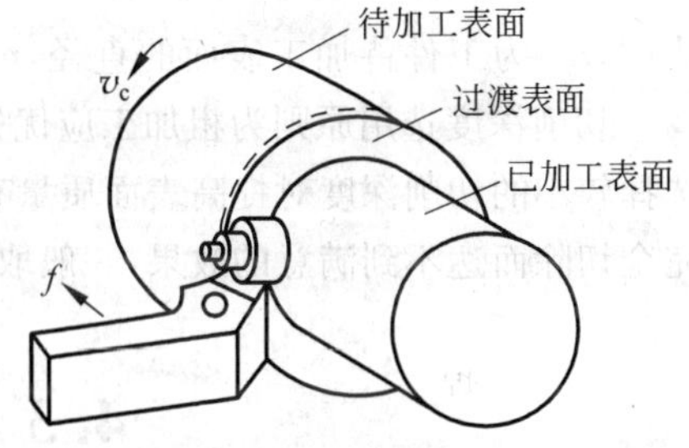

图 4-2 车削时工件上形成的三个表面

4.2.3 切削用量

切削用量包括切削速度、进给量和背吃刀量（切削深度），俗称切削三要素。它们是表示主运动和进给运动最基本的物理量，是切削加工前调整机床运动的依据，并对加工质量、生产率及加工成本都有很大影响。

1）切削速度 v_c

切削速度是指在单位时间内，工件与刀具沿主运动方向的最大线速度。车削时的切削速度由下式计算：

$$v_c = \frac{\pi dn}{1000} \tag{4-1}$$

式中，v_c 为切削速度，m/min；d 为工件待加工表面的最大直径，mm；n 为工件或刀具的转速，r/min。

由计算式可知，切削速度与工件直径和转速的乘积成正比，故不能仅凭转速高就误认为是切削速度高。一般应根据 v_c 与 d，求出 n，然后再调整转速手柄的位置。

切削速度选用原则：粗车时，为提高生产率，在保证取大的切削深度和进给量的情况下，一般选用中等或中等偏低的切削速度，如取 50～70m/min（切钢）或 40～60m/min（切铸铁）；精车时，为避免刀刃上出现积屑瘤而破坏已加工表面质量，切削速度取较高

(100m/min 以上)或较低(6m/min 以下);但采用低速切削生产率低,只有在精车小直径的工件时采用,一般用硬质合金车刀高速精车时,切削速度为 100～200m/min(切钢)或 60～100m/min(切铸铁);由于初学者对车床的操作不熟练,不宜采用高速切削。

2) 进给量 f

进给量是指在主运动一个循环(或单位时间)内,车刀与工件之间沿进给运动方向上的相对位移量,即工件转一转,车刀所移动的距离,又称为走刀量,单位为 mm/r。

进给量选用原则为粗加工时可选取适当大的进给量,一般取 0.15～0.4mm/r;精加工时,采用较小的进给量,可使已加工表面的残留面积减少,有利于提高表面质量,一般取 0.05～0.2mm/r。

3) 背吃刀量(切削深度)a_p

车削时,切削深度是指待加工表面与已加工表面之间的垂直距离,又称背吃刀量,单位为 mm,在外圆切削时其计算式为

$$a_p = \frac{d_w - d_m}{2} \tag{4-2}$$

式中,d_w 为工件待加工表面的直径,mm;d_m 为工件已加工表面的直径,mm。

切削深度选用原则为粗加工应优先选用较大的切削深度,一般可取 2～4mm;精加工时,选择较小的切削深度对提高表面质量有利,但过小又使工件上原来凸凹不平的表面可能没有完全切除而达不到满意的效果,一般取 0.3～0.5mm(高速精车)或 0.05～0.10mm(低速精车)。

4.3 金属切削刀具

切削刀具的种类很多,形状也各不相同,可它们切削部分的几何形状与参数却有共性的内容,因而不论刀具构造多么复杂,就它们的单个齿的切削部分而言,总可以看作是从外圆车刀切削部分演变而来的。因此我们用外圆车刀为例,来介绍刀具。

4.3.1 刀具的组成及结构

1. 车刀的组成

车刀由刀杆与刀头两部分组成。刀杆是夹持部分,用来装夹。刀头是切削部分,用来切削工件。切削部分通常由三面、两刃、一尖组成,如图 4-3 所示。

(1) 前刀面:车刀头的上表面,切屑沿着前刀面流出。

(2) 主后刀面:车刀与工件过渡表面相互作用和相对的刀面。

(3) 副后刀面:车刀与工件已加工面相对的刀面。

(4) 主切削刃:前刀面与主后刀面的交线。它担负着主要切削任务。

(5) 副切削刃:前刀面与副后刀面的交线。它担负着少量的切削和修光任务。

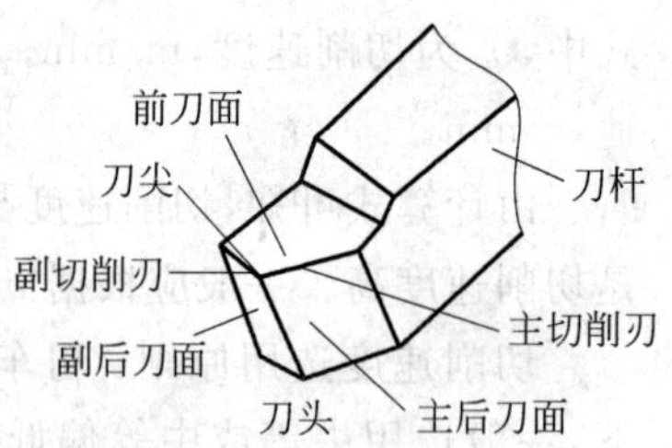

图 4-3 车刀的组成

(6) 刀尖：主切削刃与副切削刃的交点。实际上刀尖是一段圆弧过渡刃。

2. 车刀的结构形式

车刀在结构上可分为四种形式，即整体式高速钢车刀、焊接式硬质合金车刀、机械夹固式硬质合金车刀和可转位式车刀，如图 4-4 所示。车刀的结构特点及适用场合见表 4-1。

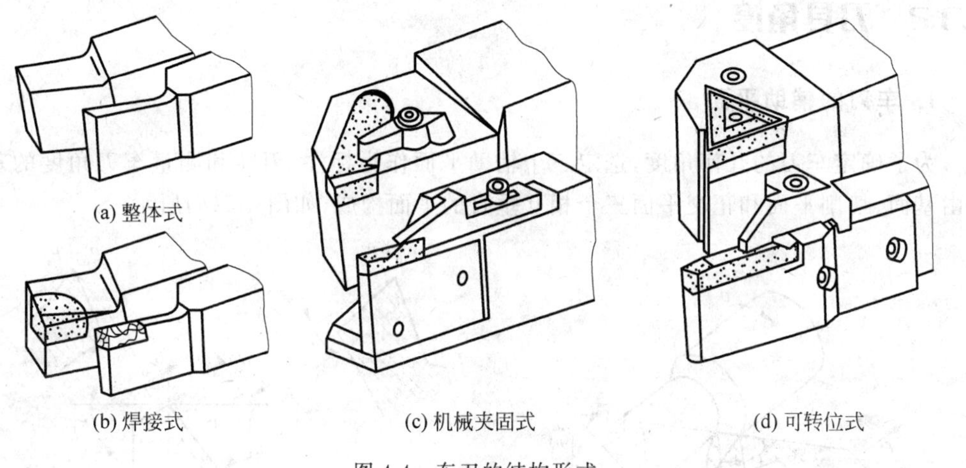

(a) 整体式　(b) 焊接式　(c) 机械夹固式　(d) 可转位式

图 4-4　车刀的结构形式

表 4-1　车刀结构特点及适用场合

名称	特　点	适 用 场 合
整体式	刃口可磨得较锋利，用整体高速钢制造	加工非铁金属或小型车床
焊接式	焊接硬质合金或高速钢刀片，使用灵活，结构紧凑	各类车刀特别是小刀具
机械夹固式	避免了焊接产生的裂纹、应力等缺陷，刀杆利用率高。刀片可集中刃磨获得所需参数；使用灵活方便	镗孔、切断、外圆、端面、螺纹车刀等
可转位式	避免了焊接刀的缺点，刀片可快换转位；断屑稳定；生产率高；可使用涂层刀片	大中型车床加工端面、镗孔、外圆，特别适用于自动线、数控机床等

1) 整体式车刀

整体式车刀的材料多用高速钢制成，一般用于低速车削，其结构简单、紧凑。整体式高速钢车刀，在整体高速钢的一端刃磨所需的车削部分形状即可。这种车刀刃磨方便，磨损后可多次重磨，较适宜制作各种切槽刀、螺纹车刀等成形车刀。但这种车刀刀杆也同样是高速钢，浪费刀具材料。

2) 焊接式车刀

焊接式车刀结构简单、紧凑，刀具刚度好、抗振性能强，制造方便，使用灵活。其缺点是车削性能较低，刀杆不能重复利用，辅助时间长。硬质合金焊接车刀，是将一定形状的硬质合金刀片焊于刀杆的刀槽内。其结构简单，制造刃磨方便，可充分利用刀片材料；但其车削性能受到刀片焊接质量及工人刃磨水平的限制，刀杆也不能重复使用，故一般用于中小批量生产和修配生产。

3) 机械夹固式车刀

为了克服焊接式硬质合金车刀的缺点，一般使用机械夹固式结构，即将刀片用机械夹固方式装在车刀刀杆上(标准硬质合金刀片是通过螺钉、楔块安装在刀杆上)。

4）可转位式车刀

可转位式车刀能充分发挥刀片的性能。刀片用钝后，再换新刀片的车刀，具有和原来刀片同样的生产率。其优点是生产率高，刀具使用寿命长，有利于降低刀具成本。机夹可转位车刀，经过工厂长期使用，被证明是一种经济而效果较好的刀具。

4.3.2 刀具角度

1. 车刀的辅助平面

为了确定车刀的几何角度，选定三个辅助平面作为标注、刃磨和测量车刀角度的基准。它由基面、切削平面和正交平面三个相互垂直的平面构成，如图 4-5(a)所示。

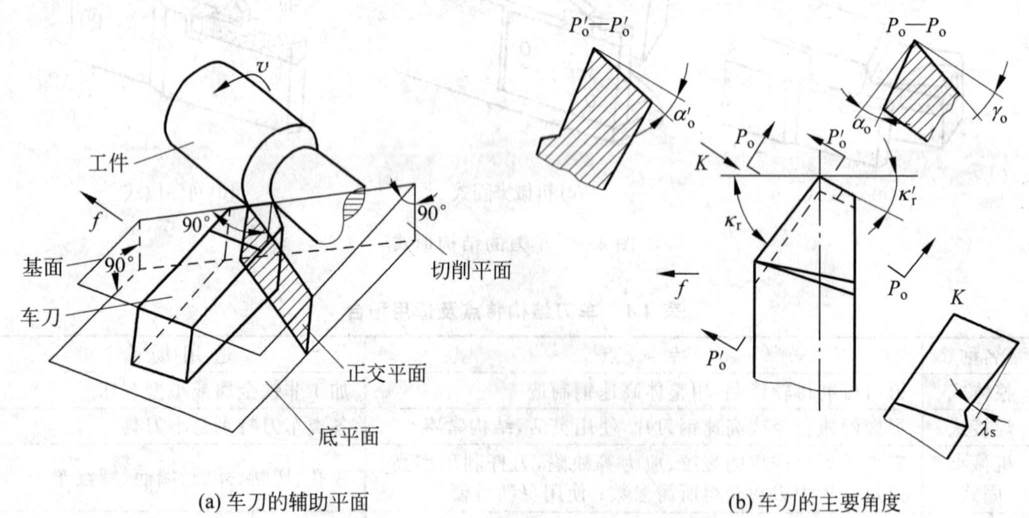

(a) 车刀的辅助平面　　(b) 车刀的主要角度

图 4-5　车刀的辅助平面与主要角度

（1）基面：通过切削刃上选定点，并与该点切削速度方向垂直的平面。

（2）切削平面：通过切削刃上选定点与切削刃相切并垂直于基面的平面。

（3）正交平面：通过切削刃上选定点同时垂直于基面和切削平面的平面。

2. 车刀的几何角度和作用

车刀切削部分主要有 6 个独立的基本角度：前角 γ_o、主后角 α_o、副后角 α'_o、主偏角 κ_r、副偏角 κ'_r、刃倾角 λ_s，如图 4-5(b)所示。

（1）前角 γ_o。前角是前刀面和基面间的夹角。前角影响刃口的锋利程度和强度，影响切削变形和切削力。前角增大，能使刃口锋利，切削省力，排屑顺利；前角减小，增加刀头强度和改善刀头的散热条件。一般选 $\gamma_o=5°\sim20°$，精加工时，γ_o 取较大值。

（2）后角 α_o。后角是主后刀面和切削平面间的夹角。其作用是减小主后刀面与加工表面的摩擦。一般 $\alpha_o=8°\sim12°$，粗车或切削硬材料时取较小值；精车或切削软材料时取较大值。

（3）副后角 α'_o。副后角是副后刀面与切削平面间的夹角。副后角的主要作用是减小车刀副后刀面与已加工表面的摩擦。一般副后角磨成与后角相等。

(4) 主偏角 κ_r。主偏角为主切削刃在基面上的投影与进给方向的夹角。主偏角的作用是改变主切削刃和刀头的受力及散热情况。通常 κ_r 选 45°、60°、75°、90°几种。

(5) 副偏角 κ_r'。副偏角是副切削刃在基面上的投影与进给方向相反方向的夹角。副偏角的作用是减小副切削刃和工件已加工表面的摩擦。一般选取 $\kappa_r'=5°\sim15°$，κ_r' 越大，残留面积越大。

(6) 刃倾角 λ_s。刃倾角是主切削刃与基面的夹角。其主要作用是控制排屑方向，并影响刀头强度。λ_s 有正、负值和 0°三种情况。当刀尖位于主切削刃上的最高点时，$\lambda_s>0$，刀尖强度削弱，切屑排向待加工表面，适宜精加工。当刀尖位于主切削刃上的最低点时，$\lambda_s<0$，刀尖强度增加，切屑排向已加工表面，适宜粗加工。一般 $\lambda_s=-5°\sim5°$。

4.3.3 刀具材料

1. 刀具材料应具备的性能

金属切削刀具在切削加工时，除要承受较大的切削力外，还要与切屑、工件之间产生剧烈的摩擦，因此会产生大量的热，使刀具承受很高的切削温度。当加工余量不均匀或断续切削时，刀具还要承受冲击负荷和振动，为此刀具材料应具备下列性能。

1) 高硬度和高耐磨性

刀具要从工件上切除金属层，刀具材料的硬度必须大于工件材料的硬度，一般情况要求其常温下的硬度在 60HRC 以上。另外刀具材料的硬度高低在一定程度上决定了刀具的应用范围，工件材料硬度越高，就要求刀具材料的硬度相应提高。

耐磨性是刀具材料抵抗机械摩擦和抵抗磨料磨损的能力。耐磨性是刀具材料强度、硬度、化学成分及显微组织结构的综合反应。通常刀具材料的硬度越高，耐磨性越好，但同样的硬度下，不同的金相组织，耐磨性也会不同。因此耐磨性是衡量刀具材料性能的主要条件之一。

2) 足够的强度和韧性

在金属切削过程中，要使刀具在切削抗力的作用下，不致产生破坏，刀具材料就必须具有足够的强度。同时还必须具有足够的韧性，以承受冲击载荷和振动。通常用刀具材料的抗弯强度和冲击韧性来衡量强度和韧性的好坏。

3) 高的耐热性和化学稳定性

耐热性是指刀具材料在高温下保持其硬度、耐磨性、强度和韧性的能力。耐热性越好，说明刀具材料在高温下的切削性能越好，允许的切削速度就越高。化学稳定性是指刀具材料在高温下，抗氧化、抗黏结、抗扩散的能力，即刀具材料抵抗与工件材料和周围介质发生化学反应的能力。刀具材料的化学稳定性越好，刀具的磨损就越慢。耐热性和化学稳定性，是衡量刀具材料好坏的主要标志。

4) 良好的工艺性和经济性

为了方便刀具制造，要求刀具材料还应该有良好的切削性能，磨削性能，锻造、焊接和热处理性能。刀具材料还应尽量采用丰富的国内资源，从而降低刀具材料的成本。

2. 常用的刀具材料

(1) 工具钢：包括碳素工具钢、合金工具钢和高速钢。其中由于碳素工具钢和合金工具钢的切削性能较差,仅用于手工锯条、锉刀等手工工具。高速钢是一种应用较多的刀具材料。高速钢是在合金工具钢中加入较多的 W、Cr、Mo、V 等合金元素的高合金工具钢,具有较好的冲击韧性;常温下硬度为 63HRC 以上;能在 600～660℃左右保持切削性能;切削碳素钢时允许的切削速度可以达到 30m/min;有较好的工艺性,易磨出较锋利的切削刀刃。高速钢可用来制造刃形复杂的刀具,如麻花钻(又称钻头)、丝锥、铣刀、成形刀具、拉刀和各种齿轮刀具,可以加工碳钢、合金钢、有色金属和铸铁等多种材料。

(2) 硬质合金:由硬度很高的难熔金属碳化物(WC、TiC、TaC、NbC 等)和金属黏结剂(Co、Ni、Mo 等)用粉末冶金的工艺烧结而成。这些难熔金属碳化物具有硬度高、耐磨性好、耐热性和化学稳定性好等优点。硬质合金常温硬度为 83～89HRA,耐热温度 800～1000℃,允许的切削速度比高速钢高 5～10 倍,达到 100m/min 以上。但它的抗弯强度只是高速钢的 1/4～1/2,冲击韧性比高速钢低数倍至数十倍。

硬质合金因切削性能好,成为主要的刀具材料之一,被广泛应用到各种加工中。在我国绝大多数的车刀、端铣刀、深孔钻头都采用硬质合金,其他刀具材质采用硬质合金也在增多。

(3) 超硬刀具材料:包括陶瓷、金刚石及立方碳化硼等。超硬材料是新型刀具材料,虽然切削性能好,但缺点是脆性大,制造困难,价格高等。因此在选用刀具材料时仍大量使用高速钢和硬质合金,只有特殊加工时才考虑选用超硬材料。

4.4 常用量具

4.4.1 量具的种类

1. 游标卡尺

游标卡尺是一种比较精密的量具。其结构比较简单,可以直接测量出工件的内径、外径、长度和深度等。游标卡尺按游标读数值可分为 0.01mm、0.02mm、0.05mm 三个精度等级。按测量尺寸范围有 0～125mm、0～200mm、0～200mm、0～300mm 等多种规格。使用时,根据零件精度要求及零件尺寸大小进行选择。

游标卡尺由尺身和游标(副尺)两部分组成。图 4-6 所示的游标卡尺的测量尺寸范围为 0～200mm,游标读数值为 0.02mm。尺身上每小格为 1mm,当两卡爪贴合(尺身与游标的零线重合)时,游标上的 50 格正好等于尺身上的 49mm。游标上每格长度为 49mm÷50=0.98mm。尺身与游标每格相差:1mm－0.98mm＝0.02mm。

测量读数时,先在尺身上读出最大的整数(mm),然后在游标上找到与尺身刻度线对齐的刻线,并数清格数,用格数乘 0.02mm 得到小数,将尺身上读出的整数与游标上得到的小数相加就得到测量的尺寸。

例如,尺身读数为 23mm,游标刻度线与尺身刻度线对齐的格数为 12 格,则该零件的尺寸为 23mm＋12×0.02mm＝23.24mm。

图 4-7 所示为专门用于测量深度和高度的游标卡尺。高度游标卡尺除用来测量高度外,也可用于精密划线。

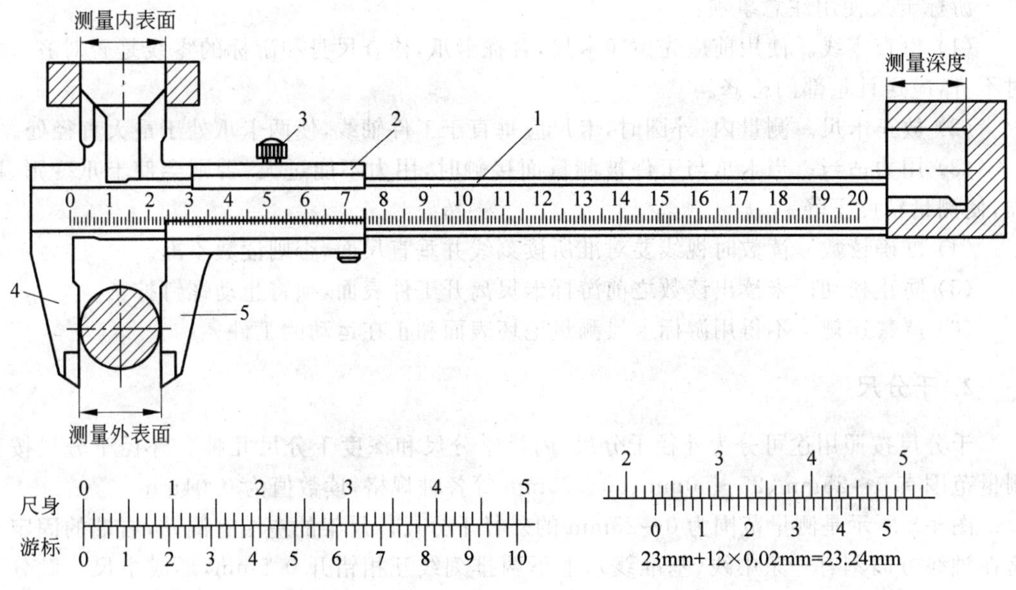

图 4-6 游标卡尺及读数方法

1—尺身；2—游标；3—止动螺钉；4—固定卡爪；5—活动卡爪

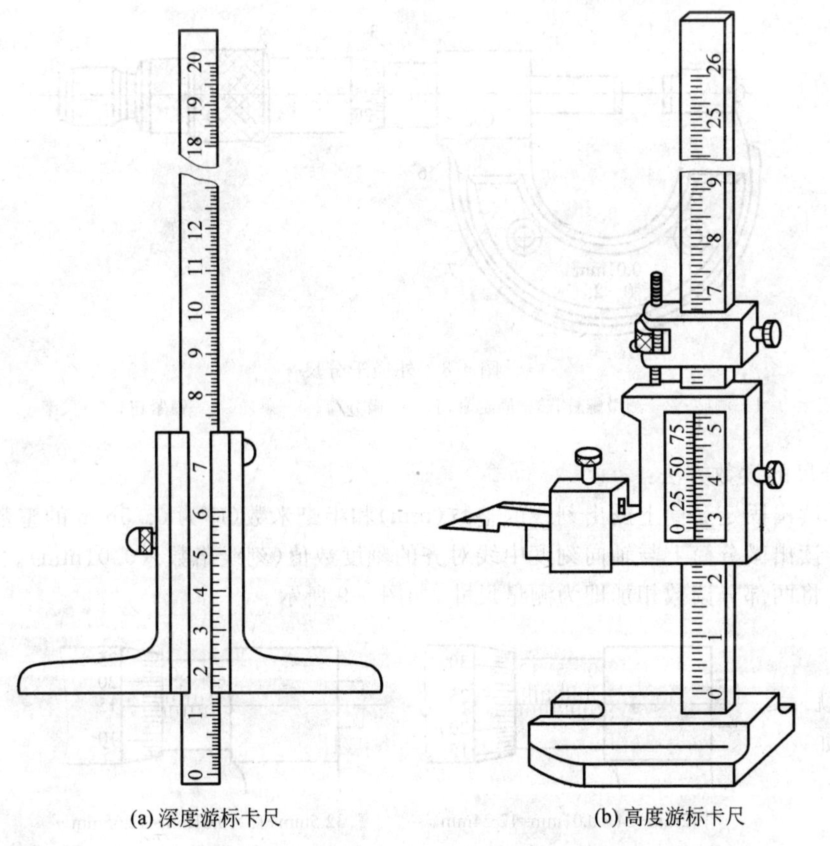

(a) 深度游标卡尺　　(b) 高度游标卡尺

图 4-7 深度游标卡尺和高度游标卡尺

游标卡尺使用注意事项：

(1) 检查零线。使用前应先擦净卡尺，合拢卡爪，检查尺身和游标的零线是否对齐。如对不齐，应送计量部门检修。

(2) 放正卡尺。测量内、外圆时，卡尺应垂直于工件轴线，使两卡爪处于最大直径处。

(3) 用力适当。当卡爪与工件被测量面接触时，用力不能过大，否则会使卡爪变形、磨损，使测量精度下降。

(4) 准确读数。读数时视线要对准所读刻线并垂直尺面，否则读数不准。

(5) 防止松动。未读出读数之前游标卡尺离开工件表面，须将止动螺钉拧紧。

(6) 严禁违规。不得用游标卡尺测量毛坯表面和正在运动的工件。

2. 千分尺

千分尺按照用途可分为外径千分尺、内径千分尺和深度千分尺几种。外径千分尺按其测量范围有0～25mm、25～50mm、50～75mm等各种规格，读数值为0.01mm。

图4-8所示是测量范围为0～25mm的外径千分尺。尺架的左端有测砧，右端的固定套筒在轴线方向刻有一条中线(基准线)，上下两排刻线互相错开0.5mm，形成主尺。微分筒左端圆周上均布50条刻线，形成副尺。微分筒和测微螺杆连在一起，当微分筒转动一周，带动测微螺杆沿轴向移动1个螺距0.5mm，因此，微分筒转过一格，测微螺杆轴向移动的距离为0.5mm÷50＝0.01mm，此尺的测量精度就是0.01mm。

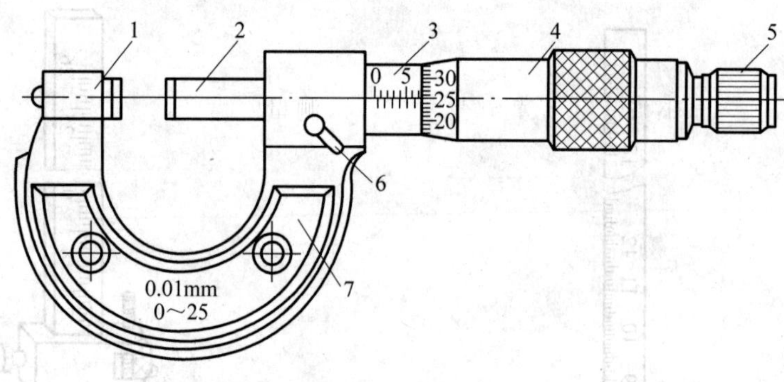

图4-8 外径千分尺

1—测砧；2—测微螺杆；3—固定套筒；4—微分筒；5—棘轮；6—锁紧钮；7—尺架

千分尺的读数方法：

(1) 读出固定套筒上露出刻线的整数(mm)和半毫米数(应为0.5mm的整数倍)。

(2) 读出微分筒上与轴向刻度中线对齐的刻度数值(刻线格数×0.01mm)。

(3) 将两部分读数相加即为测量尺寸，如图4-9所示。

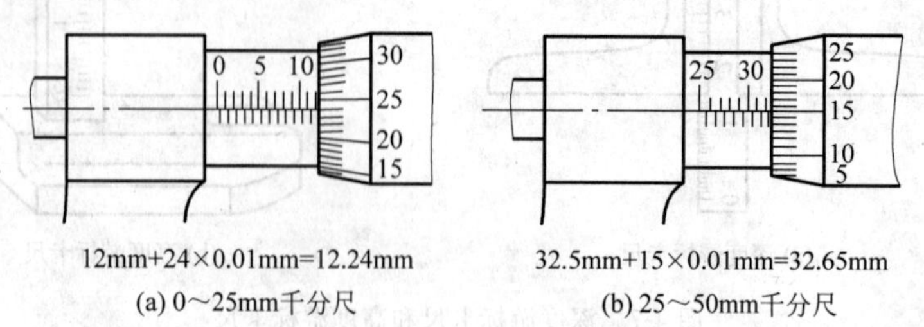

12mm+24×0.01mm=12.24mm

(a) 0～25mm千分尺

32.5mm+15×0.01mm=32.65mm

(b) 25～50mm千分尺

图4-9 千分尺的读数

例如，固定套筒读数为 12mm，微分筒上与中线对齐的格数为 24 格，则该零件的尺寸为 12mm＋24×0.01mm＝12.24mm，如图 4-9(a)所示。

使用千分尺注意事项：

(1) 校对零点。将测砧与测微螺杆擦拭干净，使它们相接触，看微分筒圆周刻度零线与中线是否对准。如没有，将千分尺送计量部门检修。

(2) 测量。左手握住尺架，用右手旋微分筒，当测微螺杆快接近工件时，必须使用右端棘轮(此时严禁使用微分筒，以防止用力过度造成测量不准或破坏千分尺)以较慢的速度与工件接触。当棘轮发出"嘎嘎"的打滑声时，表示压力合适，应停止旋转。

(3) 从千分尺上读取尺寸。可在工件未取下前进行，读完后松开千分尺，亦可先将千分尺锁紧，取下工件后再读数。

(4) 被测尺寸的方向必须与测微螺杆方向一致；不得用千分尺测量毛坯表面和运动中的工件。

3. 百分表

百分表是一种精度较高的比较测量工具，它只能读出相对的数值，不能测出绝对数值。百分表主要用来检验零件的形、位误差，也常用于在工件装夹时的精密找正，其测量精度为 0.01mm。

百分表头如图 4-10(a)所示，当测量头向上或向下移动 1mm 时，通过测量杆上的齿条和几个齿轮带动大指针转一周，小指针转一格。刻度盘在圆周上有 100 条等分的刻度线，每格读数值为 0.01mm；小指针每格读数值为 1mm。测量时大、小指针所示读数变化值之和即为尺寸变化量。小指针处的刻度范围就是百分表的测量范围。刻度盘可以转动，供测量时调整大指针对零位刻线之用。

使用百分表时，应将其装在专用的百分表架上，如图 4-10(b)所示。

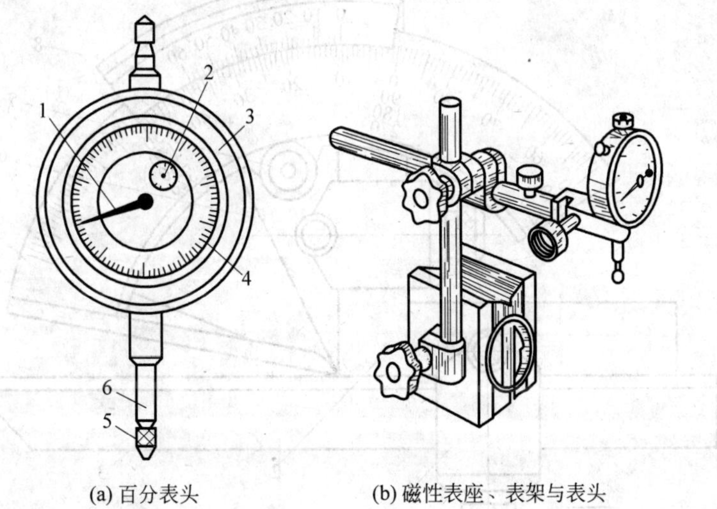

(a) 百分表头　(b) 磁性表座、表架与表头

图 4-10　百分表

1—大指针；2—小指针；3—表壳；4—刻度盘；5—测量头；6—测量杆

注意事项：

（1）使用前，应先检查测量杆的灵活性。具体做法是轻轻推动测量杆，看是否在套筒内灵活移动。每次松开后，指针应回到原来的位置。

（2）测量时，测量杆要与被测表面垂直，否则测量杆移动不灵活，造成测量结果不准确。

（3）百分表用完后，应将其擦拭干净，放入盒内，使测量杆处于自由状态，以防止弹簧过早失效。

4. 内径百分表

内径百分表主要用来测量孔径、孔的形状误差，测量范围有 6～10mm、10～18mm、18～35mm 等多种，如图 4-11 所示。内径百分表配有成套的可换测量插头及附件，供测量不同孔径时选用。

测量时百分表接管应与被测孔的轴线重合，保证可换插头与孔壁垂直，以保证测量精度。

5. 游标万能角度尺

游标万能角度尺主要用来测量零件的角度。扇形板带动游标可以沿主尺移动；角尺可用卡块紧固在扇形板上；可移动的直尺又可用卡块固定在角尺上；基尺与主尺连成一体，如图 4-12 所示。

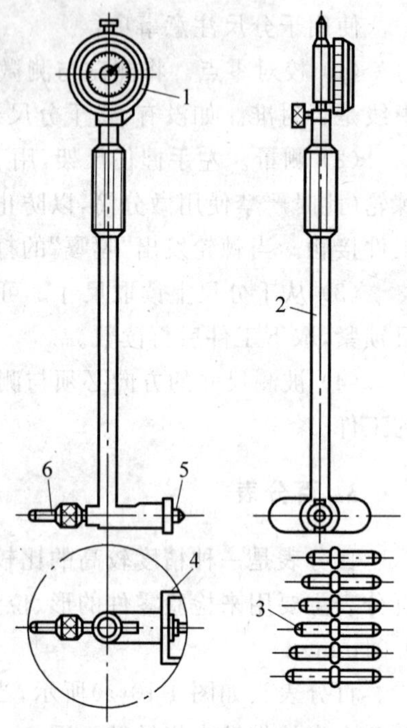

图 4-11　内径百分表

1—百分表；2—接管；3,6—可换插头；4—定心桥；5—活动量杆

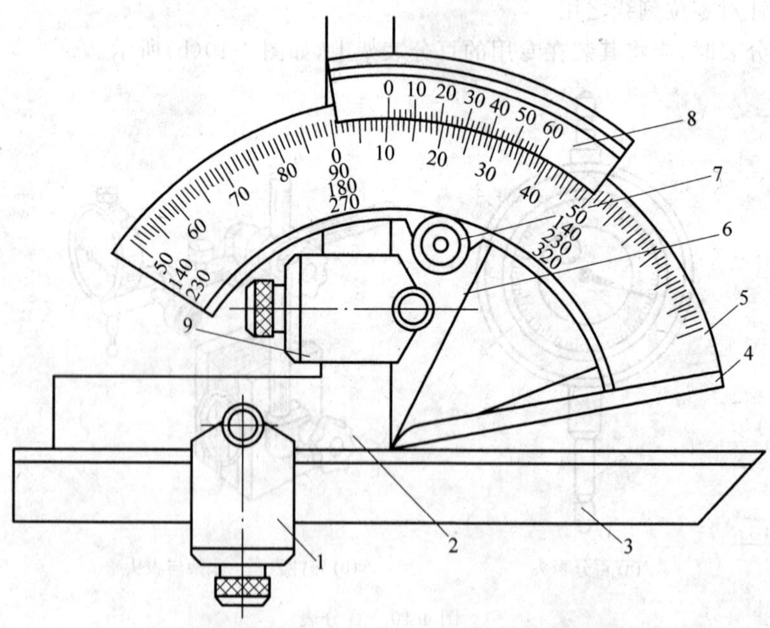

图 4-12　游标万能角度尺

1,9—卡块；2—角尺；3—直尺；4—基尺；5—主尺；6—扇形板；7—制动器；8—游标

游标万能角度尺的刻线原理与读数方法和游标卡尺相同。其主尺上每格一度，主尺上的29°与游标的30格相对应。游标每格为 $29°\div30=58'$。主尺与游标每格相差 $1°-58'=2'$，该尺的读数值为 $2'$。

测量时应先校对游标万能角度尺的零位。其零位是当角尺与直尺均装上，且角尺的底边及基尺均与直尺无间隙接触时，主尺与游标的"0"线对齐。校零后的游标万能角度尺可根据工件所测角度的大致范围组合基尺、角尺、直尺的相互位置，可测量工件的角度，如图4-13所示。

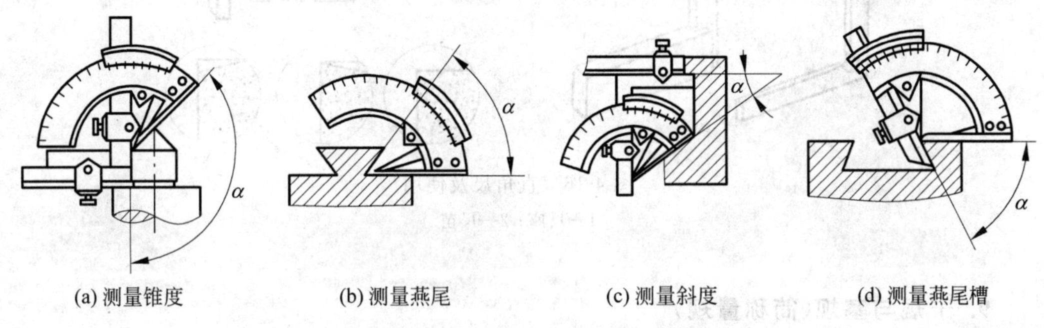

图4-13　游标万能角度尺应用实例

6. 塞尺(俗称厚薄规)

塞尺是用其厚度来测量间隙大小的薄片量尺，厚度印在钢片上，如图4-14所示。使用时根据被测间隙的大小选择厚度接近的尺片(或几片组合)插入被测间隙，塞入尺片的最大厚度即为被测间隙值。使用塞尺时必须先擦净尺面和工件，组合时选用的片数要少。尺片插入时不能用力太大，以免折弯。

7. 刀口形直尺(俗称刀口尺)

刀口形直尺是用光隙法检验直线度或平面度的量尺，如图4-15所示。如果工件的表面不平，则刀口形直尺与工件表面之间有间隙存在。根据光隙可以判断误差状况，也可用塞尺检验缝隙的大小。

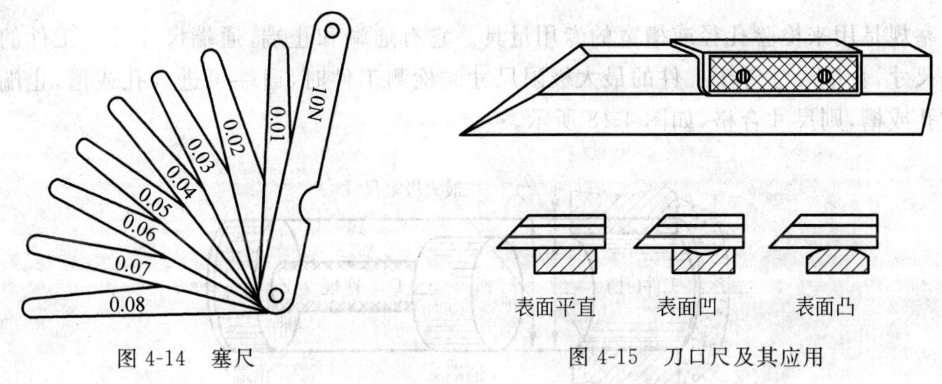

图4-14　塞尺　　图4-15　刀口尺及其应用

8. 直角尺

直角尺是用来检查工件垂直度的非刻线量尺。使用时，将其一边与工件的基准面贴合，然后使其另一边与工件的另一表面接触。根据光隙可以判断误差状况，也可用塞尺测量其缝隙大小，如图 4-16 所示。直角尺也可以用来划线保证垂直度。

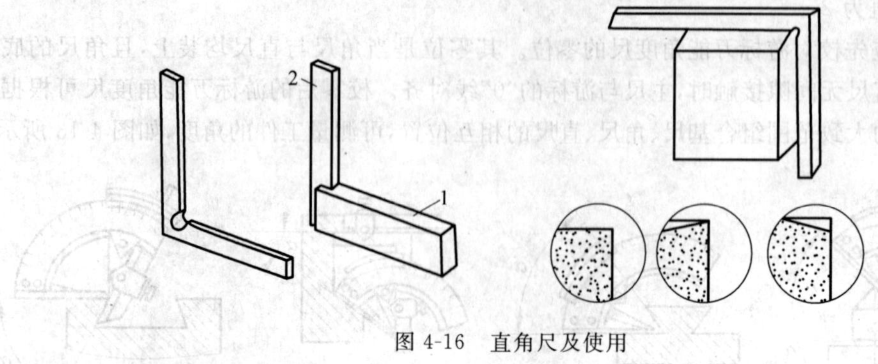

图 4-16 直角尺及使用

1—尺座；2—尺苗

9. 卡规与塞规（简称量规）

卡规是用来检验轴径或厚度的专用量具。它有通端和止端，卡规的通端尺寸等于工件的最大极限尺寸，止端尺寸等于工件的最小极限尺寸。检测工件时，工件的尺寸能通过通端，而不能通过止端，尺寸合格，如图 4-17 所示。

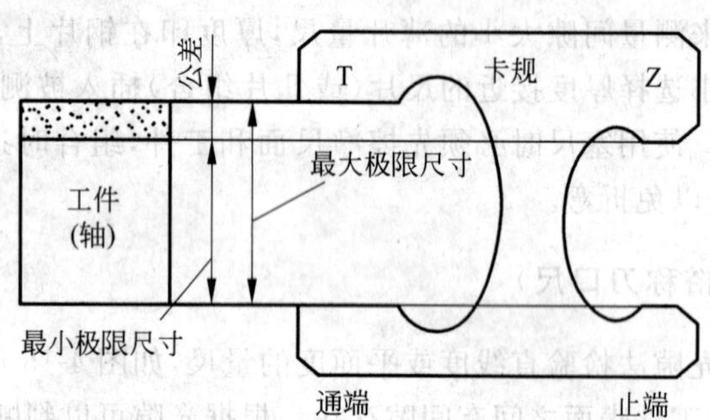

图 4-17 卡规及其使用

塞规是用来检验孔径或槽宽的专用量具。它有通端和止端，通端尺寸等于工件的最小极限尺寸，止端尺寸等于工件的最大极限尺寸。检测工件时，通端可进入孔或槽，止端不能通过孔或槽，则尺寸合格，如图 4-18 所示。

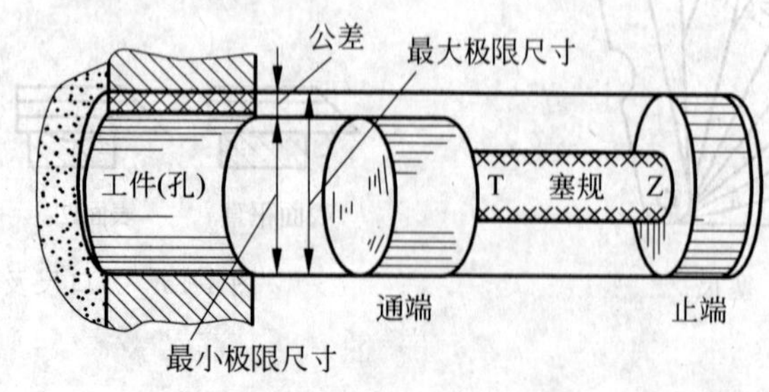

图 4-18 塞规及其使用

用量规检验工件时，只能检验工件尺寸合格与否，不能测出工件的具体尺寸。量规在使用时省去了读数，操作较为方便。一般在批量生产时专门制造，以提高生产效率。

4.4.2 量具的保养

量具的精度直接影响到检测的可靠性，因此，必须加强量具的保养，保养方法如下：

(1) 量具在使用前、后必须用干净棉纱擦干净。

(2) 不能用量具测量运动着的工件；精密量具不能测量毛坯零件。

(3) 测量时，不能用力过大或过猛，不能测量温度过高的工件。

(4) 量具不能与工具混放，更不能当工具使用。

(5) 量具使用完后，要擦净、涂油，放置在专用的量具盒内。

复习思考题

1. 切削用量有哪些要素？它们的概念和计算方法是什么？
2. 切削运动由哪些运动组成？它们各有什么特点？
3. 试述车刀的组成及结构形式。
4. 试述刀具的常用材料有哪些？它们应具备什么样的性能？
5. 常用量具有哪些？分别用于检测什么工件？
6. 简述游标卡尺和千分尺的读数原理，它们的精度分别是什么？如何正确选用？

5 车　　工

基本要求

(1) 了解普通车床的组成、型号含义、切削运动和应用范围。

(2) 掌握车削运动、可加工的表面、车削方法及所能达到的加工精度和表面粗糙度。

(3) 掌握车床工件的安装方法，熟悉常用装夹附件的特点及应用。

(4) 掌握典型零件(轴类、盘套类)的加工方法，熟悉其基本加工过程。

(5) 了解车刀的常用材料与应具备的主要性能，熟悉车刀的种类与应用，掌握车刀的组成及作用。

5.1 车工概述

在零件的组成表面中，回转面用得最多，主运动为工件回转的车削，特别适于加工回转面，故比其他加工方法应用得更加普遍。为了满足加工的需要，车床类型很多，主要有卧式车床、立式车床、转塔车床、自动车床和数控车床等。车削加工在生产中占有重要的地位，各类车床约占金属切削机床的一半。

5.2 车工基础知识

5.2.1 车削加工

1. 概念

车削加工是指在车床上利用工件的旋转运动和刀具的直线运动来完成零件切削加工的方法。

2. 特点

车削加工的加工范围广泛，适应性强；能够对不同材料、不同精度要求的工件加工；生产效率较高；工艺性强；操作难度大；危险系数高。车削加工过程连续平稳，车削加工的尺寸公差等级可达到IT9～IT7，表面粗糙度 Ra 值可达到 $1.6\mu m$。

3. 工艺范围

车削加工的基本内容有车外圆、车端面、切断和切槽、钻中心孔、钻圆柱孔、车孔、车圆锥面和车螺纹等，如图 5-1 所示。

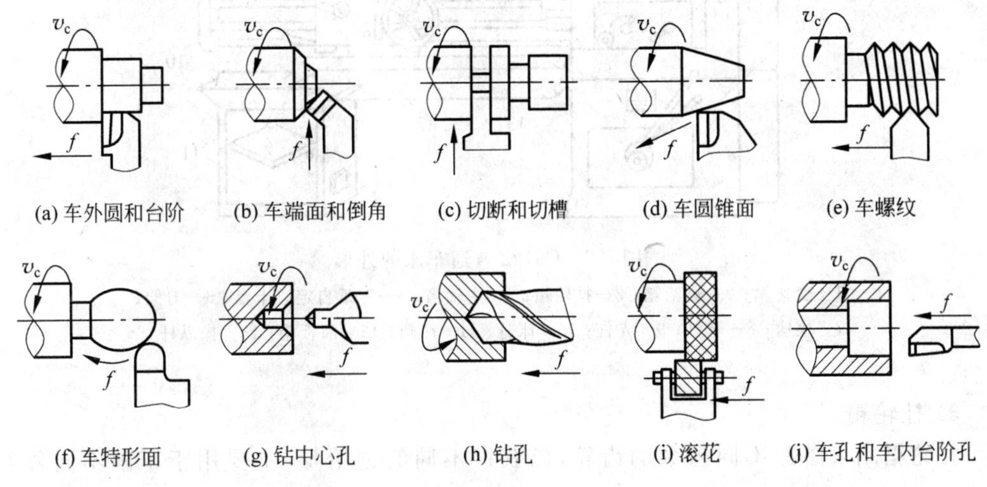

(a) 车外圆和台阶　(b) 车端面和倒角　(c) 切断和切槽　(d) 车圆锥面　(e) 车螺纹

(f) 车特形面　(g) 钻中心孔　(h) 钻孔　(i) 滚花　(j) 车孔和车内台阶孔

图 5-1　车削加工的范围

5.2.2 车床

1. 机床的型号

车床一般用 C61××来表示，其中 C 为机床类别代号，表示车床；后面由 4 位数字组成：其中第一位为组别代号——6 表示落地及卧式车床；第二位为系别代号——1 表示卧式车床；第三、四位合在一起表示机床的主参数——机床能加工工件的最大回转直径的 1/10(mm)。例如 C6132 就是最大加工工件直径为 320mm 的落地卧式普通车床，中心高为 160mm。有的在后面还有 A、B 等字母、表示第 1、2 次重大改进。

2. 卧式车床各部分的名称和用途

C6132 普通车床的外形如图 5-2 所示。

1）变速箱

变速箱用来改变主轴的转速，主要由传动轴和变速齿轮组成。通过操纵变速箱和主轴箱外面的变速手柄来改变齿轮或离合器的位置，可使主轴获得不同的速度。主轴的反转是通过电动机的反转来实现的。

2）主轴箱

主轴箱用来支撑主轴，并使其作各种速度的旋转运动；主轴是空心的，便于穿过长的工件；在主轴的前端可以利用锥孔安装顶尖，也可利用主轴前端圆锥面安装卡盘或拨盘，以便装夹工件。

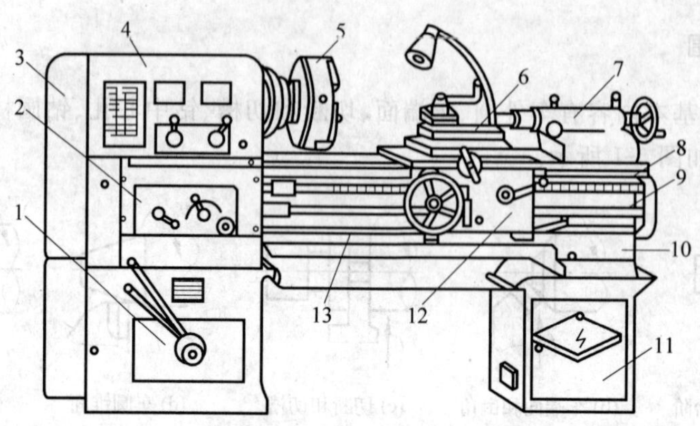

图 5-2　C6132 普通车床的外形

1—变速箱；2—进给箱；3—挂轮箱；4—主轴箱；5—三爪自定心卡盘；6—刀架；7—尾座；8—丝杠；9—光杠；10—床身；11—床腿；12—溜板箱；13—操纵杆

3）挂轮箱

挂轮箱用来搭配不同齿数的齿轮，以获得不同的进给量，主要用于车削不同种类的螺纹。

4）进给箱

进给箱用来改变进给量。主轴经挂轮箱传入进给箱的运动，通过移动变速手柄来改变进给箱中滑动齿轮的啮合位置，便可使光杠或丝杠获得不同的转速。

5）溜板箱

溜板箱用来使光杠和丝杠的转动改变为刀架的自动进给运动。光杠用于一般的车削，丝杠只用于车螺纹。溜板箱中设有互锁机构，使两者不能同时使用。

6）刀架

刀架用来夹持车刀并使其作纵向、横向或斜向进给运动。它由以下几个部分组成（见图 5-3）。

（1）床鞍。它与溜板箱连接，可沿床身导轨作纵向移动，其上面有横向导轨。有时也被称为大滑板、大拖板或大刀架。

（2）中滑板。它可沿床鞍上的导轨作横向移动。

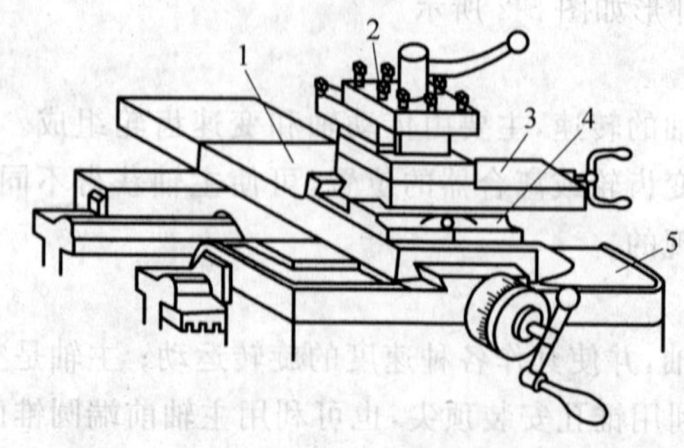

图 5-3　刀架

1—中滑板；2—方刀架；3—小滑板；4—转盘；5—床鞍

(3) 转盘。它与中滑板用螺钉紧固,松开螺钉便可在水平面内扳转任意角度。

(4) 小滑板。它可沿转盘上面的导轨作短距离移动;当将转盘偏转若干角度后,可使小滑板作斜向进给,以便车削锥面。

(5) 方刀架。它固定在小滑板上,可同时装夹四把车刀;松开锁紧手柄,即可转动方刀架,把所需要的车刀更换到工作位置上。

7) 尾座

尾座用于安装后顶尖以支持工件,或安装钻头、铰刀等刀具进行孔加工。尾座的结构如图 5-4 所示,它主要由套筒、尾座体、底座等几部分组成。

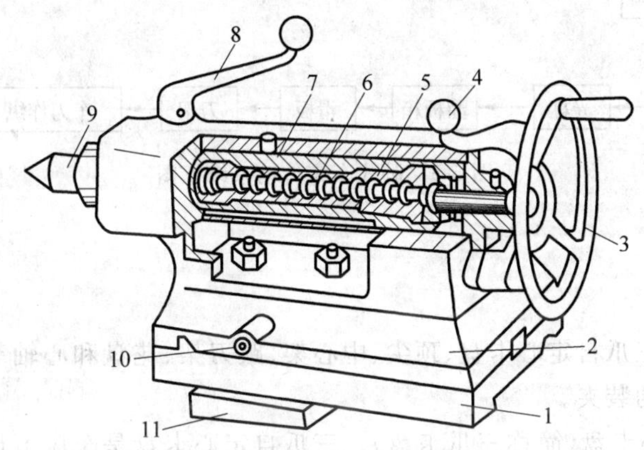

图 5-4 车床尾座的结构

1—底座;2—座体;3—手轮;4—尾座锁紧手柄;5—丝杠螺母;6—丝杠;7—套筒;8—套筒锁紧手柄;9—顶尖;10—螺钉;11—压板

8) 床身

床身固定在床腿上,床身是车床的基本支撑件,床身的功用是支撑各主要部件,并使它们在工作时保持准确的相对位置。

9) 丝杠

丝杠能带动大拖板作纵向移动,用来车削螺纹。丝杠是车床中的主要精密件之一,一般不用丝杠加工非螺纹表面,以便长期保持丝杠的精度。

10) 光杠

光杠用于机动进给时传递运动。通过光杠可把进给箱的运动传递给溜板箱,使刀架作纵向或横向进给运动。

11) 操纵杆

操纵杆是车床的控制机构,在操纵杆左端和溜板箱右侧各装有一个手柄,操作工人可以很方便地操纵手柄以控制车床主轴正转、反转或停车。

3. 卧式车床的传动系统

图 5-5 是卧式车床的传动系统框图。电动机输出的动力,经变速箱通过带传动传给主轴,更换变速箱和主轴箱外的手柄位置,得到不同的齿轮组啮合,从而得到不同的主轴转速。主轴通过卡盘带动工件作旋转运动。同时,主轴的旋转运动通过换向机构、交换齿轮、进给

箱、光杠(或丝杠)传给溜板箱,使溜板箱带动刀架沿床身作直线进给运动。

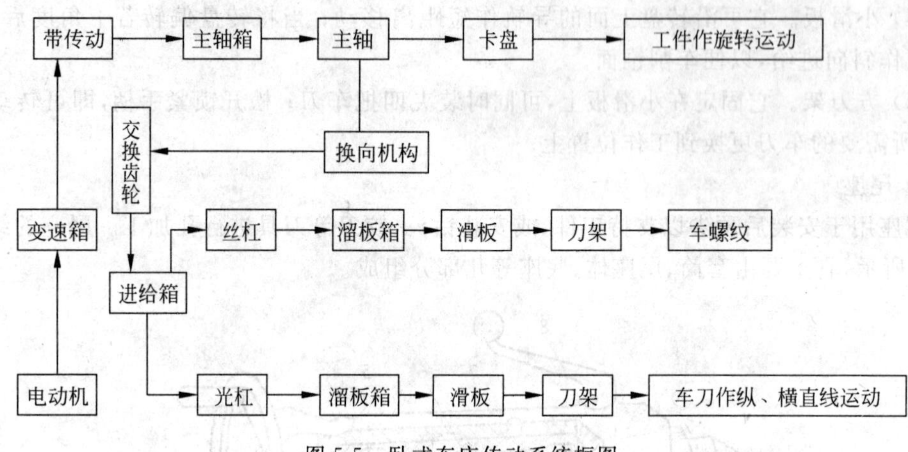

图 5-5 卧式车床传动系统框图

4. 车床附件

车床上常备有三爪自定心卡盘、顶尖、中心架、跟刀架、花盘和心轴等附件,以适应不同形状和尺寸的工件的装夹。

(1) 三爪自定心卡盘(简称三爪卡盘)。三爪自定心卡盘是车床上最常用的附件,其结构如图 5-6 所示。当转动 3 个小锥齿轮中的任何一个时,都会使大锥齿轮旋转。大锥齿轮背面有平面螺纹,它与 3 个卡爪背面的平面螺纹(一段)相配合。于是大锥齿轮转动时,3 个卡爪在卡盘体的径向槽内同时作向心或离心移动,以夹紧或松开工件。

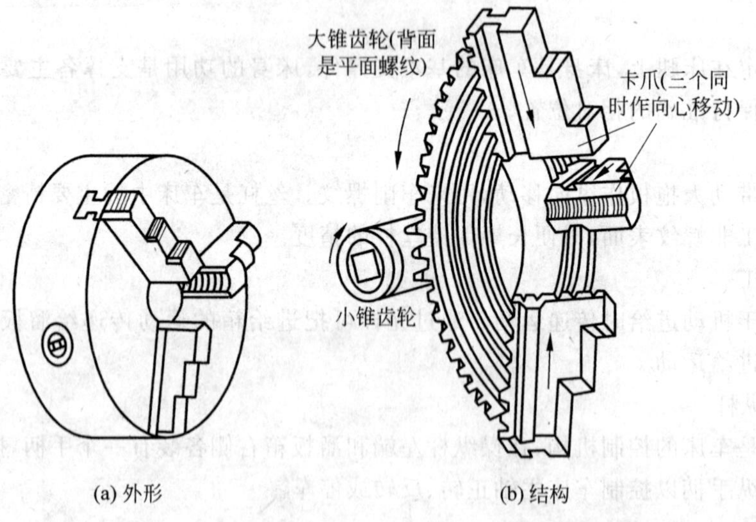

图 5-6 三爪自定心卡盘

三爪自定心卡盘能自动定心,装夹工件方便,但定心精度不很高,传递的扭矩也不大,适用于夹持表面光滑的圆柱形、六角形等工件。

(2) 四爪单动卡盘。四爪单动卡盘的结构如图 5-7 所示，4 个卡爪分别安装在卡盘体的 4 条槽内，卡爪背面有螺纹，与 4 个螺杆相配合。分别转动这些螺杆，就能逐个调整卡爪的位置。

四爪单动卡盘夹紧力大，适用于装夹毛坯、方形、椭圆形以及一些开头不规则的工件。装夹时，工件上应预先划出加工线，而后仔细找正位置，如图 5-8 所示。

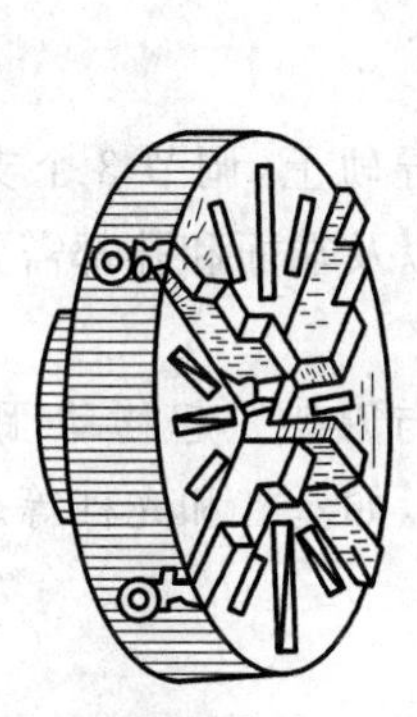

图 5-7 四爪单动卡盘

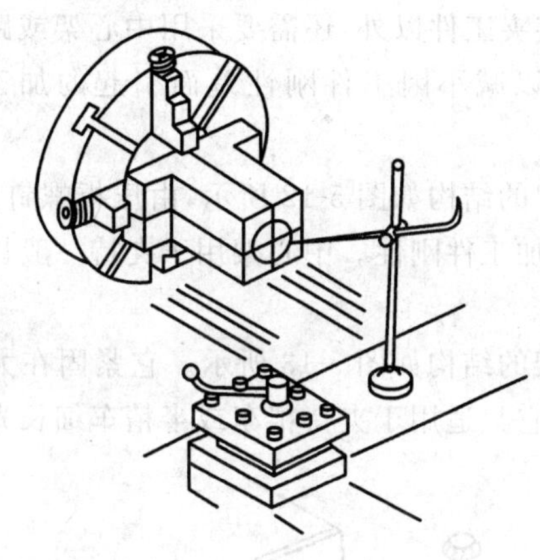

图 5-8 在四爪单动卡盘上找正工件位置

(3) 双顶尖、拨盘及卡箍。较长的轴类工件常用双顶尖安装，如图 5-9 所示。工件支承在前后两顶尖之间工件的一端用鸡心夹头夹紧，由拨盘带动旋转。

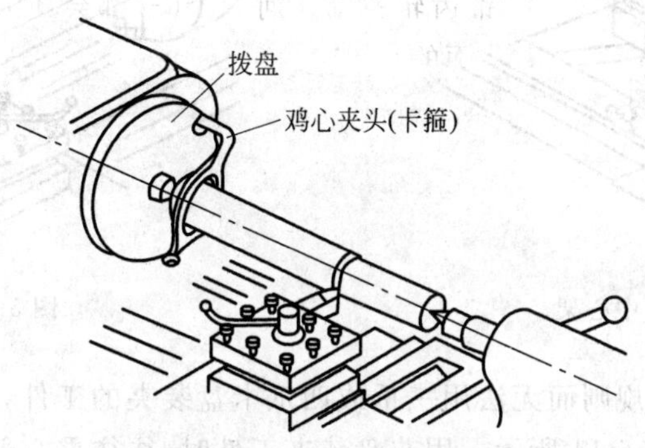

图 5-9 在两顶尖间装夹工件

顶尖的形状如图 5-10(a)所示。60°的锥形是支承工件的部分。尾部则安装在车床主轴孔或尾座套筒孔中。顶尖尺寸较小时，可通过顶尖套安装。顶尖套的形状如图 5-10(b)所示。

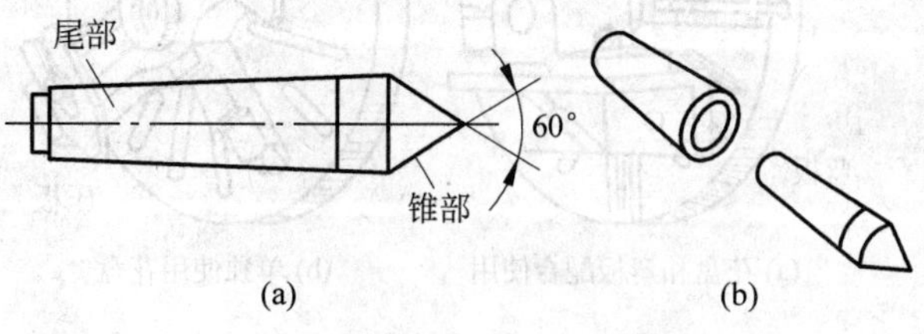

图 5-10 顶尖及顶尖套

用顶尖安装工件时，应先车平工件端面，并用中心钻打出中心孔。中心钻及中心孔的形状如图 5-11 所示。中心孔的圆锥部分与顶尖配合，应平整光洁。中心孔的圆柱部分用于容纳润滑油和避免顶尖尖端触及工件。

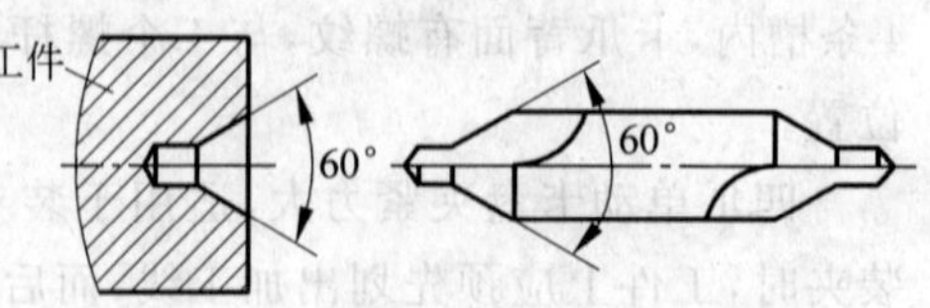

图 5-11　中心钻和中心孔

(4) 中心架和跟刀架。当加工细长轴时，除了用顶尖装夹工件以外，还需要采用中心架或跟刀架支承，以减小因工件刚性差而引起的加工误差。

中心架的结构如图 5-12 所示，由压板螺钉紧固在车床导轨上，调节 3 个支承爪与工件接触，以增加工件刚性。中心架用于夹持一般长轴、阶梯轴以及端面和孔都需要加工的长轴类工件。

跟刀架的结构如图 5-13 所示。它紧固在大头板上，并与刀架一起移动，跟刀架只有两个支承爪，它只适用于夹持精车或半精车细长光轴类的工件，如丝杠和光杠等。

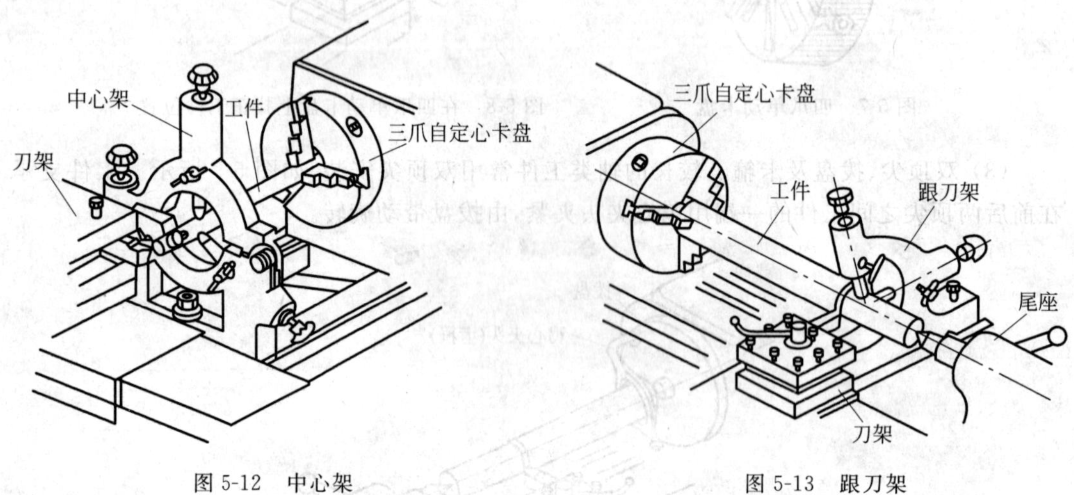

图 5-12　中心架　　　图 5-13　跟刀架

(5) 花盘。形状不规则而无法用三爪或四爪卡盘装夹的工件，可以用花盘装夹。用花盘装夹工件的情况如图 5-14 所示。用花盘装夹工件时，往往重心偏向一边，为了防止转动时产生振动，在花盘的另一边需加平衡块。工件在花盘上的位置需要仔细找正。

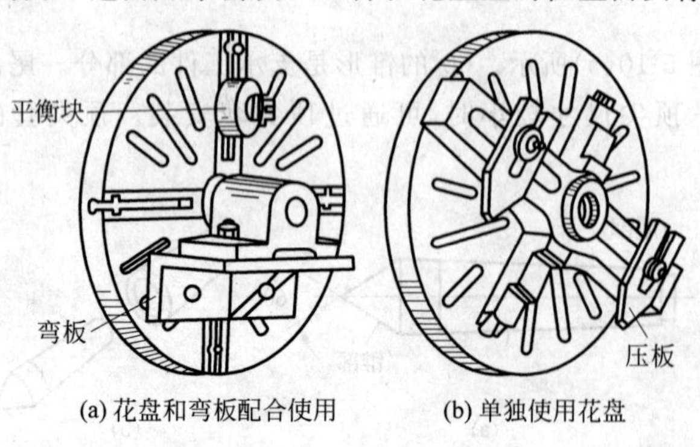

(a) 花盘和弯板配合使用　　(b) 单独使用花盘

图 5-14　用花盘装夹工件

(6) 在普通车床上加工内、外圆的同轴度及端面和孔的垂直度要求较高的盘、套类零件时，可用心轴安装。如图 5-15 所示，将工件安装在心轴上，再把心轴安装在前后顶尖之间来加工工件外圆或端面。

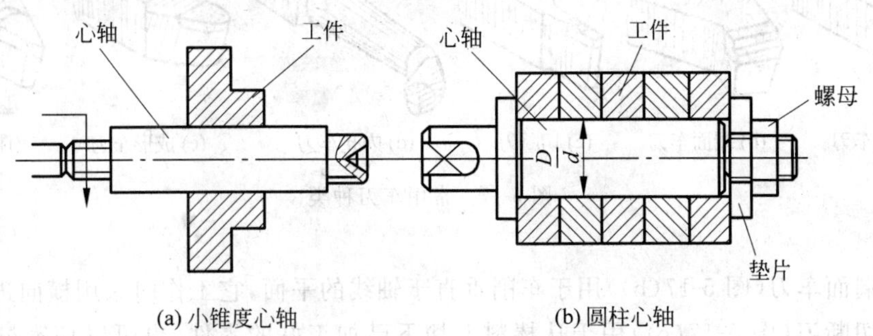

图 5-15 心轴的安装

5.2.3 车刀

根据不同的车削内容，需要有不同种类的车刀。常用车刀有外圆车刀(偏刀、弯头车刀、直头车刀等)、切断刀、成形车刀、宽刃槽车刀、螺纹车刀、端面车刀、切槽刀、通孔车刀、盲孔车刀等。常用车刀及应用情况如图 5-16 所示。

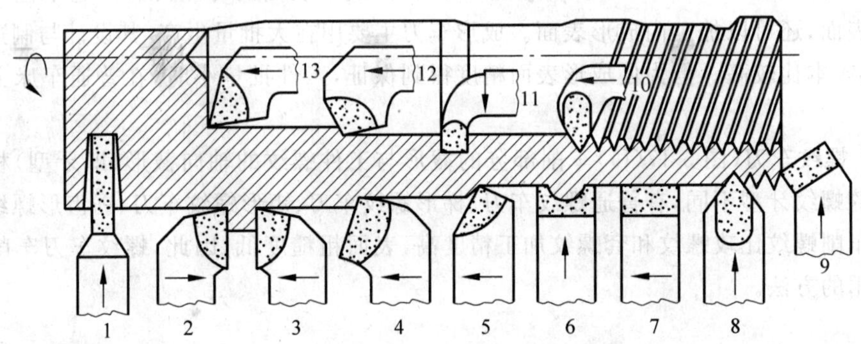

图 5-16 常用车刀及应用情况

1—切断刀；2—90°左偏刀；3—90°右偏刀；4—弯头车刀；5—直头车刀；6—成形车刀；7—宽刃槽车刀；8—外螺纹车刀；9—端面车刀；10—内螺纹车刀；11—内切槽车刀；12—通孔车刀；13—盲孔车刀

(1) 外圆车刀用于加工外圆柱面和外圆锥面，它分直头车刀(图 5-17(a))、弯头车刀(图 5-17(b))和偏刀三种。直头车刀主要用于车削没有阶梯的光轴。45°弯头(图 5-17(b))外圆车刀可以车削外圆，又可以车削端面和倒棱，通用性较好，所以得到广泛的使用。偏刀有 90°和 93°主偏角两种，常用来车削阶梯轴和细长轴。细长轴车削也可采用 75°车刀，即 $\kappa_r=75°$，以提高车刀耐用度。

外圆车刀又分为粗车刀、精车刀和宽刃光刀。精车刀刀尖圆弧半径较大，可获得较小的残留面积。宽刃光刀用于低速大进给量精车。

外圆车刀按进给方向又分为正手刀和反手刀。按正常进给方向使用的车刀，主切削刃在刀杆左侧，称为正手刀或右偏刀；当反方向进给时，主切削刃在刀杆右侧，称为反手刀或左偏刀。图 5-17(a)、(b),皆为正手刀。

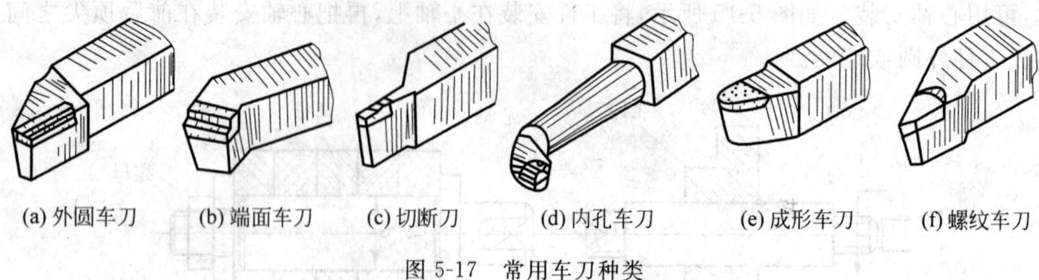

(a) 外圆车刀　(b) 端面车刀　(c) 切断刀　(d) 内孔车刀　(e) 成形车刀　(f) 螺纹车刀

图 5-17　常用车刀种类

(2) 端面车刀(图 5-17(b))用于车削垂直于轴线的平面,它工作时采用横向进给。

(3) 切断刀(图 5-17(c))用于从棒料上切下已加工好的零件,也可以切窄槽。切断刀切削部分宽度很小,强度低,排屑不畅时极易折断,所以要特别注意刃形和几何参数的合理性。

(4) 切槽刀用于车削沟槽,外形与切断刀类似,其刀头尺寸要长于沟槽尺寸。

(5) 内孔车刀(图 5-17(d))用于车削圆孔,其工作条件较外圆车刀差,这是由于内孔车刀的刀杆截面尺寸和悬伸长度都受被加工孔的限制,刚度低、易振动,只能承受较小的切削力。

(6) 成形车刀(图 5-17(e))是一种加工回转体成形表面的专用刀具。它不但可以加工外成形表面,还可以加工内成形表面。成形车刀主要用在大批量生产,其设计与制造比较麻烦,刀具成本比较高。但为使成形表面精度得到保证,工件批量小时,在普通车床上也常常使用。

(7) 螺纹车刀(图 5-17(f))车削部分的截形与工件螺纹的轴向截形(即牙型)相同。按所加工的螺纹牙型不同,有普通螺纹车刀、梯形螺纹车刀、矩形螺纹车刀、锯齿形螺纹车刀等几种。车削螺纹比攻螺纹和套螺纹加工精度高,表面粗糙度低,因此,螺纹车刀车削螺纹是一种常用的方法。

5.3 车工基本操作

5.3.1 车床上各部件的调整及各手柄的使用方法(空车练习)

1. 主轴转向及转速的调整

(1) 主轴正反转及停止由操纵杆来控制。在机床通电状态下,操纵杆向上为正转,向下为反转,中间位置为停止。

(2) 调整主轴转速要参照主轴箱外的转速控制手柄或旋钮旁的标牌对应调整(各机床的调整方法不同)。必须注意:当调整不到相应的位置时,需用空盘车(把主轴调速控制手柄调到空挡,然后用右手扳动卡盘;左手把控制手柄扳到位,再让主轴调速控制手柄回位)的方法调整。

2. 进给量的调整

主要参照进给量的铭牌，把各进给运动变速手柄扳到对应位置。如扳不到位，同样用空盘车的方法调整。

注：主轴与进给调速时，一定要让各控制手柄准确到位才能正常运行。

3. 手动进给的控制

大、中、小滑板摇动练习：准确掌握纵向、横向进退刀方向与手轮顺、逆时针控制方向的对应关系。

4. 尾座的操作

尾座也叫尾架，其结构如图 5-4 所示。

1）装卸顶尖练习

常用顶尖分死顶尖和活顶尖两种，如图 5-18 所示，都由莫氏锥柄与尾架的套筒配合装卡。

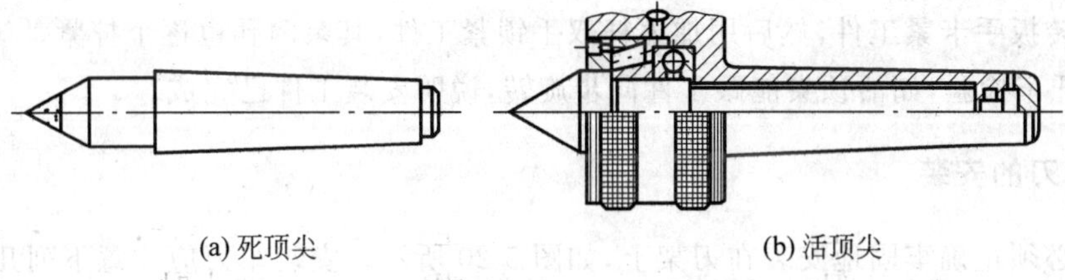

(a) 死顶尖　　(b) 活顶尖

图 5-18　顶尖

(1) 装顶尖时，转动手轮把尾座套筒伸出一定距离，拿着顶尖装进套筒即可。

(2) 卸顶尖时，右手摇尾座手轮使套筒退回顶出顶尖，左手拖着顶尖拿下来即可。

2）尾架沿导轨移动与进给长度锁紧装置的控制练习。

(1) 转动手轮，可调整套筒伸缩一定距离，长短有刻度控制，在合适的位置锁紧套筒锁紧手柄。

(2) 前后推动手轮使尾座可沿导轨前后移动，在合适的位置可用尾座锁紧手柄锁紧。

5.3.2 工件与刀具的安装

1. 用三爪自定心卡盘安装工件

当用卡盘扳手转动小锥齿轮时，大锥齿轮也随之转动，在大锥齿轮背面平面螺纹的作用下，使三个爪同时向心移动或退出，以夹紧或松开工件。它的特点是对中性好，自动定心精度可达到 0.05～0.15mm。可以装夹直径较小的工件，如图 5-19(a)所示。当装夹直径较大的外圆工件时可用三个反爪进行，如图 5-19(b)所示。但三爪自定心卡盘由于夹紧力不

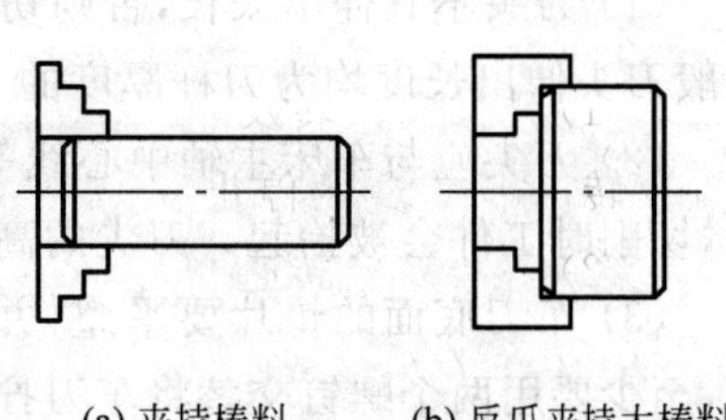

(a) 夹持棒料　　(b) 反爪夹持大棒料

图 5-19　三爪自定心卡盘安装工件

大，所以一般只适用于重量较轻的工件；当重量较重的工件进行装夹时，宜用四爪单动卡盘或其他专用夹具。

2. 用一夹一顶安装工件

对于一般较短的回转体类工件，较适用于三爪自定心卡盘装夹，但对于较长的回转体类工件，用此方法则刚性较差。所以，对一般较长的工件，尤其是较重要的工件，不能直接用三爪自定心卡盘装夹，而要用一端夹住，另一端用后顶尖顶住的装夹方法。这种装夹方法能承受较大的轴向切削力，且刚性大大提高，同时可提高切削用量。

具体操作方法如下。

(1) 把刀架横向退后，纵向根据工件长度移动合适位置。

(2) 参照工件长度把尾座移到适当位置锁紧，套筒摇出约 50～60mm 的长度锁紧。

(3) 把工件用三爪自定心卡盘卡住 10～15mm 的长度，要能转动和伸缩。

(4) 右手把工件来回转动着让中心孔顶住顶尖(如工件被卡盘卡住的部位长度不合适，再摇尾座套筒调整后锁紧)。

左手转扳手卡紧工件，然后用加力杆双手锁紧工件，其余两孔也逐个拧紧。

(5) 开车检验，如活顶尖能跟工件同步旋转，说明安装工件已完成。

3. 车刀的安装

车刀必须正确牢固地安装在刀架上，如图 5-20 所示。安装车刀应注意下列几点。

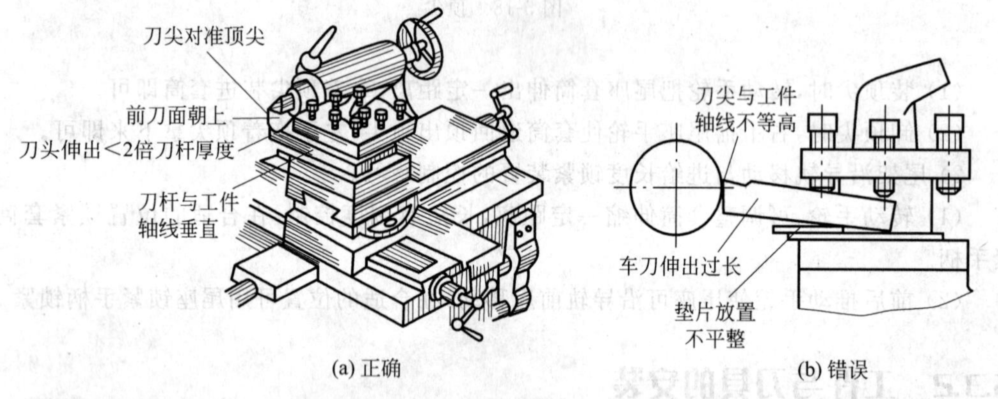

图 5-20 车刀的安装

(1) 刀头不宜伸出太长，否则切削时容易产生振动，影响工件加工精度和表面粗糙度。一般刀头伸出长度均为刀杆厚度的 1.5～2 倍。

(2) 刀尖应与车床主轴中心线等高。车刀装得太高，后刀面与工件加剧摩擦；装得太低，切削时工件会被抬起。刀尖的高低，可根据尾架顶尖高低来调整。

(3) 车刀底面的垫片要平整，并尽可能用厚垫片，以减少垫片数量。调整好刀尖高低后，至少要用两个螺钉交替将车刀拧紧。

5.3.3 切削运动和切削用量(开车练习)

(1) 选择合适的切削用量,按照空车练习的控制方法调整主轴转速与进给量。

(2) 把车刀横向、纵向都移动到距离卡盘较远的地方,然后依照溜板箱上的标牌,把各控制手柄调整到位,进行纵横机动进给练习。

(3) 手动进给车削训练——双手合成法切削球面:分清中、小滑板的进退方向,要求反应灵活、动作连贯、准确自如。

注意事项:

(1) 卡盘扳手用完时,切记要把扳手从卡盘上拿下来,以免卡盘转起来时飞出伤人。

(2) 变换转速或进给量、擦拭工件、测量工件三种情况下,必须停车(使操纵杆到中间位置,使主轴停转)进行。

(3) 移动刀架时速度要慢,注意防止前后左右的碰撞。

5.3.4 车削外圆、端面与台阶(保证尺寸精度的方法)

粗车的目的是尽快切去多余的金属层,使工件接近于最后的形状和尺寸。粗车后应留下 0.5～1mm 的加工余量。

精车是切去余下的少量金属层以获得零件所求的精度和表面粗糙度,因此背吃刀量较小,为 0.1～0.2mm,切削速度则可用较高或较低速,初学者可用较低速。为了获得较小的工件表面粗糙度,用于精车的车刀的前、后刀面应采用油石加机油磨光,有时刀尖磨成一个小圆弧。

为了保证加工的尺寸精度,应采用试切法车削。

1. 车外圆

车外圆的几种情况,如图 5-21 所示。

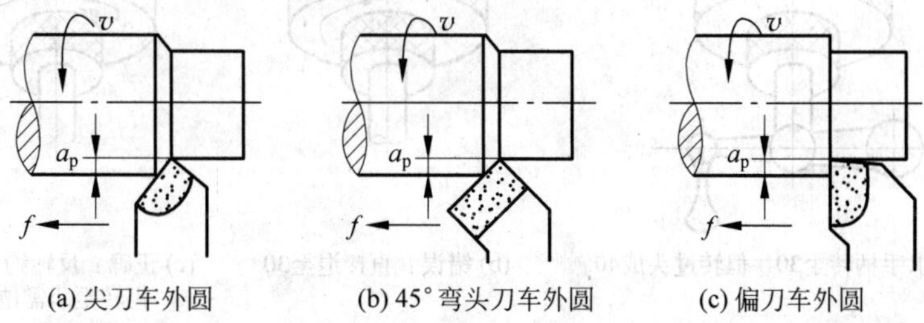

图 5-21 车外圆的几种情况

车削工件时,为了能正确迅速地控制背吃刀量,可以利用中拖板上的刻度盘。中拖板刻度盘安装在中拖板丝杠上。当摇动中拖板手柄带动刻度盘转一周时,中拖板丝杠也转了一周。这时,固定在中拖板上与丝杠配合的螺母沿丝杠轴线方向移动了一个螺距。因此,安装在中拖板上的刀架也移动了一个螺距。如果中拖板丝杠螺距为 4mm,当手柄转一周时,刀架就横向移动 4mm。若刻度盘圆周上等分 200 格，则当刻度盘转过一格时，刀架就移动了 0.02mm。车外圆的试切步骤如图 5-22 所示。

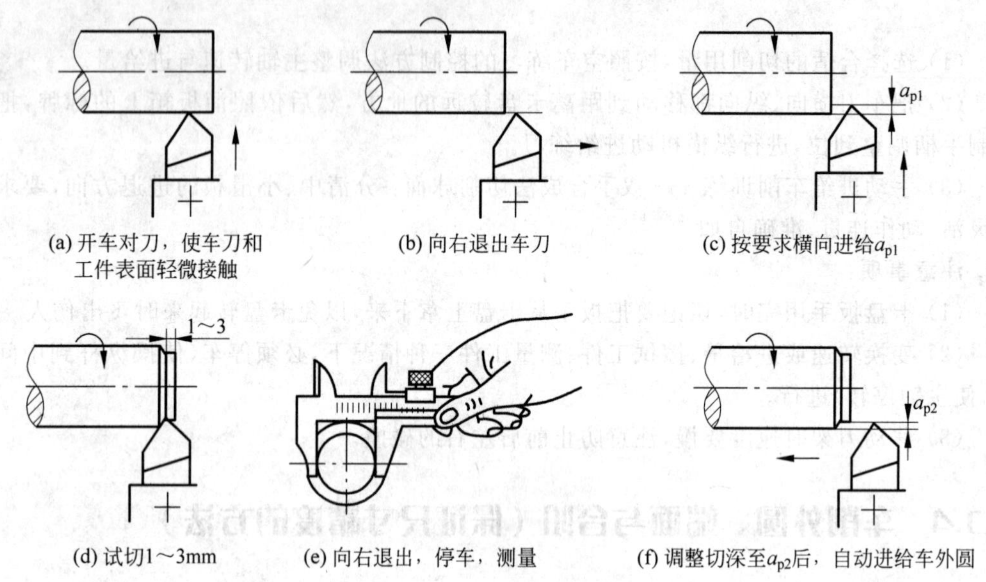
a_{p1}
1～3
a_{p2}
(a) 开车对刀，使车刀和工件表面轻微接触
(b) 向右退出车刀
(c) 按要求横向进给a_{p1}
(d) 试切1～3mm
(e) 向右退出，停车，测量
(f) 调整切深至a_{p2}后，自动进给车外圆

图 5-22 试切步骤

使用中拖板刻度盘控制背吃刀量时应注意的事项：

(1) 由于丝杠和螺母之间有间隙存在，因此会产生空行程（即刻度盘转动，而刀架并未移动），使用时必须慢慢地把刻度盘转到所需要的位置（图 5-23(a)）。若不慎多转过几格，不能简单地退回几格（图 5-23(b)），必须向相反方向退回半圈左右，再转到所需位置（图 5-23(c)）。

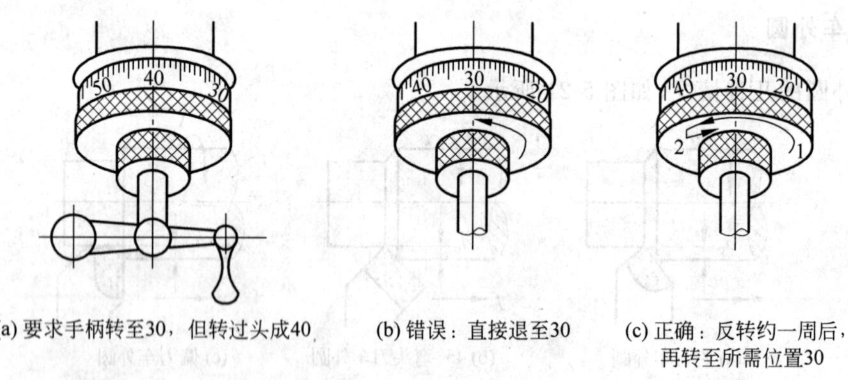
50
40
30
40
30
20
40
30
20
2
1
(a) 要求手柄转至30，但转过头成40
(b) 错误：直接退至30
(c) 正确：反转约一周后，再转至所需位置30

图 5-23 手柄摇过头后的纠正方法

(2) 由于工件是旋转的，使用中拖板刻度盘时，车刀横向进给后的切除量刚好是背吃刀量的两倍。因此要注意，当工件外圆余量测得后，中拖板刻度盘控制的背吃刀量是外圆余量的 1/2，而小拖板的刻度值，则直接表示工件长度方向的切除量。

纵向进给到所需长度时，关停自动进给手柄，退出车刀，然后停车，检验。

2. 车端面

对工件的端面进行车削的方法叫车端面。常用端面车削时的几种情况如图 5-24 所示。

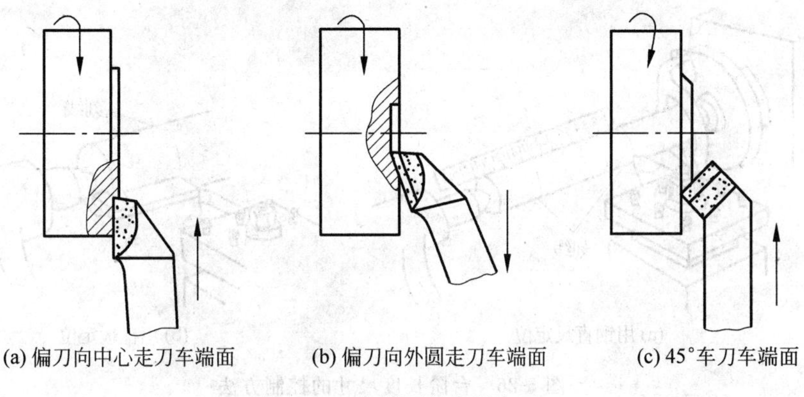

(a) 偏刀向中心走刀车端面
(b) 偏刀向外圆走刀车端面
(c) 45°车刀车端面

图 5-24 车端面的常用车刀

车端面时应注意以下几点：

(1) 车刀的刀尖应对准工件中心，以免车出的端面中心留有凸台。

(2) 偏刀车端面，当背吃刀量较大时，容易扎刀。背吃刀量 a_p 的选择是：粗车时，$a_p=0.2\sim1mm$；精车时，$a_p=0.05\sim0.2mm$。

(3) 端面的直径从外到中心是变化的，切削速度也在改变，在计算切削速度时必须按端面的最大直径计算。

(4) 车直径较大的端面，若出现凹心或凸肚时，应检查车刀和方刀架及大拖板是否锁紧。

3. 车台阶

车削台阶的方法与车削外圆基本相同，但在车削时应兼顾外圆直径和台阶长度两个方向的尺寸要求，还必须保证台阶平面与工件轴线的垂直度要求。

车高度在 5mm 以下的台阶时，可用主偏角为 90°的偏刀在车外圆时同时车出；车高度在 5mm 以上的台阶时，应分层进行切削，如图 5-25 所示。

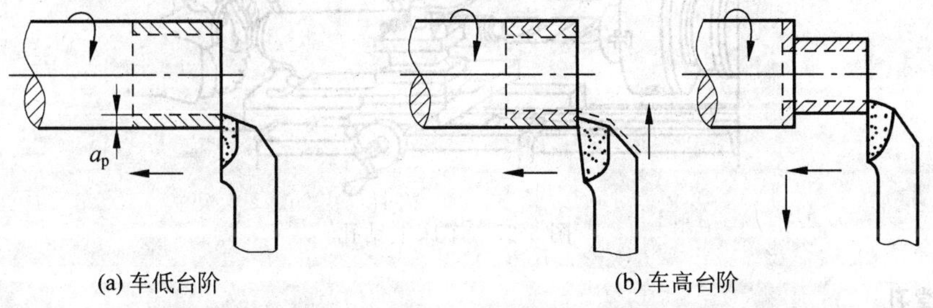

图 5-25 台阶的车削

台阶长度尺寸的控制方法：

(1) 台阶长度尺寸要求较低时，可直接用大拖板刻度盘控制。

(2) 台阶长度可用钢直尺或样板确定位置，如图 5-26(a)、(b)所示。车削时，先用刀尖车出比台阶长度略短的刻痕作为加工界限，台阶的准确长度可用游标卡尺或深度游标卡尺测量。

(3) 台阶长度尺寸要求较高且长度较短时，可用小滑板刻度盘控制其长度。

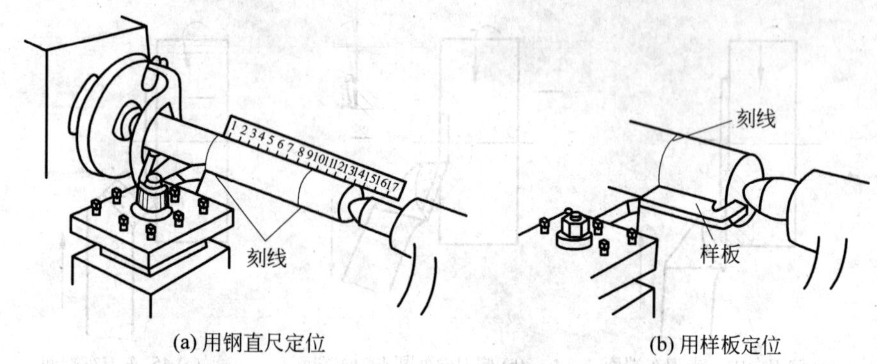

(a) 用钢直尺定位　　(b) 用样板定位

图 5-26　台阶长度尺寸的控制方法

5.3.5　车床上孔的加工

车床上可以用钻头、镗刀、扩孔钻头、铰刀进行钻孔、镗孔、扩孔和铰孔。下面介绍钻孔和镗孔的方法。

1. 钻孔

利用钻头将工件钻出孔的方法称为钻孔。钻孔的公差等级为 IT10 以下，表面粗糙度 Ra 值为 12.5μm，多用于粗加工孔。在车床上钻孔如图 5-27 所示，工件装夹在卡盘上，钻头安装在尾架套筒锥孔内。钻孔前先车平端面并车出一个中心坑或先用中心钻钻中心孔作为引导。钻孔时，摇动尾架手轮使钻头缓慢进给，注意经常退出钻头排屑。钻孔进给不能过猛，以免折断钻头。钻钢料时应加切削液。

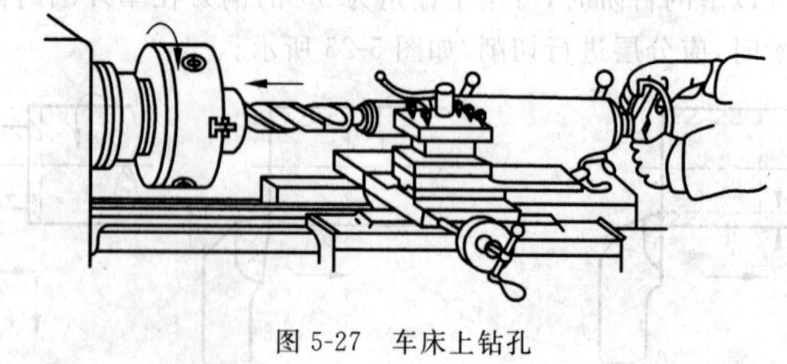

图 5-27　车床上钻孔

2. 镗孔

在车床上对工件的孔进行车削的方法叫镗孔（又叫车孔），镗孔可以作粗加工，也可以作精加工。镗孔分为镗通孔和镗不通孔，如图 5-28 所示。镗通孔基本上与车外圆相同，只是进刀和退刀方向相反。粗镗和精镗内孔时也要进行试切和试测，其方法与车外圆相同。注意通孔镗刀的主偏角为 45°～75°，不通孔镗刀主偏角大于 90°。

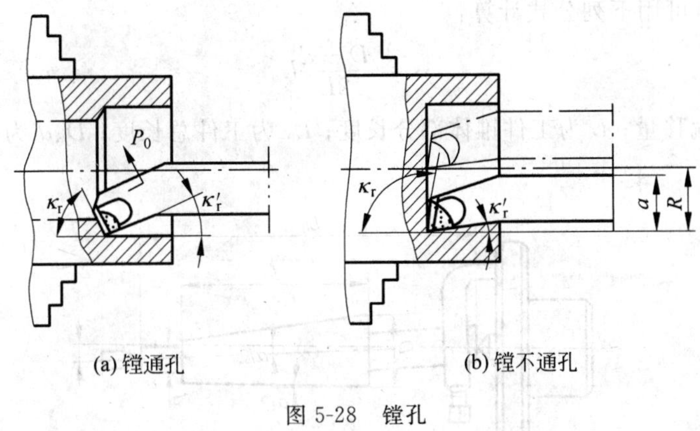

(a) 镗通孔 (b) 镗不通孔

图 5-28 镗孔

5.3.6 车削圆锥面、成形面及滚花的方法

1. 车圆锥面

将工件车削成圆锥表面的方法称为车圆锥。常用车削锥面的方法有宽刀法、转动小刀架法、靠模法、尾座偏移法等几种。这里介绍宽刀法、转动小刀架法和尾座偏移法。

1）宽刀法

车削较短的圆锥时，可以用宽刃刀直接车出，如图 5-29 所示。其工作原理实质上是属于成形法，所以要求切削刃必须平直，切削刃与主轴轴线的夹角应等于工件圆锥半角 $\alpha/2$。同时要求车床有较好的刚性，否则易引起振动。当工件的圆锥斜面长度大于切削刃长度时，可以用多次接刀方法加工，但接刀处必须平整。

2）转动小刀架法

当加工锥面不长的工件时，可用转动小刀架法车削。车削时，将小滑板下面的转盘上的螺母松开，把转盘转至所需要的圆锥半角 $\alpha/2$ 的刻线上，与基准零线对齐，然后固定转盘上的螺母，如果锥角不是整数，可在锥附近估计一个值，试车后逐步找正，如图 5-30 所示。

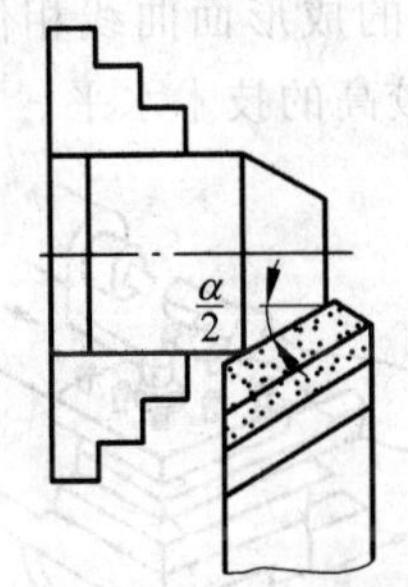

图 5-29 用宽刃刀车削圆锥

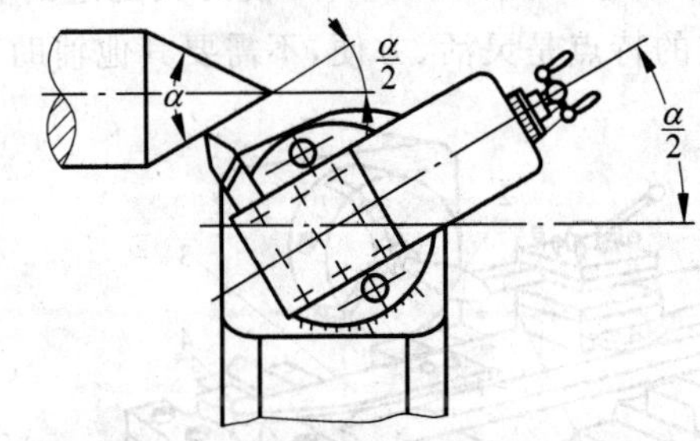

图 5-30 转动小滑板车圆锥

3）尾座偏移法

当车削锥度小、锥形部分较长的圆锥面时，可以用偏移尾座的方法。将尾座上滑板横向偏移一个距离 s，使偏位后两顶尖连线与原来两顶尖中心线相交一个 $\alpha/2$ 角度，尾座的偏向取决于工件大小头在两顶尖间的加工位置。尾座的偏移量与工件的总长有关，如图 5-31 所

示。尾座偏移量可用下列公式计算：

$$s=\frac{D-d}{2L}L_0$$

式中，s 为尾座偏移量；L 为工件锥体部分长度；L_0 为工件总长度；D、d 为锥体大头直径和锥体小头直径。

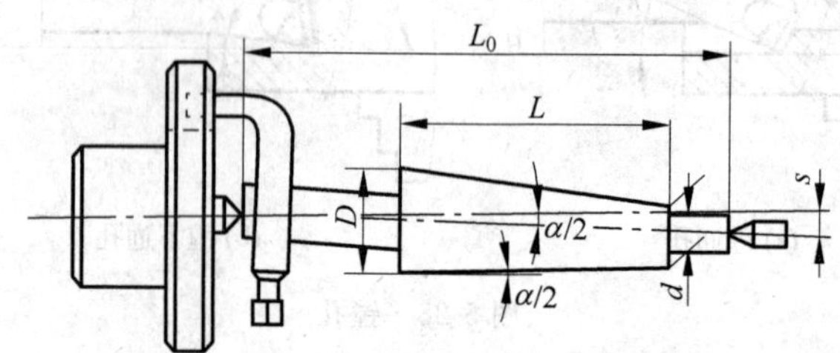

图 5-31 尾座偏移法车削圆锥

2. 车成形面

表面轴向剖面呈现曲线形特征的零件叫成形面。下面介绍三种加工成形面的方法。

1）样板刀车成形面

用样板刀车成形面，其加工精度主要靠刀具保证。但要注意，由于切削时接触面较大，切削抗力也大，易出现振动和工件移位。为此，切削力要小些，工件必须夹紧。

2）用靠模车成形面

图 5-32 表示用靠模加工手柄的成形面 2。此时，刀架的横向滑板已经与丝杠脱开，其前端的拉杆 3 上装有滚柱 5。当大拖板纵向走刀时，滚柱 5 即在靠模 4 的曲线槽内移动，从而使车刀刀尖也随着作曲线移动，同时用小刀架控制切深，即可车出手柄的成形面。用这种方法加工成形面，操作简单，生产率较高，因此多用于成批生产。当靠模 4 的槽为直槽时，将靠模 4 扳转一定角度，即可用于车削锥度。

3）双手控制法车成形面

单件加工成形面时，通常采用双手控制法车削成形面，即双手同时摇动小滑板手柄和中滑板手柄，并通过双手协调的动作，使刀尖走过的轨迹与所要求的成形面曲线相仿，如图 5-33 所示。它的特点是灵活、方便，不需要其他辅助工具，但需要较高的技术水平。

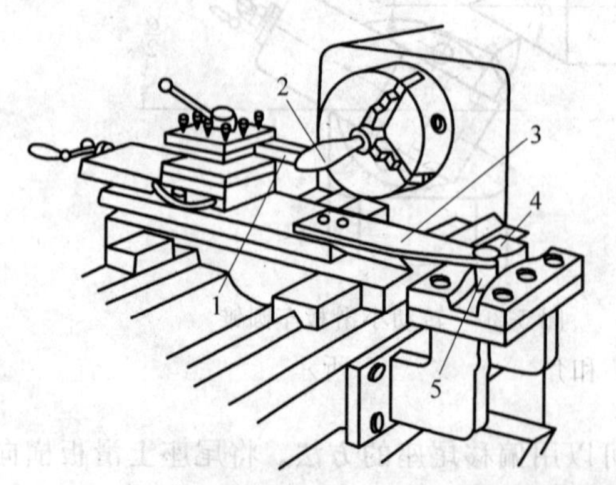

图 5-32 用靠模车成形面

1—车刀；2—成形面；3—拉杆；4—靠模；5—滚柱

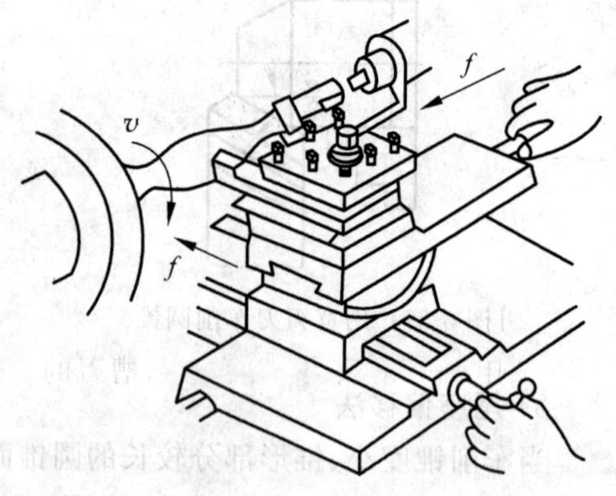

图 5-33 用双手控制纵、横向进给车成形面

3. 滚花

各种工具和机器零件的手握部分，为了便于握持和增加美观，常常在表面上滚出各种不同的花纹。如百分尺的套管，铰杠扳手以及螺纹量规等。这些花纹一般是在车床上用滚花刀滚压而形成的(图 5-34)。花纹有直纹和网纹两种，滚花刀也分直纹滚花刀(图 5-35(a))和网纹滚花刀(图 5-35(b)、(c))。滚花是用滚花刀来挤压工件，使其表面产生塑性变形而形成花纹。滚花的径向挤压力很大，因此加工时，工件的转速要低些。需要充分供给冷却润滑液，以免损坏滚花刀和防止细屑滞塞在滚花刀内而产生乱纹。

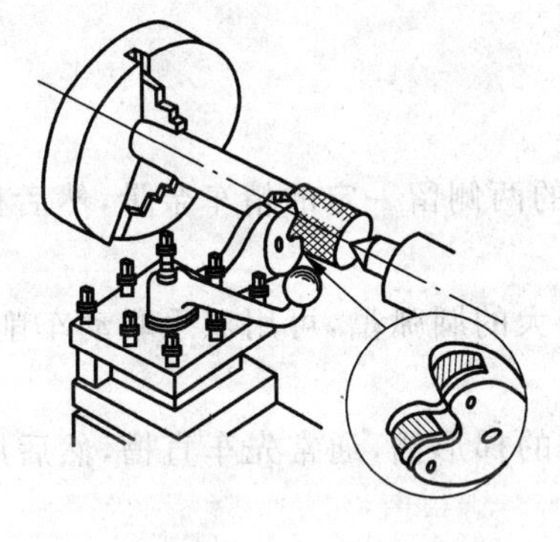

图 5-34 滚花

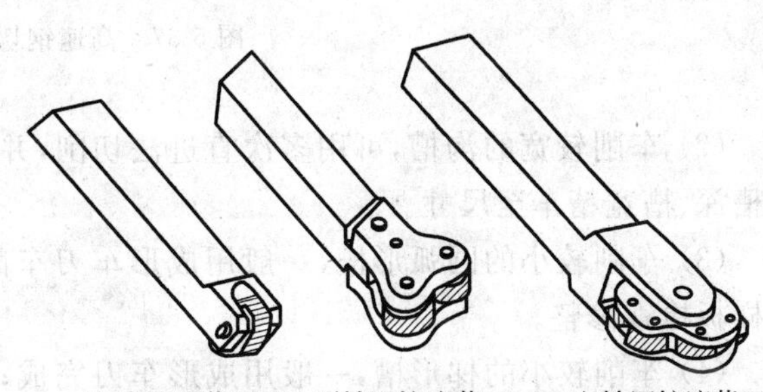

(a) 直纹滚花刀 (b) 两轮网纹滚花刀 (c) 六轮网纹滚花刀

图 5-35 滚花刀

5.3.7 车槽与切断

1. 切槽

在工件表面上车沟槽的方法叫切槽，槽的形状有外槽、内槽和端面槽，如图 5-36 所示。

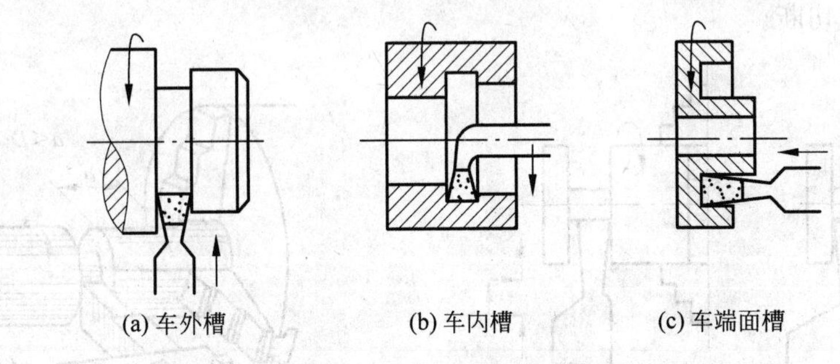

(a) 车外槽 (b) 车内槽 (c) 车端面槽

图 5-36 常用切槽的方法

1) 切槽刀的选择

常选用高速钢切槽刀切槽，切槽刀的几何形状和角度如图 5-37 所示。

2) 切槽的方法

(1) 车削精度不高的和宽度较窄的矩形沟槽，可以用刀宽等于槽宽的切槽刀，采用直进法一次车出；精度要求较高的，一般分两次车成。

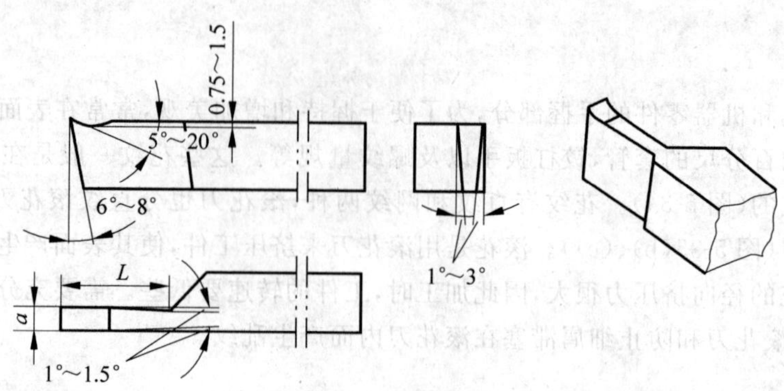

图 5-37 高速钢切槽刀

（2）车削较宽的沟槽，可用多次直进法切削，并在槽的两侧留一定的精车余量，然后根据槽深、槽宽精车至尺寸。

（3）车削较小的圆弧形槽，一般用成形车刀车削；较大的圆弧槽，可用双手联动车削，用样板检查修整。

（4）车削较小的梯形槽，一般用成形车刀完成；较大的梯形槽，通常先车直槽，然后用梯形刀直进法或左右切削法完成。

2. 切断

切断要用切断刀。切断刀的形状与切槽刀相似，但因刀头窄而长，很容易折断。常用的切断方法有直进法和左右借刀法两种，如图 5-38 所示。直进法常用于切断铸铁等脆性材料；左右借刀法常用于切断钢等塑性材料。

切断时应注意以下几点：

（1）切断一般在卡盘上进行，如图 5-39 所示。工件的切断处应距卡盘近些，避免在顶尖安装的工件上切断。

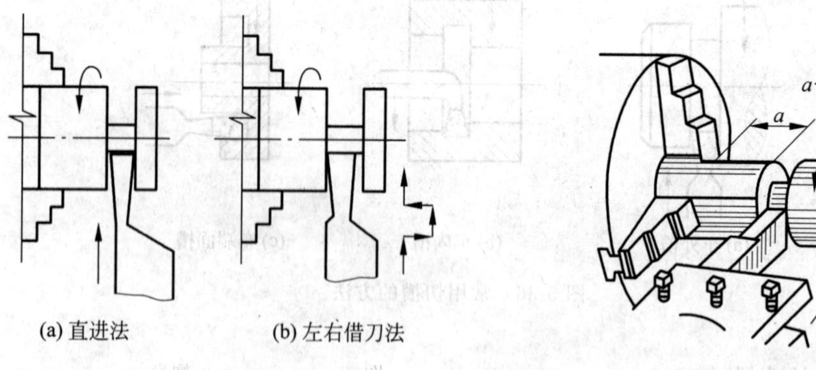

(a) 直进法　(b) 左右借刀法

图 5-38 切断方法

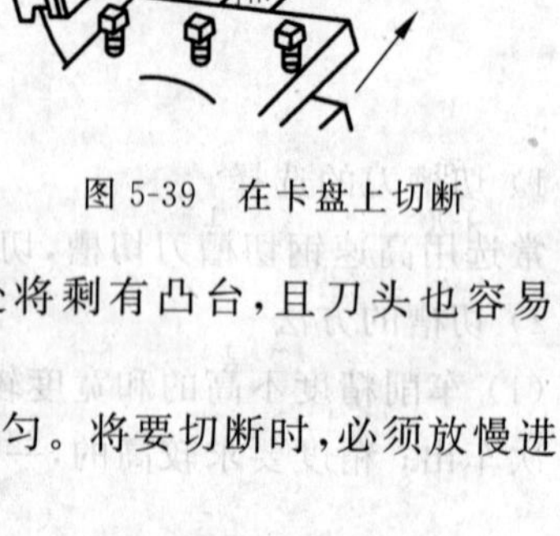

图 5-39 在卡盘上切断

（2）切断刀刀尖必须与工件中心等高，否则切断处将剩有凸台，且刀头也容易损坏（图 5-40）。

（3）切断刀伸出刀架的长度不要过长，进给要缓慢均匀。将要切断时，必须放慢进给速度，以免刀头折断。

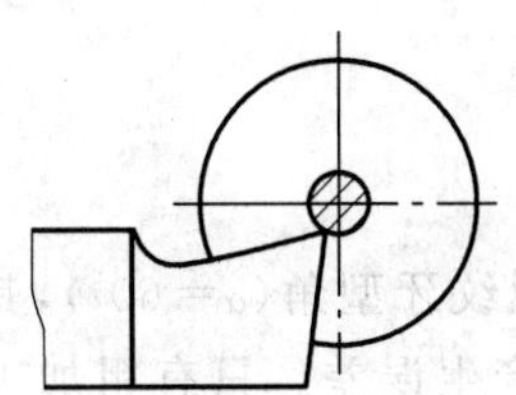

(a) 切断刀安装过低，不易切削　(b) 切断刀安装过高，刀具后面顶住工件，刀头易被压断

图 5-40　切断刀刀尖必须与工件中心等高

(4) 切断钢件时需要加切削液进行冷却润滑，切铸铁时一般不加切削液，但必要时可用煤油进行冷却润滑。

5.3.8 车削螺纹

1. 螺纹基础知识

将工件表面车削成螺纹的方法称为车螺纹。螺纹按牙型分有三角螺纹、梯形螺纹、方牙螺纹等(图 5-41)，其中普通公制三角螺纹应用最广。

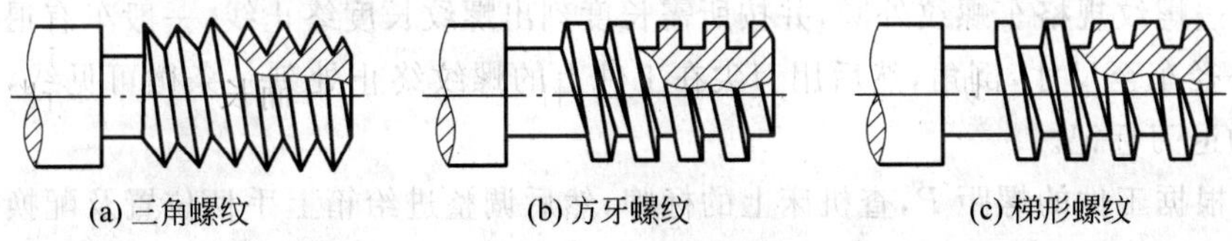

(a) 三角螺纹　(b) 方牙螺纹　(c) 梯形螺纹

图 5-41　螺纹的种类

普通三角螺纹的基本牙型如图 5-42 所示，各基本尺寸的名称如下：

D——内螺纹大径(公称直径)；

d——外螺纹大径(公称直径)；

D_2——内螺纹中径；

d_2——外螺纹中径；

D_1——内螺纹小径；

d_1——外螺纹小径；

P——螺距；

H——原始三角形高度。

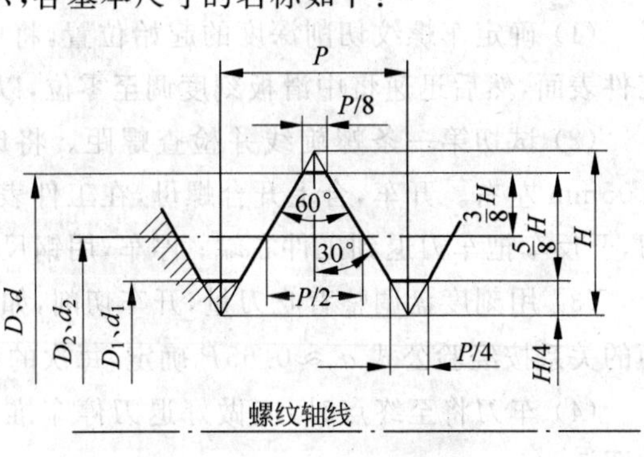

图 5-42　普通三角螺纹基本牙型

决定螺纹的基本要素有三个：

(1)牙型角 α。它是螺纹轴向剖面内螺纹两侧面的夹角。公制螺纹 $\alpha=60°$，英制螺纹 $\alpha=55°$。

(2) 螺距 P。它是沿轴线方向上相邻两牙间对应点的距离。

(3) 螺纹中径 $D_2(d_2)$。它是平螺纹理论高度 H 的一个假想圆柱体的直径。在中径处的螺纹牙厚和槽宽相等。只有内外螺纹中径都一致时，两者才能很好地配合。

2. 车削外螺纹的方法与步骤

1）准备工作

（1）安装螺纹车刀时，车刀的刀尖角等于螺纹牙型角（$\alpha=60°$），其前角 $\gamma_o=0°$才能保证工件螺纹的牙型角准确无误，否则牙型角将产生误差。只有粗加工时或螺纹精度要求不高时，其前角可取 $\gamma_o=5°\sim20°$。安装螺纹车刀时，刀尖对准工件中心，并用样板对刀，以保证刀尖角的角平分线与工件的轴线相垂直，车出的牙型角才不会偏斜。如图 5-43 所示。

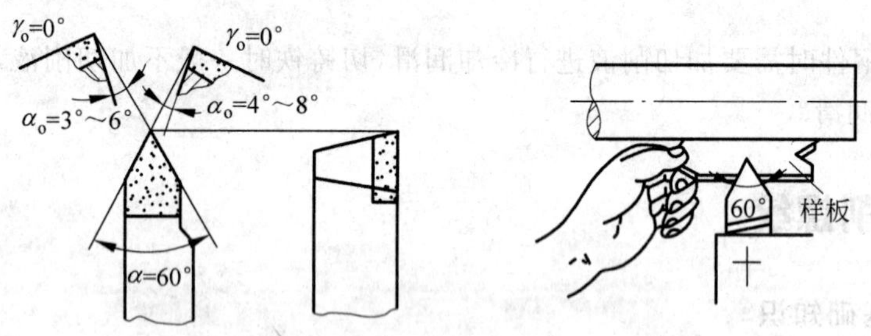

图 5-43 螺纹车刀几何角度与用样板对刀

（2）按螺纹规格车螺纹外圆，并按所需长度刻出螺纹长度终止线，一般车有退刀槽。先将螺纹外径车至尺寸，倒角，然后用刀尖在工件上的螺纹终止处刻一条微可见线，以它作为车螺纹的退刀标记。

（3）根据工件的螺距 P，查机床上的标牌，然后调整进给箱上手柄位置及配换挂轮箱齿轮的齿数以获得所需要的工件螺距。

（4）确定主轴转速。初学者应将车床主轴转速调到最低速。

2）车螺纹的方法和步骤

（1）确定车螺纹切削深度的起始位置，将中滑板刻度调到零位，开车，使刀尖轻微接触工件表面，然后迅速将中滑板刻度调至零位，以便于进刀记数。

（2）试切第一条螺旋线并检查螺距。将床鞍摇至离工件端面 8～10 牙处，横向进刀 0.05mm 左右。开车，合上开合螺母，在工件表面车出一条螺旋线，至螺纹终止线处退出车刀，开反车把车刀退到工件右端；停车，用钢尺检查螺距是否正确，如图 5-44(a)所示。

（3）用刻度盘调整背吃刀量，开车切削，如图 5-44(b)所示。螺纹的总背吃刀量 a_p 与螺距的关系按经验公式 $a_p\approx0.65P$ 确定，每次的背吃刀量为 $0.1P$ 左右。

（4）车刀将至终点时，应做好退刀停车准备，先快速退出车刀，然后开反车退出刀架。如图 5-44(c)。

（5）再次横向进刀，继续切削至车出正确的牙型，如图 5-44(d)。

3）螺纹车削注意事项

（1）车削螺纹前要检查组装交换齿轮的间隙是否适当。把主轴变速手柄放在空挡位置，用手旋转主轴，检查是否有过重或空转量过大的现象。

（2）车螺纹时，开合螺母必须闸到位；如感到未闸好，应立即起闸，重新进行。

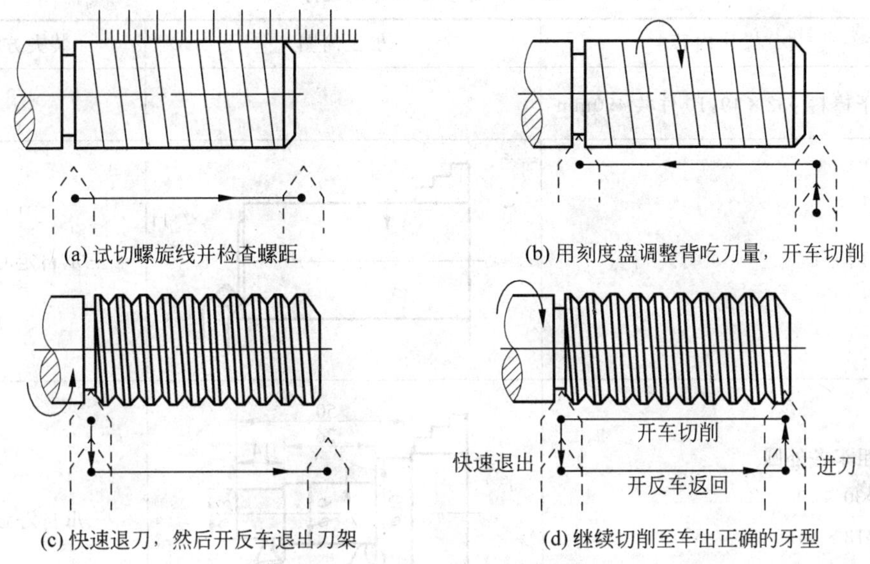

(a) 试切螺旋线并检查螺距 (b) 用刻度盘调整背吃刀量，开车切削
(c) 快速退刀，然后开反车退出刀架 (d) 继续切削至车出正确的牙型

图 5-44 螺纹切削方法与步骤

(3) 车削无退刀槽的螺纹时，要特别注意螺纹的收尾在 1/3 左右，每次退刀要均匀一致，否则会撞到刀尖。

(4) 车削螺纹时，应始终保持刀刃锋利。如中途换刀或磨刀后，必须重新对刀以防乱扣，并重新调整中滑板的刻度。

(5) 粗车螺纹时，要留适当的精车余量。

5.3.9 车削典型零件示例（车削的简单工艺安排）

1. 轴类零件的车削

轴类零件图如图 5-45 所示，其加工工序见表 5-1 所示。

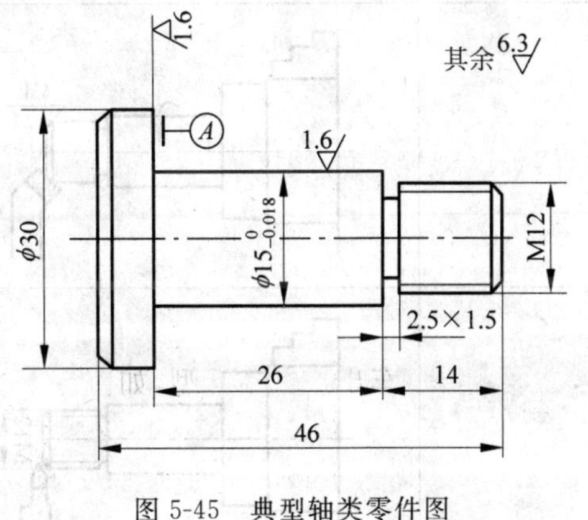

图 5-45 典型轴类零件图

表 5-1　轴类零件车削工序

序号	操作内容	加工简图	装夹方法
1	下棒料 $\phi32\times49$,10 件共 490mm		
2	车端面		三爪自定心卡盘
3	粗车各外圆 $\phi30\times50$ $\phi13\times14$ $\phi16\times26$	50　26　14　$\phi30$　$\phi16$　$\phi13$	三爪自定心卡盘
4	切退刀槽	14　2.5　$\phi9$	三爪自定心卡盘
5	精车各外圆 $\phi15\times26$ $\phi12\times14$	26　$\phi15_{-0.018}^{0}$　$\phi12_{-0.1}^{0}$	三爪自定心卡盘
6	倒角	C1	三爪自定心卡盘
7	车 M12 螺纹	M12	三爪自定心卡盘

续表

序号	操作内容	加工简图	装夹方法
8	切断,端面留加工余量 1mm,全长 47mm		三爪自定心卡盘
9	调头、车端面、倒角		三爪自定心卡盘
10	检验		

2. 模套类零件的车削

本例的模套如图 5-46 所示,其加工工序见表 5-2。

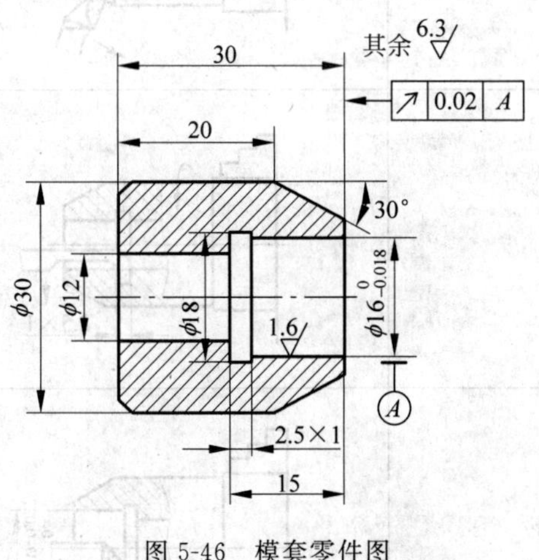

图 5-46　模套零件图

表 5-2　模套零件加工工序

序号	操作内容	加工简图	装夹方法
1	坯料为 φ35×140 铸铁棒		
2	车端面		三爪自定心卡盘

续表

序号	操作内容	加工简图	装夹方法
3	钻孔 ϕ12×34		三爪自定心卡盘
4	粗精车外圆 ϕ30×34		三爪自定心卡盘
5	车圆锥面		三爪自定心卡盘
6	切内孔退刀槽		三爪自定心卡盘
7	镗孔		三爪自定心卡盘
8	切断,全长 31mm		三爪自定心卡盘

续表

序号	操作内容	加工简图	装夹方法
9	调头车端面倒角	C1	三爪自定心卡盘
10	检验		

复习思考题

1. 车床上能加工哪些表面？各用什么刀具？
2. 车床的各组成部分及用途有哪些？
3. 车床上各手柄扳不到位置时的解决方法有哪些？
4. 怎样保证零件的尺寸精度和位置精度？
5. 粗、精车的目的与粗、精车时切削用量的大致分配原则是什么？
6. 切断时应注意的问题有哪些？
7. 孔的加工方法有哪些？它们适用的情况分别是什么？
8. 在车床上加工圆锥面有几种方法？特点如何？
9. 如何防止车螺纹时的乱扣？试说明车螺纹的方法和步骤。
10. 车床上各种附件的适用场合和使用方法是什么？

铣工、刨工、磨工

6.1 铣　　工

基本要求：

（1）掌握铣削加工的基础知识。

（2）熟悉常用铣床（立式铣床、卧式铣床、万能卧式铣床）的特点和用途。

（3）熟悉常用铣床主要附件（分度头、回转工作台、万能铣头、平口钳）的使用方法和应用。

（4）了解铣床工件和刀具的安装方法，常用刀具的类型及应用。

（5）熟悉铣削基本加工方法（铣平面、铣槽和分度）。

（6）熟悉齿形的加工方法及应用范围。

6.1.1 铣工概述

铣削加工是以铣刀旋转作主运动，工件或铣刀作进给运动，在铣床上对各种表面进行加工的方法。铣削加工在机械零件切削和工具生产中占相当大的比重，仅次于车削加工。由于铣刀为多刃刀具，故铣削加工生产率高；每个刀齿一圈中只切削一次，刀齿散热较好；铣削中每个铣刀刀齿逐渐切入切出，形成断续切削，加工中会因此而产生冲击和振动，冲击、振动、热应力均对刀具耐用度及工件表面质量产生影响。铣削加工可达到的精度一般为IT9～IT8级，可达到的表面粗糙度 Ra 值为6.3～1.6μm。铣削加工的适应范围很广，可以加工各种零件的平面、台阶面、沟槽、成形表面、型孔表面、螺旋表面等。常见的铣削加工如图6-1所示。

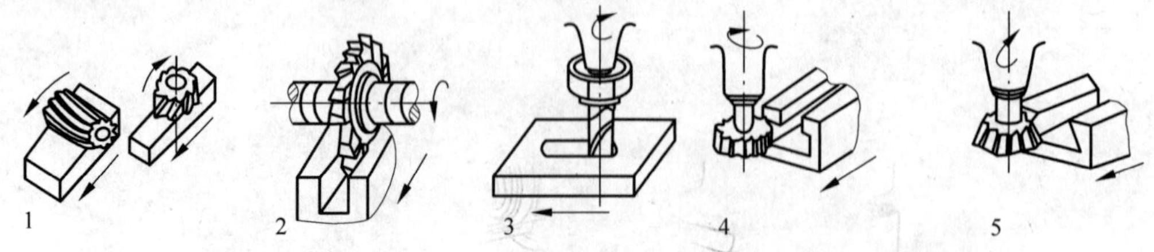

图6-1　铣削加工示意图

1—铣平面；2—铣沟槽；3—铣封闭槽；4—铣T形槽；5—铣燕尾槽；6—铣角度槽；7—铣敞开槽；8—铣月牙键槽；9—铣凸形台；10—铣花键轴；11—铣钻头沟槽；12—铣齿轮；13—切断；14—组合铣刀铣阶台；15—端铣刀铣平面

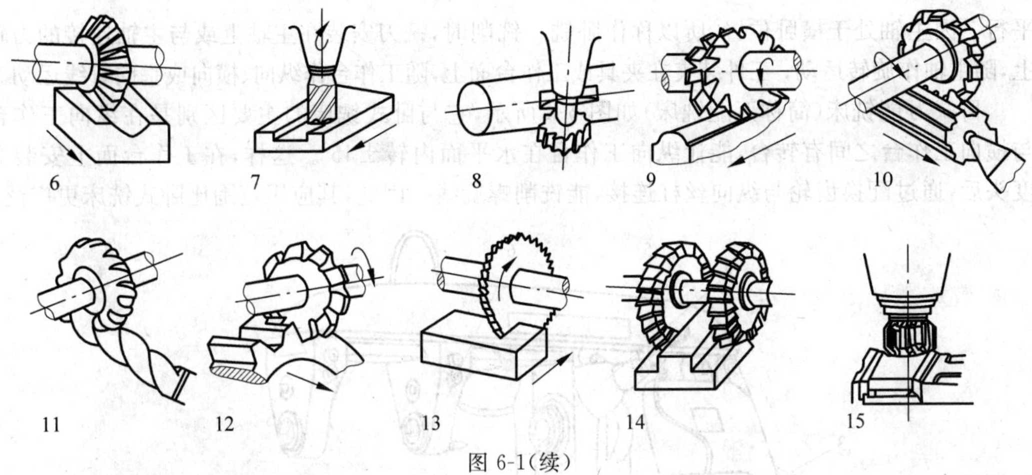

图 6-1(续)

6.1.2 铣床的基础知识

铣床的种类很多,主要有升降台铣床、工作台不升降铣床、龙门铣床和工具铣床等。此外还有仿形铣床、仪表铣床和各种专用铣床。其中比较常用的是卧式升降台铣床和立式升降台铣床。

1. 卧式铣床

卧式铣床如图 6-2 所示,它是铣床中应用最多的一种,其主要特点是主轴轴线与工作台面

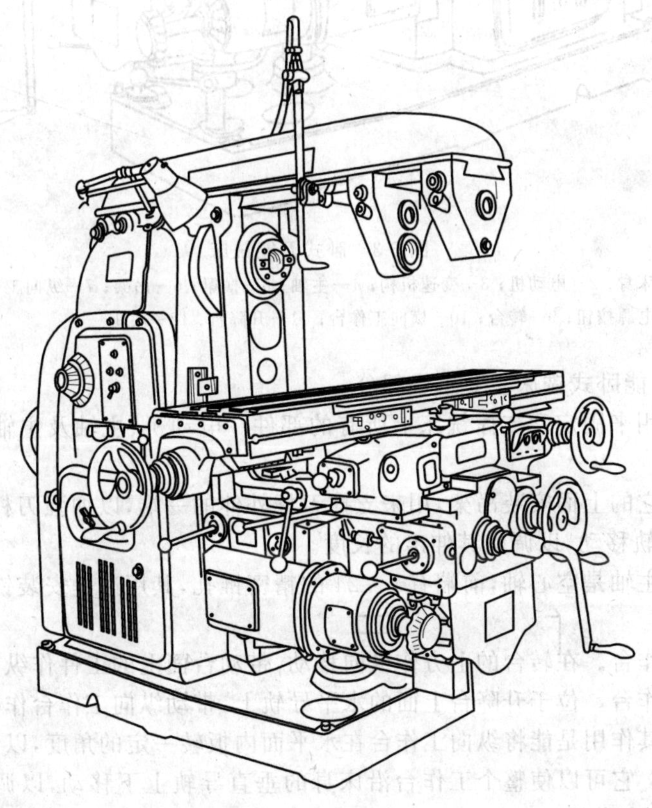

图 6-2　卧式铣床

平行。因主轴处于横卧位置,所以称作卧铣。铣削时,铣刀安装在主轴上或与主轴连接的刀轴上,随主轴作旋转运动;工件装夹在夹具或工作台面上,随工作台作纵向、横向或垂向直线运动。

卧式万能铣床(简称万能铣床)如图6-3所示,它与卧式铣床的主要区别是在纵向工作台与横向工作台之间有转台,能让纵向工作台在水平面内转±45°。这样,在工作台面上安装分度头后,通过配换齿轮与纵向丝杠连接,能铣削螺旋线。因此,其应用范围比卧式铣床更广泛。

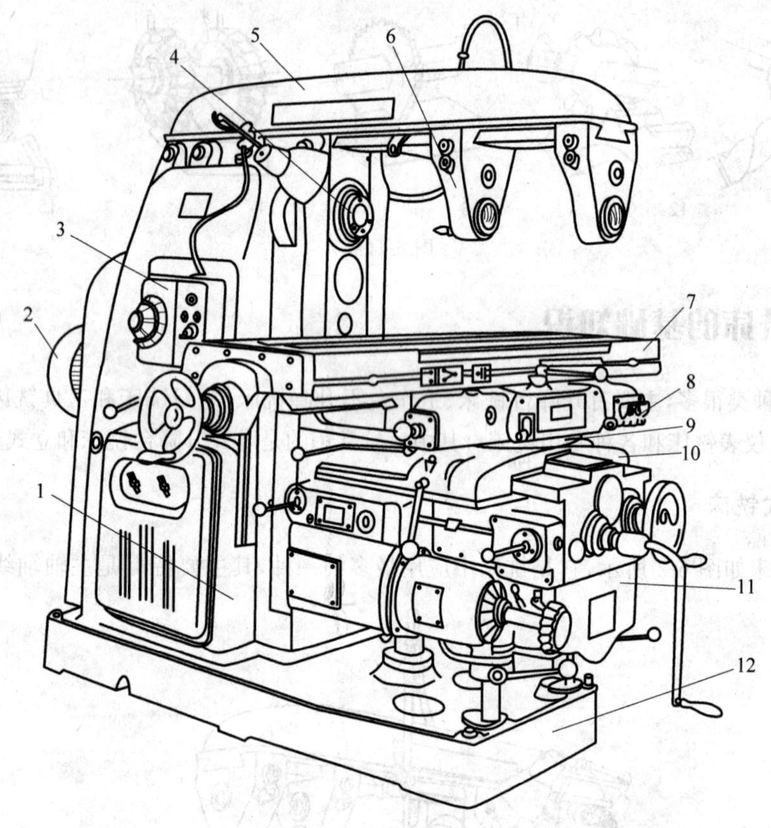

图6-3 卧式万能铣床

1—床身;2—电动机;3—变速机构;4—主轴;5—横梁;6—吊架;7—纵向工作台;8—电源按钮;9—转台;10—横向工作台;11—升降台;12—底座

1) X6132万能卧式铣床主要组成部分

(1) 床身。用来固定和支撑铣床上所有的部件。电动机、主轴及主轴变速机构等安装在它的内部。

(2) 横梁。它的上面安装吊架,用来支撑刀杆外伸的一端,以加强刀杆的刚性。横梁可沿床身的水平导轨移动,以调整其伸出的长度。

(3) 主轴。主轴是空心轴,前端有7∶24的精密锥孔,其用途是安装铣刀刀杆并带动铣刀旋转。

(4) 纵向工作台。在转台的上方作纵向移动,带动台面上的工件作纵向进给。

(5) 横向工作台。位于升降台上面的水平导轨上,带动纵向工作台作横向进给。

(6) 转台。其作用是能将纵向工作台在水平面内扳转一定的角度,以便铣削螺旋槽。

(7) 升降台。它可以使整个工作台沿床身的垂直导轨上下移动,以调整工作台面到铣刀的距离,并作垂直进给。

2）X6132 万能卧式铣床调整及手柄使用

（1）主轴转速的调整：将主轴变速手柄向下同时向左扳动，再转动数码盘，可以得到从 30～1500r/min 的 18 种不同转速。注意：变速时一定要停车，且在主轴停止旋转之后进行。

（2）进给量调整：先将进给量数码盘手轮向外拉出，再将数码盘手轮转动到所需要的进给量数值，将手柄向内推。可使工作台在纵向、横向和垂直方向分别得到 23.5～1180mm/min 的 18 种不同的进给量。注意：垂直进给量只是数码盘上所列数值的 1/2。

（3）手动进给手柄的使用：操作者面对机床，顺时针摇动工作台左端的纵向手动手轮，工作台向右移动；逆时针摇动，工作台向左移动。顺时针摇动横向手动手轮，工作台向前移动；逆时针摇动，工作台向后移动。顺时针摇动升降手动手柄，工作台上升；逆时针摇动，工作台下降。

（4）自动进给手柄的使用：在主轴旋转的状态下，向右扳动纵向自动手柄，工作台向右自动进给；向左扳动，工作台向左自动进给；中间是停止位。向前推横向自动手柄，工作台沿横向向前进给；向后拉，工作台向后进给。向上拉升降自动手柄，工作台向上进给；向下推升降自动手柄，工作台向下进给。在某一方向自动进给状态下，按下快速进给按钮，即可得到工作台该方向的快速移动。注意：快速进给只在工件表面的一次走刀完毕之后的空程退刀时使用。

2. 立式铣床

立式铣床如图 6-4 所示，它与卧式铣床的区别在于其主轴轴线与工作台面垂直。

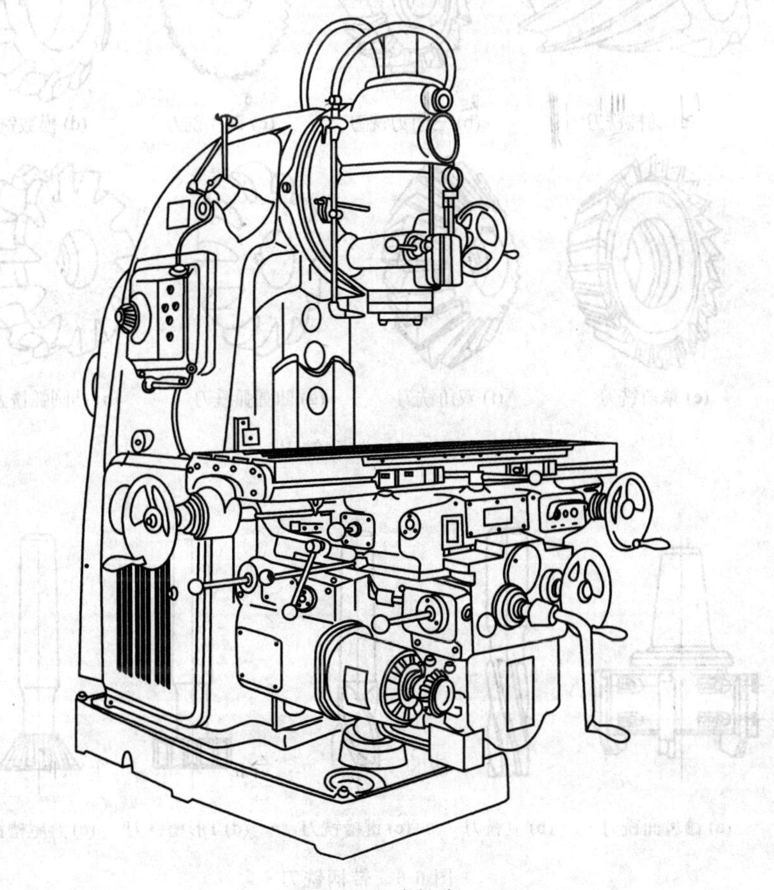

图 6-4 立式铣床

X5030 的主要组成部分与 X6132 万能铣床基本相同，除主轴所处位置不同外，主要区别是装夹铣刀的主轴与工作台面垂直。立式铣床安装主轴部分称为铣头，铣头与床身的结构分为整体的和由两部分结合而成的两种。铣头与床身结构由两部分结合而成的立式铣床，可以使主轴左右倾斜一定的角度，用来加工带有角度的斜面工件。X5030 立式铣床调整及手柄使用与 X6132 卧式铣床相同。

6.1.3 铣刀的基础知识

1. 铣刀的分类

铣刀是一种多刃刀具，其刀齿分布在圆柱铣刀的外圆柱表面或端铣刀的端面上。铣刀的种类很多，按其安装方法可分为带孔铣刀和带柄铣刀两大类。如图 6-5 所示，采用孔装夹的铣刀称为带孔铣刀，一般用于卧式铣床；如图 6-6 所示，采用柄部装夹的铣刀称为带柄铣刀，多用于立式铣床。

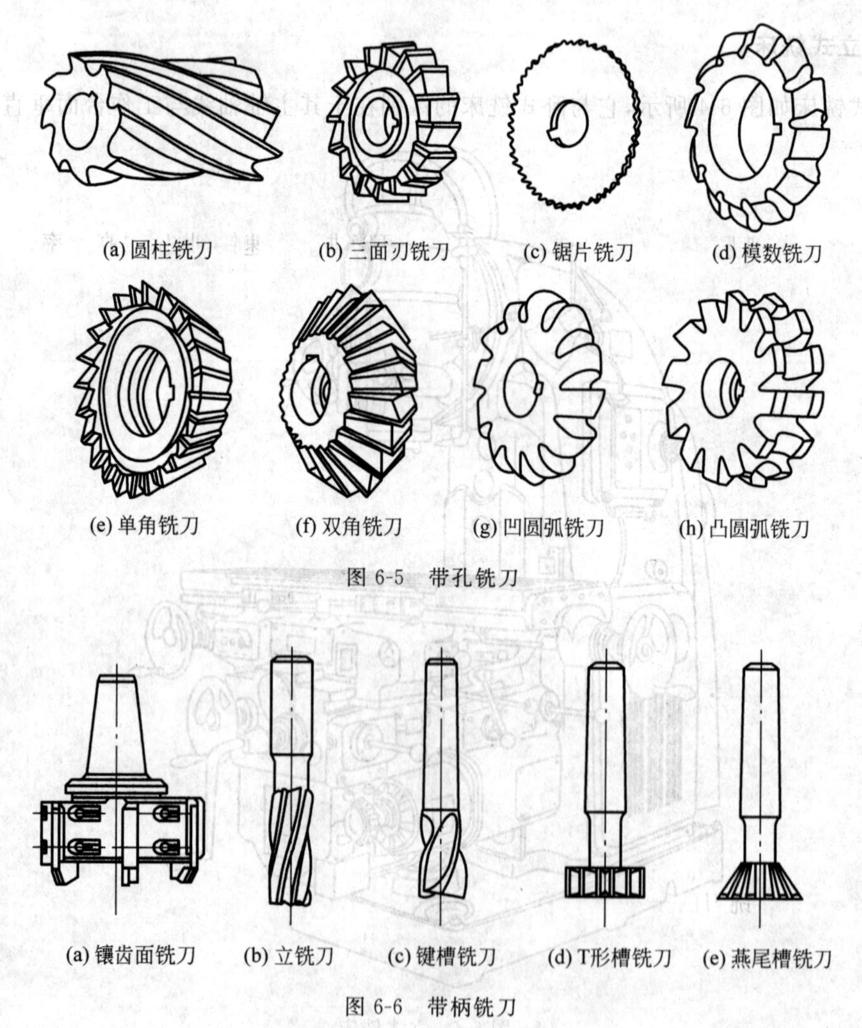

(a) 圆柱铣刀　(b) 三面刃铣刀　(c) 锯片铣刀　(d) 模数铣刀

(e) 单角铣刀　(f) 双角铣刀　(g) 凹圆弧铣刀　(h) 凸圆弧铣刀

图 6-5　带孔铣刀

(a) 镶齿面铣刀　(b) 立铣刀　(c) 键槽铣刀　(d) T形槽铣刀　(e) 燕尾槽铣刀

图 6-6　带柄铣刀

1) 带孔铣刀

常用的带孔铣刀有圆柱铣刀、圆盘铣刀、角度铣刀、成形铣刀等。带孔铣刀的刀齿形状和尺寸可以适应所加工的零件形状和尺寸。

(1) 圆柱铣刀：其刀齿分布在圆柱表面上，通常分为直齿和斜齿两种，主要用圆周刃铣削中小型平面。

(2) 圆盘铣刀：如三面刃铣刀，锯片铣刀等，主要用于加工不同宽度的沟槽及小平面、小台阶面等；锯片铣刀用于铣窄槽或切断材料。

(3) 角度铣刀：具有各种不同的角度，用于加工各种角度槽及斜面等。

(4) 成形铣刀：切削刃呈凸圆弧、凹圆弧、齿槽形等形状，主要用于加工与切削刃形状相对应的成形面。

2) 带柄铣刀

常用的带柄铣刀有立铣刀、键槽铣刀、T 形槽铣刀和镶齿端铣刀等，其共同特点是都有供夹持用的刀柄。

(1) 立铣刀：多用于加工沟槽、小平面、台阶面等。立铣刀有直柄和锥柄两种，直柄立铣刀的直径较小，一般小于 20mm；直径较大的为锥柄，大直径的锥柄铣刀多为镶齿式。

(2) 键槽铣刀：用于加工键槽。

(3) T 形槽铣刀：用于加工 T 形槽。

(4) 镶齿端铣刀：用于加工较大的平面。刀齿主要分布在刀体端面上，还有部分分布在刀体周边，一般是刀齿上装有硬质合金刀片，可以进行高速铣削，以提高效率。

2. 铣刀的安装

这里以用卧式铣床和圆柱铣刀为例介绍其基本操作。

1) 带孔铣刀的安装

圆柱铣刀属于带孔铣刀，其安装方法如图 6-7 所示。刀杆上先套上几个套筒垫圈，装上键，再套上铣刀，如图 6-7(b)所示；在铣刀外边的刀杆上，再套上几个套筒后拧上压紧螺母，如图 6-7(c)所示；装上吊架，拧紧吊架紧固螺钉，轴承孔内加润滑油，如图 6-7(d)所示；初步拧紧螺母，并开机观察铣刀是否装正，装正后用力拧紧螺母，如图 6-7(e)所示。

2) 带柄铣刀的安装

(1) 锥柄立铣刀的安装

如果锥柄立铣刀的锥柄尺寸与主轴孔内锥尺寸相同，则可直接装入铣床主轴中并用拉杆将铣刀拉紧；如果铣刀锥柄尺寸与主轴孔内锥尺寸不同，则根据铣刀锥柄的大小，选择合适的变锥套，将配合表面擦净，然后用拉杆把铣刀及变锥套一起拉紧在主轴上，如图 6-8(a)所示。

(2) 直柄立铣刀的安装

如图 6-8(b)所示，这类铣刀多用弹簧夹头安装。铣刀的直径插入弹簧套 5 的孔中。用螺母 4 压弹簧套的端面，使弹簧套的外锥面受压而缩小孔径，即可将铣刀夹紧。弹簧套有三个开口，故受力时能收缩。弹簧套有多种孔径，以适应各种尺寸的立铣刀。

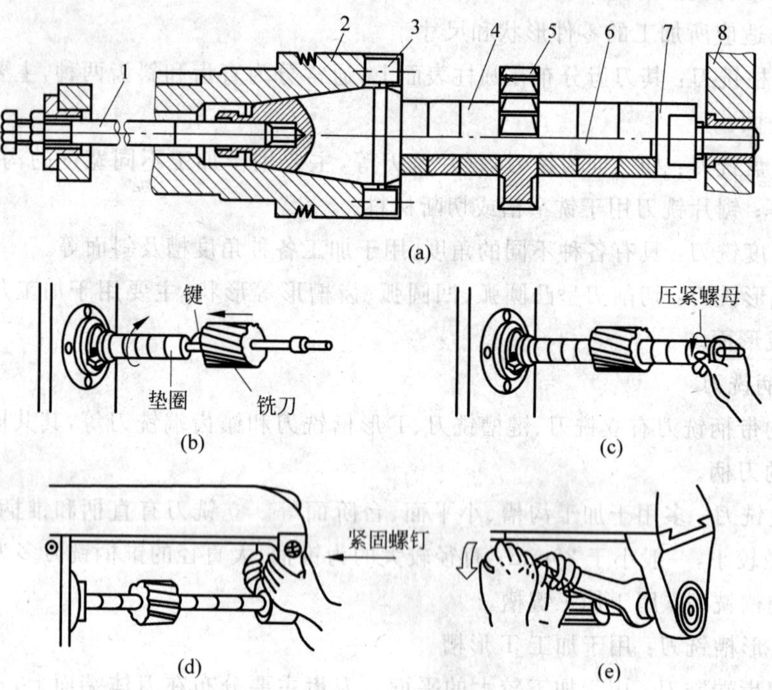

图 6-7　带孔铣刀的安装

1—拉杆；2—主轴；3—端面键；4—套筒；5—铣刀；6—刀杆；7—螺母；8—吊架

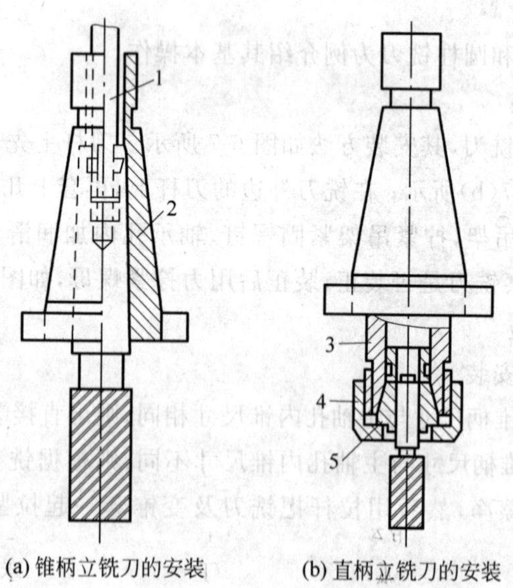

(a) 锥柄立铣刀的安装　　(b) 直柄立铣刀的安装

图 6-8　带柄铣刀的安装

1—拉杆；2—变锥套；3—夹头体；4—螺母；5—弹簧套

6.1.4 铣床附件及工件安装

1. 万能铣头

在卧式铣床上装上万能铣头，不仅能完成各种立铣的工作，而且还可以根据铣削的需要，把铣头主轴扳成任意角度。

万能铣头的底座用螺栓固定在铣床的垂直导轨上。铣床主轴的运动通过铣头内的两对锥齿轮传到铣头主轴上。铣头的壳体可绕铣床主轴轴线偏转任意角度。铣头主轴的壳体还能在铣头壳体上偏转任意角度。因此，铣头主轴就能在空间偏转成所需要的任意角度。图 6-9 就是万能铣头的示意图。

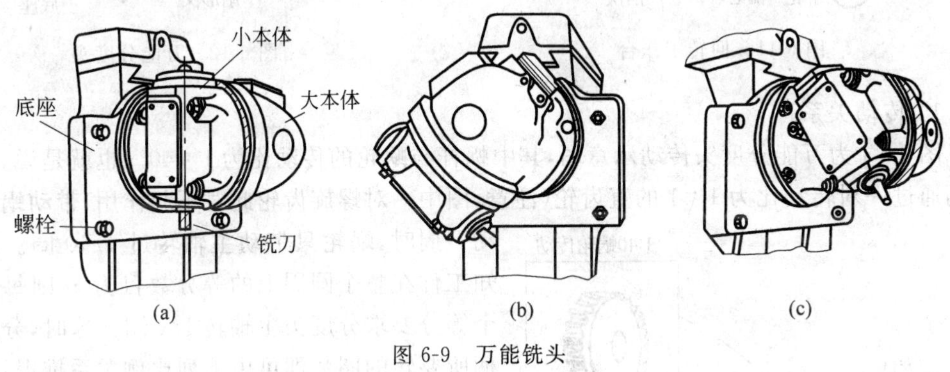

图 6-9 万能铣头

2. 平口钳

铣床所用平口钳的钳口本身精度及其相对于底座底面的位置精度均较高。底座下面还有两个定位键，以便安装时以工作台上的 T 形槽定位。平口钳有固定式和回转式两种，后者可绕底座心轴回转 360°，如图 6-10 所示。

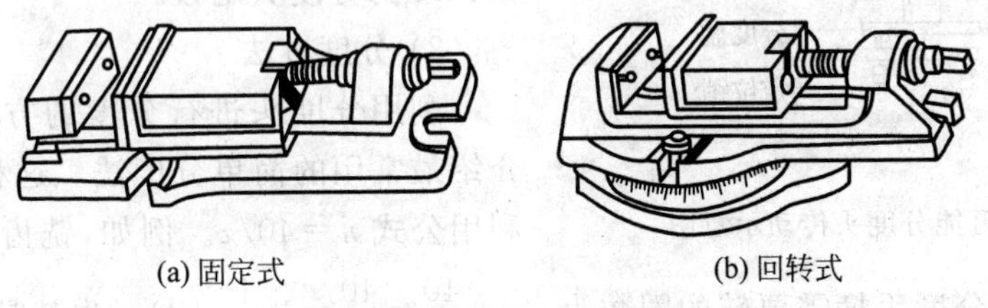

图 6-10 平口钳(机床平口钳)

3. 回转工作台

回转工作台(图 6-11)除了能带动它上面的工件一道旋转外，还可完成分度工作。用它可以加工工件上的圆弧形周边、圆弧形槽、多边形工件和有分度要求的槽或孔等。回转工作台按其外圆直径的大小区分，有 200mm、320mm、400mm 和 500mm 等几种规格。

4. 万能分度头

万能分度头是铣床的主要附件之一，其外形如图 6-12 所示。它由底座、转动体、主轴和分度盘等组成。工作时，它利用底座下面的导向键与纵向工作台中间的T形槽相配合，并用螺栓将其底座紧固在工作台上。分度头主轴前端可安装卡盘装夹工件；亦可安装顶尖，与尾座顶尖一起支撑工件。

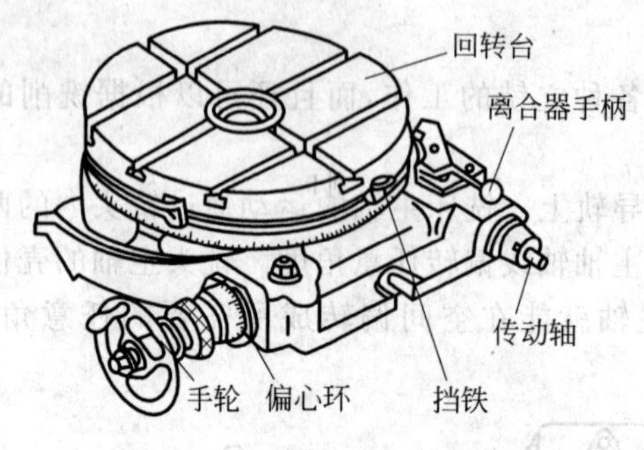

图 6-11 回转工作台

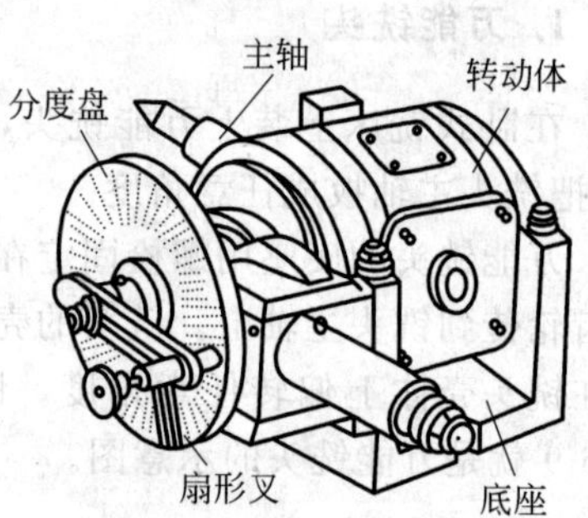

图 6-12 万能分度头

1）传动关系

图 6-13 为万能分度头传动示意图，其中蜗杆与蜗轮的传动比为 1∶40。也就是说，分度手柄通过一对传动比为 1∶1 的直齿轮（注意，图中一对螺旋齿轮此时不起作用）带动蜗杆转动一周时，蜗轮只带动主轴转过 1/40 圈。若已知工件在整个圆周上的等分数目为 z，则每分一个等分要求分度头主轴转 $1/z$ 圈。这时，分度手柄所要转的圈数即可由下列比例关系推得：

$$1:40=\frac{1}{z}:n$$

即

$$n=\frac{40}{z}$$

式中，n 为分度手柄转动的圈数；z 为工件等分数；40 为分度头定数。

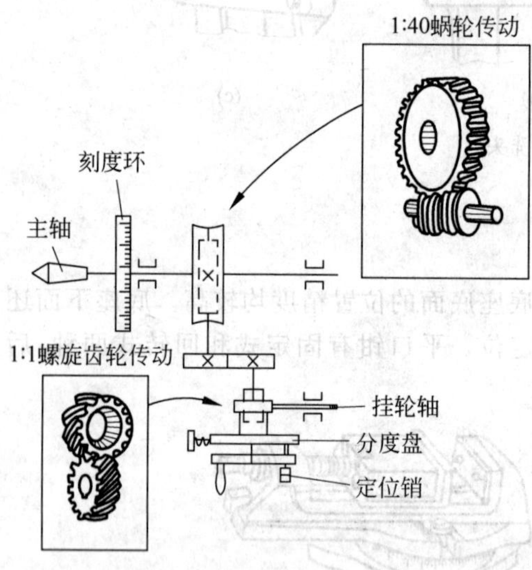

图 6-13 万能分度头传动示意图

2）分度方法

利用分度头进行分度的方法很多，这里只介绍最常用的简单分度法。这种分度法可直接利用公式 $n=40/z$。例如，铣齿数 z 为 38 的齿轮，每铣一齿后分度手柄需要转的圈数为：$n=\frac{40}{z}=\frac{40}{38}=1\frac{1}{19}$（圈）。也就是说，每铣一齿后分度手柄需转过整圈又 1/19 圈。其中 1/19 圈可通过分度盘控制。

分度盘如图 6-14 所示。国产分度头一般备有两块分度盘，每块的两面分别有许多同心圆圈，各圆圈上钻有数目不同的相等孔距的不通小孔。

第一块分度盘正面各圈孔数依次为：24、25、28、30、34、37；反面依次为：38、39、41、42、43。

第二块分度盘正面各圈孔数依次为：46、47、49、51、53、54；反面依次为：57、58、59、62、66。

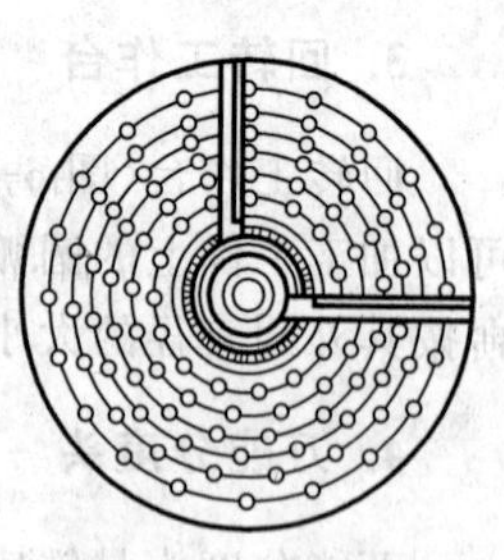

图 6-14 分度盘

分度时，将分度手柄上的定位销调整到孔数为19的倍数的孔圈上，即调整到孔数为38的孔圈上。这时，手柄转过1圈后，再在孔数为38的孔圈上转过2个孔距，即 $n=1\frac{1}{19}=1\frac{2}{38}$。

为确保每次分度手柄转过的孔距数准确无误，可调整分度盘上的扇形叉的夹角，使之正好等于2个孔距。这样，每次分度手柄所转圈数的真分数部分可扳转扇形叉，由其夹角保证。

3）铣分度件

铣分度件如图6-15所示，其中图(a)为铣削六方螺钉头的小侧面，图(b)为铣削圆柱直齿轮。

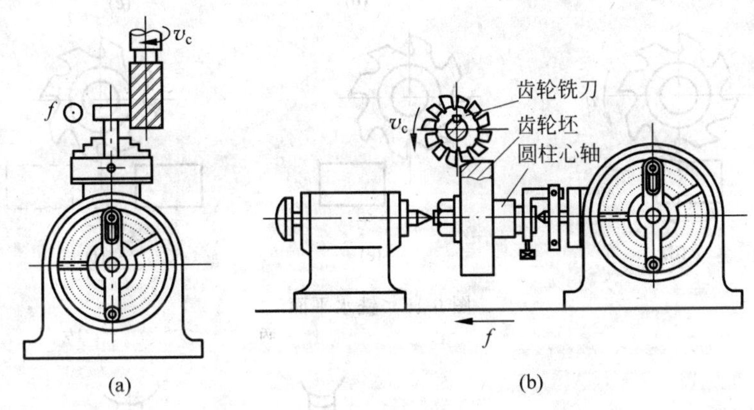

图6-15　铣分度件

6.1.5　铣工基本操作

1. 铣平面

1）铣水平面

铣平面可用周铣法或端铣法，并应优先采用端铣法。但在很多场合，例如在卧式铣床上铣平面，也常用周铣法。铣削平面的步骤如下：

(1) 开车使铣刀旋转，升高工作台，使零件和铣刀稍微接触，记下刻度盘读数，如图6-16(a)所示。

(2) 纵向退出零件，停车，如图6-16(b)所示。

(3) 利用刻度盘调整侧吃刀量(为垂直于铣刀轴线方向测量的切削层尺寸)，使工作台升高到规定的位置，如图6-16(c)所示。

(4) 开车先手动进给，当零件被稍微切入后，可改为自动进给，如图6-16(d)所示。

(5) 铣完一刀后停车，如图6-16(e)所示。

(6) 退回工作台，测量零件尺寸，并观察表面粗糙度，重复铣削到规定要求，如图6-16(f)所示。

2）铣斜面

铣斜面可以用如图6-17所示的倾斜零件法铣斜面，也可用如图6-18所示的倾斜铣刀轴线法铣斜面，此外，还可用角度铣刀铣斜面。铣斜面的这些方法，可视实际情况灵活选用。

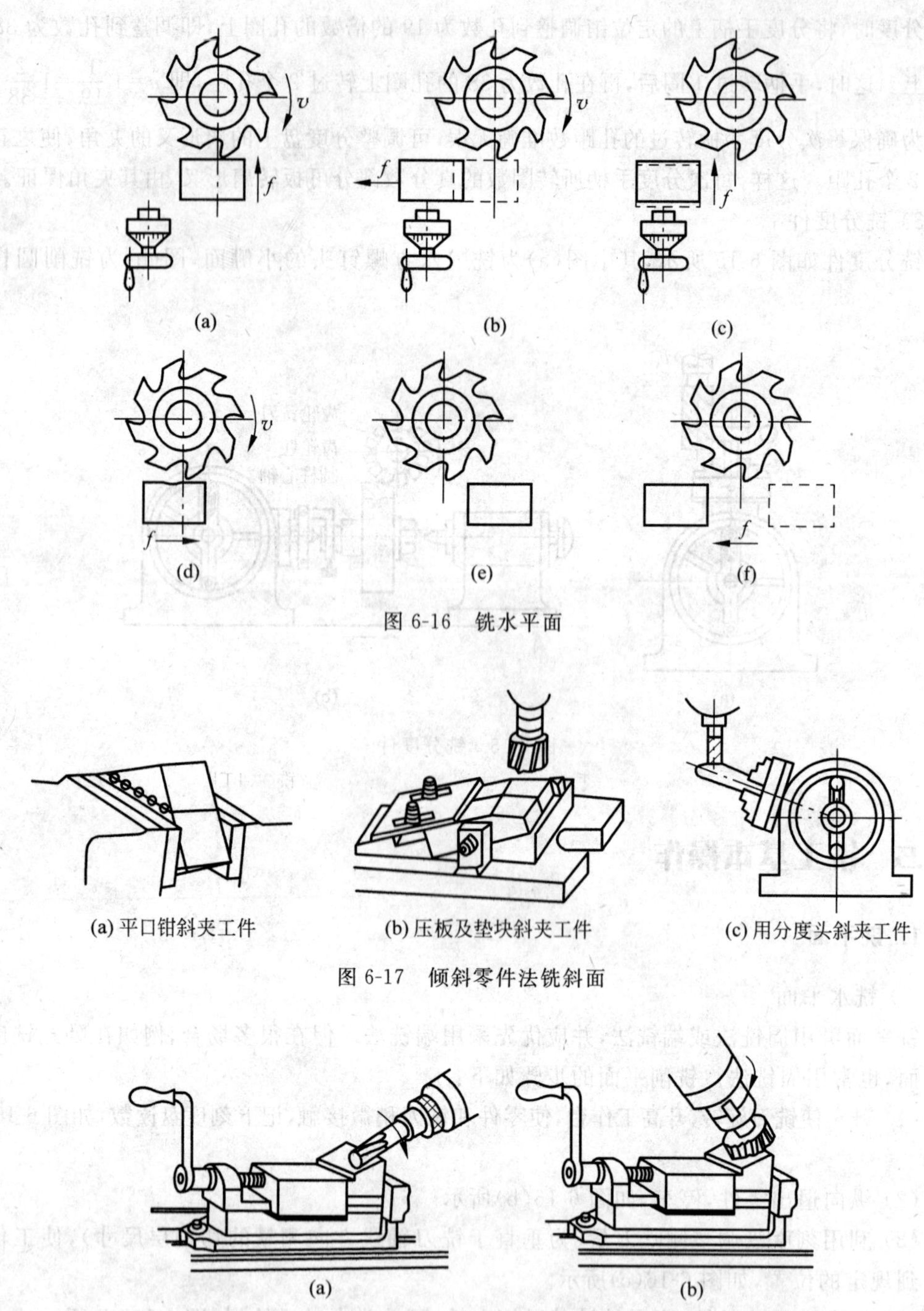

图 6-16 铣水平面

图 6-17 倾斜零件法铣斜面

图 6-18 倾斜铣刀轴线法铣斜面

2. 铣沟槽

1）铣键槽

键槽有敞开式键槽、封闭式键槽两种。敞开式键槽一般用三面刃铣刀在卧式铣床上加工，封闭式键槽一般在立式铣床上用键槽铣刀或立铣刀加工。批量大时用键槽铣床加工。

(1) 用平口钳装夹，在立式铣床上用键槽铣刀铣封闭式键槽，如图 6-19 所示，适用于单件生产。

(2) 批量生产时，在键槽铣床上利用抱钳装夹工作，用键槽铣刀铣封闭式键槽，如图 6-20 所示。

(3) 用 V 形铁和压板装夹，在立式铣床上铣封闭式键槽，如图 6-21 所示。

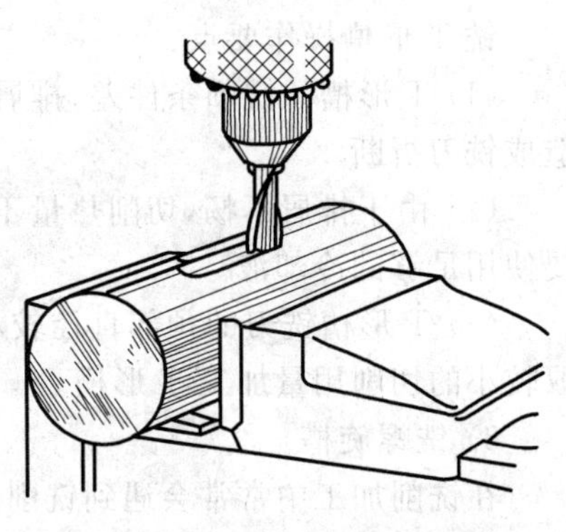

图 6-19 用平口钳装夹铣键槽

2) 铣 T 形槽

铣削步骤如下：

(1) 在立式铣床上用立铣刀或在卧式铣床上用三面刃盘铣刀铣出直角槽，如图 6-22(a)所示。

(2) 在立式铣床上用铣刀铣出底槽，如图 6-22(b)所示。

(3) 用倒角铣刀倒角，如图 6-22(c)所示。

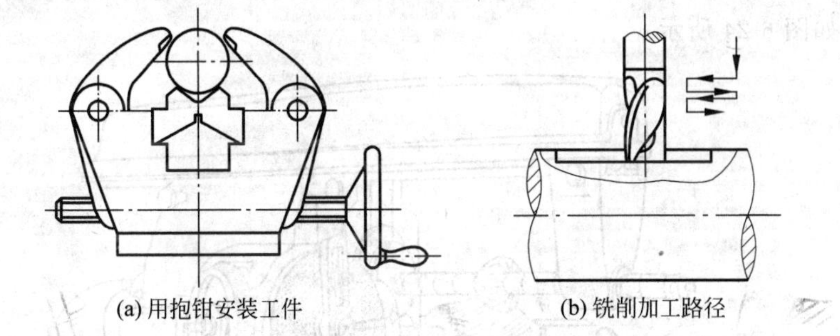

(a) 用抱钳安装工件　(b) 铣削加工路径

图 6-20 用抱钳安装铣封闭式键槽

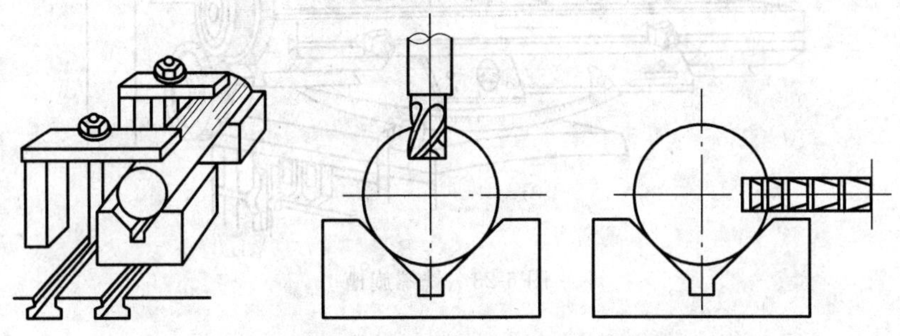

图 6-21 用 V 形铁和压板装夹铣键槽

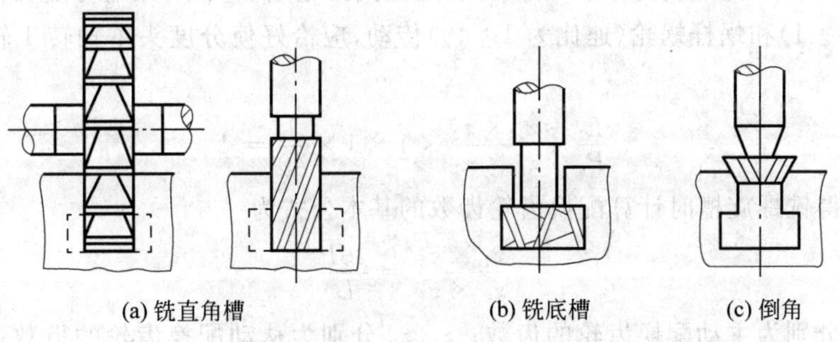

(a) 铣直角槽　(b) 铣底槽　(c) 倒角

图 6-22 T 形槽的加工

铣T形槽操作要点：

(1) T形槽的铣削条件差，排屑困难，因此加工过程中要经常清除切屑，以防阻塞，否则造成铣刀折断。

(2) 由于排屑不畅，切削热量不易散发，铣刀容易发热而失去切削能力，所以铣削过程要使用足够的冷却液。

(3) T形槽铣刀的颈部直径较小，强度较差，受到过大的切削力时容易折断，因此应选取较小的切削用量加工T形槽。

3) 铣螺旋槽

在铣削加工中常常会遇到铣削斜齿轮、麻花钻和螺旋圆柱铣刀的沟槽等。这类工作统称为铣螺旋槽。铣床上铣螺旋槽与车螺纹的原理基本相同。铣削时，刀具作旋转运动；工件一方面随工作台作匀速直线轴向移动，一方面又由分度头主轴带动作等速旋转运动，如图6-23所示。要铣削出一定导程的螺旋槽，必须保证当工件纵向进给一个导程时，工件刚好转过一圈。这一点可通过在纵向丝杠的末端与分度头挂轮轴之间加配换齿轮 z_1、z_2、z_3、z_4 来实现，如图6-24所示。

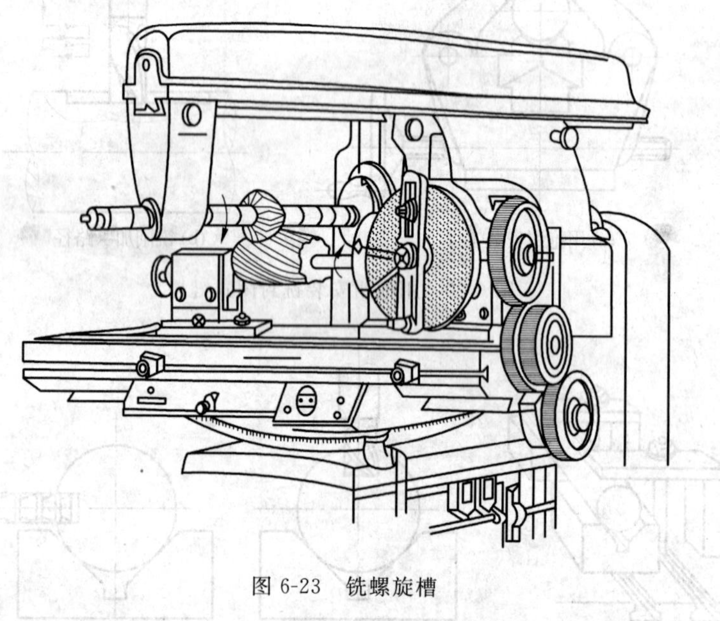

图6-23 铣螺旋槽

从图6-24所示传动系统来看，若纵向工作台丝杠螺距为 P，当它带动纵向工作台移动导程 L 的距离时，丝杠应旋转 L/P 转，再经过配换齿轮 z_1、z_2、z_3、z_4 与分度头内部两对齿轮(速比均为1∶1)和蜗杆蜗轮(速比为1∶40)传动，应恰好使分度头主轴转1转。根据这一关系可得

$$\frac{L}{P}\times\frac{z_1\times z_3}{z_2\times z_4}\times 1\times 1\times\frac{1}{40}=1$$

整理上式后得铣螺旋槽时计算配换齿轮齿数的基本公式为

$$\frac{z_1\times z_3}{z_2\times z_4}=\frac{40P}{L}$$

式中，z_1、z_3 分别为主动配换齿轮的齿数；z_2、z_4 分别为从动配换齿轮的齿数；P 为丝杠螺距(X6132为6mm)；L 为工件导程，mm；$L=\pi d\cot\beta$，其中 β 为螺旋槽的螺旋角。

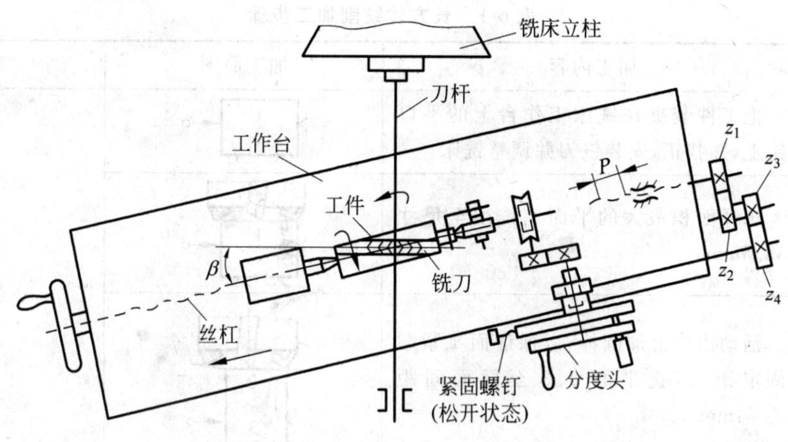

图 6-24　铣右旋螺旋槽传动系统俯视图

例题：在 X6132 卧式万能升降台铣床上铣削右螺旋铣刀的螺旋槽，其螺旋角 β 为 32°，工作外径 d 为 75mm，试选择配换挂轮。

解：(1) 求螺旋槽导程 L

$$L = \pi d\cot\beta = 3.1416 \times 75\text{mm} \times 1.6 = 377\text{mm}$$

(2) 计算配换齿轮比

$$\frac{z_1 \times z_3}{z_2 \times z_4} = \frac{40 \times P}{L} = \frac{40 \times 6\text{mm}}{377\text{mm}} = 0.6366$$

$$\approx \frac{7}{11} = \frac{7 \times 1}{5.5 \times 2} = \frac{70 \times 30}{55 \times 60}$$

故选择配换齿轮为：$z_1 = 70$、$z_2 = 55$、$z_3 = 30$、$z_4 = 60$。

在有关的铣工书籍中，还特意为小数化分数以及由分数决定配换齿轮设计好了专用的表格，使用很方便。

为了获得规定的螺旋槽的截面形状，还必须使铣床纵向工作台在水平面内转过一个角度，使螺旋槽的槽向与铣刀旋转平面一致。转过的角度应等于螺旋角 β。这项调整可在万能卧式铣床上扳动转台来实现。转台的转向由螺旋槽的方向来决定。操作者面对铣床，铣右旋螺旋槽时，用右手推工作台(参见图 6-24)；铣左旋螺旋槽时，则用左手推工作台。

6.1.6　铣削示例

铣削如图 6-25 所示工件，铣削加工步骤如表 6-1。

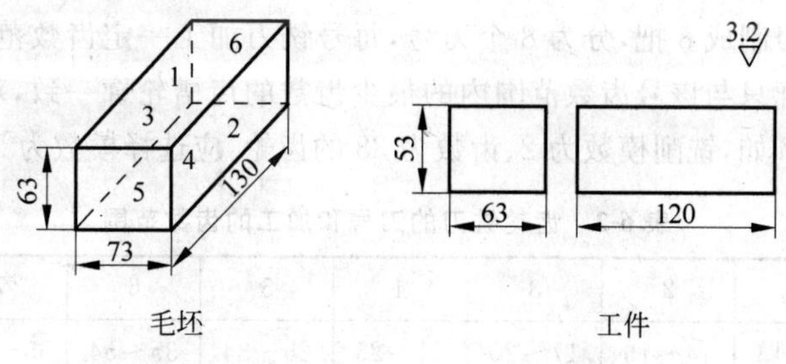

图 6-25　长方体工件

表 6-1 长方体铣削加工步骤

序号	加工内容	加工简图	刀具
1	把工件装夹在铣床工作台上的平口钳上，并找正，安装铣刀并调整铣床		ϕ80mm 硬质合金镶齿端铣刀
2	选择面积最大的平面 1 铣削至尺寸 58.5mm		
3	活动钳口上加圆棒，以保证面 1 紧贴固定钳口，铣平面 2、3 至两面间距为 64mm		
4	已加工的平面 1、3 要与垫铁和固定钳口贴合，铣平面 4 与平面 1 间的尺寸为 54mm		
5	平面 1 紧贴钳口，活动钳口加圆棒，铣平面 5 时要校正垂直度，转 180°，铣平面 6 与平面 5 间距为 121mm		
6	按以上加工步骤依次加工各面至尺寸要求，并符合图纸中的粗糙度要求		

6.1.7 齿轮齿形加工简介

齿轮齿形加工方法有成形法和展成法两类。铣齿属于成形法，插齿和滚齿属于展成法。

1. 铣齿

铣齿是用与被切齿轮齿槽形状相符的成形铣刀切出齿形的方法。铣削时，在卧式铣床上用分度头和心轴水平装夹工件，用齿轮铣刀（又称模数铣刀）进行铣削。铣完一个齿槽后，将工件退出进行分度，再铣下一个齿槽，直到铣完所有齿槽为止。

由于齿轮齿槽的形状与模数和齿数有关，因此要铣出准确的齿形，必须对一种模数和一种齿数的齿轮制造一把特定的铣刀。为便于刀具的制造和管理，一般把铣削模数相同而齿数不同的齿轮所用的铣刀制成 8 把，分为 8 个刀号，每号铣刀加工一定齿数范围的齿轮，见表 6-2。每号铣刀的刀齿轮廓只与该号齿数范围内的最少齿数的齿槽轮廓一致，对其他齿数的齿轮只能获得近似齿形。例如，铣削模数为 2、齿数为 38 的齿轮，应选择模数为 2 的 6 号齿轮铣刀。

表 6-2 齿轮铣刀的刀号和加工的齿数范围

刀号	1	2	3	4	5	6	7	8
加工齿数范围	12～13	14～16	17～20	21～25	26～34	35～54	55～134	135 以上及齿条

铣齿的特点是设备简单，刀具费用少，生产效率低；加工出的齿轮精度低，只能达到IT11～IT9级。铣齿多用于修配或单件生产中制造某些转速低、精度要求不高的齿轮。

2. 插齿

插齿加工在插齿机上进行，插齿机如图6-26所示。插齿过程相当于一对齿轮对滚。插齿刀的形状与齿轮类似，只是在轮齿上刃磨出前、后角，使其具有锋利的刀刃，如图6-27(a)所示。插齿时，插齿刀一边作上下往复运动，一边与被切齿轮坯之间强制保持一对齿轮的啮合关系，即插齿刀转过一个齿，被切齿轮坯也转过相当一个齿的角度，逐渐切去工件上的多余材料并获得所需要的齿形，插齿工作原理如图6-27(b)所示。

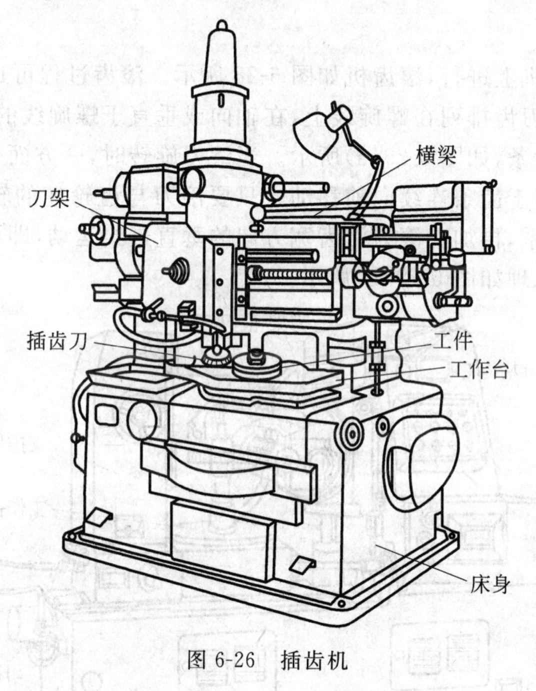

图6-26 插齿机

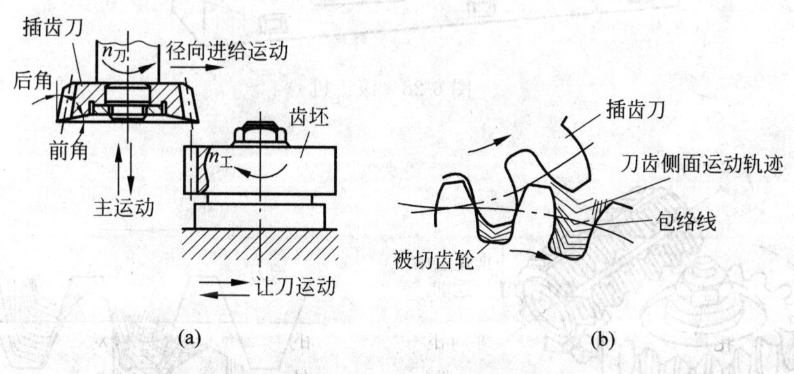

图6-27 插齿及其工作原理

插齿需要以下5个运动：

(1) 主运动：插齿刀的上下往复直线运动。

(2) 分齿运动：插齿刀与被切齿轮坯之间强制保持一对齿轮啮合关系的运动。

(3) 圆周进给运动：在分齿运动中，插齿刀的旋转运动。插齿刀每往复一次在自身分度圆上转过的弧长(mm/sn)称为圆周进给量。

(4) 径向进给运动：在插齿开始阶段，插齿刀沿被切齿轮坯半径方向的移动，以后逐渐切至齿全深的运动。插齿刀每上下往复一次沿齿轮坯径向移动的距离(mm/srt)称为径向进给量。

(5) 让刀运动：为避免刀具回程时与工件表面摩擦，工作台带动工件在插齿刀回程时让开插齿刀，在插齿刀工作行程时又恢复原位的短距离的往复移动。

插齿除可以加工一般外圆柱直齿轮外，尤其适宜加工双联齿轮、多联齿轮和内齿轮，其加工精度为IT8～IT7级，齿面粗糙度 Ra 值为 3.2～1.6μm。插齿适用于各种批量的生产。

3. 滚齿

滚齿加工在滚齿机上进行，滚齿机如图 6-28 所示。滚齿过程可近似看作是齿条与齿轮的啮合。齿轮滚刀的刀齿排列在螺旋线上，在轴向或垂直于螺旋线的方向开出若干槽，磨出刀刃，即形成一排排齿条，如图 6-29(a)所示。当滚刀旋转时，一方面一排刀刃由上而下进行切削，另一方面又相当于齿条连续向前移动。只要滚刀与齿轮坯的转速之间能严格保持齿条齿轮啮合的运动关系，再加上滚刀沿齿宽方向的垂直进给运动，即可在齿轮坯上切出所需要的齿形，滚齿工作原理如图 6-29(b)所示。

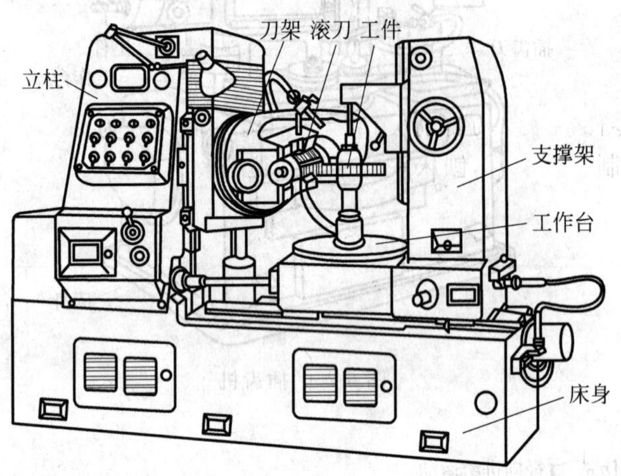

图 6-28 滚齿机

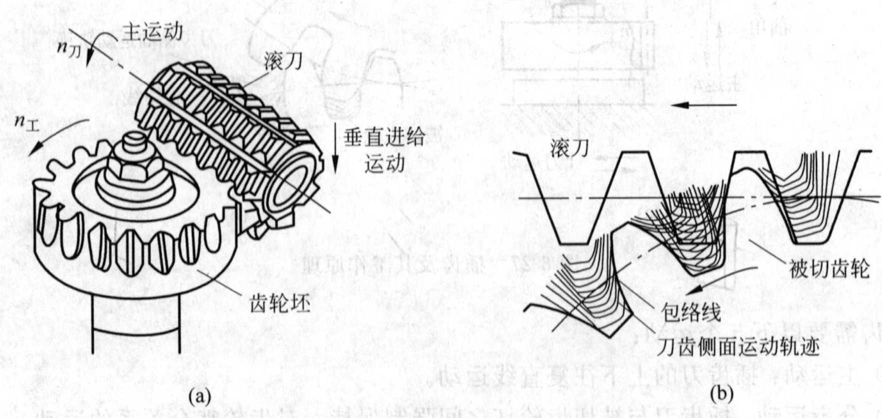

图 6-29 滚齿及其工作原理

滚齿时，为保证滚刀刀齿的运动方向(即螺旋齿的切线方向)与齿轮的轮齿方向一致，滚刀的刀轴必须扳转一定的角度。

滚齿需要以下 3 个运动：

(1) 主运动：滚刀的旋转运动。

(2) 分齿运动：滚刀与被切齿轮之间强制保持的齿条齿轮啮合关系的运动。

(3) 垂直进给运动：滚刀沿被切齿轮坯轴向移动逐渐切出全齿宽的运动。被切齿轮坯每转一转，滚刀沿齿轮坯轴向移动的距离(mm/r)称为垂直进给量。

滚齿除可以加工直齿、斜齿圆柱齿轮外，还能加工蜗轮和链轮等，其加工精度为 IT8～IT7 级，齿面粗糙度 Ra 值为 3.2～1.6μm。滚齿适用于各种批量的生产。

6.2 刨 工

基本要求：

(1) 掌握刨削的基本加工方法和刨削特点。

(2) 了解刨床的主要类型及其应用。

6.2.1 刨工概述

刨削加工是在刨床上通过刀具和工件之间作相对的切削运动来改变毛坯的尺寸和形状，使它变成合格零件。常用的刨削类机床按结构特征可分为四类：牛头刨床、龙门刨床、插床和拉床。机械制造行业中，刨床占有一定的位置。刨床是用刨刀对加工工件的平面、沟槽或成形表面进行刨削的机床。用刨床刨削窄长表面时具有较高的效率，它适用于中小批量生产。牛头刨床刨削水平面时，刨刀的往复直线运动为主运动，工件的横向间歇移动为进给运动；牛头刨床刨削垂直面或斜面时，刨刀的往复直线运动为主运动，刨刀的垂向或斜向的间歇移动为进给运动。刨削加工可达到的精度一般为 IT9～IT7 级，可达到的表面粗糙度 Ra 为 6.3～1.6μm。在刨床上，可加工平面、平行面、垂直面、台阶面、直角形沟槽、斜面、燕尾槽、T 形槽、V 形槽、曲面、复合表面、孔内表面、齿条及齿轮等，如图 6-30 所示。

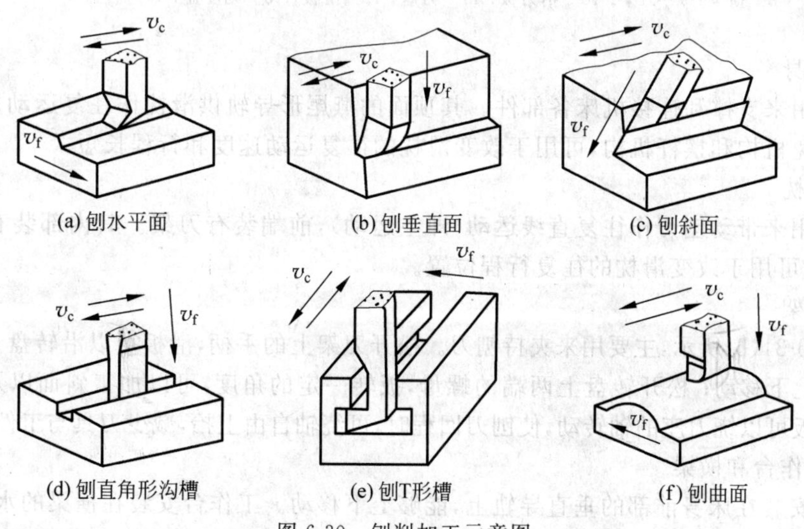

图 6-30 刨削加工示意图

6.2.2 牛头刨床

1. 牛头刨床的特点、型号

牛头刨床是刨床类机床中应用较广的一种。牛头刨床是由滑枕带着刀架作直线往复运动,适用于刨削长度不超过650mm的中小型零件。牛头刨床的特点是调整方便,但由于是单刃切削,而且切削速度低,回程时不工作,所以生产效率低,适用于单件小批量生产。刨削精度一般为IT9～IT8,表面粗糙度 Ra 值为6.3～1.6μm。

2. 牛头刨床的组成部分及作用

牛头刨床的结构如图6-31所示,一般由床身、滑枕、底座、横梁、工作台和刀架等部件组成。

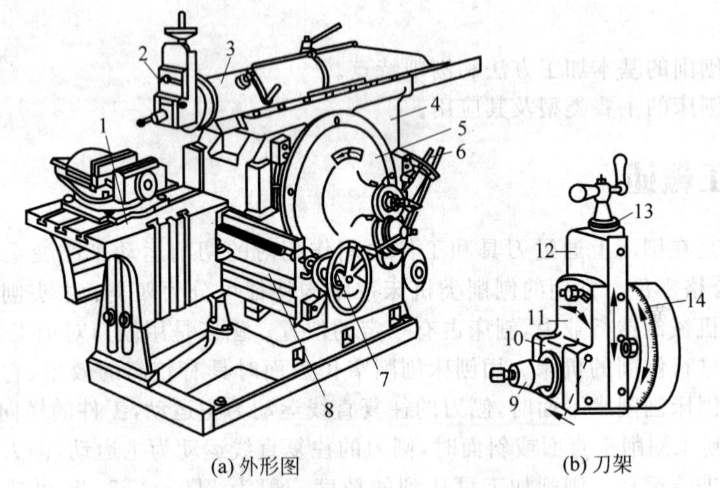

(a) 外形图　　(b) 刀架

图6-31　B6065型牛头刨床

1—工作台；2—刀架；3—滑枕；4—床身；5—摆杆机构；6—变速机构；7—进刀机构；8—横梁；9—刀架；10—抬刀板；11—刀座；12—滑板；13—刻度盘；14—转盘

1）床身

主要用来支撑和连接机床各部件。其顶面的燕尾形导轨供滑枕作往复运动；床身内部有齿轮变速机构和摆杆机构,可用于改变滑枕的往复运动速度和行程长短。

2）滑枕

主要用来带动刨刀作往复直线运动(即主运动),前端装有刀架。其内部装有丝杠螺母传动装置,可用于改变滑枕的往复行程位置。

3）刀架

如图6-31(b)所示,主要用来夹持刨刀。松开刀架上的手柄,滑板可以沿转盘上的导轨带动刨刀作上下移动；松开转盘上两端的螺母,扳转一定的角度,可以加工斜面以及燕尾形零件。抬刀板可以绕刀座的轴转动,使刨刀回程时,可绕轴自由上抬,减少刀具与工件的摩擦。

4）工作台和横梁

横梁安装在床身前部的垂直导轨上,能够上下移动。工作台安装在横梁的水平导轨上,能够水平移动。工作台主要用来安装工件。台面上有T形槽,可穿入螺栓头装夹工件或夹具。工作台可随横梁上下调整,也可随横梁作横向间歇移动,这个移动称为进给运动。

3. 牛头刨床的传动系统及机构调整

牛头刨床的传动系统　B6065 型牛头刨床的传动系统如图 6-32 所示,其中包括如下几部分。

(1) 摆杆机构

摆杆机构的作用是把摇杆齿轮的旋转运动转变为滑枕的往复直线运动,其工作原理如图 6-33(b)所示。摇杆齿轮每转动一周时,滑枕就往复运动一次。其中,摇杆滑块在工作行程的转角为 α,回程转角为 β,且 $\alpha > \beta$,则工作行程时间大于回程时间,但工作行程和回程的行程长度相等,因此回程速度比工作速度快(即慢进快回)。另外,无论在工作行程还是回程,滑枕的运动速度都是不等的,每时每刻都是变化的。

(2) 变速机构

变速机构的作用是把电动机的旋转运动以不同的速度传给摇杆齿轮,如图 6-32,轴Ⅰ和轴Ⅱ上分别装有两组滑动齿轮,轴Ⅲ有 3×2=6 种转速传给摇杆齿轮 8。

(3) 进给机构

进给机构的作用是使工作台在滑枕回程结束与刨刀再次切入工件之前的瞬间,作间歇横向进给,其结构如图 6-32 所示。摇杆齿轮转动,通过连杆使棘爪摆动。棘爪摆动时,拨动棘轮,带动工作台横向进给丝杠作一定角度的转动,从而实现工作台的横向进给。棘爪返回时,由于其后面为一斜面,只能从棘轮齿顶滑过,不能拨动棘轮,所以工作台静止不动。这样,就实现了工作台的间歇横向进给。

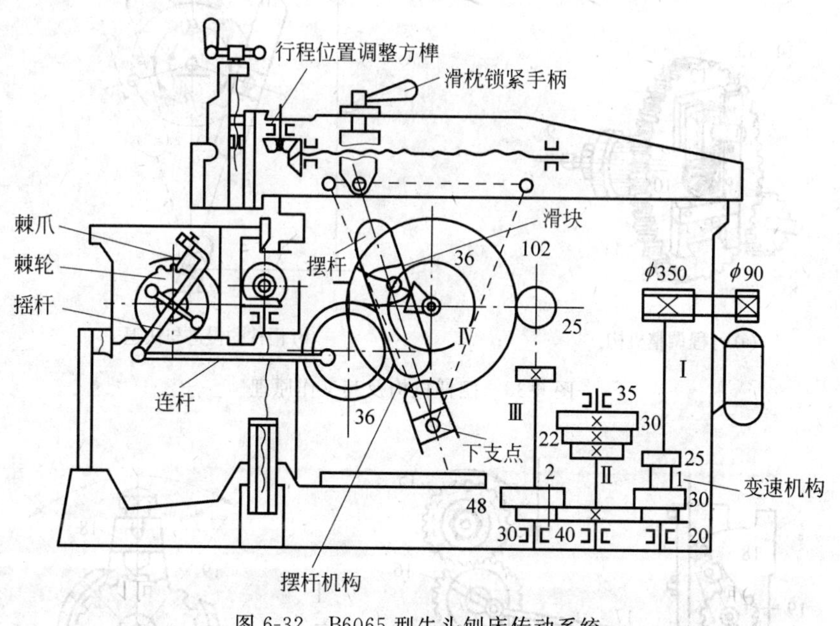

图 6-32　B6065 型牛头刨床传动系统

4. 牛头刨床的调整

牛头刨床的调整包括主运动调整和工作台横向进给运动调整两部分。

(1) 主运动调整。牛头刨床的主运动是滑枕的往复运动，是通过摆杆机构实现的，如图 6-33(a)所示。大齿轮 11 与摆杆通过曲柄螺母 13 与滑块等相连，曲柄螺母套在小丝杠 12 上，曲柄螺母上的曲柄销插在滑块内，滑块可在摆杆槽内滑动。当大齿轮 11 旋转时，便带动曲柄螺母 13、小丝杠及滑块一起旋转，滑块在摆杆槽内滑动并带动摆杆绕下支点摆动。由于摆杆下端与滑枕相连，使滑枕获得直线往复运动。大齿轮转动一圈，滑枕往复一次。

滑枕往复运动的调整包括以下三方面：

① 滑枕行程长度的调整：滑枕行程长度一般比工件加工长度长 30～40mm。调整时，转动轴 9，通过一对锥齿轮转动小丝杠 12，小丝杠使曲柄螺母带动滑块移动，改变了滑块偏移大齿轮轴心的距离，偏心距越大，摆杆的摆动角度越大，滑枕的行程也就越长；反之则变短。

② 滑枕行程位置的调整：当行程长度调整好后，还应调整滑枕的行程位置。调整时，如图 6-33(a)所示，松开滑枕锁紧螺母，转动行程位置调整小轴，通过锥齿轮传动使丝杠旋转，由于螺母固定不动，所以丝杠带动滑枕移动，即可调整滑枕的行程位置。

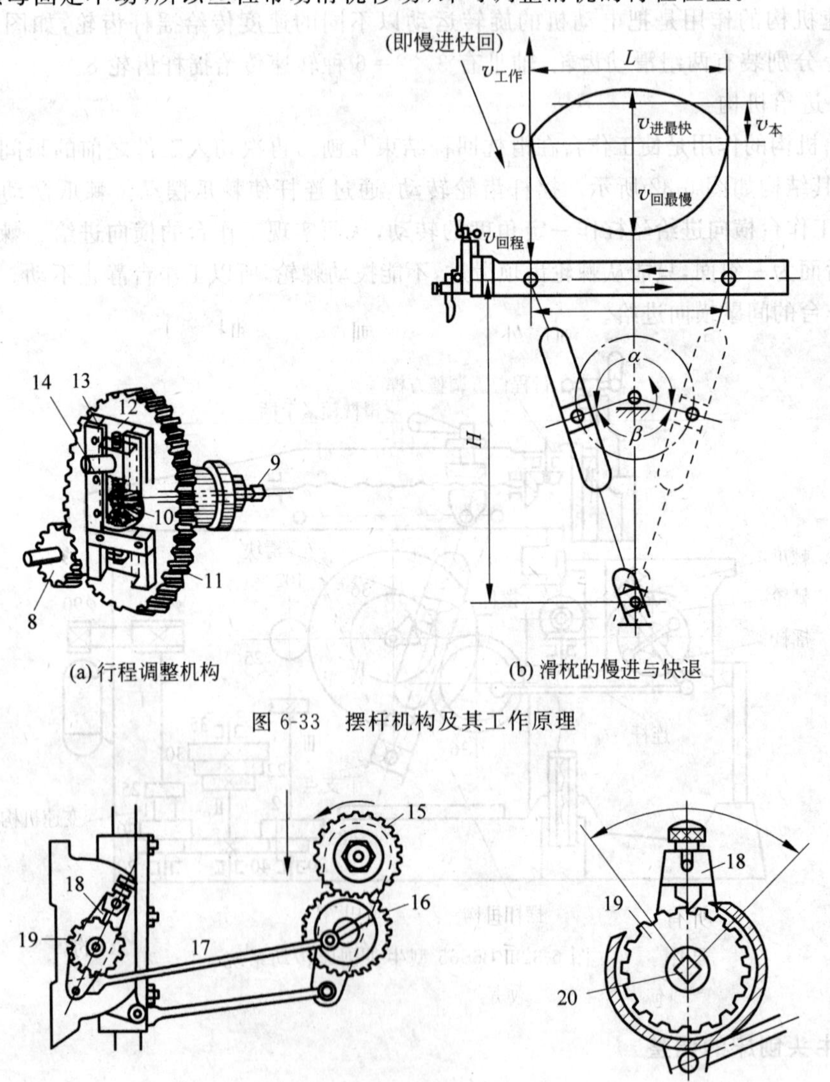

(a) 行程调整机构

(b) 滑枕的慢进与快退

图 6-33 摆杆机构及其工作原理

图 6-34 棘轮机构

③ 滑枕往复运动速度的调整：滑枕往复运动速度是由滑枕每分钟往复次数和行程长度确定的。它的调整是通过扳动变速手柄，改变滑动齿轮的位置来实现的，可使滑枕得到6种不同的每分钟往复次数。

（2）工作台横向进给运动调整。工作台的横向进给运动是间歇运动，并通过棘轮机构来实现的，棘轮机构如图6-34所示。

进给运动的调整包括以下两方面：

① 横向进给量的调整：当大齿轮11（如图6-33(a)所示）带动一对齿数相等的齿轮15、16转动时，如图6-34所示，通过连杆17使棘爪18摆动，并拨动固定在进给丝杠上的棘轮19转动。棘爪每摆动一次，便拨动棘轮和丝杠转动一定角度，使工作台实现一次横向进给。由于棘爪背面是斜面，当它朝反方向摆动时，爪内弹簧被压缩，棘爪从棘轮齿顶滑过，不带动棘轮转动，所以工作台的横向进给是间歇的。进给量的大小取决于滑枕每往复一次时棘爪所能拨动的棘轮齿数 k；因此调整横向进给量，实际是调整棘轮护罩缺口的位置，从而改变 k 值，调整范围为 $k=1\sim10$。

② 横向进给方向的调整：提起棘爪转动180°，放回原来的棘轮齿槽中。此时棘爪的斜面与原来反向，棘爪每摆动一次，拨动棘轮的方向相反，即可实现进给运动的反向。此外，还必须将护罩反向转动，使另一边露出棘轮的齿，以便棘爪拨动。变向时，连杆17在16中的位置应调转180°，以便刨刀后退时进给。提起棘爪转动90°，使其与棘轮齿脱离接触，则停止自动进给。

6.2.3 其他刨削类机床

刨削类机床中，除了牛头刨床外，还有龙门刨床、插床和拉床等。

1. 龙门刨床

龙门刨床用来刨削长为十几到几十米的大型工件。B2012A型龙门刨床外形如图6-35所示。

龙门刨床的主要特点是电气化、自动化程度高，各主要运动的操纵都集中在机床的悬挂按钮站和电气柜的操纵台上，操作十分方便，工作台的工作行程和返回行程速度可在不停车的情况下独立无级调整。龙门刨床有四个刀架，即两个垂直刀架和两个侧刀架，各刀架可单独或同时手动或自动切削；各刀架都有自动抬刀装置，避免回程时刨刀与已加工表面摩擦。

刨削时，主运动是工作台带动工件的往复直线运动，进给运动是垂直刀架在横梁上的水平移动和侧刀架在立柱上的垂直移动。

龙门刨床由工作台带着工件通过龙门框架作直线往复运动，主要加工大型工件或同时加工多个工件。与牛头刨床相比，从结构上看，其形体大，结构复杂，刚性好；从机床运动上看，龙门刨床的主运动是工作台的直线往复运动，而进给运动则是刨刀的横向或垂直间歇运动，这刚好与牛头刨床的运动相反。龙门刨床由直流电机带动，并可进行无级调速，运动平稳。龙门刨床的所有刀架在水平和垂直方向都可平动。

龙门刨床主要用来加工大平面，尤其是长而窄的平面，一般可刨削的工件宽度达1m，长度在3m以上。龙门刨床的主参数是最大刨削宽度。

2. 插床

插床的结构如图6-36所示。

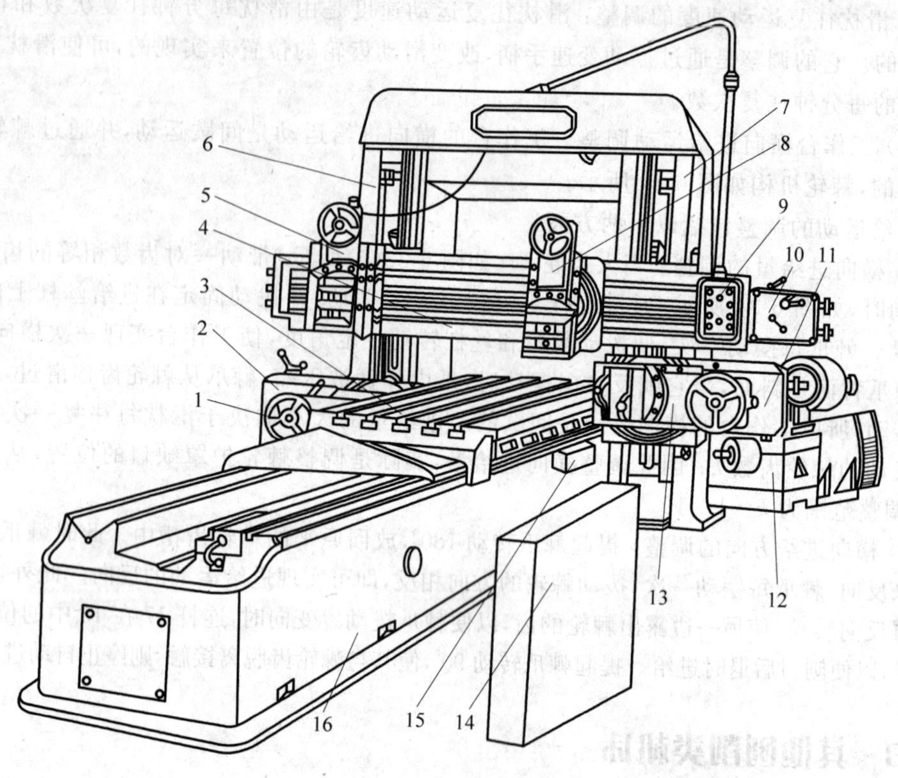

图 6-35 B2012A 型龙门刨床外形图

1—左侧刀架进给箱；2—左侧刀架；3—工作台；4—横梁；5—左垂直刀架；6—左立柱；7—右立柱；8—右垂直刀架；9—悬挂按钮站；10—垂直刀架进给箱；11—右侧刀架进给箱；12—工作台减速箱；13—右侧刀架；14—电气柜；15—工作台换向开关；16—床身

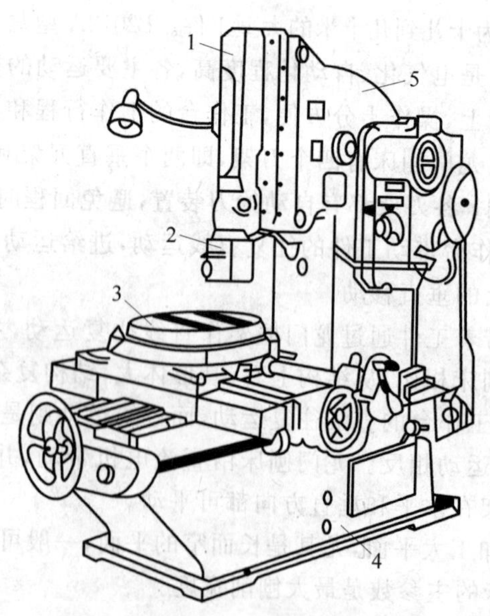

图 6-36 B5020 插床

1—滑枕；2—刀架；3—工作台；4—底座；5—床身

插床实际上是一种立式刨床。其结构原理和牛头刨床完全相同，只是形式上略有不同。插床的滑枕在垂直方向，工作台由下滑板、上滑板和圆形工作台三部分组成。插削时，刀具的垂直上下往复运动是主运动，下滑板可作横向进给，上滑板可作纵向进给，圆形工作台可作圆周回转进给。

插床的主要用途是加工工件的内表面，如方孔、多边形孔及键槽等。插削前，工件上必须先有一底孔，以便穿过刀杆、刀头及退刀之用。由于生产率低，插床只适合单件小批生产。

插床与刨床一样，生产效率低，工件的加工质量主要由工人技术水平来保证，所以插床多用于单件小批生产，或用于工具车间及修配车间等。

3. 拉床

在拉床上用拉刀加工的工艺叫做拉削，卧式拉床如图 6-37 所示，圆孔拉刀如图 6-38 所示。

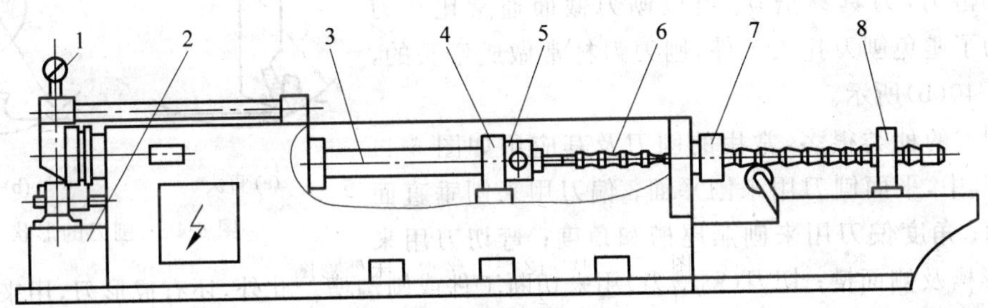

图 6-37 卧式拉床示意图

1—压力表；2—液压部件；3—活塞拉杆；4—随动支架；5—刀架；6—拉刀；7—工件；8—随动刀架

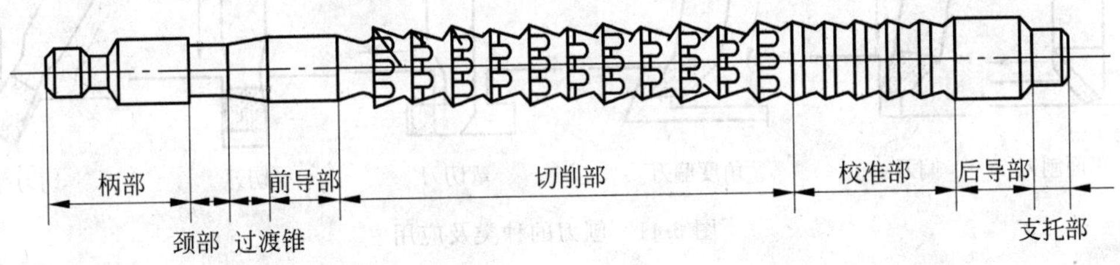

图 6-38 圆孔拉刀

拉削时，工件不动，拉刀由拉床的活塞拉杆拉着作直线运动。拉刀从工件上每拉过一个刀齿，就剥下一层金属。当全部刀齿通过工件之后，工件的加工也就完成了。由此可见，拉削加工的特点是粗、精加工一次完成，生产效率高，加工质量好，加工公差等级一般为 IT9～IT7，表面粗糙度 Ra 值为 1.6～0.8μm。但由于一把拉刀只能加工一种尺寸的表面，且拉刀较昂贵，所以拉削加工主要用于大批量生产。

拉削主要用来加工各种用其他方法难以加工的孔，如图 6-39 所示。拉削前，也必须先在工件上加工底孔，以穿过拉刀。

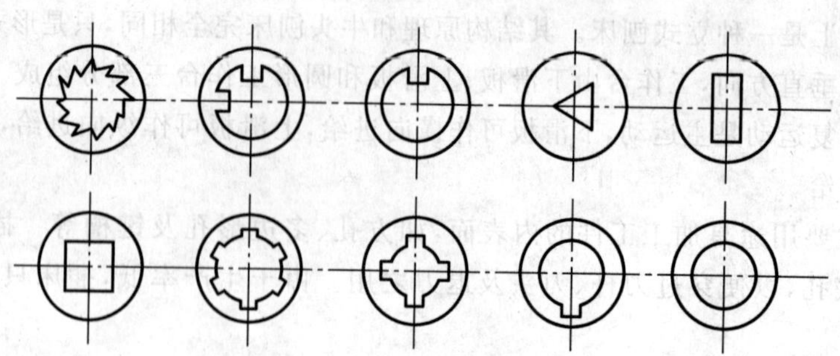

图 6-39 拉削能加工的孔

6.2.4 刨刀

刨刀的结构、几何形状与车刀相似，但由于刨削过程有冲击力，刀具易损坏，所以刨刀截面通常比车刀大。为了避免刨刀扎入工件，刨刀刀杆常做成弯头的，如图 6-40(b)所示。

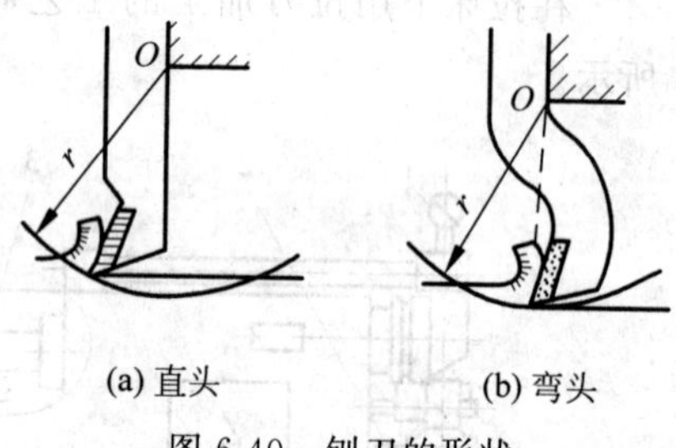

图 6-40 刨刀的形状

刨刀的种类很多，常用的刨刀及其应用如图 6-41 所示，其中，平面刨刀用来刨平面；偏刀用来刨垂直面或斜面；角度偏刀用来刨燕尾槽和角度；弯切刀用来刨 T 形槽及侧面槽；切刀(割槽刀)用来切断工件或刨沟槽。此外，还有成形刀，用来刨特殊形状的表面。

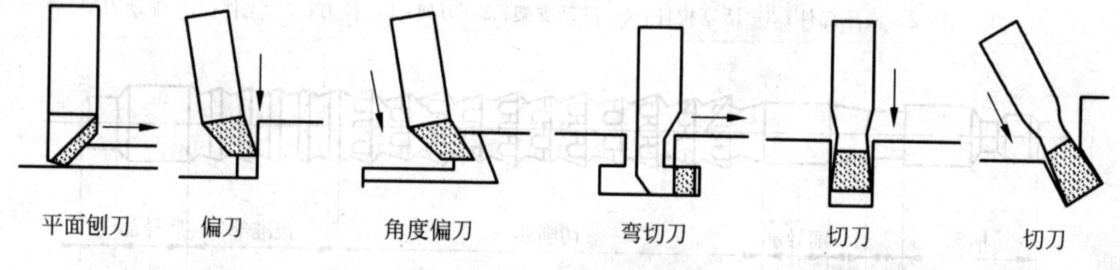

图 6-41 刨刀的种类及应用

刨刀安装在刀架的刀夹上。安装时；如图 6-42 所示，把刨刀放入刀夹槽内，将锁紧螺柱旋紧，即可将刨刀压紧在抬刀板上。刨刀在夹紧之前，可与刀夹一起倾转一定的角度。刨刀与刀夹上的锁紧螺柱之间，通常加垫 T 形垫铁，以提高夹持的稳定性。

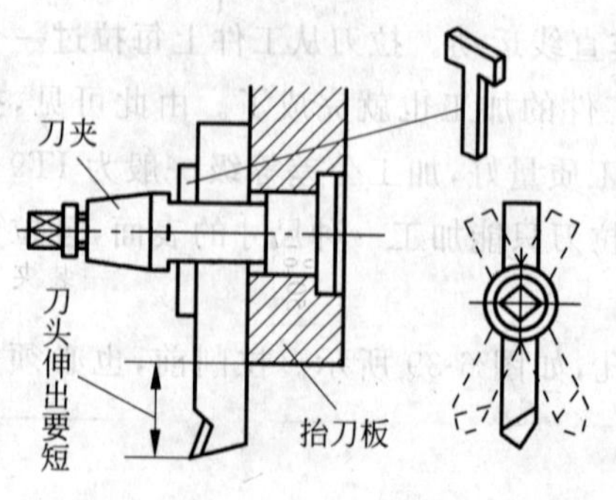

图 6-42 刨刀的安装

装夹刨刀时，不要把刀头伸出过长，以免产生振动。直头刨刀的刀头伸出长度为刀杆厚度的 1.5 倍，弯头刀伸出量可长些。装刀和卸刀时，必须一手扶刀，一手用扳手夹紧或放松。无论装或卸，扳手的施力方向均须向下。

6.2.5　刨工操作训练

如图 6-43 所示，为一材质 HT200 的长方体铸铁工件，六面均需加工，其操作步骤如表 6-3 所示。

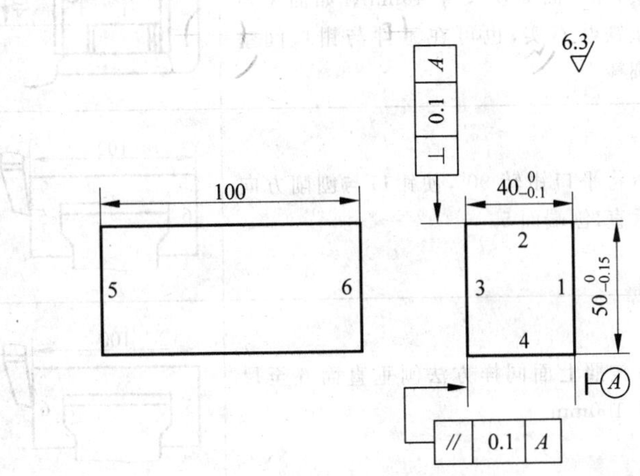

图 6-43　长方体垫铁

表 6-3　长方体刨削加工步骤

序号	名称	加 工 内 容	加工简图	装夹方法
1	准备	把工件装夹在刨床工作台的平钳口上，并按划线找正的方法找正；安装刨刀并调整刨床	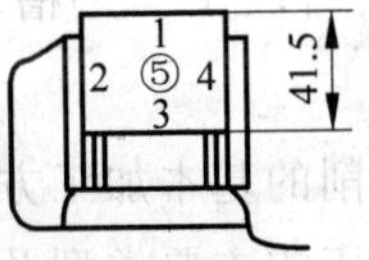	平口钳装夹
2	刨水平面 1	先刨出大面 1 作为基准面至尺寸 41.5mm	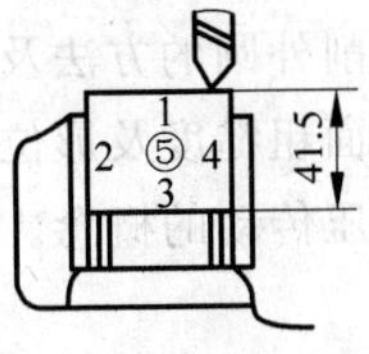	平口钳装夹
3	刨水平面 2	以面 1 为基准，紧贴固定钳口，在工件与活动钳口间垫圆棒，夹紧后加工面 2 至尺寸 51.1mm	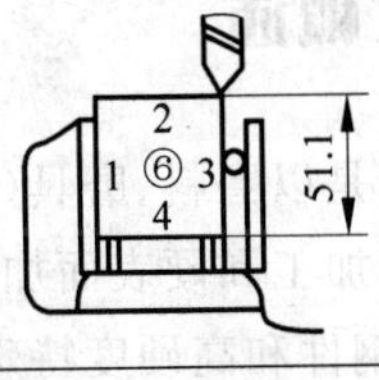	平口钳装夹
4	刨水平面 3	以面 1 为基准，紧贴固定钳口，翻身 180°使面 2 朝下，紧贴平口钳导轨面，加工面 4 至尺寸 50mm，并使平面 4 与面 1 互相垂直	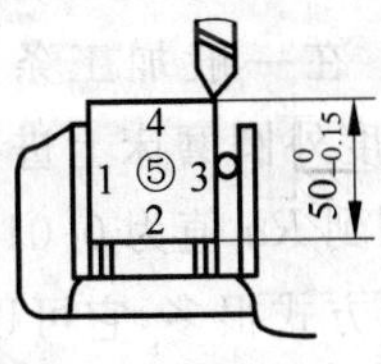	平口钳装夹

续表

序号	名称	加工内容	加工简图	装夹方法
5	刨水平面4	将面1放在平行的垫铁上，工件夹紧在两钳口之间，并使面1与平行垫铁贴实，加工面3至尺寸40mm。如面1与垫铁贴不实，也可在工件与钳口间垫圆棒	3 4 ⑤ 2 1 $40_{-0.1}^{0}$	平口钳装夹
6	刨水平面5	将平口钳转90°，使钳口与刨削方向垂直，刨端面5	102 6 5	平口钳装夹
7	刨水平面6	按照上面同样方法刨垂直面6至尺寸100mm	100 5 6	平口钳装夹

6.3 磨 工

基本要求：

(1) 掌握磨削的基本加工方法和磨削特点。

(2) 了解磨床的主要类型及其应用。

(3) 熟悉磨削外圆的方法及磨削常用量具。

(4) 了解表面粗糙度及形位精度基本概念和简单测量方法。

(5) 了解液压传动的概念。

6.3.1 磨工概述

磨削类机床是以磨料、磨具(砂轮、砂带、油石、研磨料)为工具进行磨削加工的机床，它们是适应工件精加工和硬表面加工的需要而发展起来的。磨床广泛地用于零件表面的精加工，尤其是淬硬钢件和高硬度特殊材料的精加工。磨削加工较易获得高的加工精度和小的表面粗糙度值。在一般加工条件下，精度为IT6～IT5级，表面粗糙度 Ra 值为0.8～0.2μm；在高精度外圆磨床上进行精密磨削时，尺寸精度可达0.2μm，圆度可达0.1μm，表面粗糙度可控制到 Ra 值为0.01μm。

磨削的加工方式很多，它可以利用不同类型的磨床，可以磨削内圆柱面、外圆柱面、圆锥面、平面、齿轮、螺纹、沟槽及花键，还可以磨削导轨面等复杂的成形表面，常见的磨削加工种类如图6-44所示。

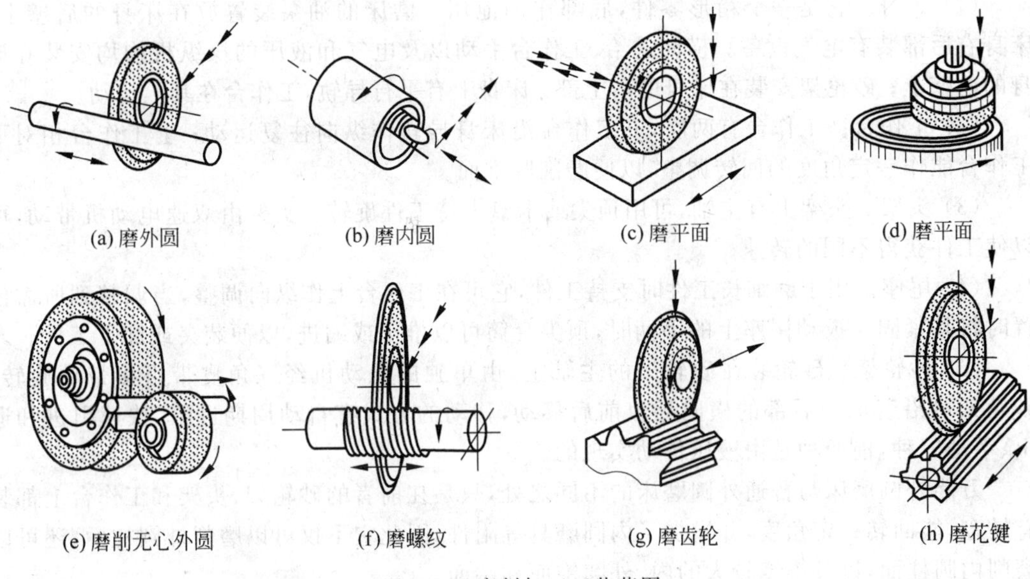

图 6-44 磨削加工工艺范围

6.3.2 磨床的基础知识

1. 外圆磨床结构及工作分析

如图 6-45 所示为 M1432A 万能外圆磨床。

万能外圆磨床：砂轮架上附有内圆磨削附件，砂轮架和头架都能绕竖直轴线调整一个角度，头架上除拨盘旋转外，主轴也能旋转。这种磨床能扩大加工范围，可磨削内孔和锥度较大的内、外锥面，适用于中小批量和单件生产。

1）主要组成部分及其功用

M1432A 磨床是由主床身、工作台、头架、尾座和砂轮架等部件组成，如图 6-45 所示。

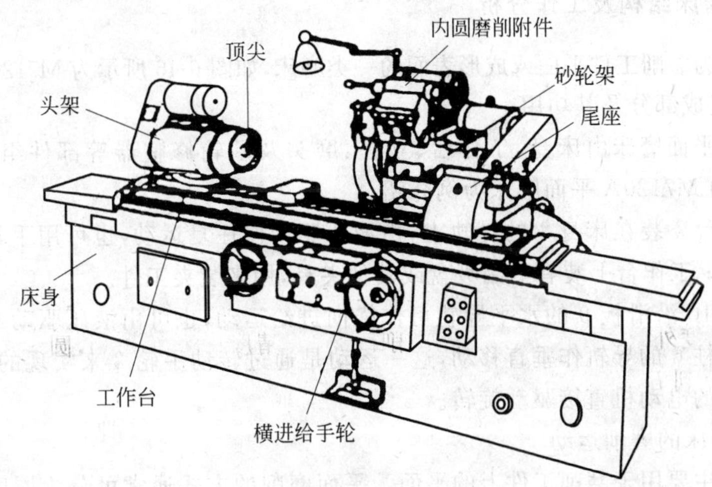

图 6-45 M1432A 万能外圆磨床外形图

(1) 床身。它是一个箱形零件，底部作油池用。磨床的油泵装置放在床身的后壁上。床身右后部装有电气设备。横向进给、工作台手动以及电气和液压的操纵机构均安装在床身的前壁上；砂轮架安装在床身的后上部；床身上有平行导轨，工作台在其上运动。

(2) 工作台。工作台有两层，下工作台沿床身导轨作纵向往复运动；上工作台相对下工作台能作一定角度的回转调整，以便磨削圆锥面。

(3) 头架。头架上有主轴，可用顶尖或卡盘夹持工件旋转。头架由双速电动机带动，可以使工件获得不同的转速。

(4) 尾座。用于磨细长工件时支持工件，它可在工作台上作纵向调整，当调整到所需位置时将其紧固。扳动尾座上的手柄时，顶尖套筒可以推出或缩进，以便装夹或卸下工件。

(5) 砂轮架。砂轮装在砂轮架的主轴上，由单独的电动机经三角皮带直接带动旋转。砂轮架可沿着床身后部的横向导轨前后移动，移动的方式有自动周期进给、快速引进和退出、手动三种，前两种是由液压传动实现的。

万能外圆磨床与普通外圆磨床的不同之处，只是在前者的砂轮架、头架和工作台上都装有转盘，能回转一定角度，并增加了内圆磨具等附件，因此它不仅可以磨削外圆柱面，还可以磨削内圆柱面，以及锥度较大的内、外圆锥面和端面。

机床的液压传动装置分别驱动工作台作纵向运动，砂轮架作横向运动，尾座套筒作退回等运动。

2) 外圆磨床磨削运动

在外圆磨床上进行外圆磨削时，有如下几种运动：

(1) 主运动。磨外圆时砂轮的旋转运动为主运动，磨内圆表面时内圆磨头的旋转运动为主运动，单位为 r/min。

(2) 进给运动。工件高速旋转为圆周进给运动；工件往复移动为纵向进给运动；砂轮磨削时作横向进给运动。其中工件往复纵向进给时，砂轮作周期性横向间歇进给，砂轮切入磨削时为连续性横向进给。

(3) 辅助运动。辅助运动包括为了装卸和测量工件方便，砂轮所作的横向快速回退运动，以及尾架套筒所作的伸缩移动。

2. 平面磨床结构及工作分析

平面磨床为磨削工件平面或成形表面的一类磨床，如图 6-46 所示为 M7120A 平面磨床。

1) 主要组成部分及其功用

M7120A 平面磨床由床身、工作台、立柱、磨头及砂轮修整器等部件组成。下面以如图 6-46 所示的 M7120A 平面磨床为例介绍。

(1) 工作台 3 装在床身 1 的导轨上，由液压驱动作往复运动，也可用手轮 11 操纵以进行必要的调整；工作台上装有电磁吸盘或其他夹具，用来装夹工件。

(2) 磨头 10 沿滑板 9 的水平导轨可作横向进给运动，也可由液压驱动或手轮 8 操纵。滑板 9 可沿立柱 6 的导轨作垂直移动，这一运动是通过转动手轮 2 来实现的。砂轮 5 由装在磨头壳体内的电动机直接驱动旋转。

2) 平面磨床的磨削运动

平面磨床主要用于磨削工件上的平面。平面磨削的方式通常可分为周磨与端磨两种。周磨为用砂轮的圆周面磨削平面，这时需要以下几个运动：

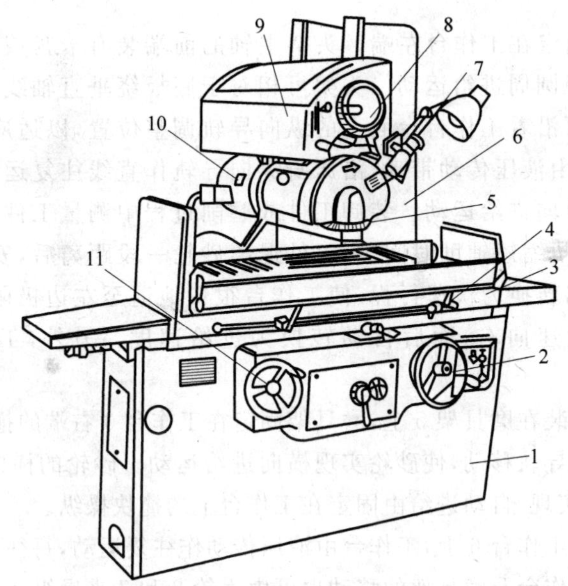

图 6-46 M7120A 平面磨床

1—床身；2—垂直进给手轮；3—工作台；4—行程挡块；5—砂轮；6—立柱；7—砂轮修整器；8—横向进给手轮；9—滑板；10—磨头；11—驱动工作台手轮

(1) 砂轮的高速旋转,即主运动;

(2) 工件的纵向往复运动或圆周运动,即纵向进给运动;

(3) 砂轮周期性横向移动,即横向进给运动;

(4) 砂轮对工件作定期垂直移动,即垂直进给运动。

端磨为用砂轮的端面磨削平面。这时需要下列运动:砂轮高速旋转即主运动、工作台作纵向往复进给或周进给,砂轮轴向垂直进给。

3. 内圆磨床结构及工作分析

内圆磨床主要用于磨削圆柱孔(通孔、盲孔、阶梯孔和断续表面的孔等)、圆锥孔及孔的端面等。内圆磨床的主要参数是最大磨削孔径。

如图 6-47 所示为 M2120 内圆磨床,由床身、工作台、头架、磨具架、砂轮修整器等部件组成。

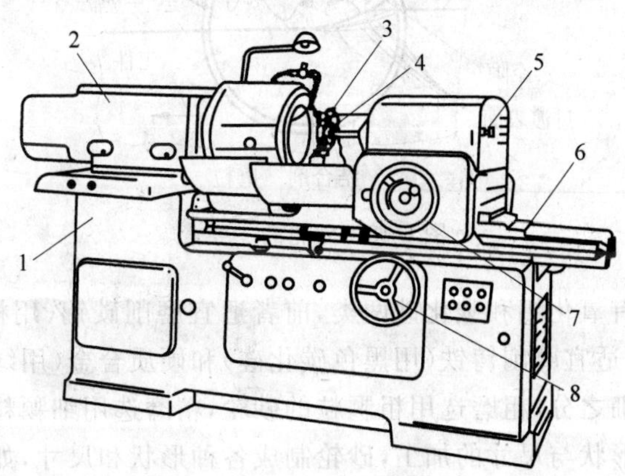

图 6-47 M2120 内圆磨床

1—床身；2—头架；3—砂轮修整器；4—砂轮；5—磨具架；6—工作台；7—操纵磨具架手轮；8—操纵工作台手轮

头架通过底板固定在工作台左端。头架主轴的前端装有卡盘或其他夹具，用以夹持并带动工件旋转实现圆周进给运动。头架可相对于底板绕垂直轴线转动一定角度，以便磨削圆锥孔。底板可沿着工作台台面上的纵向导轨调整位置，以适应磨削各种不同的工件。切削时，工作台由液压传动带动，沿床身纵向导轨作直线往复运动(由撞块实现自动换向)，使工件实现纵向进给运动。装卸工件或磨削过程中测量工件尺寸时，工作台需向左退出较大距离，为了缩短辅助时间，当工件退离砂轮一段距离后，安装在工作台前侧的挡铁可自动控制油路转换为快速行程，使工作台很快地退至左边极限位置。重新开始工作时，工作台先是快速向右，而后自动转换为进给速度。另外，工作台也可用手轮 8 传动。

内圆磨具砂轮安装在磨具架 5 上，磨具架固定在工作台 6 右端的拖板上，后者可沿固定于床身上的桥板上的导轨移动，使砂轮实现横向进给运动。砂轮的横向进给有手动和自动两种，手动由手轮 7 实现，自动进给由固定在工作台上的撞块操纵。

磨具架 5 安放在工作台 6 上，工作台由液压传动作往复运动，每往复一次能使磨具作微量横向进给一次。工作台及磨具架的移动也可由手轮 8 和 7 来操纵。

砂轮修整器 3 是修整砂轮用的，它安装在工作台中部台面上，根据需要可调整其纵向和横向位置。修整器上的金刚石杆可随着修整器的回旋头上下翻转，修整砂轮时放下，磨削时翻起。

6.3.3 砂轮的基础知识

1. 砂轮的结构及形状

砂轮是由许多细小而坚硬的磨料的磨粒用结合剂黏结而成的多孔物体，是磨削加工的切削工具。磨粒、结合剂和空隙是构成砂轮的三要素，如图 6-48 所示。

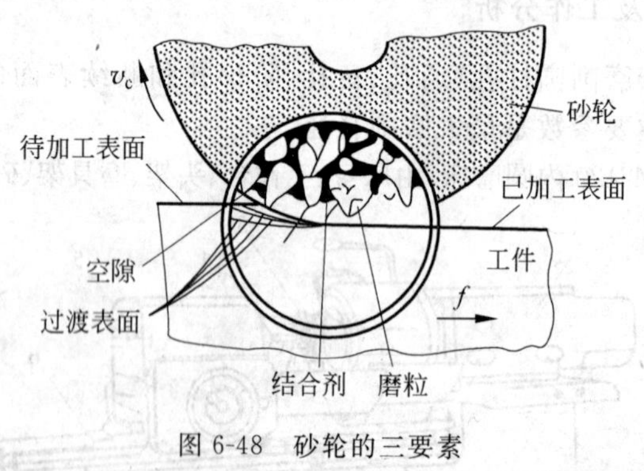

图 6-48 砂轮的三要素

常用的砂轮磨料有氧化铝和碳化硅两类，前者适宜磨削碳钢(用棕色氧化铝)和合金钢(用白色氧化铝)，后者适宜磨削铸铁(用黑色碳化硅)和硬质合金(用绿色碳化硅)。

磨料的颗粒有粗细之分，粗磨选用粗颗粒的砂轮，精磨选用细颗粒的砂轮。

为适应不同表面形状与尺寸的加工，砂轮制成各种形状和尺寸，如图 6-49 所示，其中平形砂轮用于普通平面、外圆和内圆的磨削。

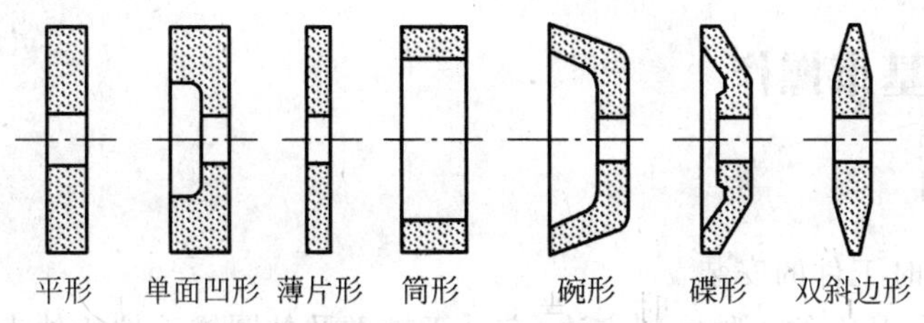

图 6-49　砂轮的形状

2. 砂轮的标记及选用

1）砂轮的标记

在砂轮的非工作面上标有表示砂轮特性的代号。根据 GB/T 2485—1994 磨具标准规定标记内容的次序是：砂轮形状代号和尺寸、磨料、粒度、硬度、组织号、结合剂、最高工作速度及标准号。例如，平面砂轮外径 300mm、厚度 50mm，孔径 75mm、磨料为棕刚玉、粒度 60、硬度为 L、5 号组织、陶瓷结合剂、最高工作速度 35m/s 的砂轮，其标记为砂轮 1-300X50X75-A60L5V 35m/s GB/T 2485—1994。

2）砂轮的选用

选用砂轮时，应综合考虑工件的形状、材料性质及磨床结构等各种因素加以选择。在考虑尺寸大小时，应尽可能把外径选得大些。磨内孔时，砂轮的直径取工件孔径的 2/3 左右，有利于提高磨具的刚度。但应特别注意不能使砂轮工作时的线速度超过所标记的最高工作速度数值。砂轮选定后尚要进行外观和裂纹的鉴定，但有时裂纹在砂轮内部，不易直接看到，则要用响声检验法，用木锤轻敲听其声音，声音清脆的则为没有裂纹的好砂轮。

3. 砂轮的安装

最常用的砂轮安装方法是用法兰盘夹砂轮，如图 6-50 所示。两法兰盘的直径必须相等，其尺寸一般为砂轮直径的一半，安装时砂轮两侧和法兰盘之间均应垫上 0.5～1mm 厚的弹性垫板，砂轮与砂轮轴或砂轮与法兰盘间应有 0.1～0.8mm 的间隙，以防止磨削时受热膨胀将砂轮胀裂。

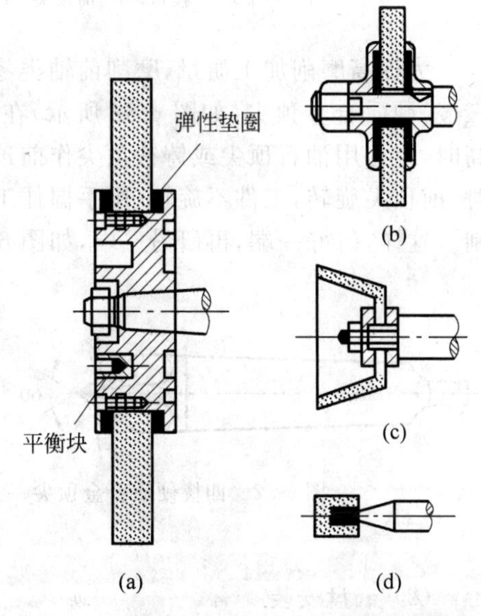

图 6-50　砂轮的安装

通常大砂轮通过台阶法兰盘安装，如图 6-50(a)所示；不太大的砂轮用法兰盘直接安装在主轴上，如图 6-50(b)所示；小砂轮直接用螺母紧固在主轴上，如图 6-50(c)所示；更小的砂轮可黏固在轴上，如图 6-50(d)所示。

6.3.4 磨削基本操作

1. 磨削外圆

1）外圆磨削时工件的安装

外圆磨削是最基本的一种磨削方法，它适于轴类及外圆锥工件的外表面磨削，如机床主轴、活塞杆等。其安装方法如下所述。

（1）双顶尖安装

顶尖安装适于有中心孔的轴类零件的安装。安装时，工件支持在前后两顶尖之间，如图 6-51 所示。其装夹方法与车削中所用方法基本相同。但磨床所用的顶尖都是死顶尖，磨削时，前后顶尖不随工件一起转动，这样，在一般情况下不会使工件产生跳动，可以提高加工精度。这时，靠拨盘 2 上的拨杆 5 来拨动夹头 1，带动工件旋转。后顶尖 6 靠弹簧推力顶紧工件，并可以自动控制工件安装的松紧程度。

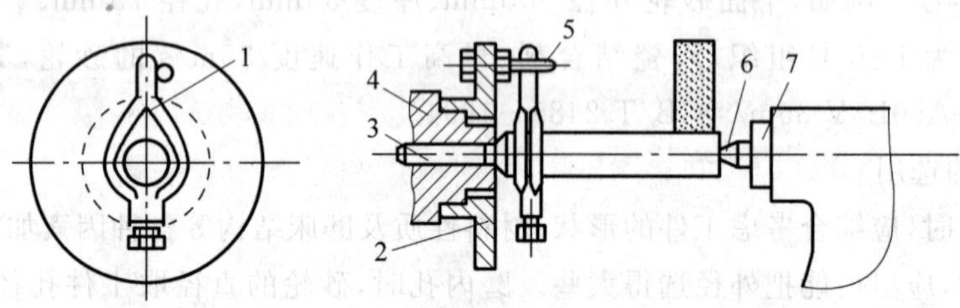

图 6-51 前后顶尖装夹工件

1—夹头；2—拨盘；3—前顶尖；4—头架主轴；5—拨杆；6—后顶尖；7—尾座套筒

为提高磨削加工质量，磨削前轴类零件的中心孔要进行修整。修整的方法是用四棱（或三棱）硬质合金顶尖（如图 6-52 所示）在钻床上进行研磨。当中心孔较大、修整精度要求较高时，应选用油石顶尖或铸铁顶尖作前顶尖，合金顶尖作后顶尖，在车床上进行研磨。研磨时，前顶尖旋转，工件不旋转（用手握住工件），工件与前顶尖接触的松紧程度由后顶尖来控制。这样，研好一端，再研另一端，如图 6-53 所示。

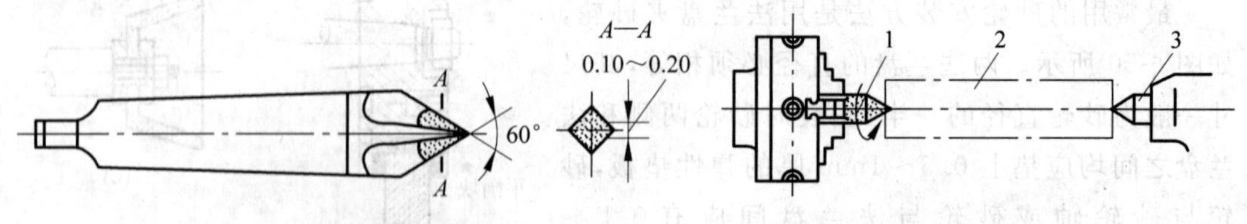

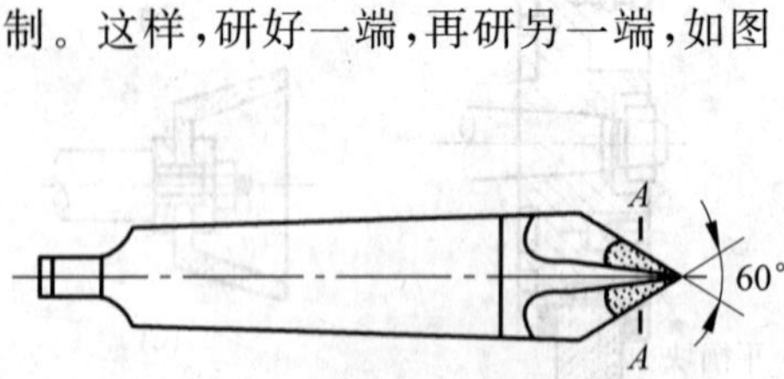

图 6-52 四棱硬质合金顶尖

图 6-53 用油石顶尖修研中心孔

1—油石顶尖；2—工件；3—后顶尖

（2）卡盘安装

较短工件、无中心孔工件及不太规则工件，磨削外圆时常用卡盘安装。磨床用的卡盘，其制造精度比车床卡盘更高。常用的卡盘有三爪自定心卡盘、四爪单动卡盘和花盘三种。用四爪单动卡盘安装工件时，要用百分表找正，如图 6-54 所示。

（3）心轴安装

磨削以内孔定位的盘套类零件时，往往采用心轴装卡工件。常用心轴有两种：带有台阶的圆柱心轴和圆锥心轴。磨床用心轴比车床用心轴的精度更高，锥度心轴的锥度为(1∶5000)～(1∶7000)。采用锥度心轴安装时，工件内外圆的同轴度可达0.005～0.01mm。对于较长的空心零件，常在工件两端装上堵头以代替心轴，如图6-55所示。

2）外圆柱面磨削方法

磨削时根据工件的形状、尺寸、磨削余量和加工要求来选择磨削方法。常用的磨削方法有纵磨法和横磨法两种，其中以纵磨法最为常用。

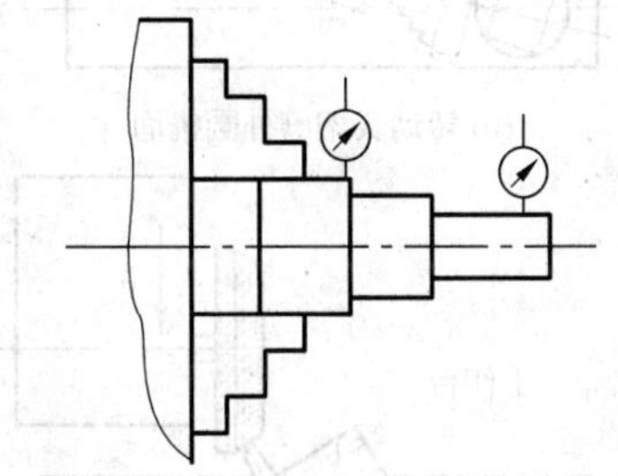

图6-54 四爪单动卡盘安装时用百分表找正

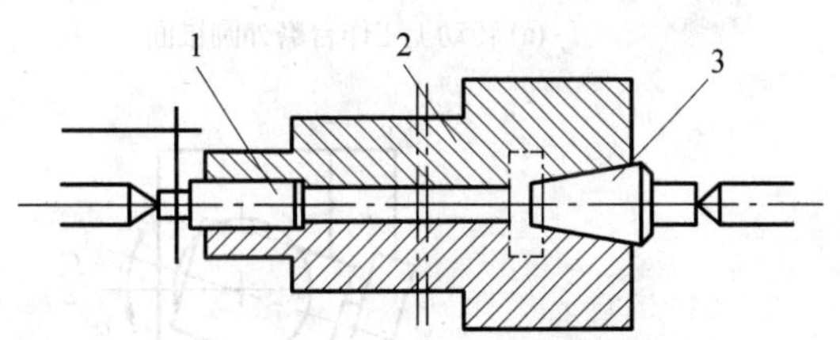

图6-55 中心孔堵头安装工件

1—圆柱堵头；2—工件；3—圆锥堵头

(1) 纵磨法磨削时，砂轮高速旋转起切削作用，工件旋转并和工作台一起作纵向往复运动，如图6-56(a)所示。每当一次往复行程终了时，砂轮做周期性的横向进给。每次磨削深度很小，磨削余量在多次往复行程中磨去。因而，与横磨法相比磨削力小，磨削热少，散热条件好。最后还要作几次无横向进给的光磨行程，直到火花消失为止，所以工件的精度及表面质量较高。

纵磨法的特点是具有很大的万能性，可以用一个砂轮磨削不同长度的工件。但磨削效率较低，故广泛适用于单件、小批量生产及精磨中，特别适用于细长轴的磨削。

(2) 横磨法又称切入磨法，如图6-56(b)所示。磨削时，工件不作纵向往复运动，而砂轮以慢速作连续地或断续地横向进给运动，直到磨去全部磨削余量。

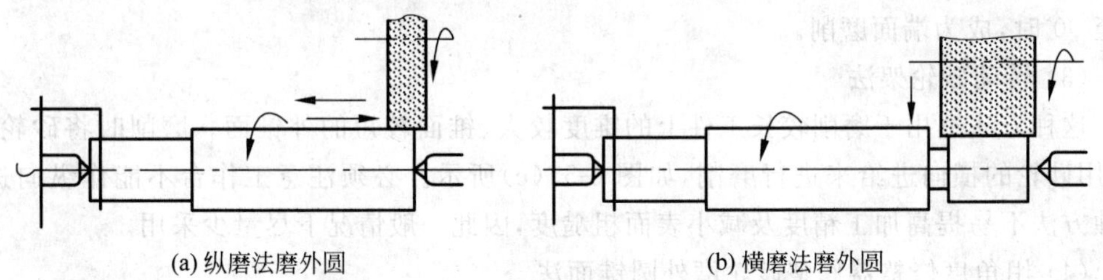

(a) 纵磨法磨外圆　(b) 横磨法磨外圆

图6-56 在外圆磨床上磨外圆

横磨法生产率高，质量稳定，适用于成批及大量生产，尤其适于磨削工件的成形面。但工件与砂轮的接触面积大，磨削力大，磨削热多，磨削温度高，工件易发生变形烧伤，故只能磨削短而粗、刚性好的工件，并要施加充足的切削液。

3）外圆锥面磨削方法

磨削外圆锥面常采用下列4种方法。

(1) 转动工作台法

这种方法适用于磨削锥度较小、锥面较长的工件，磨削时将上工作台逆时针转动一定角度(工件圆锥半角)，使工件侧母线与纵向往复方向一致，如图6-57(a)所示。外圆磨床上工作台的最大回转角逆时针为6°～9°，顺时针为3°。

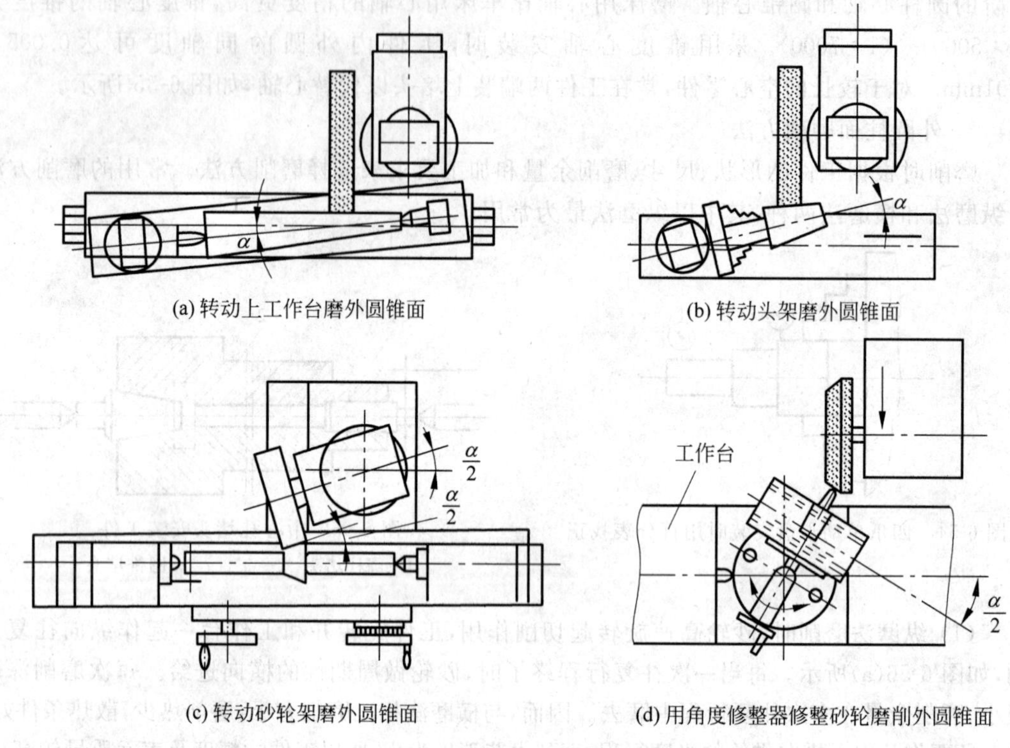

(a) 转动上工作台磨外圆锥面

(b) 转动头架磨外圆锥面

(c) 转动砂轮架磨外圆锥面

(d) 用角度修整器修整砂轮磨削外圆锥面

图 6-57　外圆锥面的加工方法

(2) 转动头架法

这种方法适用于磨削锥度较大、锥面较短的工件。

磨削时将头架逆时针转动,使工件侧母线与纵向往复方向一致,如图 6-57(b)所示。当转至 90°时,成为端面磨削。

(3) 转动砂轮架法

这种方法适用于磨削较长工件上的锥度较大、锥面较短的外锥面。磨削时将砂轮架转动,用砂轮的横向进给来进行磨削,如图 6-57(c)所示。必须注意工作台不能作纵向进给。这种方法不易提高加工精度及减小表面粗糙度,因此一般情况下尽量少采用。

(4) 用角度修整器修整砂轮磨外圆锥面法

该法实为成形磨削,大都用于圆锥角较大且有一定批量的工件的生产,砂轮修整的方法,如图 6-57(d)所示。

2. 磨削平面

1) 工件的装夹

在平面磨床上磨削由钢、铸铁等导磁性材料制成的中小型工件的平面,一般用电磁吸盘直接吸住工件。电磁吸盘的工作原理如图 6-58 所示。

电磁吸盘的吸盘体由钢制成,其中部凸起芯体上绕有线圈,上部有钢制盖板,被绝磁层隔成许多条块。当线圈通电时,芯体被磁化,磁力线经芯体—盖板—工件—盖板—吸盘体—芯体而闭合,从而吸住工件。绝磁层的作用是使绝大部分磁力线通过工件再回到吸盘体,而不是通过盖板直接回去,以保证对工件有足够的电磁吸力。

对于陶瓷、铜合金、铝合金等非磁性材料,则可采用精密平口钳、精密角铁等导磁性夹具进行装卡,连同夹具一起置于电磁吸盘上。如图 6-59 所示为磨削氮化硅陶瓷刀片所采用的夹具。

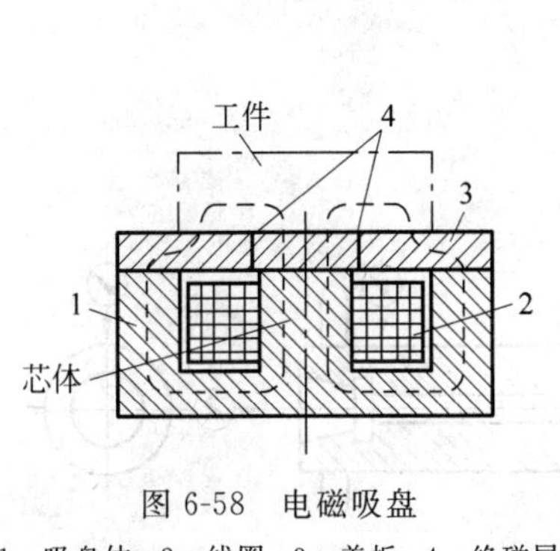

图 6-58 电磁吸盘

1—吸盘体;2—线圈;3—盖板;4—绝磁层

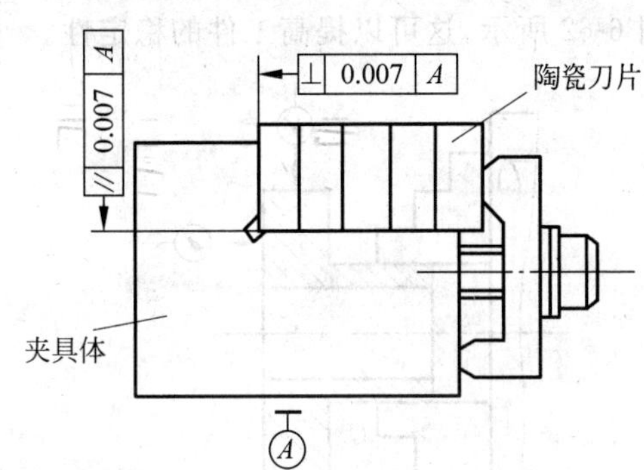

图 6-59 安装非磁性材料的夹具

2)磨削方法

平面磨削的方法有两种:一种是周磨法,在卧轴平面磨床上,利用砂轮的圆周面对工件进行磨削,如图 6-60(a)所示;另一种是端磨法,在立轴平面磨床上,利用砂轮的端面对工件进行磨削,如图 6-60(b)所示。

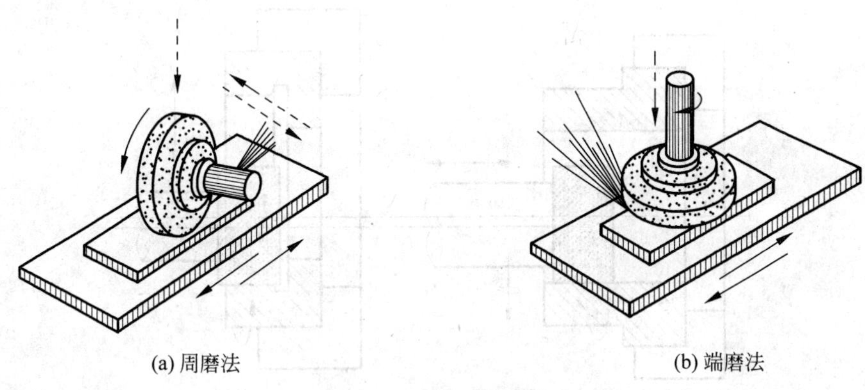

图 6-60 磨削平面的方法

周磨法磨削平面时,砂轮与工件的接触面积小,磨削力小,磨削热少,排屑和散热条件好,工件热变形小,砂轮周面磨损均匀,因此表面加工质量好,但磨削效率不高。

端磨法磨削平面时,由于砂轮轴伸出较短,且主要是受轴向力,所以主轴刚性好,可采用较大的切削用量,工作效率高。但由于砂轮与工件接触面积大,发热量大,冷却液又不易注入磨削区,容易发生工件烧伤现象,且砂轮端面上径向各处切削速度不同,磨损不均匀。再加上排屑和冷却散热条件差,因此加工的表面质量差,故仅适用于粗磨。为改善排屑、散热和冷却条件,可采用镶块砂轮来代替整体式砂轮。

3. 磨削内圆

1)工件的安装

磨削内圆时,工件常以外圆和端面作为定位基准。一般采用三爪自定心卡盘、四爪单动卡盘、花盘及弯板等夹具装卡工件外圆。其中最常用的是四爪单动卡盘，通过百分表找正装卡工件外圆，如图 6-61 所示。

当磨削较长的轴套类零件的内孔时，可以采用卡盘和中心架组合安装的方法，如图 6-62 所示，这可以提高工件的稳定性。

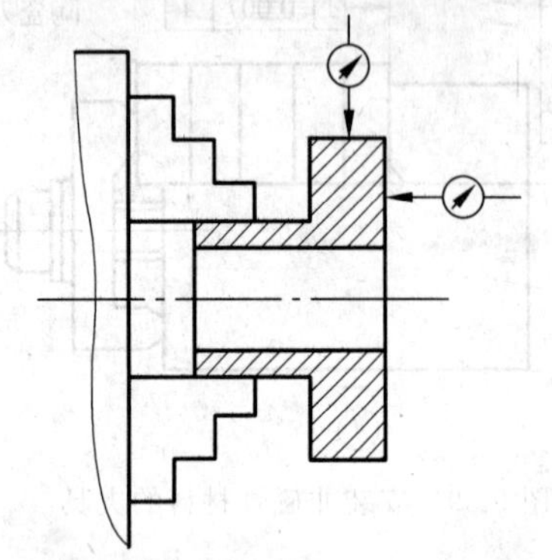

图 6-61 四爪单动卡盘安装找正

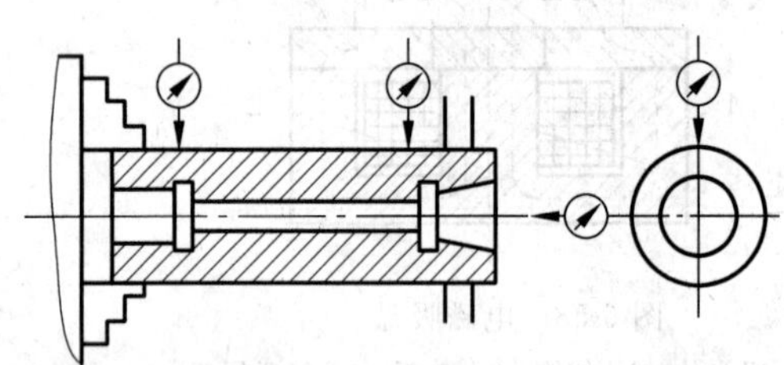

图 6-62 卡盘与中心架安装找正

2）内圆磨削方法

内圆磨削与外圆磨削基本相同，磨圆柱孔一般采用纵磨法和横磨法两种方法，如图 6-63 所示，其中以纵磨法应用最为广泛。

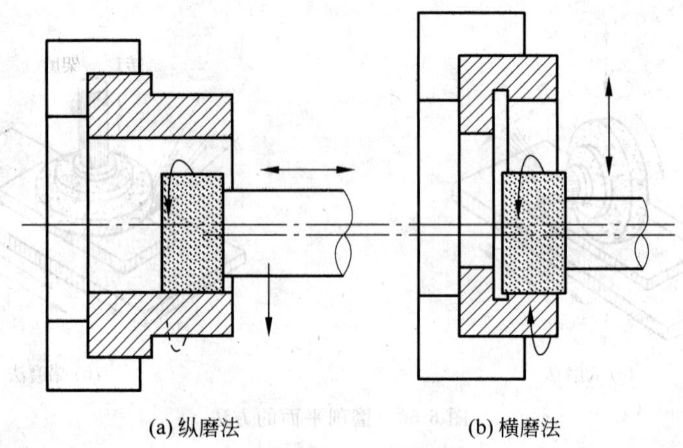

(a) 纵磨法　　(b) 横磨法

图 6-63 内圆磨削的方法

磨通孔一般用纵磨法，磨台阶孔或盲孔可用横磨法。纵磨内圆时，首先根据工件孔径和长度选择砂轮直径和接长轴。接长轴的刚度要好，长度只需略大于孔的长度即可。接长轴选得太长，磨削时容易产生振动，影响磨削质量和生产率。

内圆磨削除在内圆磨床上进行，也可在万能外圆磨床上进行。砂轮在工件孔中的位置有两种：一种是与工件的后面接触，这时冷却液和磨屑向下飞溅，不影响操作人员的视线和安全；另一种是与工件的前面接触，情况与上述正好相反。具体如图 6-64 所示。

3）磨内锥面圆锥孔的方法及圆锥的检验

磨圆锥孔有两种基本方法，具体如下。

(1) 转动头架磨圆锥孔。在万能外圆磨床上用转动头架的方法可以磨锥孔，如图 6-65(a)

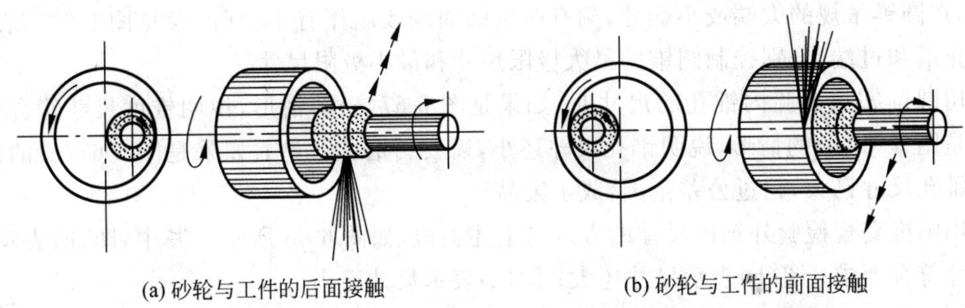

(a) 砂轮与工件的后面接触
(b) 砂轮与工件的前面接触

图 6-64 砂轮在工件孔中的位置

所示。在内圆磨床上也可以用转动头架的方法磨锥孔。前者适合磨削锥度较大的圆锥孔，后者适合磨削各种锥度的圆锥孔。

(2) 转动工作台磨圆锥孔。在万能外圆磨床上转动工作台磨圆锥孔，如图 6-65(b)所示，它适合磨削锥度不大的圆锥孔($\alpha \leqslant 9°$)。

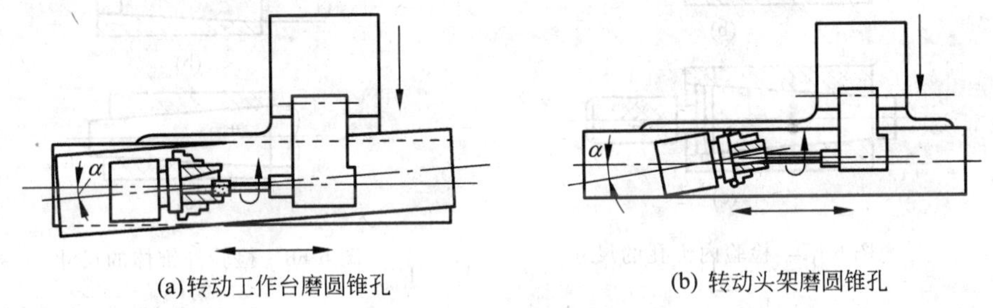

图 6-65 锥孔的磨削方法

圆锥面的检验如下所述。

圆锥量规是检验锥度最常用的量具。圆锥量规分圆锥塞规(图 6-66(a)、(b))和圆锥套规(图 6-66(c))两种。圆锥塞规用于检验内锥孔，圆锥套规用于检验外锥体。

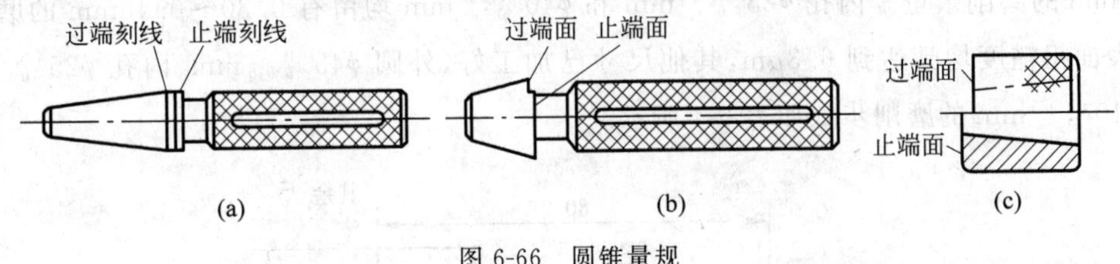

图 6-66 圆锥量规

(1) 锥度的检验。用圆锥塞规检验内锥孔的锥度时，可以先在塞规的整个圆锥表面上或顺着锥体的三条母线上均匀地涂上极薄的显示剂(红丹粉调机油或蓝油)，然后把塞规放入锥孔中使内外锥面相互贴合，并在 30°～60°范围内轻轻地来回转动几次，然后取出塞规察看。如果整个圆锥表面上的摩擦痕迹很均匀，则说明工件的锥度准确；否则不准确，需继续调整机床使锥度准确为止。用圆锥套规检验外锥体的锥度的方法与上述相同，只不过显示剂应涂在工件锥面上。

(2) 尺寸的检验。圆锥面的尺寸一般也用圆锥量规进行检验。内锥孔通常通过检验大端直径来控制锥孔的尺寸，外锥体通过检验小端直径来控制锥体的尺寸。根据圆锥的尺寸公差，在圆锥量规的大端或小端处，刻有两条圆周线或制作有小台阶(参见图 6-66)，表示量规的止端和过端，分别控制圆锥的最大极限尺寸和最小极限尺寸。

用圆锥塞规检验内锥孔的尺寸时，如果是图 6-67(a)的情形，说明锥度尺寸符合要求；如果是图 6-67(b)的情形，说明锥孔尺寸还小，需要再磨去一些；如果是图 6-67(c)的情形，说明锥孔尺寸已大，超过公差范围，成了废品。

用圆锥套规检验外锥体尺寸的方法与上述类似，如图 6-68 所示。其中，图(a)表示外锥体尺寸符合要求；图(b)表示尺寸还大；图(c)表示尺寸已小。

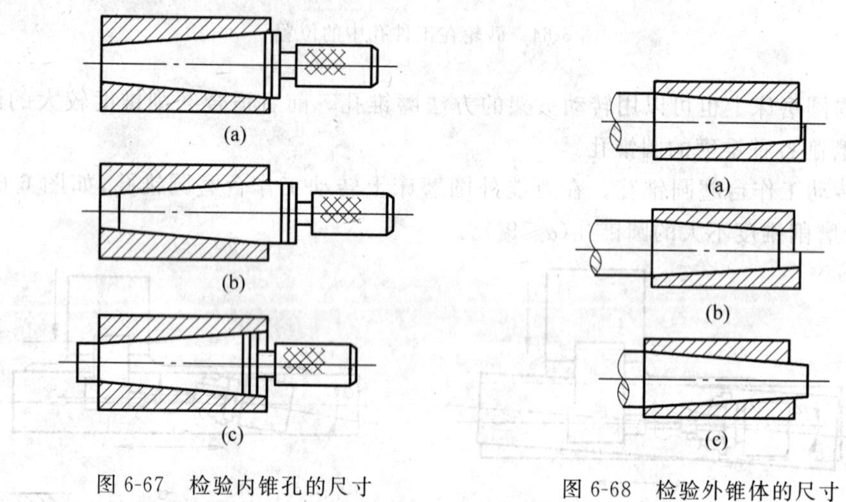

图 6-67 检验内锥孔的尺寸

图 6-68 检验外锥体的尺寸

6.3.5 磨削示例

图 6-69 所示套类工件，材质 45 钢，淬火硬度 42HRC，外圆 $\phi45_{-0.016}^{\ 0}$ mm 留有 0.35～0.45mm 的磨削余量。内孔 $\phi25_{\ 0}^{+0.021}$ mm 和 $\phi40_{\ 0}^{+0.025}$ mm 均留有 0.30～0.45mm 的磨削余量，表面粗糙度均已达到 6.3μm，其他尺寸已加工好，外圆 $\phi45_{-0.016}^{\ 0}$ mm、内孔 $\phi25_{\ 0}^{+0.021}$ mm 和 $\phi40_{\ 0}^{+0.025}$ mm 的磨削步骤如表 6-4 所示。

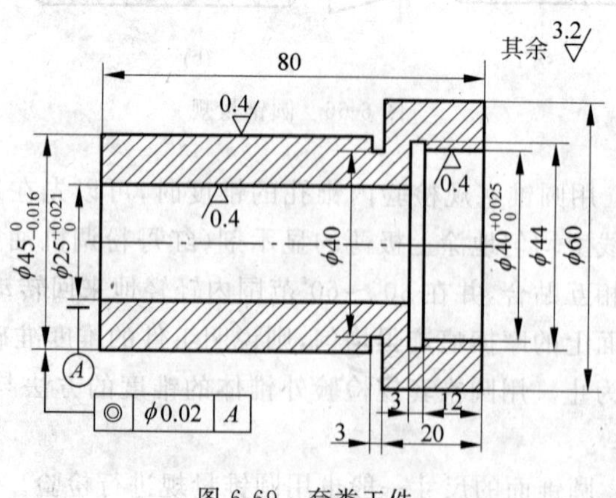

图 6-69 套类工件

表 6-4 套类工件磨削步骤

序号	名　称	内　容	简　图
1	工件夹装	以外圆 $\phi 45_{-0.016}^{\ 0}$ mm 定位，将工件用三爪自定心卡盘装夹，用百分表找正，选用磨内孔的砂轮	
2	粗磨内孔 $\phi 25$mm	采用纵磨法粗磨内孔 $\phi 25$mm 内孔，留有精磨余量 0.04～0.06mm	$\phi 25$
3	粗磨、精磨内孔 $\phi 40_{\ 0}^{+0.025}$ mm	更换砂轮，采用纵磨法先粗磨 $\phi 40$mm 内孔，留有精磨余量 0.04～0.06mm，再精磨至图样尺寸	$\phi 25$
4	精磨内孔 $\phi 25_{\ 0}^{+0.021}$ mm	磨 $\phi 40$ 内孔时，砂轮与工件装夹位置较远，容易使工件产生微小窜动，影响 $\phi 40$ 与 $\phi 25$ 两孔的同轴度，因此 $\phi 25$mm 孔分两次磨削，采用纵磨法精磨至图样尺寸	$\phi 25_{\ 0}^{+0.021}$
5	工件夹装	采用心轴装夹，以保证外圆与内圆的同轴度	
6	粗磨、精磨外圆 $\phi 45_{-0.016}^{\ 0}$ mm	更换砂轮，采用纵磨法先粗磨 $\phi 45$mm 外圆，留有精磨余量 0.04～0.06mm，再精磨至图样尺寸，采用纵磨法	$\phi 45_{-0.016}^{\ 0}$
7	检验	对照图样，对工件所有尺寸逐一测量检验	

复习思考题

1. 铣床、刨床、磨床的主运动分别是什么？进给运动分别是什么？
2. 铣、刨、磨各种加工方法所能达到的表面糙粗度 Ra 值一般各为多少？各种加工方法的尺寸公差等级分别是多少？

3. 铣床、刨床、磨床分别能加工哪些表面？加工各表面所对应的刀具是什么？

4. 铣床的主要附件有哪几种？其主要作用是什么？

5. 卧铣和立铣的主要区别是什么？

6. 轴上铣键槽可选用什么机床和刀具？

7. 简单分度公式是什么？拟铣一齿数 $z=50$ 的直齿圆柱齿轮，试用简单分度方法计算，每铣一齿，分度头手柄应在多少孔圈上摇多少圈和多少孔距（限分度盘各圈的孔数为24,25,28,35,38,48）？

8. 刨削时，滑枕直线往复运动的速度是如何变化的？试画简图分析。

9. 为什么刨刀往往做成弯头的？

10. 简述拉削加工的特点和应用。

11. 外圆磨床由哪几部分组成？各有何功能？

12. 砂轮的特性由哪些要素组成？

13. 用圆锥塞规检验内孔时，发现小端处有显示剂的痕迹，而大端处没有，说明什么问题？应采用何种措施？

钳　工

基本要求

(1) 了解钳工工作在机械制造和维修中的作用。

(2) 能正确选用钳工常用的工具和量具。

(3) 掌握钳工的基本操作知识,能按零件图独立加工简单的工件。

(4) 熟悉机械装配和拆装的过程。

7.1 钳工概述

7.1.1 钳工的工作范围

钳工以手工工具为主,一般是由人手持工具对材料进行切削加工的方法。它的基本操作大多在台虎钳上进行。

钳工基本操作有:划线、錾削、锯削、锉削、钻孔、扩孔、铰孔、攻螺纹、套螺纹、刮削和研磨等。除基本操作之外,它的工作还包括机器的装配、调试、修理和机具的改进等。

钳工工具简单,操作灵活,在某些情况下可以完成用机械加工不方便或难以完成的工作。因此,钳工虽然劳动强度较大,技术水平要求较高,生产效率较低,但在机械制造和修配工作中,仍占有十分重要的地位。

7.1.2 钳工常用设备、工具和量具

1. 钳工台

钳工台为钳工专用工作台,多用钢木结构,高度800~900mm。台面上装有台虎钳和防护网,如图7-1所示。

2. 台虎钳

台虎钳用来夹持工件,有固定式和回转式两种,如图7-2所示。台虎钳的规格用钳口的宽度表示,常用的有125、150、200mm等。

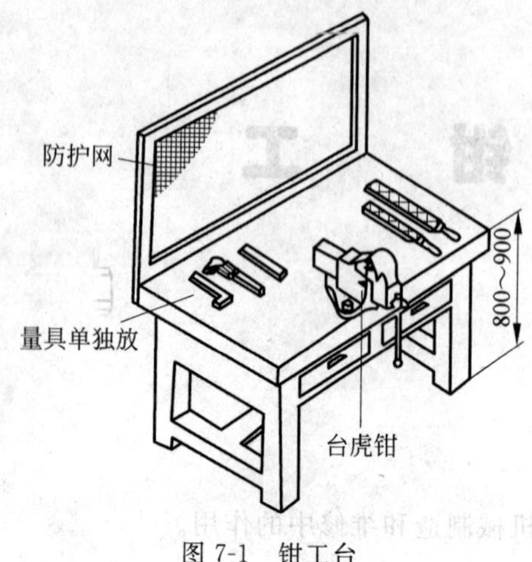

图 7-1 钳工台

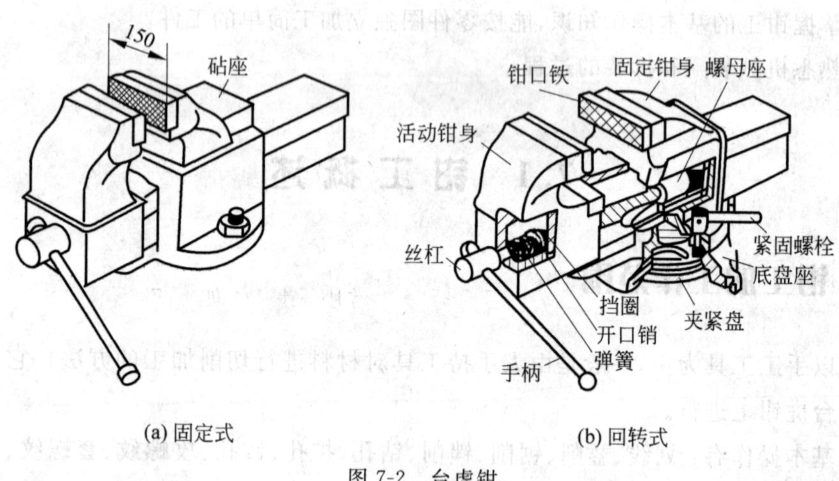

(a) 固定式 (b) 回转式

图 7-2 台虎钳

3. 砂轮机

砂轮机是主要用来磨削各种刀具和工具的设备，如修磨钻头、錾子、刮刀、划规、划针和样冲等，如图 7-3 所示。

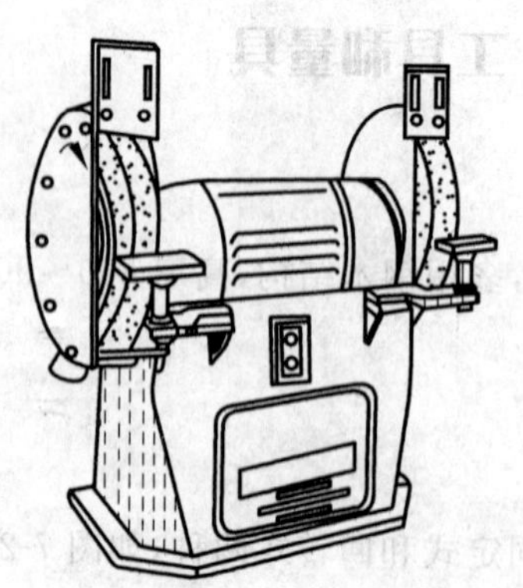

图 7-3 砂轮机

4. 钻床

钻床是主要用来加工各类圆孔的设备。常用的钻床有台式钻床、立式钻床和摇臂钻床，如图 7-4 所示。

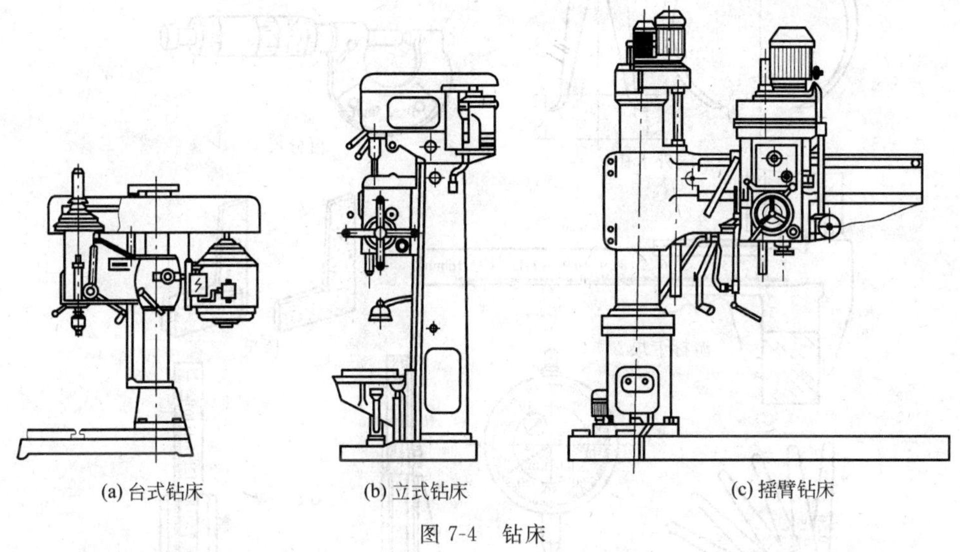

图 7-4 钻床

5. 钳工常用的工具和量具

钳工基本操作中常用的工具，如图 7-5 所示。常用的量具，如图 7-6 所示。

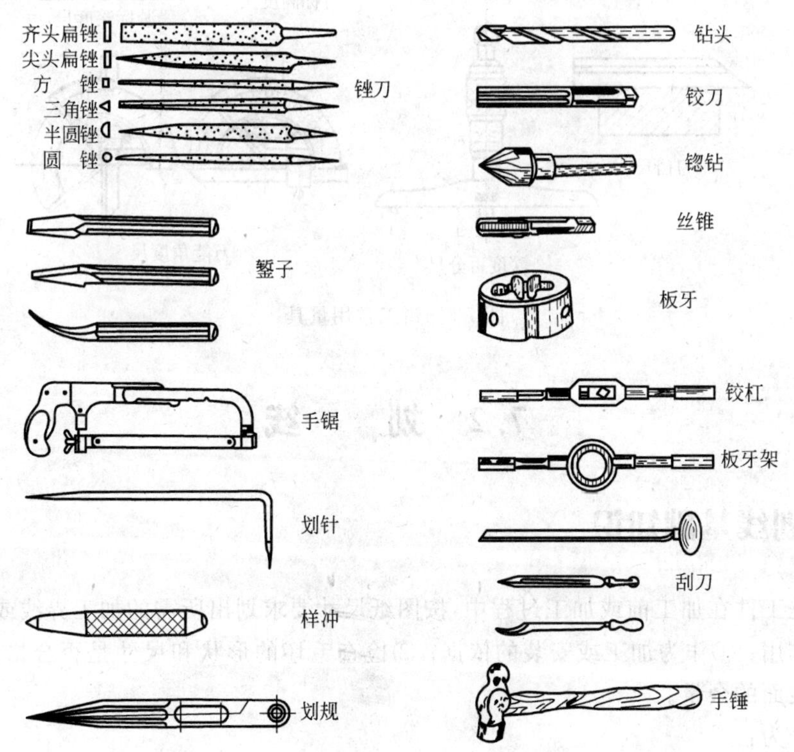

图 7-5 钳工常用工具

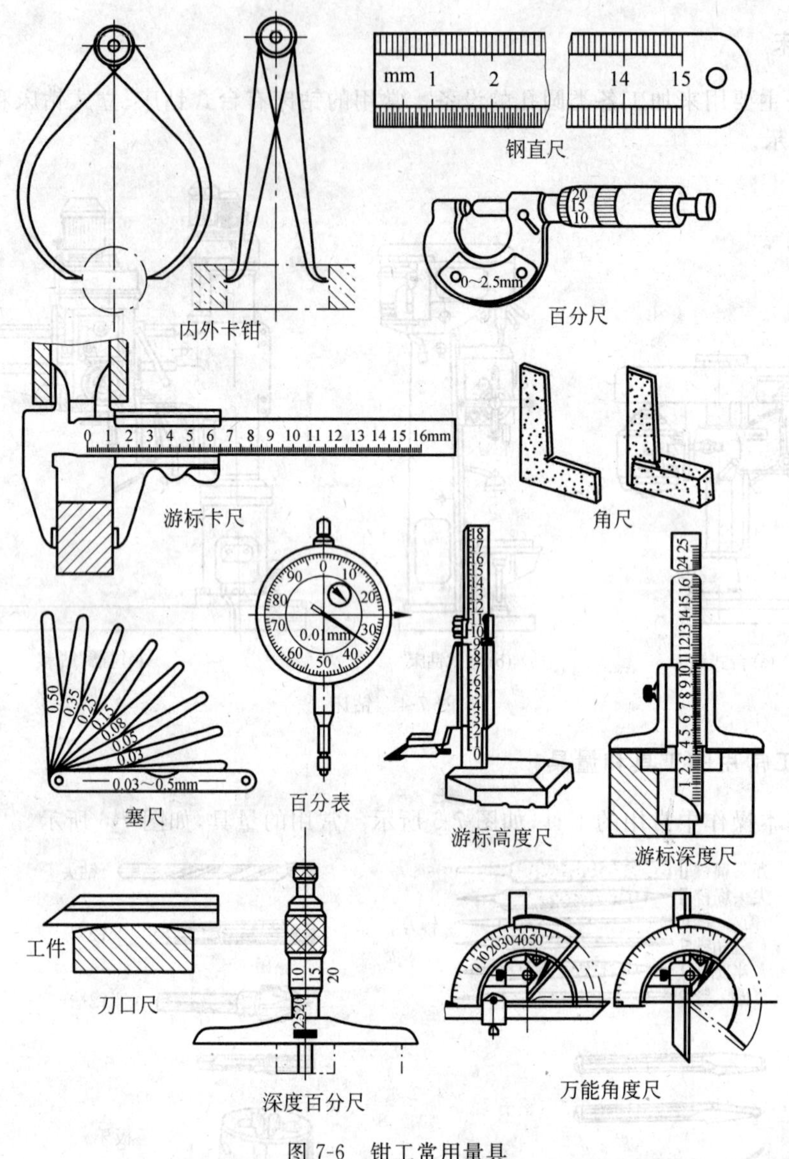

图 7-6　钳工常用量具

7.2 划　　线

7.2.1 划线基础知识

划线是工件在加工前或加工过程中,按图纸尺寸要求划出所需的加工界线或找正线。

划线作用:①作为加工或安装的依据;②检查毛坯的形状和尺寸是否合格;③合理分配各加工表面的余量。

划线分为:

(1) 平面划线——在工件的一个平面上划线,如图 7-7(a)所示。

(2) 立体划线——在工件的几个表面上(即长、宽、高三个方向)划线,如图 7-7(b)所示。

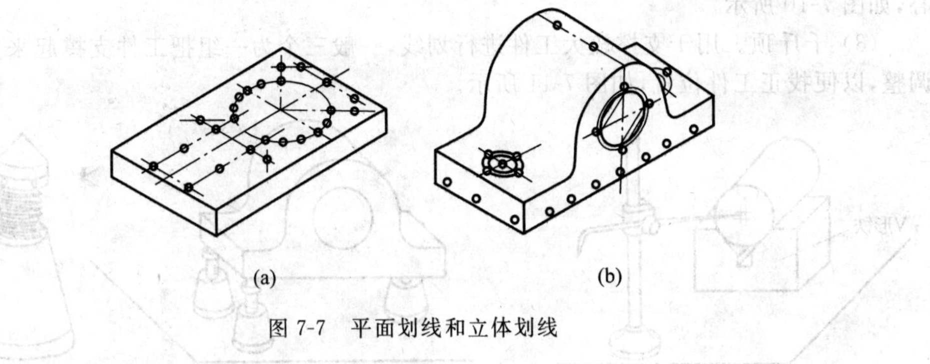

图 7-7 平面划线和立体划线

1. 划线工具及其用途

划线最常用的工具有划线平板、方箱、V 形架、千斤顶、划针、划规、划卡、划线盘、高度尺、游标高度卡尺,样冲等。

1) 基准工具

划线平板是划线的基准工具,如图 7-8 所示。它是用铸铁制成,上表面是划线的基准平面,要求平直、光滑。安装时要平稳牢固;长期不用时,应涂油防锈,并加盖保护。

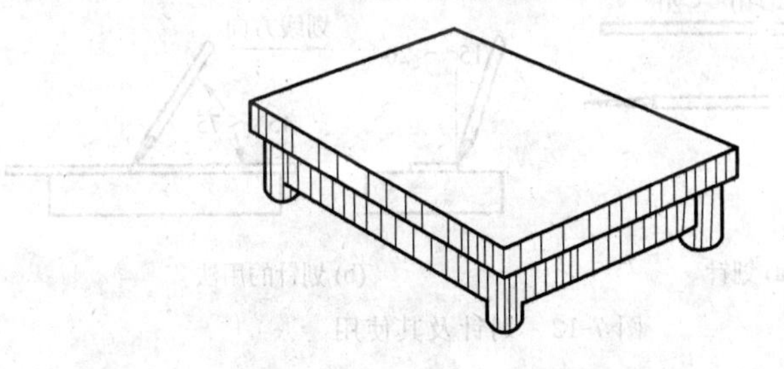

图 7-8 划线平板

2) 支撑工具(夹持工具)

(1) 方箱。用来夹持较小工件,通过在平板上的翻转,可划出相互垂直的线来,如图 7-9 所示。

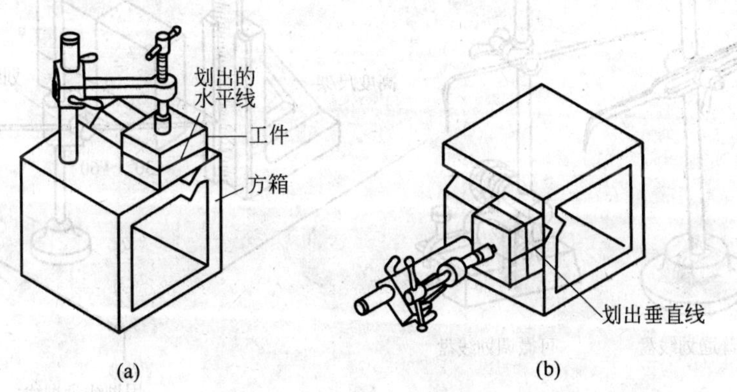

图 7-9 方箱支撑工件

(2) V形铁。用来支撑圆柱形工件，使其轴线与平板平面平行，进行划中心线或找中心，如图 7-10 所示。

(3) 千斤顶。用于支撑较大工件进行划线，一般三个为一组把工件支撑起来，其高度可调整，以便找正工件位置，如图 7-11 所示。

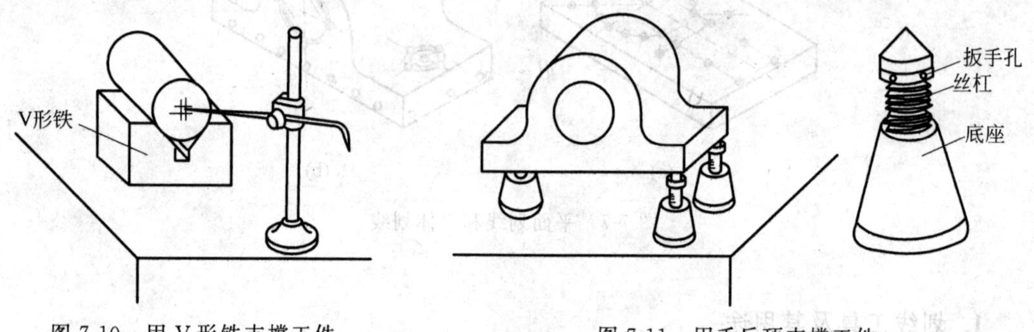

图 7-10　用 V 形铁支撑工件　　图 7-11　用千斤顶支撑工件

3) 划线工具

(1) 划针及划线盘

划针是直接在工件表面上划线的工具，如图 7-12 所示为划针及其用法。划线时用力大小要均匀适宜，一根线条应一次划成。

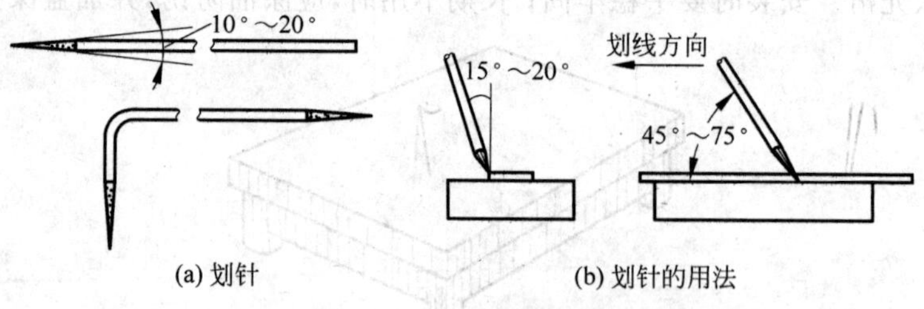

(a) 划针　(b) 划针的用法

图 7-12　划针及其使用

划线盘是用于立体划线和找正工件位置的主要工具，如图 7-13 所示。

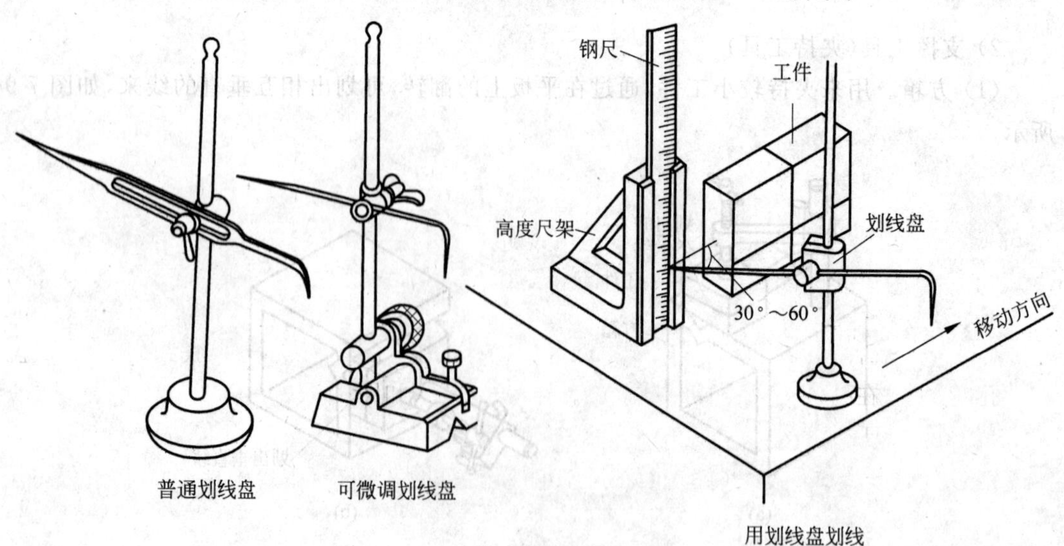

普通划线盘　可微调划线盘　用划线盘划线

图 7-13　划线盘及其使用

(2) 划规和划卡

划规是用来划圆或圆弧、等分线段及量取尺寸的工具，如图 7-14 所示。

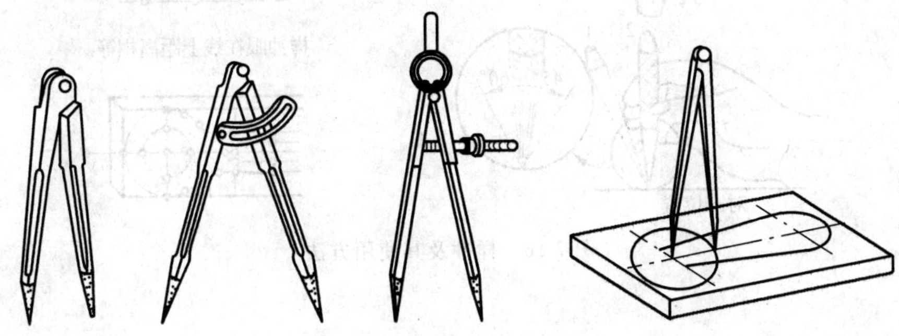

图 7-14 划规的种类及应用

划卡用于确定轴和孔的中心位置，也可用来划平行线，如图 7-15 所示。

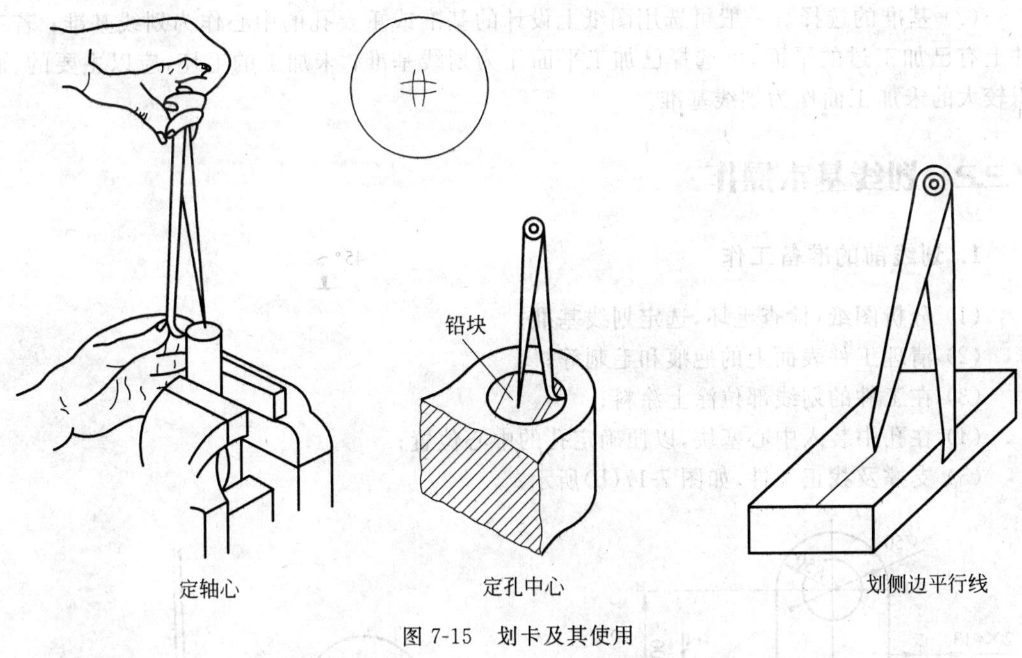

图 7-15 划卡及其使用

(3) 高度游标卡尺

高度游标卡尺是精密工具，用于半成品划线，不允许在毛坯上划线(参见图 4-7(b))。

(4) 样冲

样冲是在工件已划好的线上打出样冲眼的工具，以便在划线模糊后能找到原线的位置。在钻孔前，也应在孔的中心位置打样冲眼。样冲的使用，如图 7-16 所示。

4) 测量工具

钢直尺、直角尺、高度尺(钢直尺和尺座组成，参见图 7-13)及高度游标卡尺等是划线常用的测量工具。

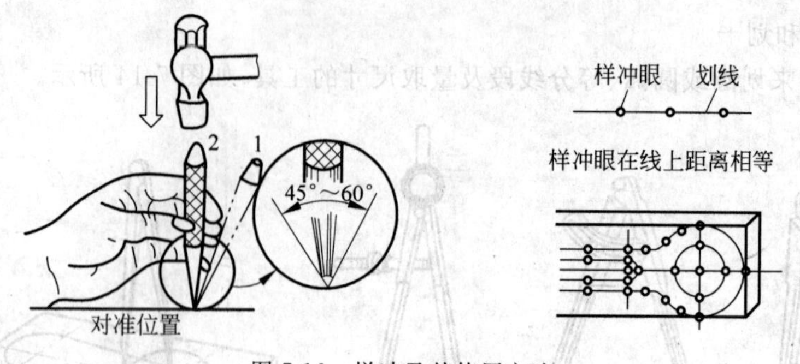

图 7-16　样冲及其使用方法

2. 划线基准的选择

（1）划线基准。划线时，首先选择和确定工件上某个或某些线、面作为划线的依据（即出发点），然后划出其余线，这些线、面就是划线基准。

（2）基准的选择。一般可选用图纸上设计的基准或重要孔的中心作为划线基准；若工件上有已加工过的平面，可选择已加工平面作为划线基准；未加工的毛坯，应以主要的、面积较大的未加工面作为划线基准。

7.2.2 划线基本操作

1. 划线前的准备工作

（1）分析图纸，检查毛坯，选定划线基准；
（2）清理工件表面上的疤痕和毛刺等；
（3）在工件的划线部位涂上涂料；
（4）在孔中装入中心塞块，以便确定孔的中心位置；
（5）支撑及找正工件，如图 7-17(b)所示。

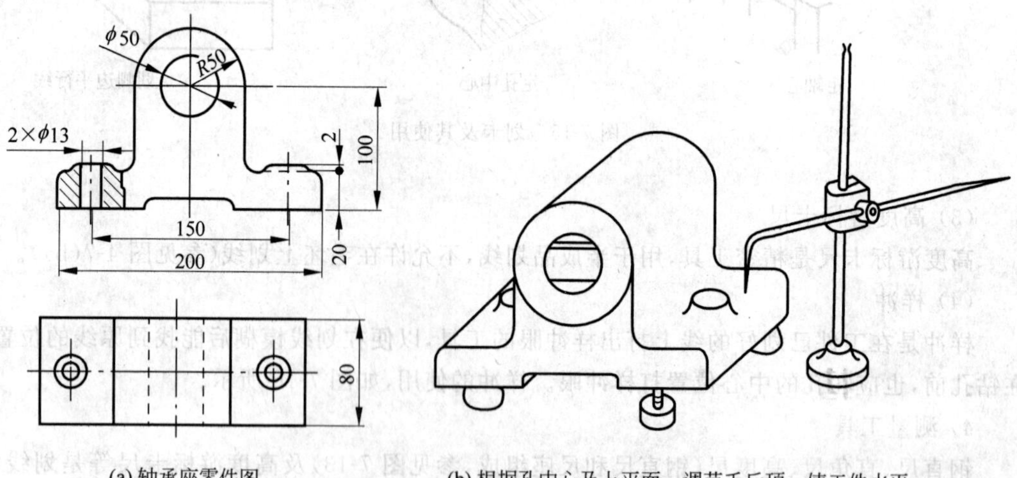

(a) 轴承座零件图　(b) 根据孔中心及上平面，调节千斤顶，使工件水平

图 7-17　立体划线示例

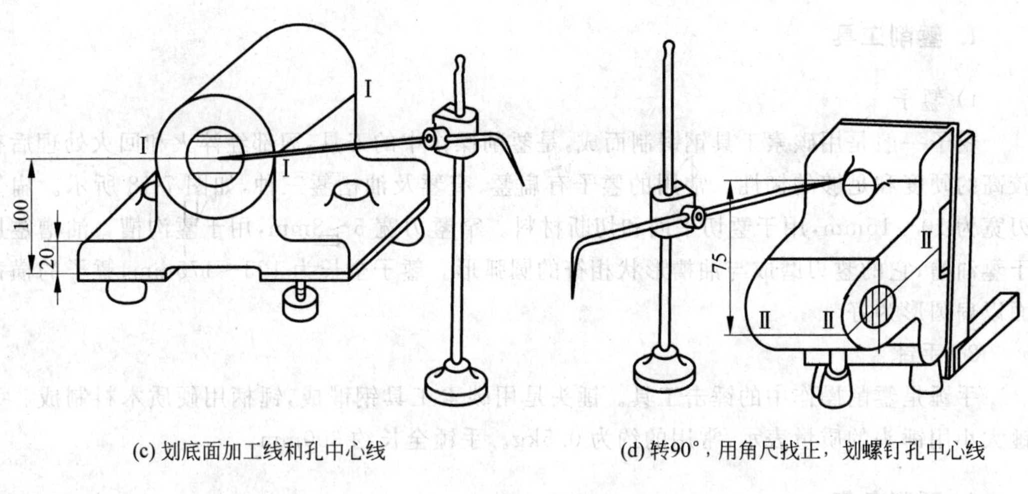

(c) 划底面加工线和孔中心线

(d) 转90°，用角尺找正，划螺钉孔中心线

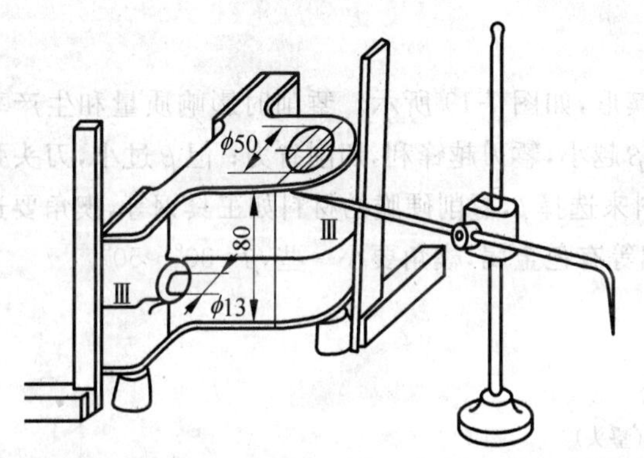

(e) 再翻转90°，用角尺在两个方向找正，划螺钉孔及端面加工线

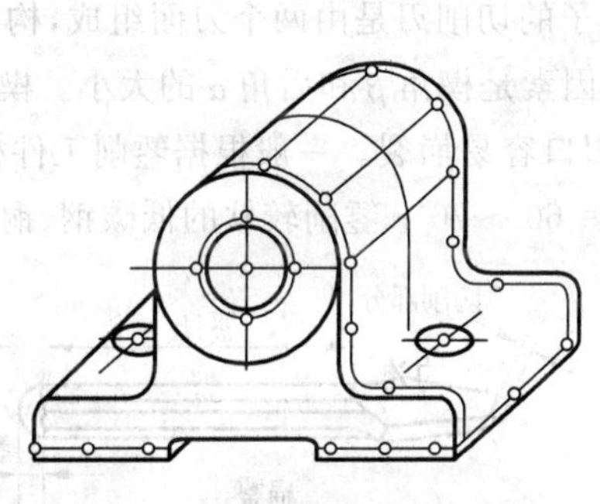

(f) 打样冲眼

图 7-17(续)

2. 划线操作

(1) 划出基准线，再划出与之平行的线，如图 7-17(c)所示；

(2) 翻转工件，找正，划出互相垂直的线，如图 7-17(d)、(e)所示；

(3) 检查划出的线无误后打样冲眼，如图 7-17(f)所示。

7.3 錾 削

7.3.1 錾削基础知识

錾削是用手锤锤击錾子，对金属进行切削加工的操作。錾削用于切除铸、锻件上的飞边，切断材料，加工沟槽和平面等。

1. 錾削工具

1）錾子

錾子一般是用碳素工具钢锻制而成，是錾削操作中的刀具，刃部经淬火和回火处理后有较高的硬度和足够的韧性。常用的錾子有扁錾、窄錾及油槽錾三种，如图 7-18 所示。扁錾刃宽为 10～15mm，用于錾切平面和切断材料。窄錾刃宽 5～8mm，用于錾沟槽。油槽錾用于錾油槽，它的錾刃磨成与油槽形状相符的圆弧形。錾子全长为 125～175mm，錾子的横截面以扁圆形为好。

2）手锤

手锤是錾削操作中的锤击工具。锤头是用碳素工具钢锻成，锤柄用硬质木料制成。手锤大小用锤头的质量表示，常用的约为 0.5kg。手锤全长约 300mm。

2. 錾削角度

錾子的切削刃是由两个刀面组成，构成楔形，如图 7-19 所示。錾削时影响质量和生产率的主要因素是楔角 β 和后角 α 的大小。楔角 β 越小，錾刃越锋利，切削省力；但 β 过小，刀头强度低，刃口容易崩裂。一般根据錾削工件材料来选择 β，錾削硬脆的材料如工具钢等，楔角要选大些，$\beta=60°\sim70°$；錾削较软的低碳钢、铜、铝等有色金属，楔角要小一些，$\beta=30°\sim50°$。

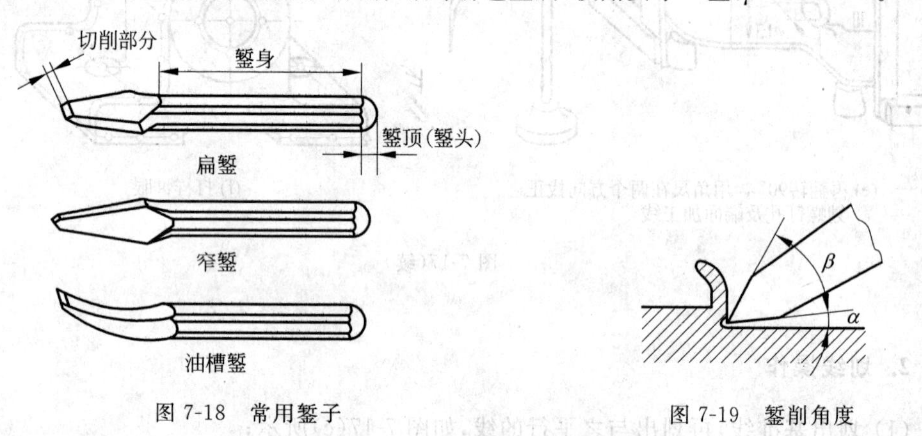

图 7-18 常用錾子

图 7-19 錾削角度

后角 α 的改变将影响錾削过程和工件加工质量，其值大小应适宜，一般在 5°～8° 范围内选取。过大，錾子易轧入工件；过小，錾子易从工件表面滑出。

7.3.2 錾削基本操作

1. 錾子和手锤的握法

錾子用左手中指、无名指和小指松动自如地握持，大拇指和食指自然地接触，錾子头部伸出 20～25mm，如图 7-20(a)所示。

手锤用右手拇指和食指握持，其余各指当锤击时才握紧。锤柄端头伸出 15～30mm，如图 7-20(b)所示。

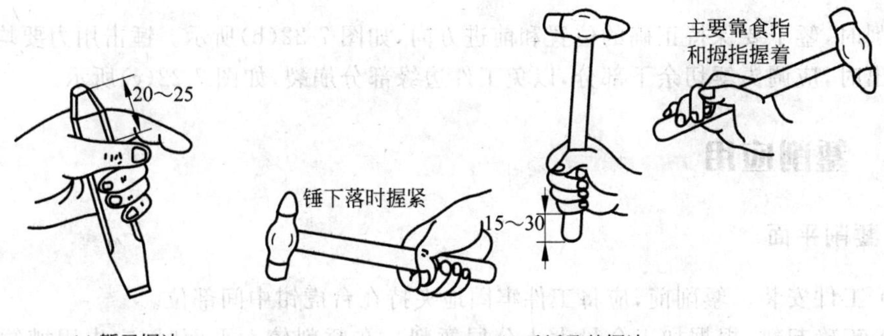

(a) 錾子握法　(b) 手锤及其握法

图 7-20 錾子和手锤的握法

2. 錾削时的姿势

錾削时的姿势应便于用力，不易疲倦，如图 7-21 所示。同时，挥锤要自然，眼睛应注视錾刃，而不是錾头。

图 7-21 錾削时的姿势

3. 錾削过程

起錾时，錾子要握平或将錾子略向下倾斜，以便切入工件，如图 7-22(a)所示。

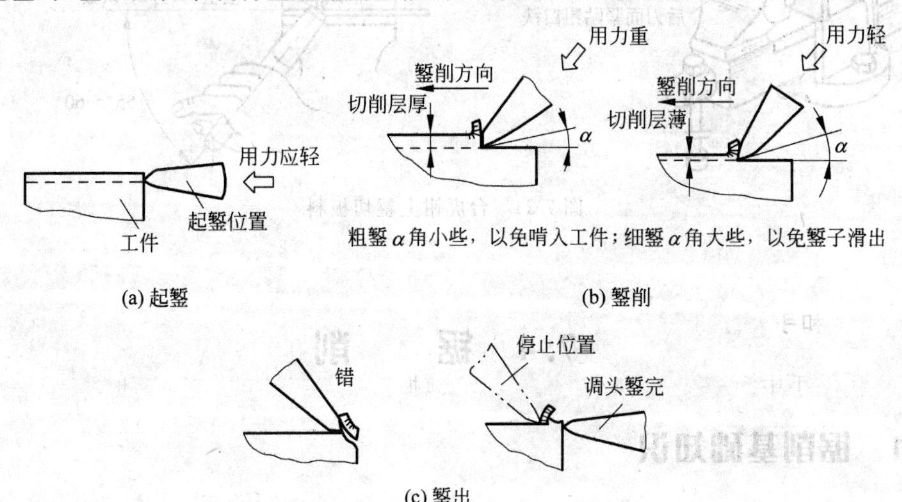

(a) 起錾　(b) 錾削

(c) 錾出

图 7-22 錾削过程

錾削时，錾子要保持正确的位置和前进方向，如图 7-22(b)所示。锤击用力要均匀。

錾出时，应调头錾切余下部分，以免工件边缘部分崩裂，如图 7-22(c)所示。

7.3.3 錾削应用

1. 錾削平面

(1) 工件安装。錾削前，应将工件牢固地夹持在台虎钳中间部位。

(2) 正确起錾，根据加工余量大小分层錾削。在錾削较大平面时，应先用槽錾开槽，然后再用扁錾錾平，如图 7-23 所示。

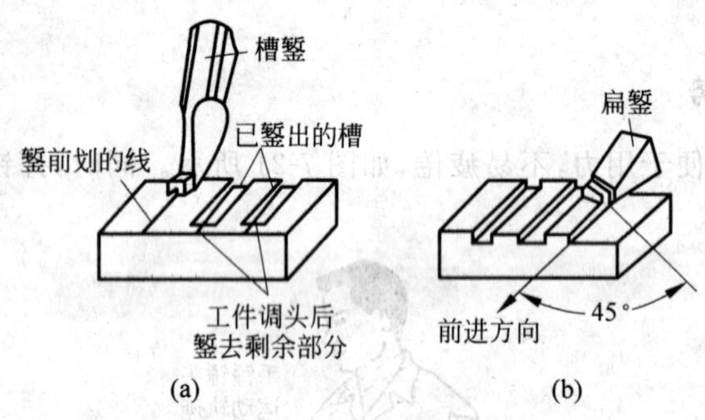

图 7-23 平面錾法

2. 錾断板料

一般 3mm 以下的板料可夹持在台虎钳上錾断，3mm 以上的板料或錾切曲线时，应在砧铁上进行。

在虎钳上錾断小而薄的板料，其操作方法如图 7-24 所示。

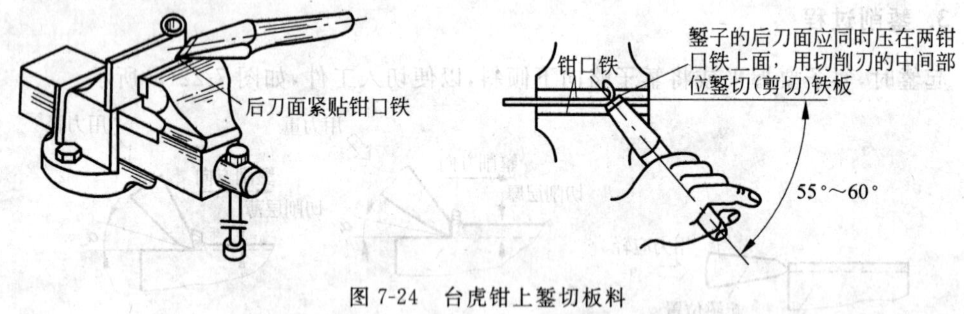

图 7-24 台虎钳上錾切板料

7.4 锯 削

7.4.1 锯削基础知识

锯削是用手锯对材料(或工件)进行切断或切槽的操作。

1. 锯削工具——手锯

手锯是由锯弓和锯条两部分组成，如图 7-25 所示。

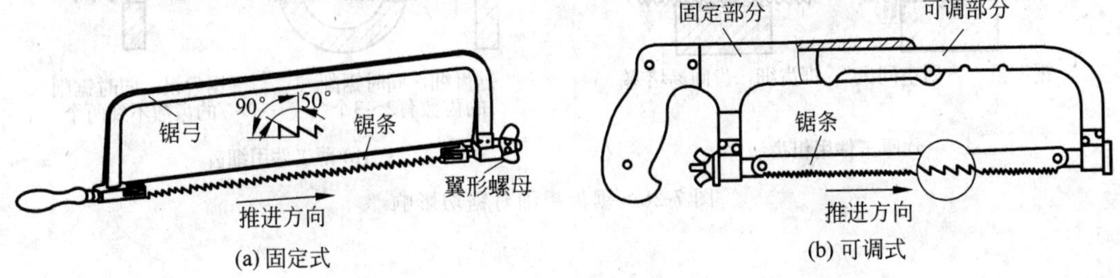

图 7-25 手锯

1）锯弓

锯弓是用来安装和拉紧锯条的工具，有固定式和可调式（常用）两种，如图 7-25 所示。

2）锯条

锯条是用来直接锯削材料或工件的刃具。一般是用碳素工具钢或合金钢制成，经热处理淬硬。常用的锯条规格是长 300mm，宽度 10～25mm，厚度 0.6～1.25mm。

锯条的切削部分由许多均布的锯齿组成，锯齿齿形如图 7-26 所示。全部的锯齿按一定形状左右错开排列（如图 7-27 所示），使手锯在锯削时能减少锯条与锯缝间的摩擦，便于排屑，防止夹锯。

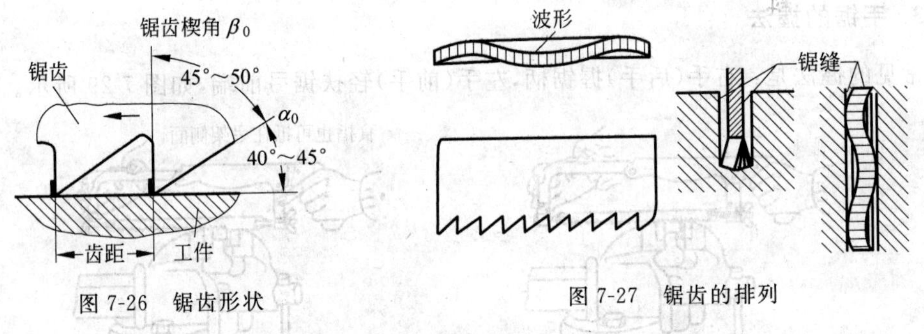

图 7-26 锯齿形状

图 7-27 锯齿的排列

2. 锯条的选择

锯条以锯齿齿距的大小分为粗齿、中齿和细齿。选择锯条时主要根据工件的硬度和厚度或锯削面的形状等条件来确定，如表 7-1 所示。

表 7-1 锯条的齿距及用途

锯齿粗细	齿距/mm	用 途
粗齿	1.6	材料软（如铜、铝等）、切割面积大的厚工件
中齿	1.2	中等硬度的钢、铸铁及中等厚度的工件
细齿	0.8	材料硬（如工具钢等）、切割面积小（如薄臂管子、板材等）的工件

锯条锯齿粗细对锯切的影响如图 7-28 所示。

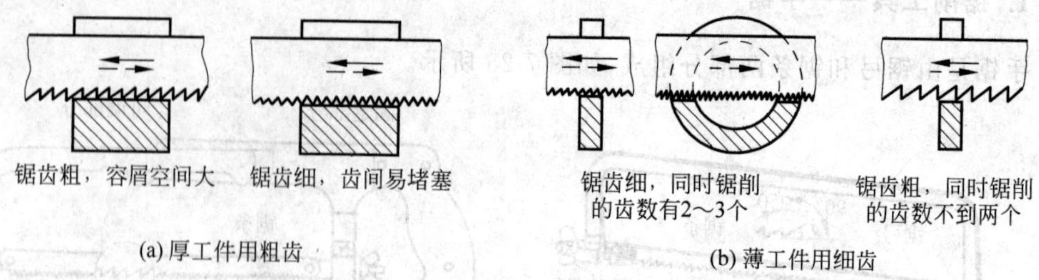

图 7-28 锯齿粗细对锯切影响

7.4.2 锯削基本操作

根据工件材料及厚度选择合适的锯条。

1. 锯条的安装

安装锯条时，要求锯条的齿尖必须朝向前推方向，如图 7-25 所示，以便锯条向前推时起到切削作用。同时，安装松紧程度应适当。

2. 工件安装

工件一般夹持在台虎钳的左侧，锯割线与钳口端面平行，工件伸出部分尽量贴近钳口。

3. 手锯的握法

常见的握法是：右手(后手)握锯柄，左手(前手)轻扶锯弓前端，如图 7-29 所示。

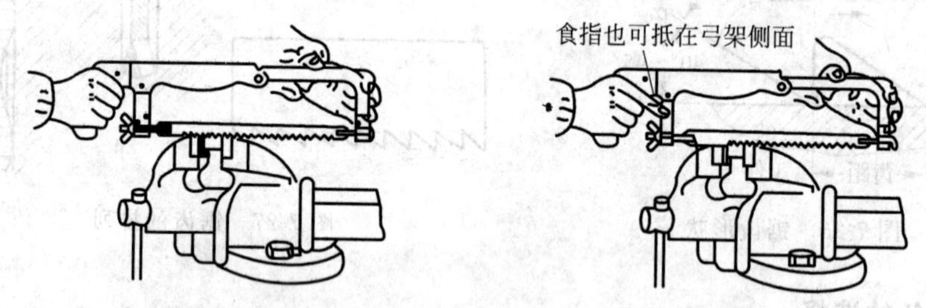

图 7-29 手锯的握法

4. 起锯

起锯时，用左手拇指靠住锯条，起锯角略小于 15°，如图 7-30 所示。若起锯角度过大，锯齿易崩碎；起锯角度太小，锯齿不易切入。

起锯操作时，行程要短，压力要小，速度要慢，起锯角度要正确。

5. 锯削

锯削时，推力和压力主要由右手控制，左手主要是配合右手扶正锯弓，压力不要过大。推锯时为切削行程，应施加压力；向后回拉时不切削，不加压力。锯削速度一般控制为 40～50 次/min 左右为宜。在整个锯削过程中，应充分利用锯条有效长度。

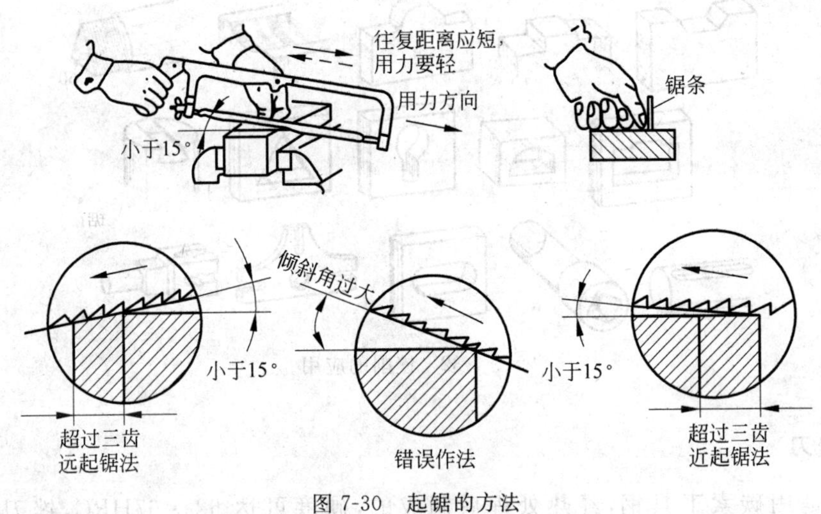

图 7-30 起锯的方法

工件将要锯断时，用力要轻，速度要慢，避免锯断时碰伤手臂或锯条折断。

7.4.3 锯削实例

锯削不同的工件，需采用不同的锯削方法，如图 7-31 所示。

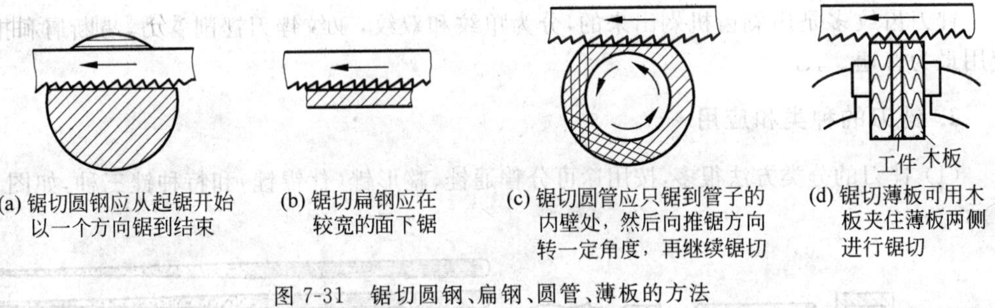

图 7-31 锯切圆钢、扁钢、圆管、薄板的方法

7.5 锉 削

7.5.1 锉削基础知识

锉削是用锉刀对工件表面进行切削加工，使其尺寸、形状、位置和表面粗糙度达到要求的操作方法。多用于錾削或锯削之后。锉削尺寸精度可达到 IT8～IT7，表面粗糙度 Ra 值可达到 0.8μm。

锉削的应用很广，如锉削平面、曲面、内外角度，以及各种复杂形状的表面和锉配等，如图 7-32 所示。

图 7-32 锉削的应用

1. 锉刀

锉刀是用碳素工具钢，经热处理后制成的，硬度可达 62～67HRC，锉刀的结构如图 7-33 所示。

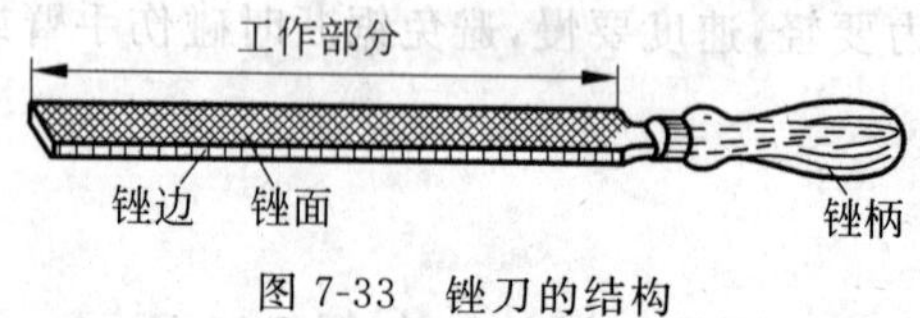

图 7-33 锉刀的结构

锉刀齿纹多是用剁齿机剁出来的，分为单纹和双纹，双纹锉刀锉削省力，易断屑和排屑，应用最为普遍。

2. 锉刀的种类和应用

(1) 锉刀的分类方法很多，按用途可分普通锉、整形锉(什锦锉)和特种锉三种，如图 7-34 所示。

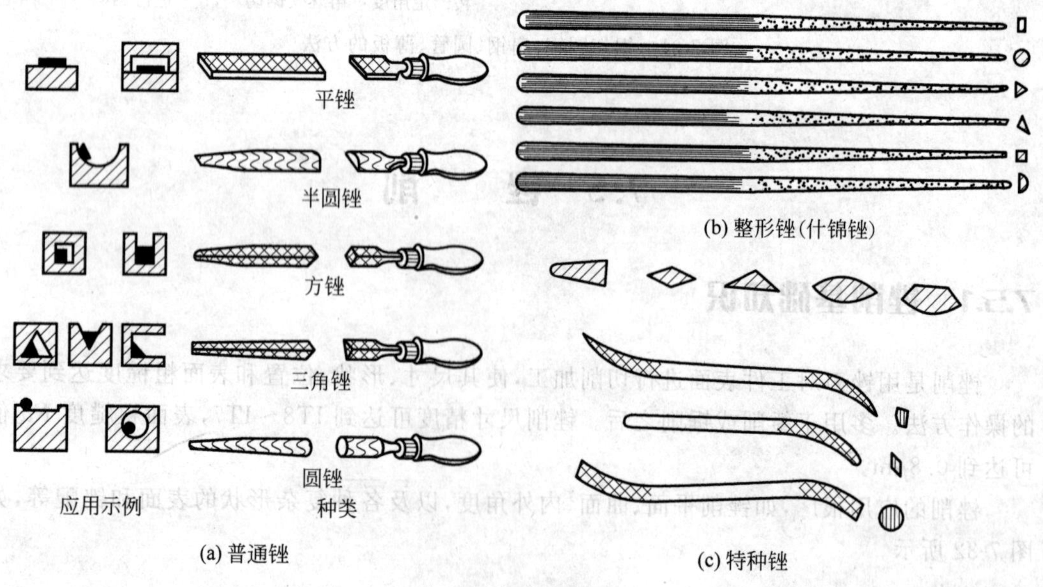

图 7-34 锉刀的种类

普通锉刀适于锉削一般工件表面，按其截面形状的不同可分平锉、方锉、圆锉、半圆锉、三角锉等，如图 7-34(a)所示。

(2) 按其齿纹粗细(以每 10mm 长的锉面上齿数多少)可分为粗锉、中锉、细锉和油光锉等，其特点及应用如表 7-2 所示。

表 7-2 锉齿粗细的划分、特点和用途

锉齿粗细	齿数(10mm 长度内)	特点和应用
粗齿	4～12	齿间大，不易堵塞，适宜粗加工或锉铜、铝等软金属
中齿	13～33	齿间适中，适于粗锉后加工
细齿	30～40	锉光表面或锉硬金属
油光齿	50～62	粗加工后修光表面

3. 锉刀的选择

锉削前，应根据加工材料的软硬、加工余量的大小、加工表面的形状大小及表面粗糙度等要求来选择锉刀。加工余量小于 0.2mm 时，选择细锉刀。

7.5.2 锉削基本操作

1. 工件安装

工件必须牢固地装夹在台虎钳钳口的中间，并略高于钳口。夹持已加工表面时，应在钳口与工件间垫以铜片或铝片。

2. 锉刀握法

锉削时，一般右手握锉柄，左手握住(或压住)锉刀，如图 7-35 所示。

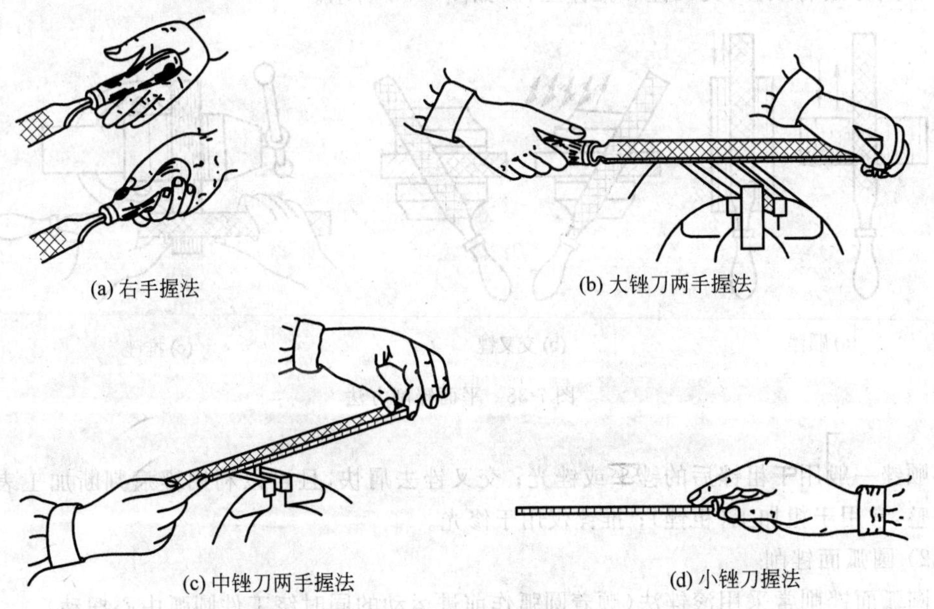
(a) 右手握法 (b) 大锉刀两手握法 (c) 中锉刀两手握法 (d) 小锉刀握法

图 7-35 锉刀的握法

3. 锉削姿势及施力

锉削站立姿势如图 7-36 所示，两手握住锉刀放在工件上，右小臂同锉刀呈一直线，并与锉削面平行；左小臂弯曲与锉面基本保持平行。

锉削时，两手施力变化如图 7-37 所示。锉刀前推时加压并保持水平，返回时不加压力，以减少齿面磨损。

图 7-36　锉削姿势

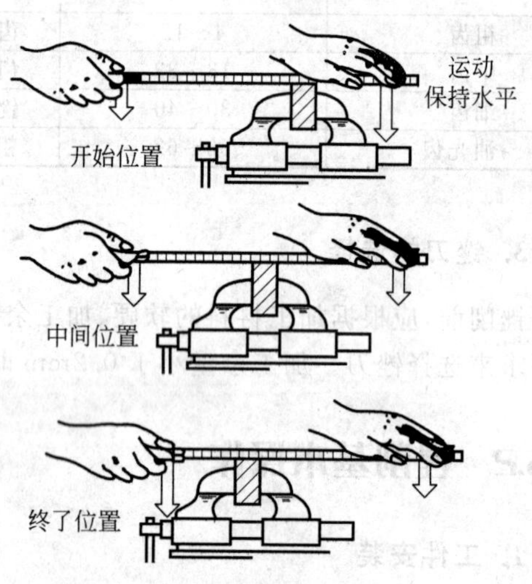

图 7-37　锉平面时的施力图

4. 锉削

1）平面锉削

常用方法有顺锉、交叉锉和推锉三种，如图 7-38 所示。

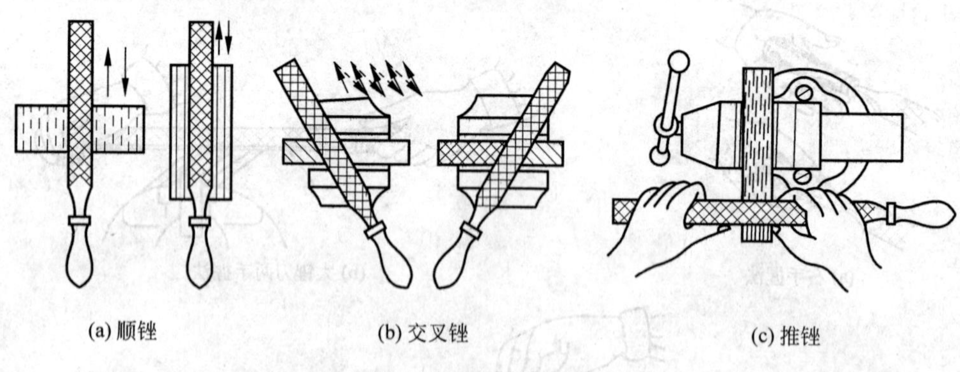

图 7-38　平面锉削方法

顺锉一般用于粗锉后的锉平或锉光；交叉锉去屑快，且可以利用锉痕判断加工表面是否平整，常用于粗加工（粗锉）；推锉仅用于修光。

2）圆弧面锉削

圆弧面锉削常采用滚锉法（顺着圆弧作前进运动的同时绕工件圆弧中心摆动）。

锉削外圆弧面时，锉刀除向前运动外，同时还要沿被加工圆弧面摆动，如图7-39所示。

锉削内圆弧面时，锉刀除向前运动外，锉刀本身还要作一定的旋转和向左或向右的移动，如图7-40所示。

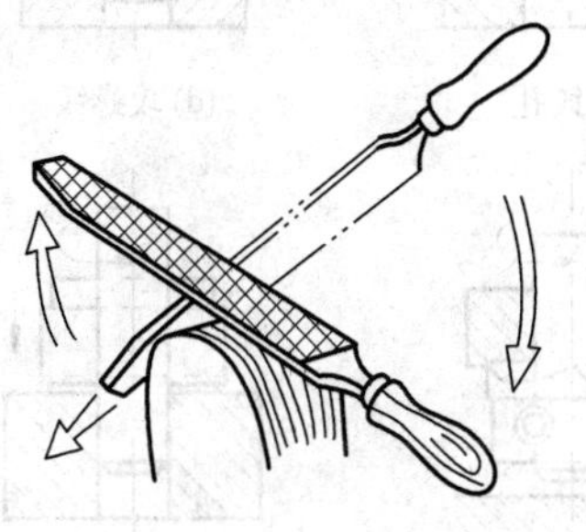
图7-39 外圆弧面锉削

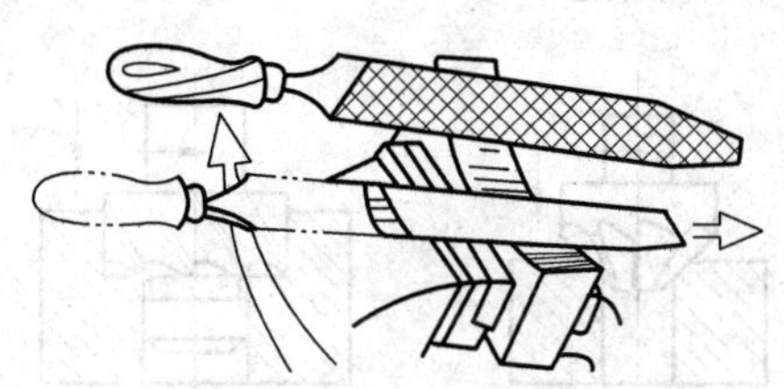
图7-40 内圆弧面锉削

7.5.3 检验

锉削平面后，工件的尺寸可用钢直尺和卡尺检验。工件的平直度及垂直度可用光隙法检验，即用90°角尺根据是否能透过光线来检查，如图7-41所示。

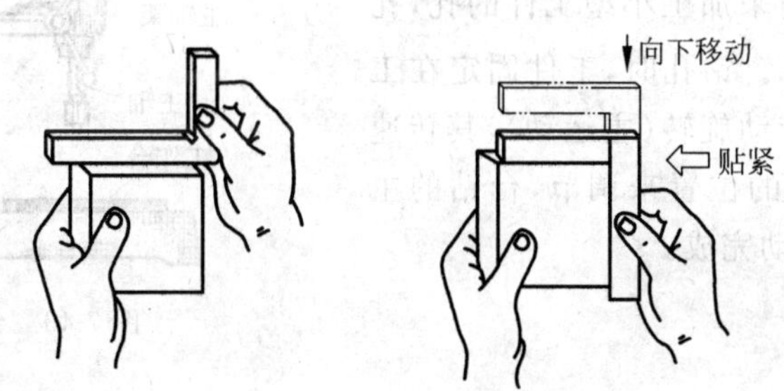

图7-41 检查平直度和垂直度

7.6 钻孔、扩孔、铰孔和锪孔

7.6.1 钻床

机器零件上分布着很多大小不同的孔，其中那些数量多、直径小、精度不很高的孔，都是在钻床上加工出来的。钻床上可以完成的工作很多，如钻孔、扩孔、铰孔、攻螺纹、锪孔和锪凸台等，如图7-42所示。

钻床的种类很多，常用的有台式钻床、立式钻床和摇臂钻床等。

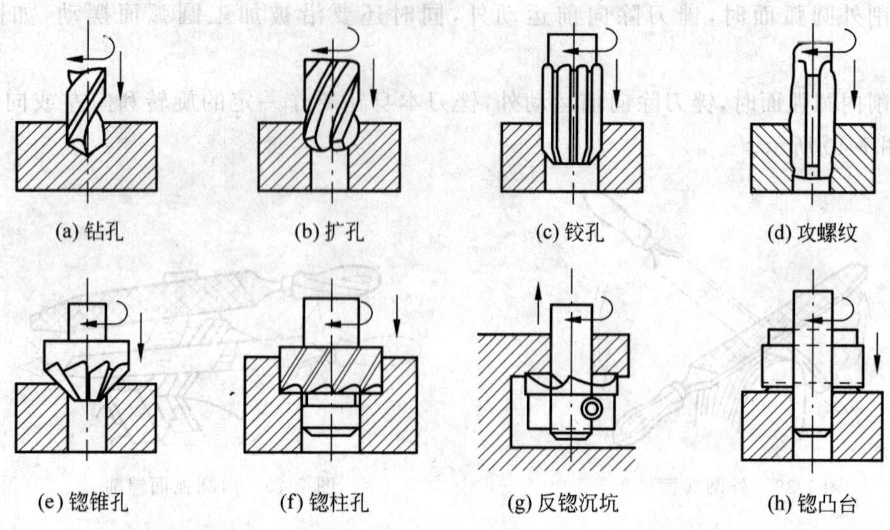

图 7-42 钻床工作

1. 台式钻床

台式钻床简称台钻，如图 7-43 所示。通常安装在台桌上，主要用来加工小型工件的孔，孔的直径最大为 ϕ12mm。钻孔时，工件固定在工作台上，钻头由主轴带动旋转(主运动)，其转速可通过改变三角带轮的位置来调节，台钻的主轴向下进给运动由手动完成。

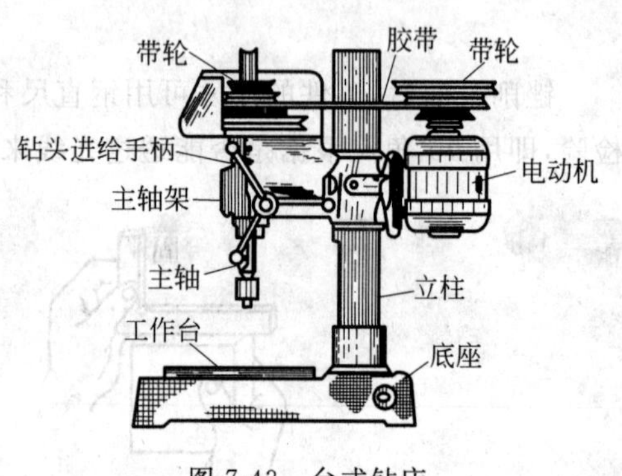

图 7-43 台式钻床

2. 立式钻床

立式钻床简称立钻，如图 7-44 所示。其规格以最大钻孔直径表示，有 25mm、35mm、40mm、50mm 等几种。

立式钻床由机座、工作台、立柱、主轴、主轴变速箱和进给箱组成。主轴变速箱和进给箱分别用以改变主轴的转速和进给速度。钻孔时，工件安装在工作台上，通过移动工件位置使钻头对准孔的中心。加工一个孔后，再钻另一个孔时，必须移动工件。因此，立式钻床主要用于加工中、小型工件上的孔。

3. 摇臂钻床

摇臂钻床的构造如图 7-45 所示。主轴箱安装在能绕立柱旋转的摇臂上，由摇臂带动可沿立柱垂直移动。同时主轴箱可在摇臂上作横向移动。由于上述的运动，可以很方便地调整钻头的位置，以对准被加工孔的中心，而不需要移动工件。因此，适用于单件或成批生产中大型工件及多孔工件上的孔加工。

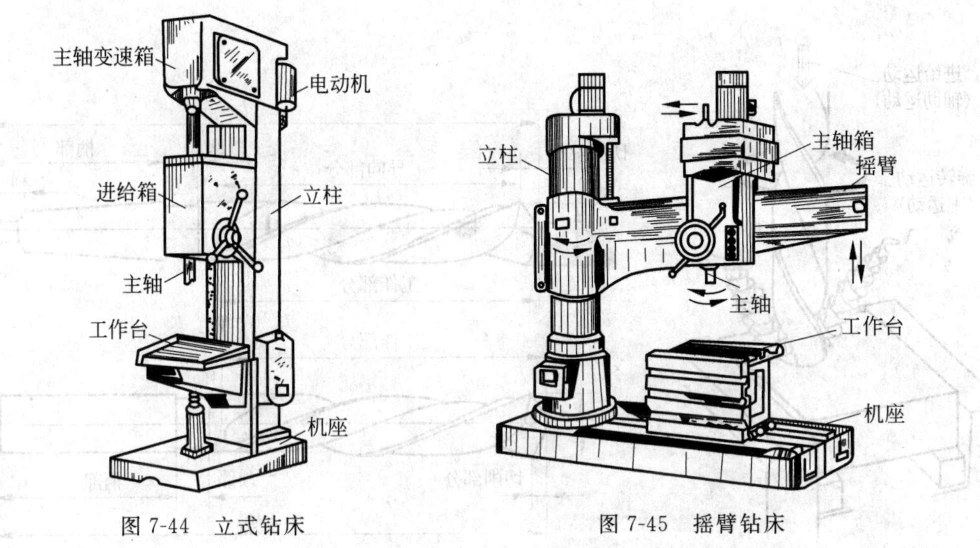

图 7-44 立式钻床　　图 7-45 摇臂钻床

4. 手电钻

手电钻(如图 7-46 所示)常用在不便于使用钻床钻孔的地方。其优点是携带方便,使用灵活,操作简单。

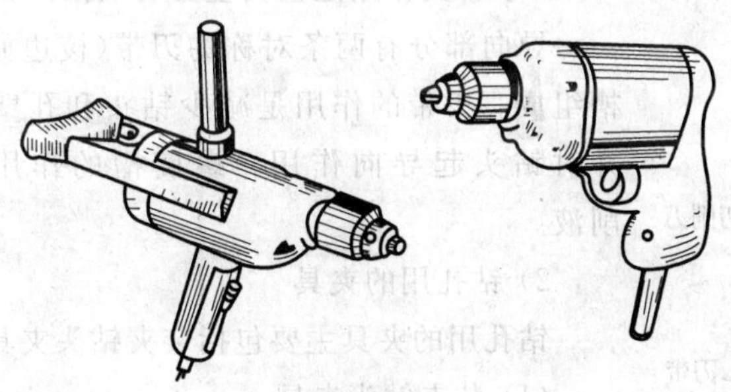

图 7-46 手电钻

7.6.2 钻孔

1. 钻孔基础知识

钻孔是用钻头在实心工件上加工出孔的方法。钻出的孔精度较低,尺寸公差等级一般为 IT14~IT11,表面粗糙度 Ra 值为 50~12.5μm。因此,钻孔属于孔的粗加工。

在钻床上钻孔时,工件一般是固定的,钻头旋转作主运动,同时沿轴线向下作进给运动,如图 7-47 所示。

1) 麻花钻

钻头是钻孔用的切削刀具,种类较多,最常用的是麻花钻,麻花钻的构造如图 7-48 所示。

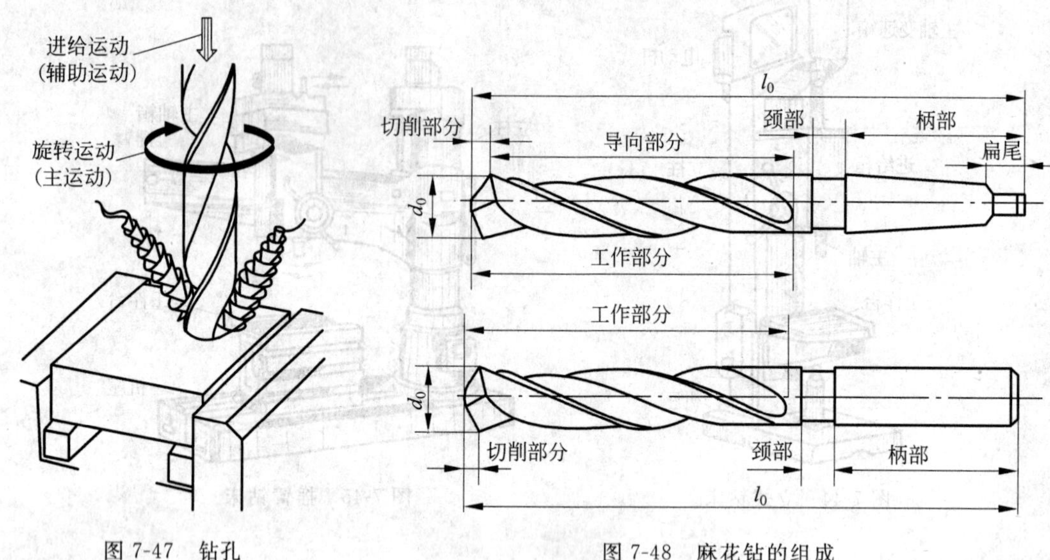

图 7-47　钻孔

图 7-48　麻花钻的组成

柄部是钻头的夹持部分,用于传递扭矩和轴向力。

工作部分包括切削和导向两部分。切削部分由前刀面、后刀面、副后刀面、主切削刃、副切削刃和横刃等组成,如图 7-49 所示。其作用是担负主要切削工作。

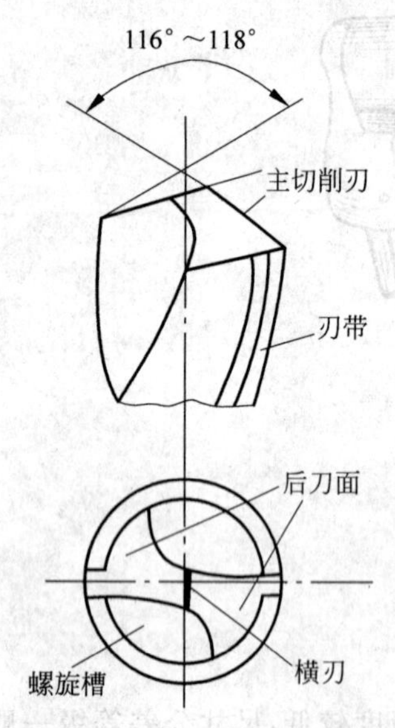

图 7-49　麻花钻切削部分

导向部分有两条对称的刃带(棱边亦即副切削刃)和螺旋槽组成。刃带的作用是减少钻头和孔壁间的摩擦,修光孔壁并对钻头起导向作用。螺旋槽的作用在于排屑和输送切削液。

2) 钻孔用的夹具

钻孔用的夹具主要包括装夹钻头夹具和装夹工件的夹具。

(1) 装夹钻头夹具

装夹钻头夹具常用的是钻夹头和钻套。

钻夹头是用来夹持直柄钻头的夹具,其结构和使用方法如图 7-50 所示。

钻套(过渡套筒)是在钻头锥柄小于机床主轴锥孔时,借助它进行安装钻头,如图 7-51 所示。

(2) 装夹工件夹具

常用的装夹工件夹具有手虎钳、平口钳、压板等,如图 7-52 所示。按钻孔直径、工件形状和大小等合理选择。选用的夹具必须使工件装夹牢固可靠,保证钻孔质量。

薄壁小件可用手虎钳装夹;中小型工件可用平口钳装夹;较大工件用压板和螺栓直接装夹在钻床工作台上。成批或大量生产时,可使用专用夹具安装工件。

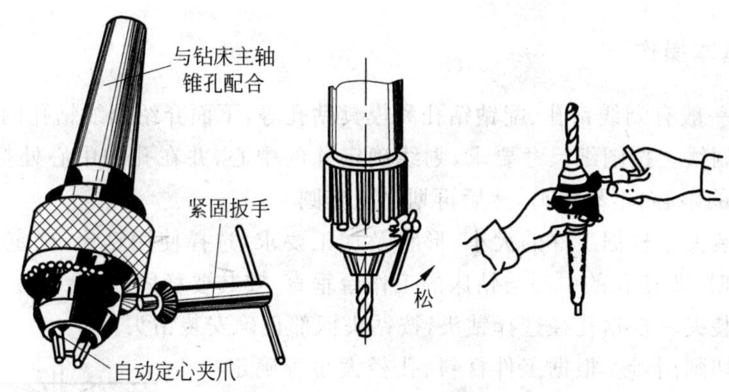

图 7-50 钻夹头及其使用

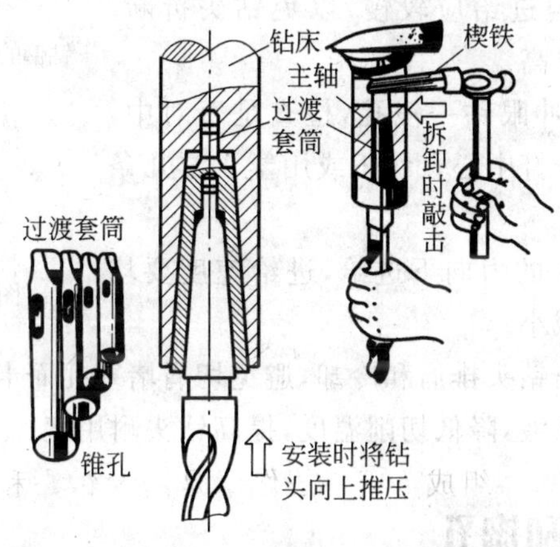

图 7-51 钻套及其应用

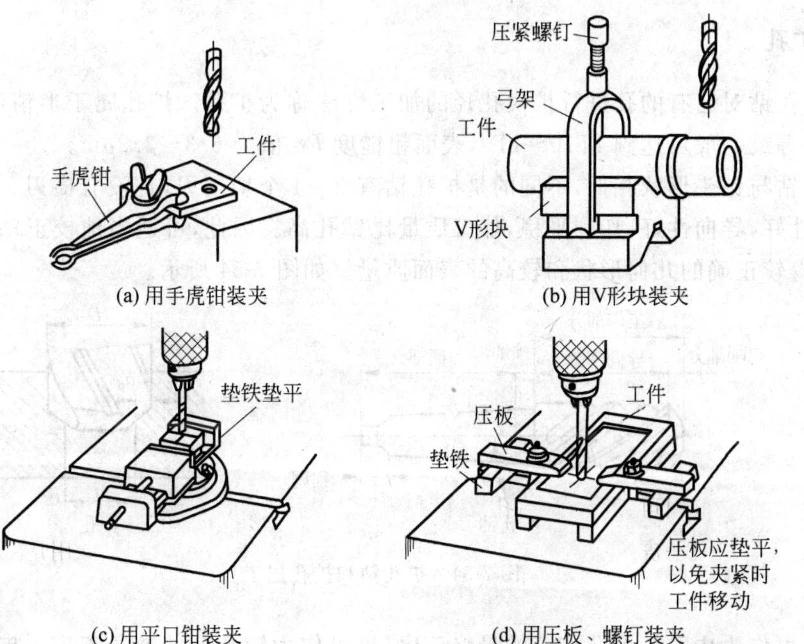

图 7-52 钻孔时工件的安装

2. 钻孔基本操作

钻孔方法一般有划线钻孔、配钻钻孔和模具钻孔等，下面介绍划线钻孔的操作方法。

(1) 工件划线。按图纸尺寸要求，划线确定孔的中心，并在孔的中心处打出样冲眼，使钻头易对准孔的中心，不易偏离，然后再划出检查圆。

(2) 工件装夹。根据工件的大小、形状及加工要求，选择使用钻床，确定工件的装夹方法。装夹工件时，要使孔的中心与钻床的工作台垂直，安装要稳固。

(3) 钻头装夹。根据孔径选择钻头，按钻头柄部正确安装钻头。

(4) 选择切削用量。根据工件材料、孔径大小等确定钻速和进给量。钻大孔时转速要低些，以免钻头过快变钝；钻小孔转速可高些，但进给应较慢，以免钻头折断。钻硬材料转速要低，反之要高。

(5) 钻孔。先对准样冲眼钻一浅孔，检查是否对中，若偏离较多，可用样冲重新打中心孔纠正或用錾子錾几条槽来纠正，如图 7-53 所示。

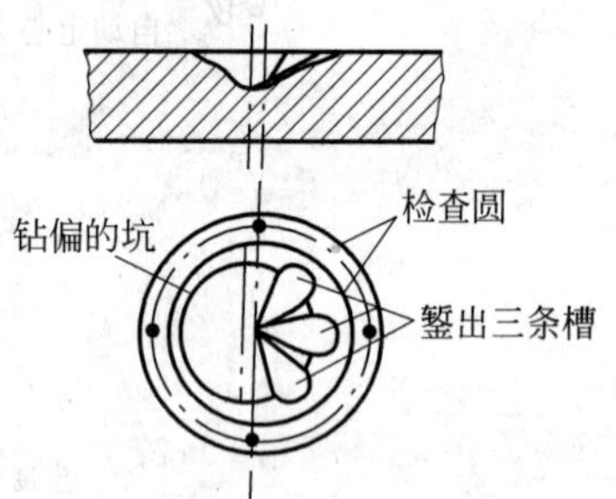

图 7-53 钻偏的纠正方法

开始钻孔时，要用较大的力向下进给，进给速度要均匀，快钻透时压力应逐渐减小。

钻深孔时，要经常退出钻头排屑和冷却，避免切屑堵塞孔而卡断钻头。

钻削过程中，可加切削液，降低切削温度，提高钻头耐用度。

7.6.3 扩孔、铰孔和锪孔

1. 扩孔

用扩孔钻对已有的孔进行扩大孔径的加工方法称为扩孔。扩孔属于半精加工，扩孔后尺寸公差等级一般可达到 IT10～IT9，表面粗糙度 Ra 值为 6.3～3.2μm。

扩孔钻与钻头形状相似，不同的是扩孔钻有 3～4 个切削刃，且没有横刃。扩孔钻的钻芯大，刚性好，导向性好，切削平稳，加工质量比钻孔高。因此，可适当地校正钻孔时的轴线偏差，获得较正确的几何形状和较高的表面质量。如图 7-54 所示。

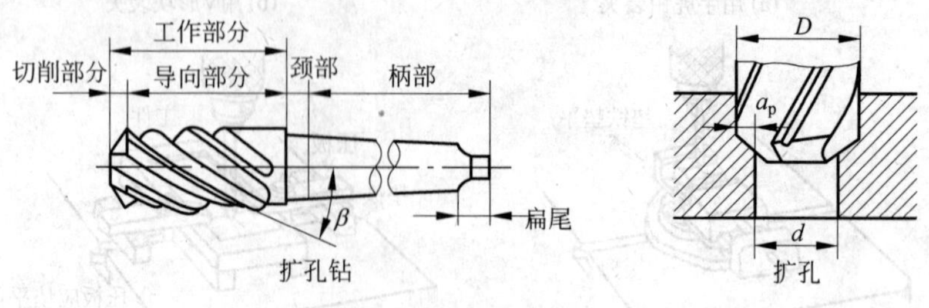

图 7-54 扩孔钻和扩孔加工

扩孔可作为中等精度孔加工的最终工序，也可作为铰孔前的准备工序。扩孔的加工余量一般为 0.5～4mm。

2. 铰孔

用铰刀对已粗加工的孔进行精加工的方法称为铰孔，如图 7-55(a)所示。通过铰孔提高孔的尺寸精度，尺寸公差等级可达 IT7～IT6；表面粗糙度 Ra 值可达 1.6～0.8μm。

1）铰刀和铰杠

铰孔所用刀具是铰刀，如图 7-55(b)、(c)所示。铰刀的工作部分由切削部分和修光部分组成。切削部分成锥形，担负着切削工作。修光部分起着导向和修光作用。铰刀有 6～12 个切削刃，每个切削刃的负荷较轻，刚性和导向性好。

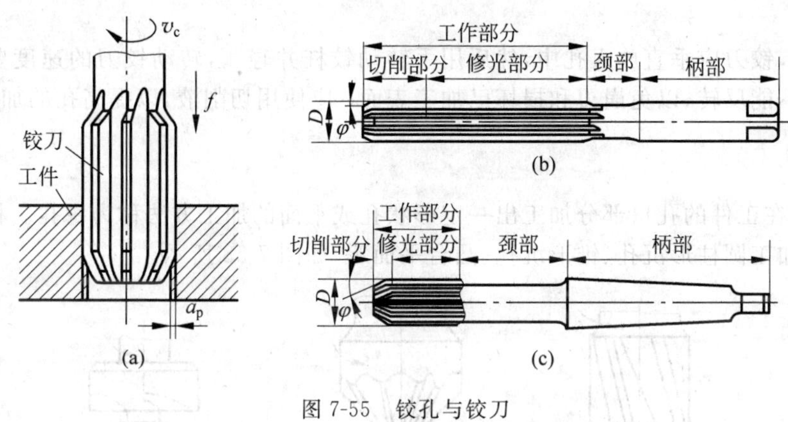

图 7-55 铰孔与铰刀

铰刀有手用铰刀和机用铰刀两种。手用铰刀为直柄，如图 7-55(b)所示，其工作部分较长，导向作用好，易于铰刀导向和切入。机用铰刀多为锥柄，如图 7-55(c)所示，可装在钻床、车床上铰孔，铰孔时选较低的切削速度，并选用合适的切削液。

铰杠是用来夹持手用铰刀的工具，常用有固定式和活动式两种，如图 7-56 所示。活动式铰杠可以转动右边手柄或螺钉，调节方孔大小。

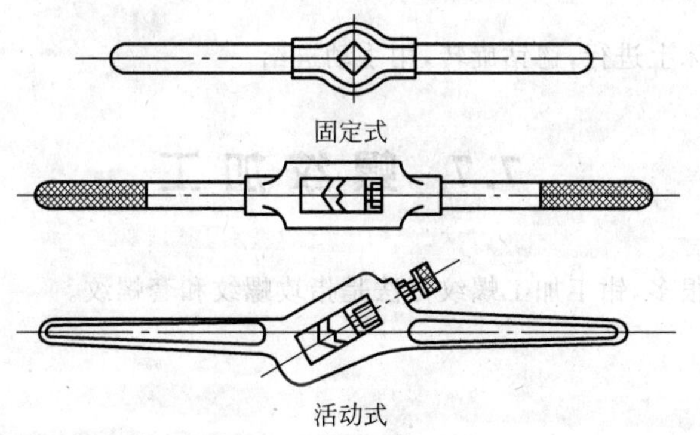

图 7-56 铰杠

2）铰孔基本操作

手铰圆柱孔的步骤如图 7-57 所示。

铰孔前，要合理选择加工余量，一般粗铰时余量为 0.15～0.25mm，精铰时为 0.05～0.15mm。要用百分尺检查铰刀直径是否合适。

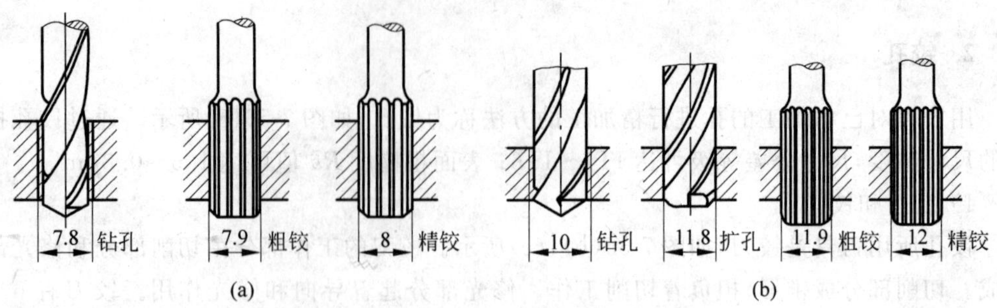

图 7-57 手铰圆柱孔的步骤

铰孔时，铰刀应垂直放入孔中，然后用手转动铰杠并轻压，转动铰刀的速度要均匀。铰削时，铰刀不能反转，以免崩刃和损坏已加工表面；应使用切削液，以提高孔的加工质量。

3. 锪孔

用锪钻在工件的孔口部分加工出一定形状孔或平面的加工方法称为锪孔。根据锪钻形式不同，可加工圆柱形沉孔、锥形沉孔、凸台平面等，如图 7-58 所示。

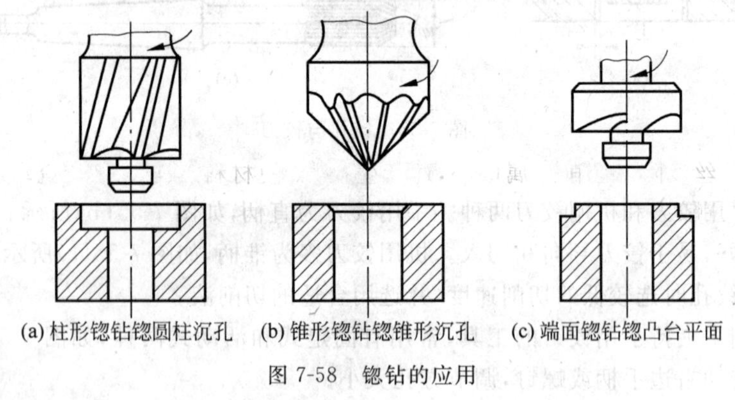

(a) 柱形锪钻锪圆柱沉孔
(b) 锥形锪钻锪锥形沉孔
(c) 端面锪钻锪凸台平面

图 7-58 锪钻的应用

锪孔一般在钻床上进行，锪钻旋转，用手动进给。

7.7 螺纹加工

螺纹加工方法很多，钳工加工螺纹方法是指攻螺纹和套螺纹。

7.7.1 攻螺纹

用丝锥加工内螺纹的方法称为攻螺纹(即攻丝)，如图 7-59 所示。

1. 丝锥和铰杠

(1) 丝锥。丝锥是用来切削内螺纹的工具，分为手用或机用两种，一般是用合金工具钢或高速钢制成，其结构如图 7-60 所示。

丝锥由工作部分和柄部组成。工作部分包括切削部分和校准部分，其上开有几条容屑

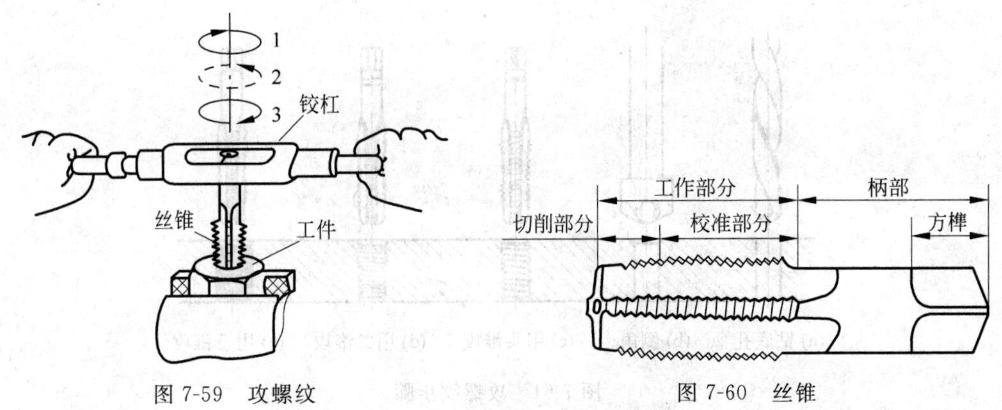

图 7-59 攻螺纹　　图 7-60 丝锥

槽，起容屑和排屑作用。切削部分呈锥形，起主要切削作用。校准部分用于校准和修光切出的螺纹并起导向作用。柄部的方榫用来与铰杠配合传递扭矩。

手用丝锥一般由两支组成一套，分为头锥和二锥。两支丝锥的外径、中径和内径是相等的，只是切削部分的长度和锥角不同。头锥的切削部分长些，锥角小些；二锥的切削部分短些，锥角较大。切不通螺孔时，两支丝锥顺次使用；切通孔螺纹，头锥能一次完成。螺距大于 2.5mm 的丝锥常制成三支一套。

(2) 铰杠。铰杠是用来夹持丝锥并转动丝锥的工具，如图 7-56 所示。

2. 攻螺纹前底孔直径和深度的确定

攻螺纹时，丝锥除了切削金属以外，还产生挤压，使材料向螺纹牙尖流动。如果工件上螺纹底孔直径与螺纹内径相同，那么被挤出的材料将会卡住丝锥甚至使丝锥损坏。加工塑性高的材料时，这种现象很明显。因此，螺纹底孔直径要比螺纹内径稍大些。确定底孔直径可查手册或用经验公式计算：

钢料及塑性材料　$D_0 \approx D-P$

铸铁及脆性材料　$D_0 \approx D-1.1P$

式中，D_0 为底孔直径，mm；D 为内螺纹大径，mm；P 为螺距，mm。

攻不通孔(盲孔)螺纹时，由于丝锥不能攻到底，所以钻孔深度要大于所需螺纹深度，增加的长度约为 0.7 倍的螺纹外径。一般取钻孔深度＝所需螺纹深度＋$0.7D$。

3. 攻螺纹基本操作

攻螺纹的步骤如图 7-61 所示。

(1) 确定螺纹底孔直径，划线，确定螺纹孔的中心，并在孔的中心打出样冲眼，选用合适钻头钻螺纹底孔，如图 7-61(a)所示。

(2) 在孔口两端倒角，以便丝锥切入，防止孔口产生毛边或螺纹牙齿崩裂，如图 7-61(b)所示。

(3) 根据丝锥大小选择合适的铰杠。工件装夹在台虎钳上，应保证螺纹孔轴线与台虎钳钳口垂直。

(4) 用头锥攻螺纹时，将丝锥头部垂直放入孔内。然后用铰杠轻压旋入，如图 7-62(a)所示。待切入工件 1～2 圈后，再用目测或直尺检查丝锥是否垂直，如图 7-62(b)所示。继续转动，直至切削部分全部切入后，就用两手平稳地转动铰杠，这时可不加压力而旋到底。为了避免切屑过长而缠住丝锥，每转 1～2 转后要轻轻倒转 1/4 转，以便断屑和排屑，如图 7-59 所示。

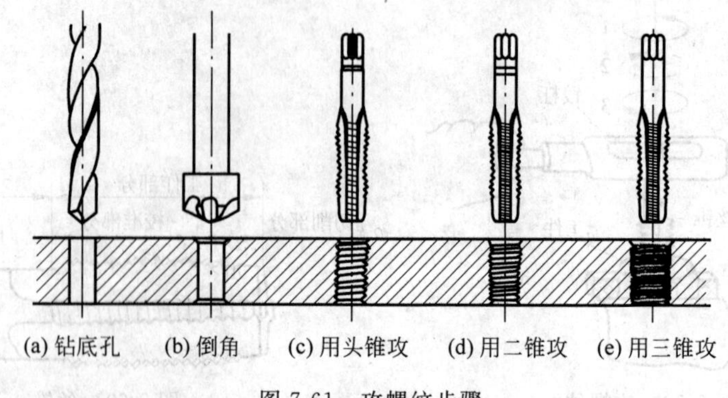

图 7-61 攻螺纹步骤

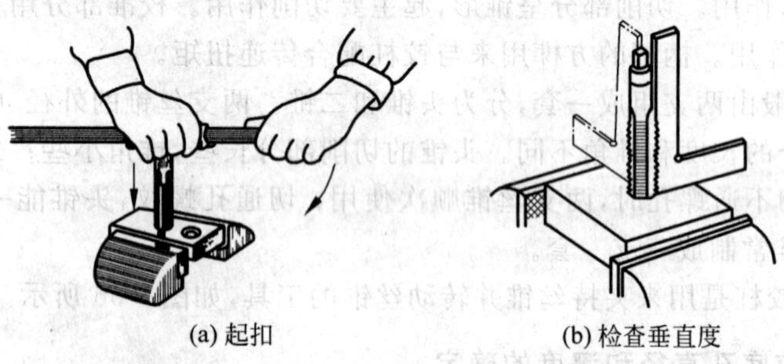

图 7-62 起扣方法

(5) 用二锥攻螺纹时，先用手指将丝锥旋进螺纹孔，然后再用铰杠转动，旋转铰杠时不需加压。

(6) 攻螺纹时，可根据情况加切削液，以减少摩擦，提高螺纹加工质量。

在钢料上攻螺纹时，要加浓乳化液或机油。在铸铁件上攻螺纹时，可加些煤油。

7.7.2 套螺纹

用板牙在外圆柱上加工外螺纹的操作称为套螺纹(即套扣)。

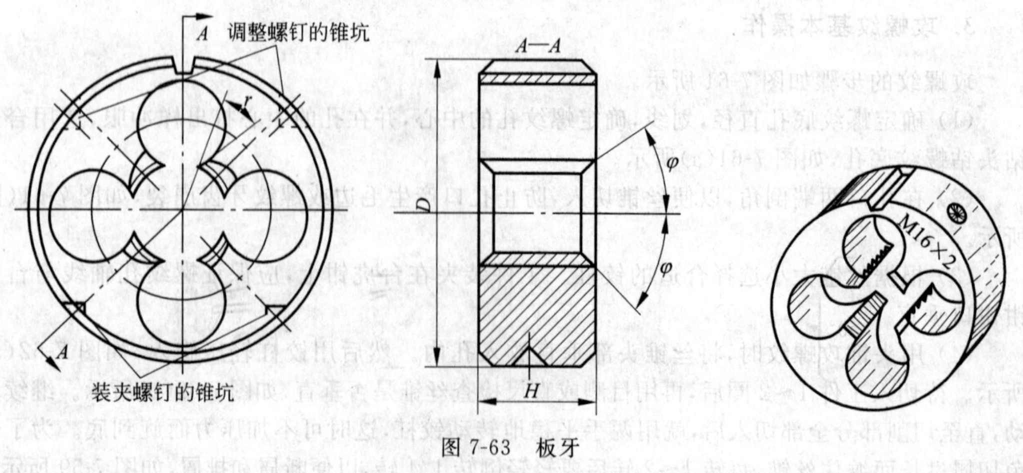

图 7-63 板牙

1. 板牙和板牙架

(1) 板牙是加工外螺纹的一种刀具，由高速钢或碳素工具钢制成，其结构形状似螺母，如图 7-63 所示。

板牙只是在靠近螺纹外径处钻了 3～8 个排屑孔，并形成了切削刃。板牙由切削部分、校正部分和排屑孔组成。板牙两端面带有 2φ 锥角的部分是切削部分，起切削作用。中间一段是校准部分，也是套螺纹的导向部分。板牙的外圆有四个锥坑，两个用于将板牙夹持在板牙架内并传递扭矩；另外两个相对板牙中心有些偏斜，当板牙磨损后，可沿板牙 V 形槽锯开，拧紧板牙架上的调节螺钉，可使板牙螺纹孔作微量缩小，以补偿磨损的尺寸。

(2) 板牙架是夹持板牙并带动板牙转动的工具，如图 7-64 所示。

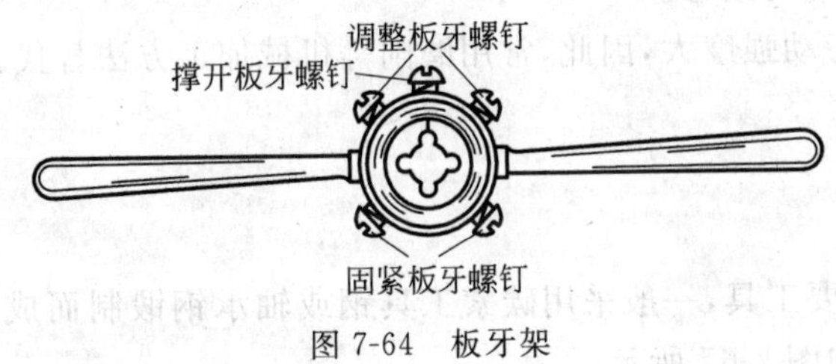

图 7-64 板牙架

2. 套螺纹前圆杆直径的确定

套螺纹和攻螺纹的切削过程类似，工件材料也将受到挤压而凸出，因此圆杆的直径应比螺纹外径小些。但也不易过小，太小套出的螺纹牙型不完整。确定圆杆直径可用经验公式计算：

$$D_0 = D - 0.13P$$

式中，D_0 为圆杆直径，mm；D 为螺纹大径，mm；P 为螺距，mm。

3. 套螺纹基本操作

(1) 确定圆杆直径，并在圆杆端部倒角，使板牙易对准工件的中心并易切入，如图 7-65 所示。

(2) 工件装夹。用 V 形块衬垫或厚软金属衬垫将圆杆牢固装夹在台虎钳上。圆杆轴线应与钳口垂直，同时，圆杆套螺纹部分不要离钳口过长。

(3) 将装有板牙架的板牙套在圆杆上，始终保证板牙端面与圆杆轴线垂直。

(4) 套螺纹。开始转动板牙架要稍加压力，当板牙已切入圆杆后，不再加压，只需均匀旋转。为了断屑，要常反转，如图 7-66 所示。

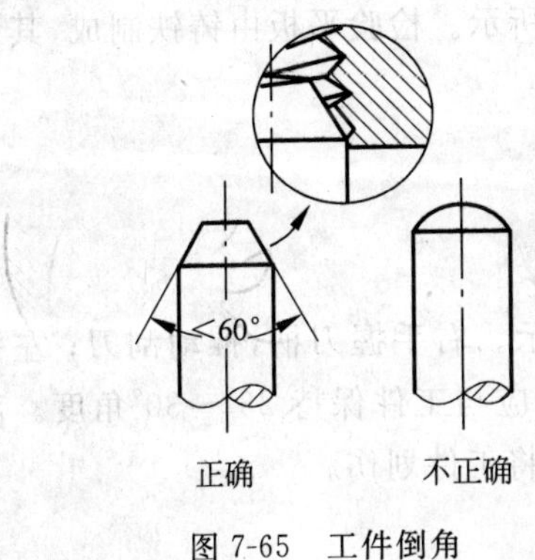

图 7-65 工件倒角

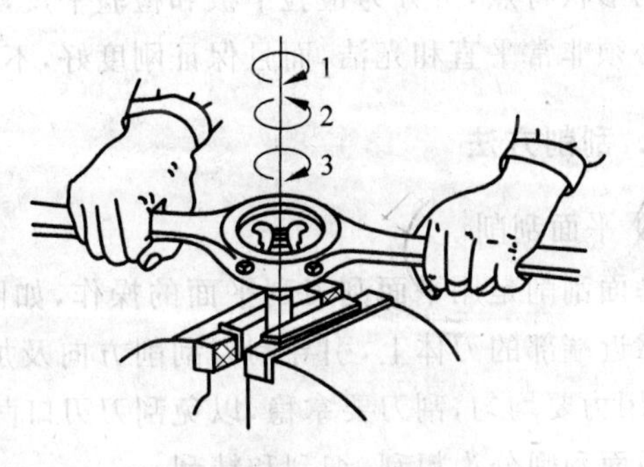

图 7-66 套螺纹

(5) 套螺纹时,也应根据工件材料用切削液冷却和润滑。

7.8 刮削和研磨

7.8.1 刮削

用刮刀从已加工表面上刮去一层薄金属,以提高工件的加工精度、降低工件表面粗糙度的操作称为刮削。刮削属于精加工,常用于零件相互配合的重要滑动表面(如机床导轨、滑动轴承等),以便彼此均匀接触。

刮削生产率低,劳动强度大,因此,常用磨削等机械加工方法替代。

1. 刮削工具

1) 刮刀

刮刀是刮削的主要工具,一般采用碳素工具钢或轴承钢锻制而成。常用的有平面刮刀和曲面刮刀两大类,如图 7-67 所示。

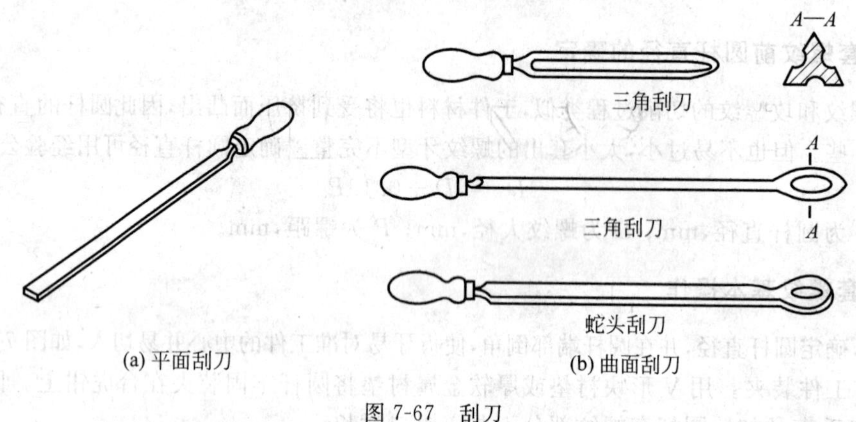

图 7-67 刮刀

2) 校准工具

校准工具也称为研具,它是用来推磨研点及检验刮削面准确性的工具。根据被检工件表面的形状特点,可分为检验平板和检验平尺,如图 7-68 所示。检验平板由铸铁制成,其工作面必须非常平直和光洁,而且保证刚度好,不变形。

2. 刮削方法

1) 平面刮削

平面刮削是用平面刮刀刮平面的操作,如图 7-69 所示。右手握刀柄,推动刮刀;左手放在靠近端部的刀体上,引导刮刀刮削方向及加压。刮刀应与工件保持 25°～30°角度。刮削时,用力要均匀,刮刀要拿稳,以免刮刀刃口两端的棱角将工件划伤。

平面刮削分为粗刮、细刮和精刮。

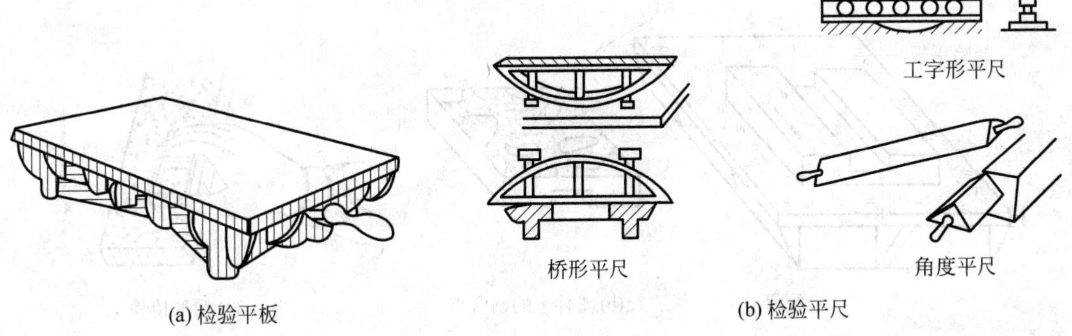

图 7-68 校准工具

(1) 粗刮。工件表面粗糙、有锈斑或余量较大时(0.1～0.05mm),应先用刮刀将其全部粗刮一次,使表面较为平滑。粗刮用长刮刀,施较大的压力,刮削行程较长,刮去的金属多。粗刮刮刀的运动方向与工件表面机械加工的刀痕方向约成45°角,各次交叉进行,直至刀痕全部刮除为止,如图 7-70 所示。

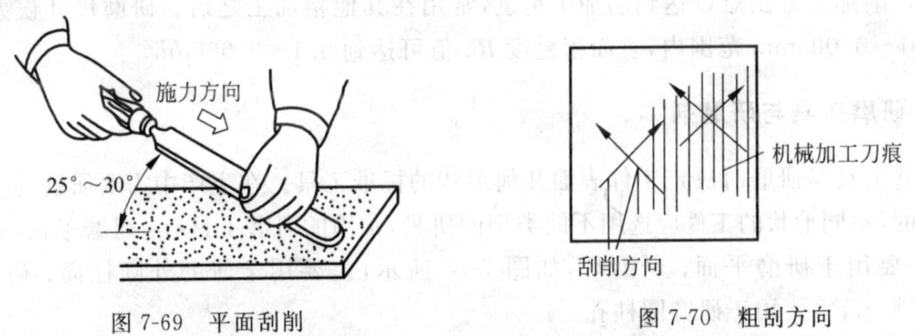

图 7-69 平面刮削

图 7-70 粗刮方向

(2) 细刮和精刮。细刮和精刮是用短刀进行短行程和施小压力的刮削。它是将粗刮后的贴合点逐个刮去,并经过反复多次刮削,使贴合点的数目逐步增多,直到满足为止。

2) 曲面刮削

曲面刮削常用于刮削内曲面,如某些要求较高的滑动轴承的轴瓦、衬套等为了得到良好的配合,也要进行刮削。用三角形刮刀刮轴瓦的示例如图 7-71 所示。曲面刮削后也需进行研点检查。

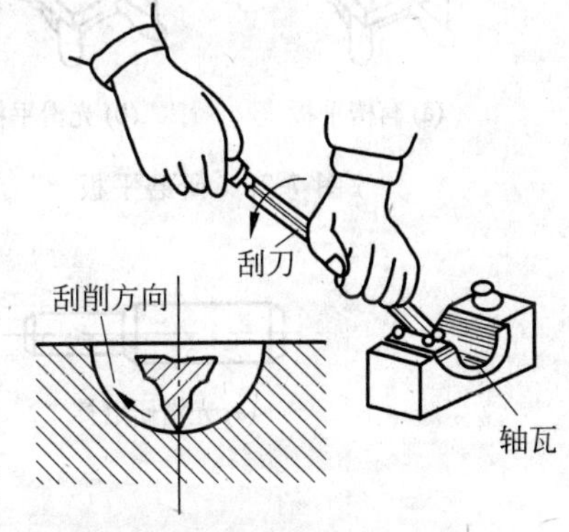

图 7-71 曲面刮削

3. 刮削质量的检验

刮削表面的精度通常是以研点法来检验,如图 7-72 所示。先将工件刮削表面擦净,并均匀地涂上一层很薄的红丹油,然后与校准工具(如检验平板等)相配研,如图 7-72(a)所示。工件表面上的高点经配研后,会磨去红丹油而显出亮点(即贴合点),如图 7-72(b)所示。

刮削表面的精度是以在 25mm×25mm 的面积内,贴合点的数量与分布稀疏程度来表示的,如图 7-72(c)所示。普通机床导轨面为 8～10 点,精密机床导轨面为 12～15 点。

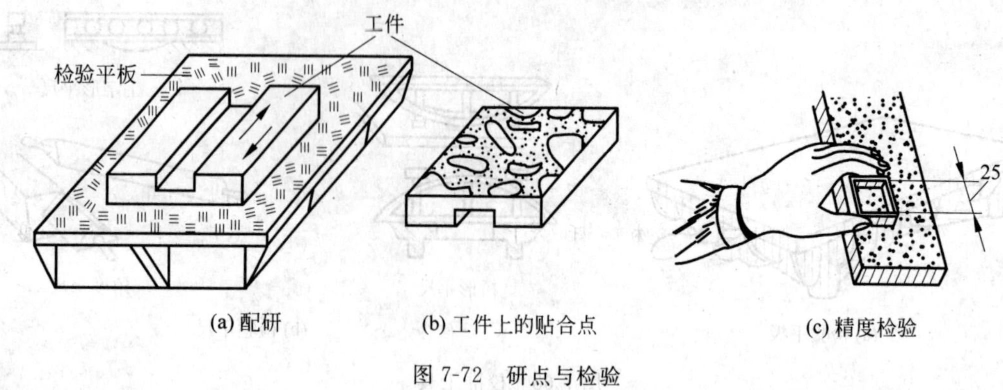

图 7-72 研点与检验

7.8.2 研磨

研磨是用研磨工具及研磨剂从工件表面磨掉极薄一层金属的精密加工方法。研磨可达到其他切削加工方法难以达到的加工精度，常用在其他精加工之后。研磨尺寸误差可控制在 0.001～0.005mm 范围内，表面粗糙度 Ra 值可达到 0.1～0.008μm。

1. 研磨工具与研磨剂

研磨工具是研磨时决定工件表面几何形状的标准工具。在生产中需要研磨的工件是多种多样的，不同形状的工件应选用不同类型的研具，常用的研磨工具有：研磨平板，如图 7-73 所示，主要用于研磨平面；研磨环，如图 7-74 所示，主要用于研磨外圆柱面；研磨棒，如图 7-75 所示，主要用于研磨圆柱孔。

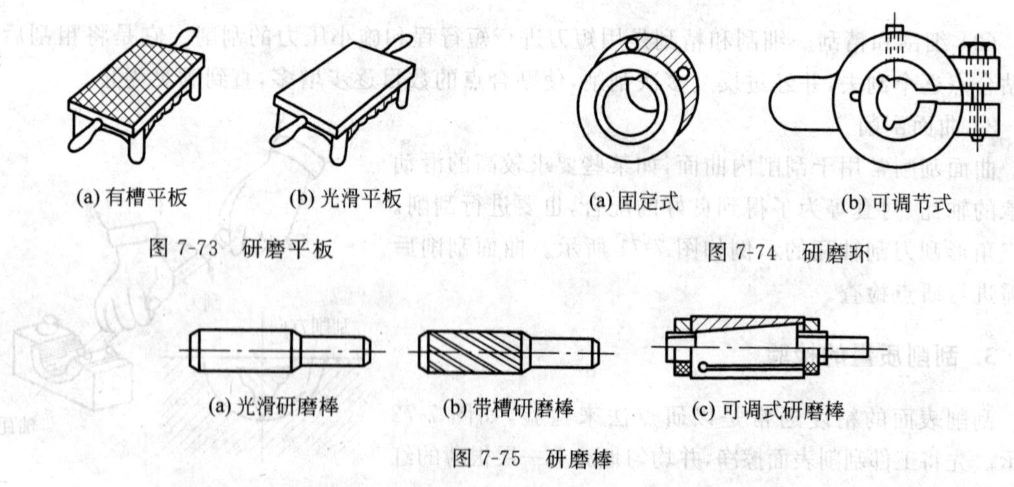

图 7-73 研磨平板

图 7-74 研磨环

图 7-75 研磨棒

研磨剂由磨料(常用的有刚玉类和碳化硅类)和研磨液(常用的有机油、煤油等)混合而成。其中磨料起切削作用；研磨液用以调和磨料，并起冷却、润滑和加速研磨过程的化学作用。

2. 研磨方法

1）研磨平面

开始研磨前，先将煤油涂在研磨平板的工作表面上，把平板擦洗干净，再涂上研磨剂。研磨时，用手将工件轻压在平板上，按"8"字形或螺旋形运动轨迹进行研磨，如图 7-76(a)所示。平板每一个地方都磨到，使平板磨耗均匀，保持平板精度。同时还要使工件不时地变换位置，以免研磨平面倾斜。

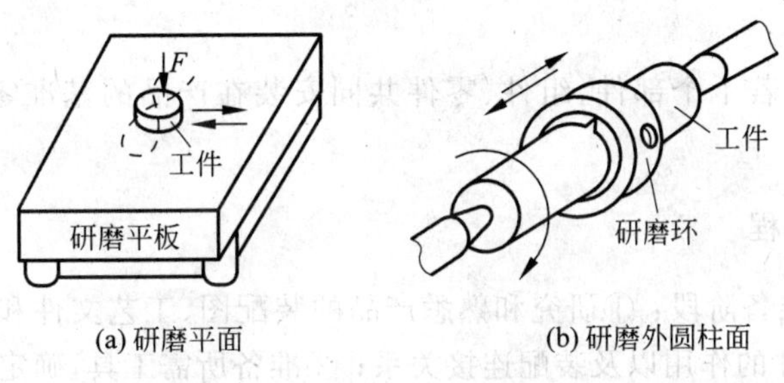

(a) 研磨平面　　(b) 研磨外圆柱面

图 7-76　研磨

2）研磨圆柱面

外圆柱面研磨多在车床上进行。将工件装在车床的顶尖之间，涂上研磨剂，然后套上研磨环，如图 7-76(b)所示。研磨时工件转动，同时用手握住研磨环作轴向往复运动，两种速度要配合适当，使工件表面研磨出交叉网纹。研磨一定时间后，应将工件调转 180°再进行研磨，这样可以提高研磨精度，使研磨环磨耗均匀。

内圆柱面研磨与外圆柱面研磨相反。研磨时将研磨棒顶在车床两顶尖之间或夹紧在钻床的钻夹头内，工件套在研磨棒上，并用手握住，使研磨棒作旋转运动，工件作往复直线运动。

7.9 装　配

7.9.1 装配概述

任何机器都是由许多零件组成的。将合格的零件按照规定的技术要求和装配工艺组装起来，并经调试使之成为合格产品的过程称为装配。

装配是机器制造的最后阶段，也是重要的阶段。装配质量的优劣对机器的性能和使用寿命有很大影响。组成机器的零件加工质量很好，若装配工艺不合理或装配操作不正确，也不能获得合格的产品。因此，装配在机器制造业中占有很重要的地位。

装配的零件包括：

(1) 基本零件，如机座、床身、箱体、轴、齿轮等。

(2) 通用零件或部件。

(3) 标准件，如螺钉、螺母、接头、垫圈、销等。

(4) 外购零件，如轴承、密封圈、电气元件等。

7.9.2 装配的组合形式及工艺过程

1. 装配的组合形式

装配过程可分为组件装配、部件装配和总装配。

(1) 组件装配：以某一零件为基准零件，将若干个零件安装在上面构成组件。例如：轴系。

(2) 部件装配：将若干个组件和零件装在另一个基准零件上面构成部件。例如：车床的主轴箱、进给箱等。

(3) 总装配：将若干个部件、组件、零件共同安装在产品的基准零件上，总装成机器。例如：车床、铣床等。

2. 装配工艺过程

(1) 装配前的准备阶段：①研究和熟悉产品的装配图、工艺文件和技术要求，了解产品结构、工作原理、零件的作用以及装配连接关系；②准备所需工具，确定装配的方法和顺序；③对装配零件进行清理和清洗，去除油污和毛刺。

(2) 装配工作阶段：按组件装配→部件装配→总装配依次进行。

(3) 装配后进行调整、检验、试车。试车合格后，喷漆、涂油和装箱等。

7.9.3 装配实例

1. 螺纹连接件的装配

螺纹连接是机器装配中最常用的可拆连接，它具有装配简单、连接可靠、装拆方便等优点。装配要点如下：

(1) 用螺钉、螺母连接零件时，应做到用手能自动旋入，然后再用扳手拧紧。

(2) 用于连接螺钉、螺母的贴合表面要求平整光洁，端面应与连接件轴线垂直，使受力均匀。

(3) 装配成组螺钉、螺母时，为保证零件贴合面受力均匀，应按一定顺序拧紧，如图 7-77 所示，每个螺母拧紧到 1/3 的松紧程度以后，再按 1/3 的程度拧紧一遍，最后依次全部拧紧，这样每个螺栓受力比较均匀，不致使个别螺栓过载。

2. 键连接件的装配

键连接也属于可拆连接，常用于轴套类零件传动中，通过键来传递运动和扭矩。常用的有平键、半圆键、楔键、花键等。如图 7-78 所示为平键连接。

平键连接装配步骤：

(1) 装配前，去除键槽边的毛刺，修配键侧和槽的配合，取键长并修锉两头。

(2) 装配平键，在键配合面涂油，再将键轻轻地敲入轴槽内，并与槽底接触。

(3) 按装配要求安装轴上配件。配件的键槽侧面与键侧面配合要符合要求，键的顶面与配件的槽底应留有间隙。

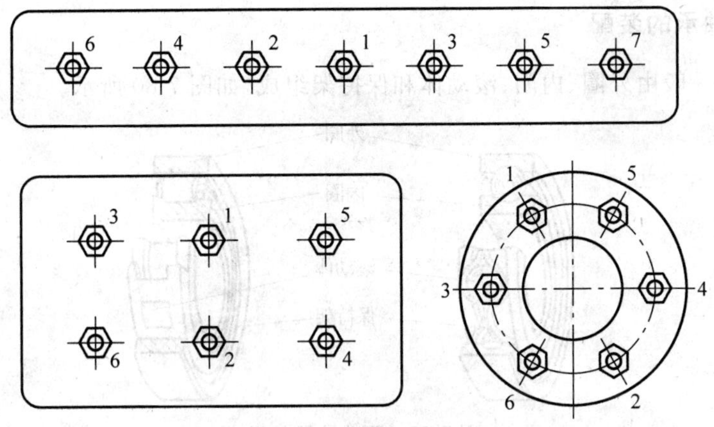

图 7-77 成组螺母拧紧的顺序

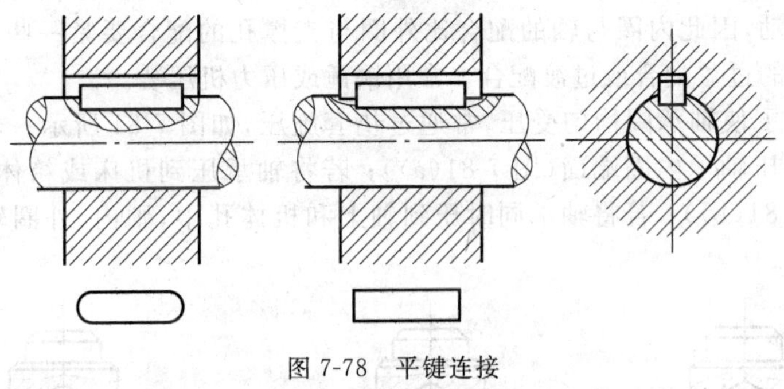

图 7-78 平键连接

3. 销连接件的装配

常见的销连接零件有圆柱销和圆锥销，主要用于定位和连接，如图 7-79 所示。销连接也属于可拆连接。

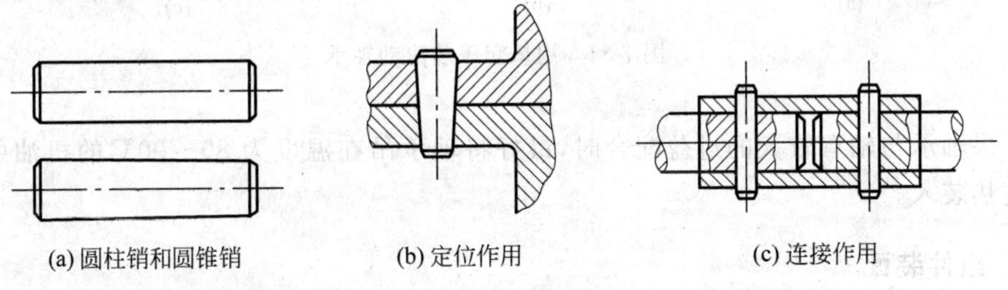

(a) 圆柱销和圆锥销 (b) 定位作用 (c) 连接作用

图 7-79 销钉及其作用

销零件装配时，被连接的两孔需配钻、铰，并达到较高的精度。圆柱销用于固定零件、传递动力，装配时在销子上涂油，用铜棒轻轻敲入。圆柱销不宜多次装拆，否则会降低定位精度和连接的可靠性。圆锥销具有 1∶50 的锥度，多用于定位以及经常拆装的场合，装配时一般边铰孔边试装，以销钉能自由插入孔中的长度约占销总长的 80%为宜，然后轻轻敲入。

4. 滚动轴承的装配

滚动轴承一般由外圈、内圈、滚动体和保持架组成，如图 7-80 所示。

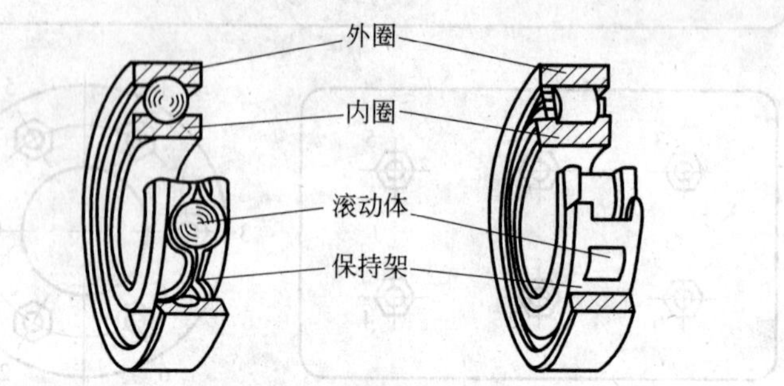

图 7-80　滚动轴承的组成

在一般情况下，滚动轴承内圈与轴、外圈与箱体或机架上的支撑孔配合。内圈随轴转动，外圈固定不动，因此内圈与轴的配合比外圈与支撑孔的配合要紧一些。滚动轴承的配合，一般是较小的过盈配合或过渡配合。常用铜锤或压力机压装。

装配时，为了使轴承圈均匀受压，常通过垫套施压，如图 7-81 所示。若将轴承压到轴上时，通过垫套压轴承内圈端面(图 7-81(a))；若将轴承压到机床或箱体孔中，要压轴承外圈端面(图 7-81(b))；若将轴承同时压到轴上和机体孔中，则内、外圈轴承端面同时施压(图 7-81(c))。

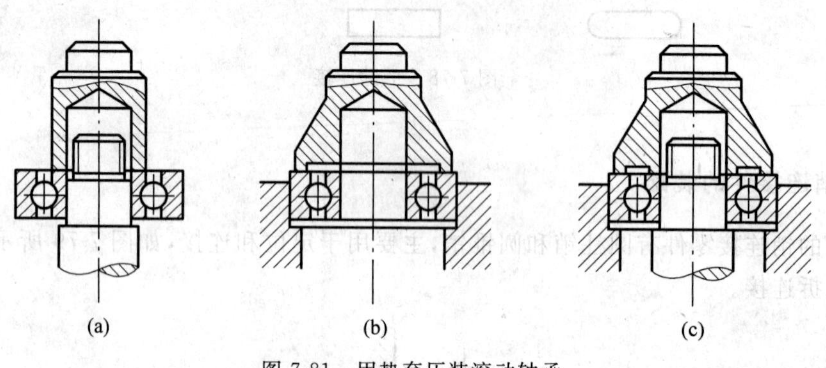

图 7-81　用垫套压装滚动轴承

如果轴承与轴有较大的过盈配合时，最好将轴承吊在温度为 80～90℃ 的机油中加热，然后趁热装入。

5. 组件装配

图 7-82 所示为传动轴组件，它的装配顺序如下：

(1) 选配键，然后将键轻敲入轴的键槽内；
(2) 压装齿轮；
(3) 放入垫套，压装右轴承；
(4) 压装左轴承；
(5) 将毡圈放入轴承盖的槽中，然后将轴承盖套入轴上。

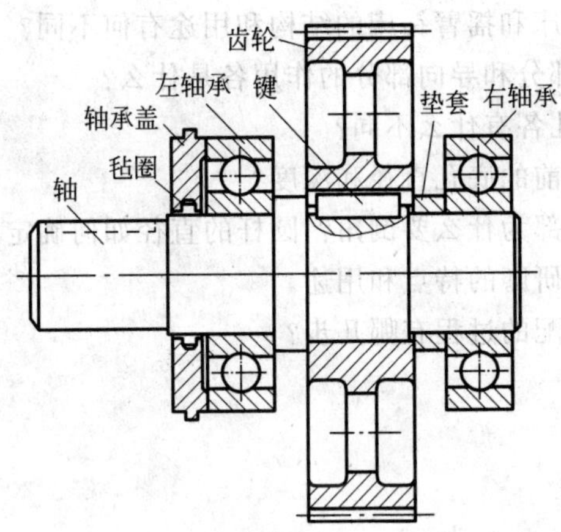

图 7-82 传动轴组件结构图

7.9.4 机器拆卸

机器经过长期使用，一些零件会发生变形和损坏，需要进行检查和修理。这时要对机器进行拆卸，拆卸时的一般要求如下：

(1) 机器拆卸前，要先熟悉图纸，了解机器零、部件的结构，确定拆卸方法和拆卸程序。

(2) 拆卸的顺序与装配顺序相反，一般先拆外部附件，然后按总成、部件进行拆卸。在拆卸部件或组件时，应按先外后内，先上后下的顺序，依次进行。

(3) 拆卸时，应尽量使用专用工具，以防损坏零件。严禁使用铁锤敲击零件。

(4) 拆卸时，对采用螺纹连接或锥度配合的零件，必须辨清回旋方向。紧固体上的防松装置(如开口销等)，拆卸后一般要更换，避免再次使用时断裂而造成事故。

(5) 拆下的零、部件，必须按次序、有规则地摆放，并按原来结构套在一起。有些零、部件(配合体)拆卸时要做好标志(如成套加工的或不能互换的零件等)，以防装配时装错。

对丝杠、长轴零件要用布包好并用绳索将其吊起放置，以防弯曲变形或碰伤。

复习思考题

1. 划线的作用是什么？常用的划线工具有哪些？
2. 什么是划线基准？如何选择划线基准？
3. 锯条的锯齿如何排列？为什么？
4. 安装锯条时应注意的问题是什么？
5. 起锯时和锯削时的操作要领是什么？
6. 如何选择粗、细齿锉刀？
7. 锉削平面有几种方法？说出它们各自的特点和应用场合。

8. 台式钻床、立式钻床和摇臂钻床的结构和用途有何不同？
9. 麻花钻头的切削部分和导向部分的作用各是什么？
10. 钻孔、扩孔和铰孔各有什么不同？
11. 如何确定攻螺纹前的底孔直径和深度？
12. 套螺纹前圆杆端部为什么要倒角？圆杆的直径如何确定？
13. 分别说出刮削和研磨的特点和用途。
14. 什么是装配？装配的过程有哪几步？

数控加工

基本要求

(1) 了解数控机床及加工中心的加工原理、结构及应用范围。

(2) 熟悉数控机床的程序编制方法和输入方法。

(3) 了解数控机床加工零件的工艺过程。

(4) 掌握数控机床的操作方法,了解加工中心的操作方法。

(5) 能够编制一般零件的加工程序,并与机床进行传送加工。

8.1 数控车床

8.1.1 数控车床概述

数控技术发展至今,不仅在宇航、造船、军工等领域广泛使用,而且也进入了汽车、机床、模具等机械制造行业。在机械行业中,单件、小批量的零件所占有的比例越来越大,而且零件的精度和质量也在不断地提高。所以,普通机床越来越难以满足加工精密零件的需要。由于计算机技术的迅速发展,计算机软件的不断更新,使数控机床在机械行业中的使用已很普遍,其中数控车床是数控加工中应用最多的加工设备之一。

数控车床主要用于加工轴类、盘套类等回转体零件,能够通过程序控制自动完成内外圆柱面、锥面、圆弧、螺纹等切削加工,并可进行切槽,钻、扩、铰孔等工作。近年来研制出的数控车削中心,在一次装夹中可完成更多的加工工序,提高了加工质量和生产效率,因此,特别适宜复杂形状的回转类零件的加工。

8.1.2 数控车床基础知识

1. 数控车床的类型

1) 经济型数控车床

在普通机床的床身上加装简单的数控系统及数控元件,使其能完成简单的数控加工。其编程原理,操作方法与普通数控车床基本相同。

2) 普通型数控车床

普通型数控车床,目前在我国制造行业所占比重较大,其根据不同的机床构造(使用目的)又分为如下几大类。

（1）卧式数控车床

它有单轴卧式和双轴卧式之分。由于刀架拖板运动很少需要手摇操作，所以刀架一般安放于轴心线后部，其主要运动范围亦在轴心线后半部，可使操作者易接近工件。采用短床身，占地小，宜于加工盘类零件。双轴型便于加工零件正反面。

（2）倾斜式床身数控车床

它在水平导轨床身上布置三角形截面的床鞍。其布局兼有水平床身造价低，横滑板导轨倾斜便于排屑和易接近操作的优点。

（3）立式数控车床

它分单柱立式和双柱立式数控车床。采用主轴立置方式，适用于加工中等尺寸盘类和壳体类零件，便于装卸工件。

（4）高精度数控车床

它分中、小规格两种，适于加工精密仪器、航天及电子行业的精密零件。

（5）四坐标数控车床

四坐标数控车床设有两个 X、Z 坐标或多坐标复式刀架，可提高加工效率，扩大工艺能力。

3）车削加工中心

车削加工中心可在一台车床上完成多道工序的加工，从而缩短了加工周期，提高了机床的生产效率和加工精度，如图 8-1 所示。若配上机械手、刀库料台和自动测量监控装置便可构成车削加工单元，可用于中小批量的柔性加工。

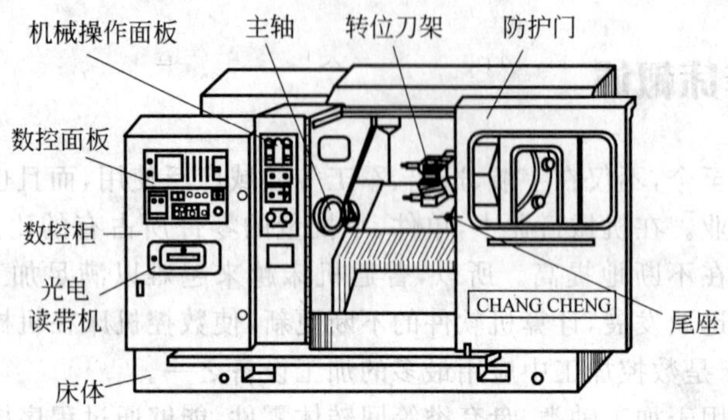

图 8-1　车削加工中心

4）各种专用数控车床

专用数控车床有数控卡盘车床、数控管子车床等。

2. 数控车床的基本组成及特点

数控车床的基本组成包括床身、数控装置、主轴系统、刀架进给系统、尾座、液压系统、冷却系统、润滑系统、排屑器等部分，其中数控装置、主轴系统、刀架进给系统是数控车床的核心部件。数控车床的整体结构组成基本与普通车床相同，同样具有床身、主轴、刀架及其拖板和尾座等基本部件，但数控柜、操作面板和显示监控器却是数控机床特有的部件。即使对于机械部件，数控车床和普通车床也具有很大的区别。如数控车床的主轴箱内部省掉了机械式的齿轮变速部件，因而结构就非常简单了；车螺纹时，只需输入加工螺距及所需转速，数控系统会自动对转速和刀具进给进行精确配比不再需要另配挂轮和机械变速机构了；刻度盘式的手摇移动调节机构也已被脉冲触发计数装置所取代等。数控车床工作时，由操作者将准备好的零件加工程序输入数控系统，由数控系统将加工信息输送给伺服系统进行功率放大，然后驱动机床进行切削加工工作。

与普通车床相比，数控车床具有以下特点：

(1) 常采用全封闭或半封闭防护装置。数控车床采用封闭防护罩可防止切屑或切削液飞出，减少了给操作者带来的意外伤害。

(2) 采用自动排屑装置。数控车床自动化程度高，加工过程人为干预少，常采用斜床身结构布局以便于采用自动排屑装置。

(3) 主轴转速高，工件装夹安全、可靠。数控车床常采用动力卡盘，夹紧力调整方便可靠，同时也降低了操作工人的劳动强度。

(4) 可自动换刀。数控车床一般都采用了自动回转刀架，在加工过程中可自动更换刀具，实现连续完成多道工序的加工。

(5) 主、进给传动分离。数控车床的主传动与进给传动采用了各自独立的伺服电动机，使传动链变得简短、可靠，同时，各电动机既可单独运动，也可按要求实现多轴联动。

3. 数控车床的应用

数控车床是数控加工中应用最多的加工方法之一。结合数控车床的特点，数控车床适合加工具有以下要求和特点的回转体零件。

1) 精度要求高的回转体零件

由于数控车床刚性好，制造精度高，并且能方便地进行人工补偿和自动补偿，所以能加工精度要求较高的零件，甚至可以以车代磨。此外，数控车床刀具的运动是通过高精度插补运算和伺服驱动来实现的，并且工件的一次装夹可完成多道工序的加工，提高了加工工件的形状精度和位置精度。

2) 表面粗糙度小的回转体零件

数控车床具有恒线速度切削功能，能加工出表面粗糙度小而均匀的零件。因为在工件材质、精车余量和刀具已定的情况下，表面粗糙度取决于进给量和切削速度。切削速度的变化会导致表面粗糙度的不一致，而使用恒线速度切削功能，就可获得一致的最佳切削速度，使车削后的表面粗糙度既小且一致。

3) 表面形状复杂的回转体零件

由于数控车床具有直线、圆弧、螺纹等插补功能，可以车削由直线、圆弧及非圆曲线组成的形状复杂的回转体零件。

4) 带特殊螺纹的回转体零件

数控车床具有加工各类螺纹的功能，包括任何导程的直、锥螺纹和端面螺纹，增导程、减导程螺纹。

5) 超精密、超低表面粗糙度值的回转体零件

要求超高精度和超低表面粗糙度的零件，适合在高精度、高性能的数控车床上加工。数控车床超精加工的轮廓精度可达 0.1μm，表面粗糙度达 0.02μm。

8.1.3 数控车刀的类型

1. 常用数控车刀

常用车刀类型如图 8-2 所示。刀具装夹结构如图 8-3 所示。对于数控车床，较适合的

应该是可转位刀片式车刀。当某零件加工需要用到多把车刀时，所用刀架可用如图 8-3(a)所示的普通转塔刀架。如果不能自动转位换刀，换刀动作得由人工在程序中进行适当处理。也有很多机床采用如图 8-3(b)所示的刀架形式，图 8-3(b)所示为 12 位自动回转刀架，最多可安装 12 把刀具，此类系统可由程序控制实现自动换刀。

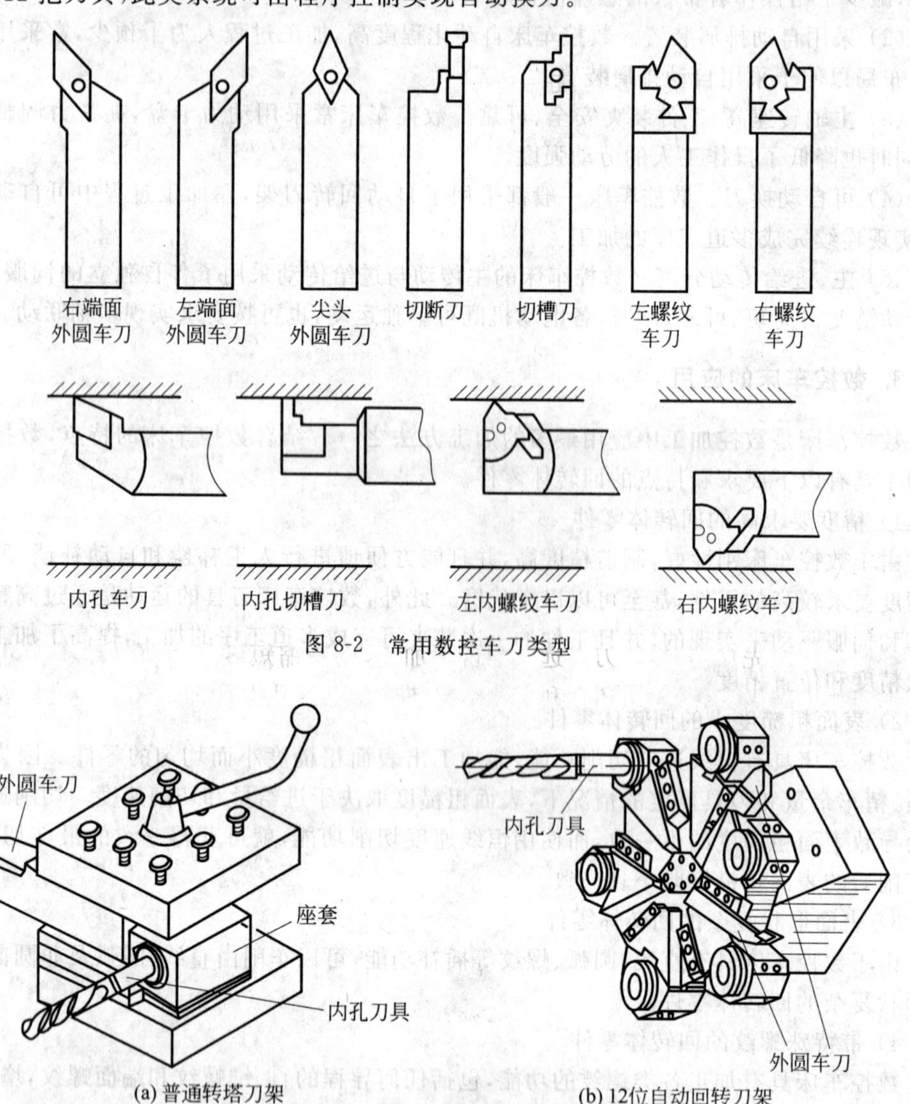

图 8-2 常用数控车刀类型

外圆车刀
座套
内孔刀具
内孔刀具
外圆车刀

(a) 普通转塔刀架 (b) 12位自动回转刀架

图 8-3 刀具装夹

2. 数控车床常用刀具材料

常用的车削刀具有高速钢和硬质合金两大类。

高速钢通常是型坯材料，韧性比硬质合金好，硬度、耐磨性和红硬性比硬质合金差，不适于切削硬度较高的材料，也不适于进行高速切削。高速钢刀具使用前需生产者自行刃磨，且刃磨方便，适用于各种特殊需要的非标准刀具。

硬质合金刀片切削性能优异，在数控车削中被广泛使用。硬质合金刀片有标准规格系列，具体技术参数和切削性能由刀具生产厂家提供。

数控车床所用硬质合金刀片按国际标准分为三大类：P——钢类，M——不锈钢类，K——铸铁类。

除上述两种材料以外，还有硬度和耐磨性均超过硬质合金的刀具材料，如陶瓷、立方氮化硼和金刚石等。

8.1.4 数控车工艺路线及走刀路线

1. 数控车制定工艺路线原则

在数控车床加工过程中，由于加工对象复杂多样，特别是轮廓曲线的形状及位置千变万化，加上材料、批量不同等多方面因素的影响，在对具体零件制定工艺路线时，应该考虑以下原则。

1）先粗后精原则

如图 8-4 所示零件，粗加工完成后，接着进行半精加工和精加工。其中，安排半精加工的目的是：当粗加工后所留余量的均匀性满足不了精加工要求时，则可安排半精加工作为过渡性工序，以便使精加工余量小而均匀。

精加工时，零件的轮廓应由最后一刀连续加工而成。这时加工刀具的进、退刀位置要考虑妥当，尽量沿轮廓的切线方向切入和切出，以免因切削力突然变化而造成弹性变形，致使光滑连续轮廓上产生表面划伤、形状突变或滞留刀痕等。

2）先近后远原则

这里所说的远与近，是按加工部位相对于对刀点的距离大小而言的。通常在粗加工时，离对刀点近的部位先加工，离对刀点远的部位后加工，以便缩短刀具移动距离，减少空行程时间。对于车削加工，先近后远还有利于保持毛坯件或半成品件的刚性，改善其切削条件。

如图 8-5 所示零件，如果按 ϕ38mm—ϕ36mm—ϕ34mm 的次序安排车削，不仅会增加刀具返回对刀点所需的空行程时间，而且还可能使台阶的外直角处产生毛刺。对这类直径相差不大的台阶轴，当第一刀的切削深度(图中最大背吃刀量可为 3mm 左右)未超限时，宜按 ϕ34mm—ϕ36mm—ϕ38mm 的顺序先近后远地安排加工。

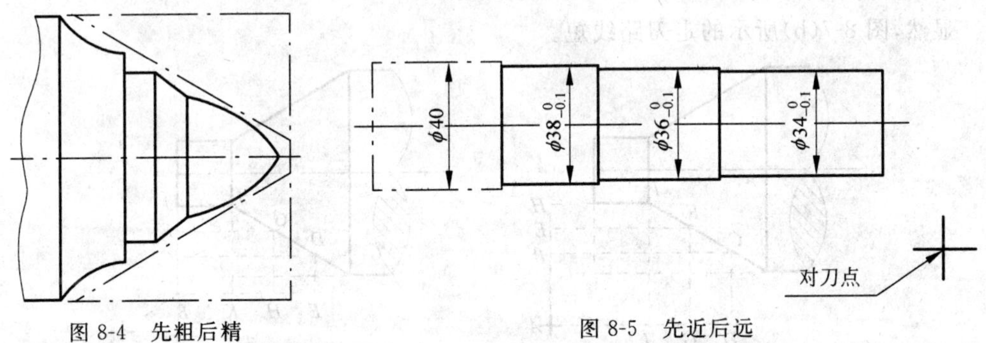

图 8-4 先粗后精　　图 8-5 先近后远

3）先内后外原则

对既有内表面(内型腔)，又有外表面的零件，在制订其加工方案时，通常应安排先加工内型腔，后加工外形表面。这是因为控制内表面的尺寸和形状较困难，刀具刚性相应较差，刀尖(刃)的耐用度易受切削热而降低，以及在加工中清除切屑较困难等原因。

4）刀具集中原则

即用一把刀加工完相应各部位，再换另一把刀，加工相应的其他部位，以减少空行程和换刀时间，提高生产效率。

2. 确定走刀路线

确定走刀路线的重点在于确定粗加工及空行程的走刀路线。走刀路线包括切削加工的路径及刀具引入、切出等非切削的空行程。

1）刀具引入、切出

在数控车床上进行加工时，要安排好刀具的切入、切出路线，尽量使刀具沿轮廓的切线方向切入、切出。尤其是车螺纹时，如图 8-6 所示，必须设置刀具加速段距离 l_1 和减速段距离 l_2，这样可避免因车刀升降速而使螺距受螺旋副的机械传动间隙的影响，也不存在产生爬行现象的可能性。

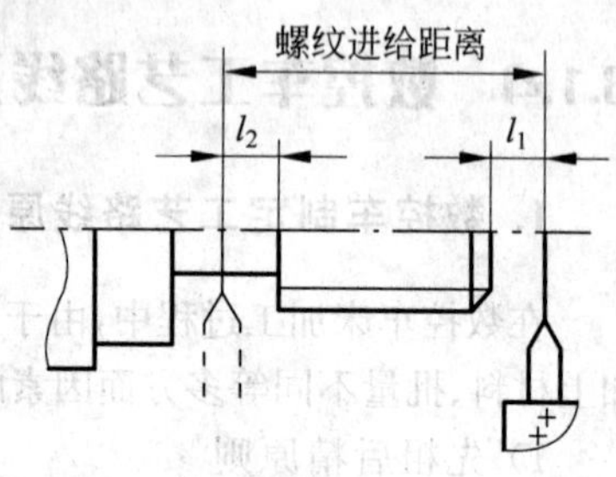

图 8-6　螺纹加工的引入与切出

2）最短空行程路线

确定最短的走刀路线，除了依靠大量的实践经验外，还应善于分析，必要时可辅以一些简单计算。如图 8-7(a)为采用矩形循环方式进行粗车的一般情况示例。其起刀点 A 的设定是考虑到精车等加工过程中需方便地换刀，故设置在离坯件较远的位置处，同时将起刀点与其对刀点重合在一起，按三刀粗车的走刀路线安排如下：

第一刀为 $A—B—C—D—A$

第二刀为 $A—E—F—G—A$

第三刀为 $A—H—I—J—A$

图 8-7(b)则是将起刀点与对刀点分离，并设于图示 B 点位置，仍按相同的切削量进行三刀粗车，其走刀路线安排如下：

起刀点与对刀点分离的空行程为 $A—B$

第一刀为 $B—C—D—E—B$

第二刀为 $B—F—G—H—B$

第三刀为 $B—I—J—K—B$

显然，图 8-7(b)所示的走刀路线短。

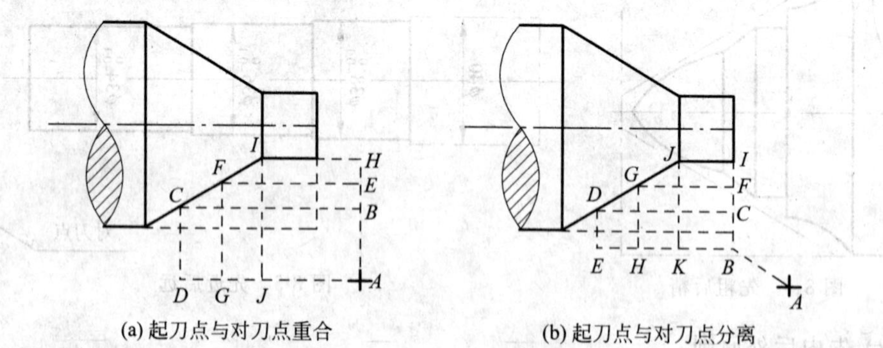

(a) 起刀点与对刀点重合　　(b) 起刀点与对刀点分离

图 8-7　最短空行程示意图

此外，不同形式的切削路线有不同的特点，了解它们各自的特点，有利于合理地安排其走刀路线。如图 8-8 所示加工外圆弧凹表面时，对几种切削路线进行比较和分析如下：

(1) 程序段数最少的为同心圆及等径圆形式。

(2) 走刀路线最短的为同心圆形式，其余依次为三角形、梯形及等径圆形式。

(3) 计算和编程最简单地为等径圆形式(可利用程序循环功能)，其余依次为同心圆、三角形和梯形形式。

(4) 金属切除率最高、切削力分布最合理的为梯形形式。

(5) 精车余量最均匀的为同心圆形式。

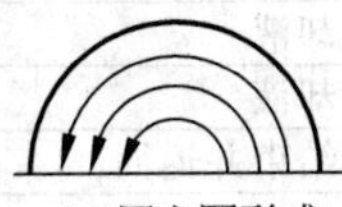
(a) 同心圆形式

(b) 等径圆弧(不同心)形式

(c) 三角形形式

(d) 梯形形式

图 8-8 切削路线的形式

8.1.5 数控车床的基本指令

1. 准备功能(G 指令)

见表 8-1。

表 8-1 常用 G 代码功能

代码	功能	组	代码	功能	组
* G00	快速定位		G66	模态宏指令调用	12
G01	直线插补(切削进给)	01	* G67	模态宏指令调用取消	
G02	顺时针圆弧插补		G70	粗加工循环	
G03	逆时针圆弧插补		G71	外圆粗加工复合循环	
G04	暂停		G72	端面粗加工复合循环	
* G10	可编程数据输入	00	G73	固定形状粗加工复合循环	00
G11	可编程数据输入取消		G74	纵向间断加工循环(钻孔)	
G20	英制输入	06	G75	横向间断加工循环(切槽)	
G21	米制输入		G76	螺纹加工复合循环	
G27	返回参考点检查	00	* G80	循环加工指令取消	
G28	返回参考点		G83	纵向深孔钻孔循环(*Z* 轴)	
G32	螺纹切削	01	G84	纵向攻螺纹循环(*Z* 轴)	
G34	变螺距螺纹切削		G85	纵向镗孔循环(*Z* 轴)	10
G36	自动刀具补偿 *X*	00	G87	横向钻孔循环(*X* 轴)	
G37	自动刀具补偿 *Z*		G88	横向攻螺纹循环(*X* 轴)	
* G40	取消刀尖半径补偿		G89	横向镗孔循环(*X* 轴)	
G41	刀尖半径左补偿	07	G90	外径/内径切削固定循环	
G42	刀尖半径右补偿		G92	螺纹切削固定循环	01
G50	坐标系或主轴最大速度设定		G94	端面切削固定循环	
G52	局部坐标系设定	00	G96	主轴恒线速度控制	02
G53	机床坐标系设定		* G97	主轴恒线速度控制取消	
* G54～G59	选择工件坐标系 1～6	14	G98	每分钟进给	05
G65	调用宏指定	00	* G99	每转进给	

注：(1) 除 G10 及 G11 外，00 组的 G 代码为非模态 G 代码。

(2) 标有“*”的 G 代码为数控系统通电后的状态。对 G20 及 G21，保持电源关闭前的 G 代码。G00、G01 可用参数设定选择。

2. 辅助功能(M 指令)

如表 8-2 所示。

表 8-2　M 功能指令表

代码	功　　能	代码	功　　能
M00	程序暂停	M08	开冷却液
M01	程序选择暂停	M09	关冷却液
M02	程序结束停机	M30	程序结束并返回
M03	启动主轴正转	M98	子程序调用
M04	启动主轴反转	M99	子程序结束并返回
M05	主轴停止		

3. 选择刀具与刀具偏置

选择刀具和确定刀具参数是数控编程的重要步骤,其编程格式因数控系统的不同而不同,主要格式有以下两种。

1) 采用 T 指令编程

由地址功能码 T 和其后面的若干位数字组成。刀具功能的数字是指定的刀号,数字的位数由所用的系统决定。例如:

T0303 表示选择第 3 号刀,3 号偏置量。

T0300 表示选择第 3 号刀,刀具偏置取消。

2) 采用 T、D 指令编程

利用 T 功能可以选择刀具,利用 D 功能可以选择相关的刀偏。

在定义这两个参数时,其编程的顺序为 T、D。T 和 D 可以编写在一起,也可以单独编写,例如:

T5　D18——选择 5 号刀,采用刀具偏置表 18 号的偏置尺寸。

D22——仍用 5 号刀,采用刀具偏置表 22 号的偏置尺寸。

T3——选择 3 号刀,采用刀具与该刀相关的刀具偏置尺寸。

4. 进给功能 F

进给功能 F 表示刀具中心运动时的进给速度,由地址代码 F 和后面的若干位数字构成。

5. 刀具半径补偿功能

1) 刀具半径补偿的作用

数控车床是按刀具的刀尖对刀的,但由于车刀刀尖总有一段半径很小的圆弧,因此对刀时刀尖的位置是一个假想刀尖点(车外圆、车端面时,刀刃上起切削作用的点沿坐标轴方向延伸的汇交点为假想刀尖点)。如图 8-9(b)所示,车刀中 A 点为假想刀尖点,相当于图 8-9(a)所示车刀的刀尖点。

编程时按假想刀尖轨迹编程,即工件轮廓与假想刀尖重合,而车削时实际起作用的切削刃却是刀尖圆弧上的切点,这样会引起加工表面的形状误差。车内外圆柱、端面时并无误差产生,因为实际切削刃的轨迹与工件轮廓一致。车锥面、倒角或圆弧时,则会造成欠切削或过切削的现象,如图 8-10 所示。

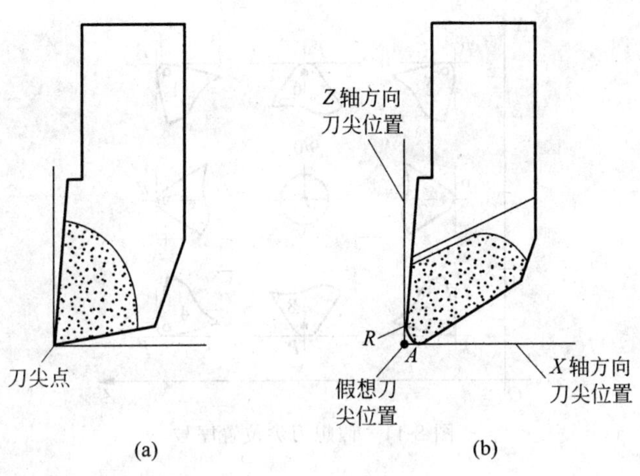

图 8-9 假想刀尖

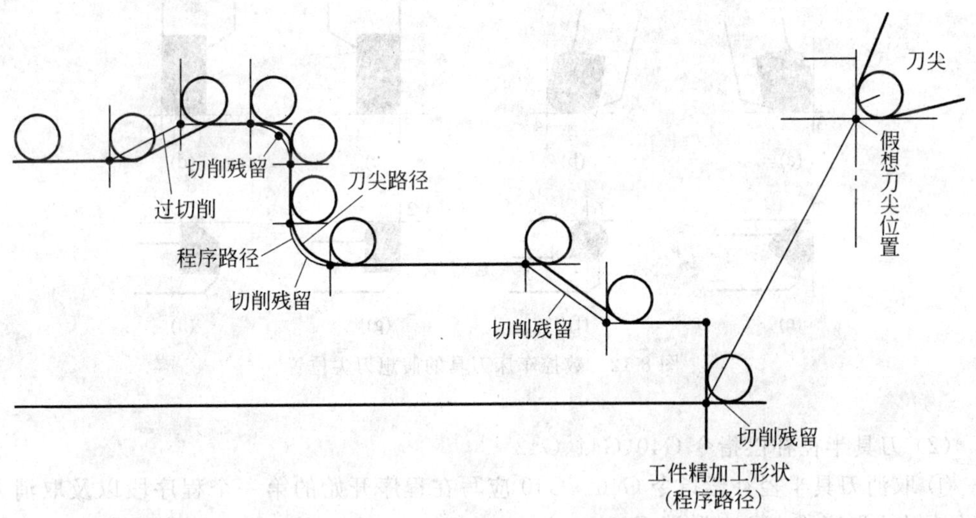

图 8-10 过切削及欠切削现象

采用刀具半径补偿功能,刀具运动轨迹指的不是刀尖,而是刀尖上刀刃圆弧中心位置的运动轨迹。编程者按工件轮廓线编程,数控系统会自动完成刀心轨迹的偏置,即执行刀具半径补偿后,刀具会自动偏离工件轮廓一个刀尖圆弧半径值,使刀刃与工件轮廓相切,从而加工出所要求的工件轮廓。

数控系统还能自动完成直线与直线转接、圆弧与圆弧转接和直线与圆弧转接等夹角过渡功能。

2) 刀具半径补偿的方法

刀具半径补偿的方法是通过键盘输入刀具参数,并在程序中采用刀具半径补偿指令。

(1) 刀具参数

刀具参数包括刀尖半径、刀具形状、刀尖圆弧位置。这些都与工件的形状有关,必须用参数输入刀具数据库(详见机床操作说明书)。假想刀尖圆弧位置序列号共 10 个(0~9),如图 8-11 所示。

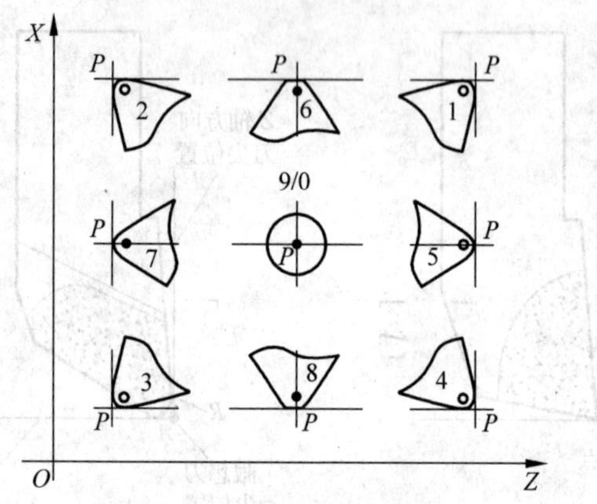

图 8-11 假想刀尖位置序号

图 8-12 所示为几种数控车床刀具的假想刀尖位置。

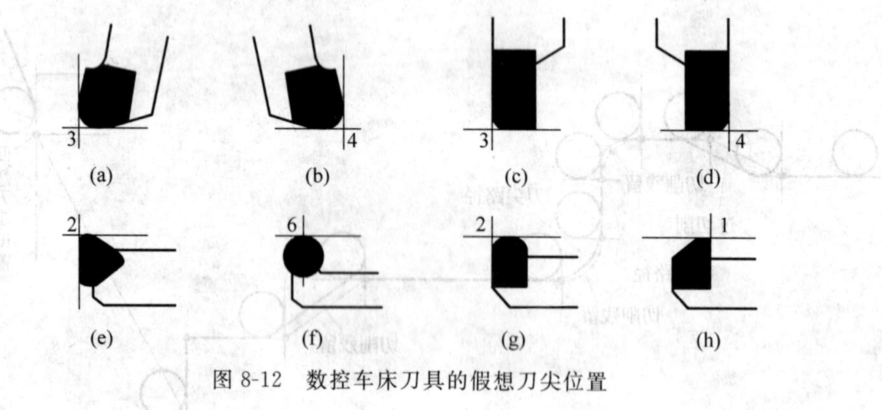

图 8-12 数控车床刀具的假想刀尖位置

(2) 刀具半径补偿指令 G40、G41、G42

① 取消刀具半径补偿指令 G40。G40 应写在程序开始的第一个程序段以及取消刀具半径补偿的程序段。G40 取消 G41、G42。

② 刀具半径左补偿指令 G41,刀具半径右补偿指令 G42。判定:沿着刀具运动方向看,刀具在工件切削位置左侧称左补偿或左刀补;刀具在工件切削位置右侧称右补偿或右刀补,如图 8-13 所示。

(3) 刀具半径补偿注意事项

① 加刀具半径补偿或去除刀具半径补偿最好在工件轮廓线以外,未加刀补点至加刀补点的距离应大于刀具(尖)半径,未去除刀补点至去除刀补点的距离应大于刀具(尖)半径。

② G41、G42 不能重复使用,即在程序前面有了 G41 指令后,不能再直接使用 G42。若想使用,则必须先用 G40 取消原补偿状态后,再使用 G41 或 G42,否则刀具不能正常切削。

③ G41、G42 指令可与 G00 或 G01 指令写在同一个程序段内,运行轨迹为刀尖以工件中心点为刀具半径补偿起点,同一个程序段内的终点位置为补偿完成位置,补偿从起点到终点是一个渐变的过程,故尽量不要用偏置语句直接切削工件,以避免过切及干涉。

④ 用 G40 指令取消刀具半径补偿时,由于 G40 指令在不同系统中所执行的动作不一样(刀具移动或不动),故应当使刀具在远离工件位置执行 G40 指令,避免取消偏置时,切伤工件等问题。

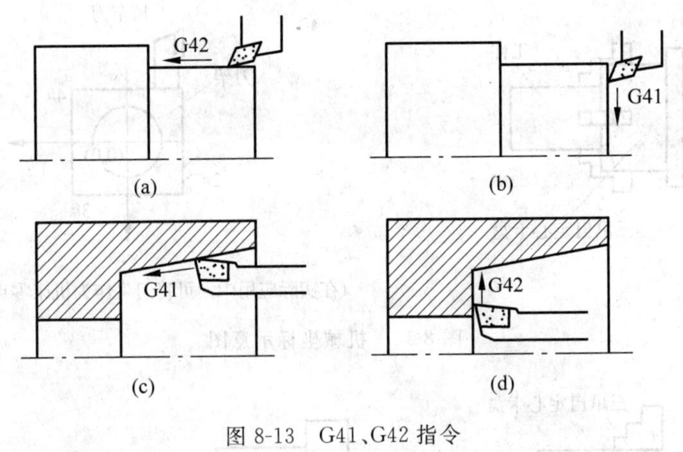

图 8-13 G41、G42 指令

⑤ 在使用 G41 或 G42 指令时，不允许有两句连续的非移动指令，否则刀具就会在前面程序段终点的垂直位置停止，且产生过切削或欠切削现象。

非移动指令包括：M 代码、S 代码、暂停指令 G04、某些 G 代码（如 G50、G96）。

8.1.6 J1CK6132 数控车床编程

1. 坐标系

1）编程坐标系

如图 8-14 所示，在拿到加工图纸后应首先在图上建立编程坐标系，其设定原则遵循以下两点：

（1）编程坐标系要与机床坐标系方向相同。遵循此原则可保证编程最简化，不用考虑正反向转换问题。

（2）编程坐标系零点尽量设定在零件右侧端面中心处。遵循此原则可使在加工过程中，刀具切削时的 X 值始终为正值，保证加工安全性，同时使 Z 值计算简单。

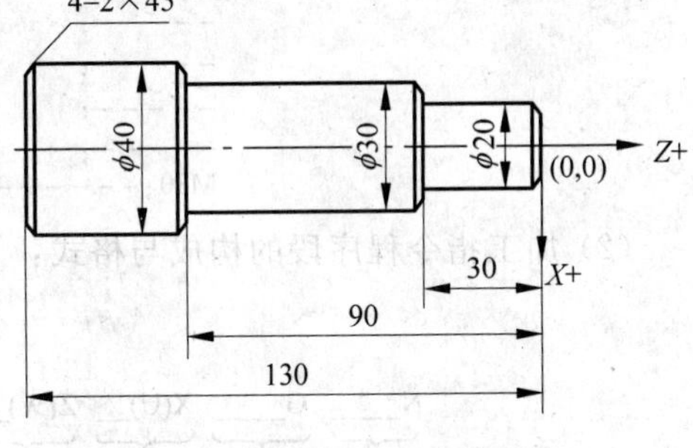

图 8-14 零件图

2）机械坐标系

如图 8-15 所示，J1CK6132 数控车床机械坐标系出厂时已设定在 X、Z 轴的正向最大极限位置，理论上零点是在刀架中心，而实际应用时，一般均将刀尖认定为机械零点。

3）工件坐标系及 G92 的设定

如图 8-16 所示，假设刀具所在位置为机械坐标系零点位置，零件右端面坐标系为编程坐标系。通过对刀操作，可得到两点之间的坐标值。此时只需执行 G92 X20 Z25，系统则认可编程坐标系零点为加工零点，即工件坐标系零点。G92 后所有语句均以此零点为基准进行切削加工。

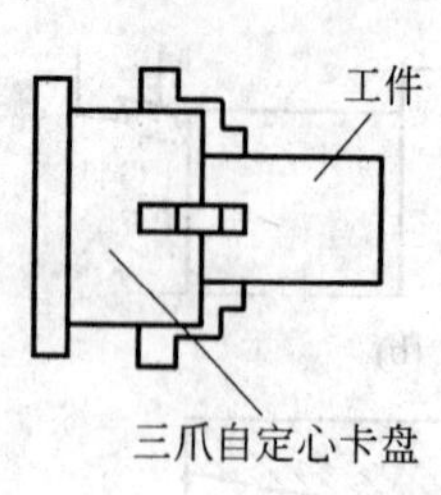

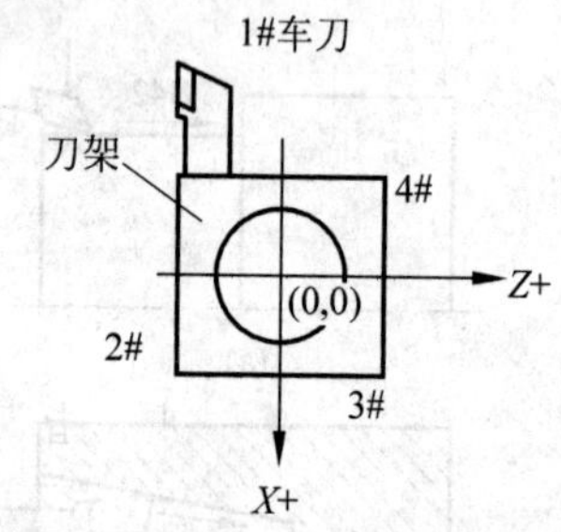

(在实际应用中，可将刀尖作为机床零点)

图 8-15 机械坐标示意图

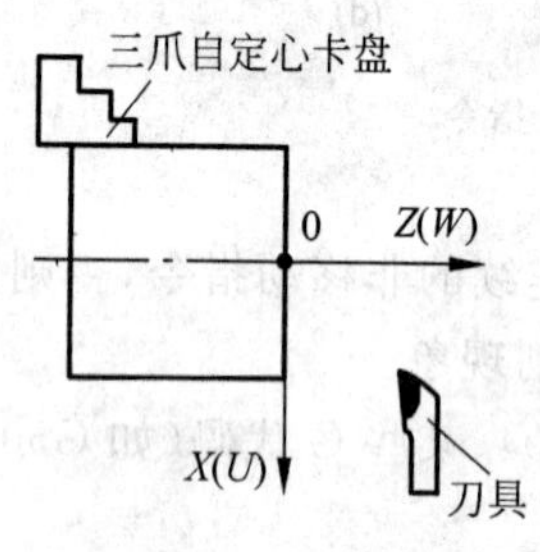

(a) 数控车床工件坐标系示意图

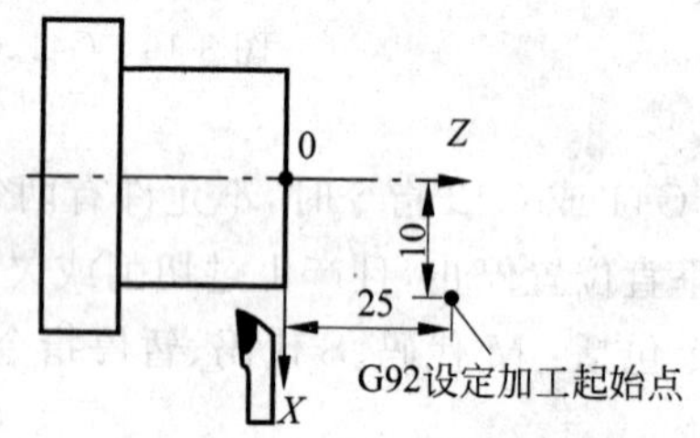

(b) 工件坐标系指令G92示意图

图 8-16 工件坐标系示意图

2. 程序组成

(1) 程序的构成：

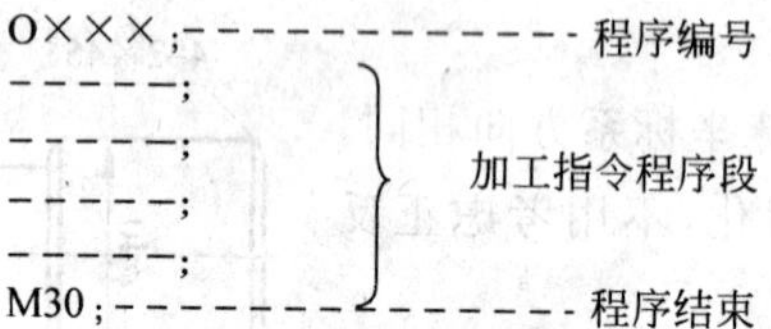

(2) 加工指令程序段的构成与格式：

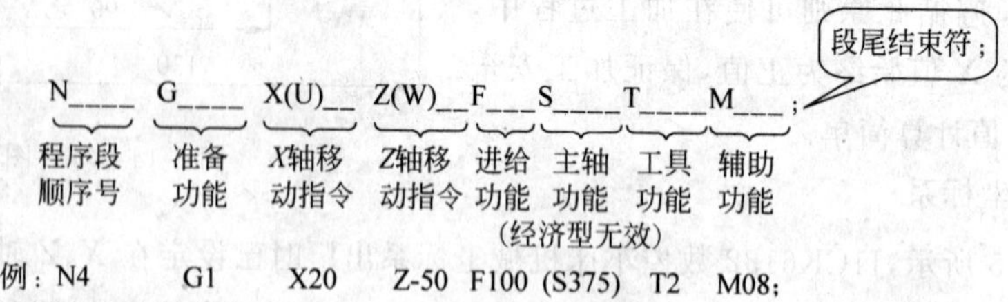

3. 各指令的功能和意义

加工指令是由“地址字”(功能代号，以大写英文字母表示)和“数字”(功能参数，以阿拉伯数字表示)两部分组成的。

(1) 程序编号 O：在数控装置中，程序的记录是靠程序号来辨别的，调用某个程序可通过程序号来调出，编辑程序也要首先调出程序号。

例：O3；、O123；等。

(2) 程序段顺序号 N：以 N 开始，后续 4 位有效数字，N001 可写为 N1，系统执行程序为顺序执行，所以 N 号可任意安排。

(3) G 指令功能(准备功能)：指定数控机床的运动方式，其后跟 X 轴和 Z 轴终点坐标值(可用绝对坐标，也可用相对坐标)。

① 快速点定位指令(快速走刀指令)G00：执行该指令时刀具以点位控制方式从所在点快速移动到目标位置(用坐标值给出)，不用指定进给速度(F 值)。

例：G00 X25 Z－30；或 G00 U－30 W－23.5。

② 直线插补指令 G01：刀架沿直线从起点坐标移动到终点坐标。需指定 F 值(每分钟进给单位为 mm/min，每转进给单位为 mm/r)。

例：G1 X20 Z－35 F100。

③ 圆弧插补指令 G02，G03。

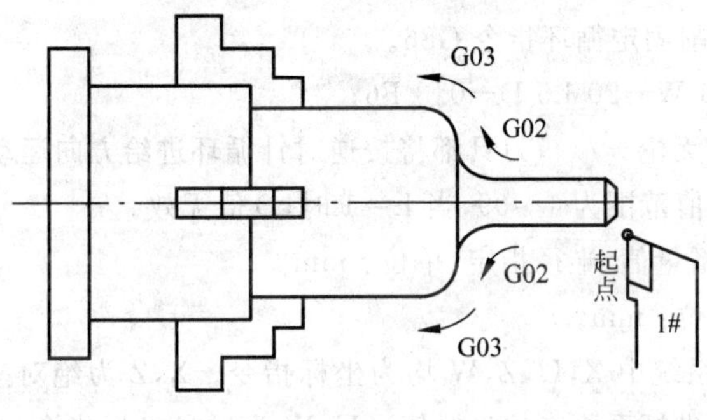

图 8-17

如图 8-17 所示，此时出现两种情况：

(a) 零件内侧(图中零件上端)旋转方向，即普通数控车旋转方向，同时也是数控代码制定时所依据的标准方向：当刀尖以顺时针旋转轨迹移动切削时，使用 G02 代码；当刀尖以逆时针旋转轨迹移动切削时，使用 G03 代码。

(b) 零件外侧(图中零件下端)旋转方向，即经济型数控车旋转方向。此时规定刀具是以 Z 轴为镜像轴，作的 X 镜像，即 G02，G03 旋向反向。实际应用中，确定 G02，G03 旋转方向，要将刀具想象到零件内侧(图中零件上端)，数值为刀具在零件外侧(图中零件下端)的相应数值。(也可认为当刀尖以顺时针旋转轨迹移动切削时，使用 G03 代码；当刀尖以逆时针旋转轨迹移动切削时，使用 G02 代码。但此种方法不推荐)。

指令格式：G02 X100 Z－100 R100 F100。

其中：X、Z 值为刀尖终点坐标值，R 为所切圆弧半径。

注：以上三条指令在执行过程中进给倍率有效，且为同组(00 组)模态码，在同组其他 G 代码出现前均有效，即不出现同组代码时可省略，只需写出移动轴及数据。

④ 坐标系设定程序段 G92：用于工件坐标系原点的设定，其后的坐标值即是对刀的起点在以对刀点(所设定的编程坐标系原点，其位置一般在工件精切后右端面的回转中心处)为坐标原点的坐标系(工件坐标系)中的坐标值，是在对刀操作中，显示屏上所提示的实际对刀点的坐标值(编程的时候 G92 后的坐标留出位置)，只能用绝对坐标表示。执行该指令时

刀架不移动,CRT 显示设定值(可参照前"工件坐标系"图解)。

例：G92 X126.392 Z198.513。

⑤ 普通螺纹切削指令 G32：可以加工公制直螺纹、锥螺纹、端面螺纹。

例：G32 X30 Z－45 F2,(也可使用相对坐标 U、W)

参数解释 F：螺纹导程,单位：mm,范围：0.001～65.00mm。

F 值可设为正、负值,分别加工左、右旋螺纹,最小设定增量值为 0.001mm。

⑥ 固定循环程序段：

(a) 外圆切削固定循环指令 G80。

例：G80 U－3 W30 L4 D－2 F100;

参数解释 W：值无论＋/－,都向负向运行。

L：循环次数,取值范围为 1～99,L＝1 时,D 值无效。

D：X 方向循环增量值,半径指定,单位：mm。

(b) 公制螺纹切削固定循环指令 G86。

例：G86 U－1.5 W－20 L5 D－0.3 F6;

参数解释 W：值无论＋/－,刀具都将按逆时针循环进给方向运动。

L：循环次数,取值范围为 1～99,当 L＝1 时,D 值无效。

D：X 方向循环增量值,半径指定,单位：mm。

F：螺纹导程,单位：mm。

(4) 坐标指令：系统中 X,U,Z,W 均为坐标指令。X,Z 为绝对坐标指令(其坐标是刀架移动的终点相对于坐标系原点的坐标值),U,W 为增量坐标指令(也称为相对坐标指令,其坐标为刀架移动之后终点相对于起点的变化量)。其中,X,U 均用直径值表示,且可以混用绝对坐标值和相对坐标值编程指令。

(5) 进给速度 F：进给速度用 F 及后面的 5 位数表示,F 后面数值为每分钟进给毫米数,设定范围为 1～15 000mm/min；若为每转进给,F 后数字表示与普通车床一致,范围为 0.001～65mm/r。

(6) 主轴功能 S：S 后跟主轴转速值,J1CK6132 采用手动变速,此功能无效。

(7) 辅助功能 M：系统的 M 指令用 2 位数,供强电输出控制。

① 主轴正转 M03：控制车床主轴正转。

② 主轴反转 M04：控制车床主轴反转。

③ 冷却开 M08：冷却循环系统开始运行。

④ 冷却关 M09：冷却循环系统关闭。

⑤ 返回指令 M30：用于返回到本次加工的开始程序段,当系统存有一个以上的零件程序时,要用 M30 作为每个程序的结束标志。以便在执行某个程序完成时,可自动返回该程序的起始程序段。

注：程序段中既有坐标移动指令,又有 S、T、M 指令时,先执行 S、T、M 指令,后执行坐标移动指令。

8.1.7 加工实例

加工如图 8-18 所示的零件。

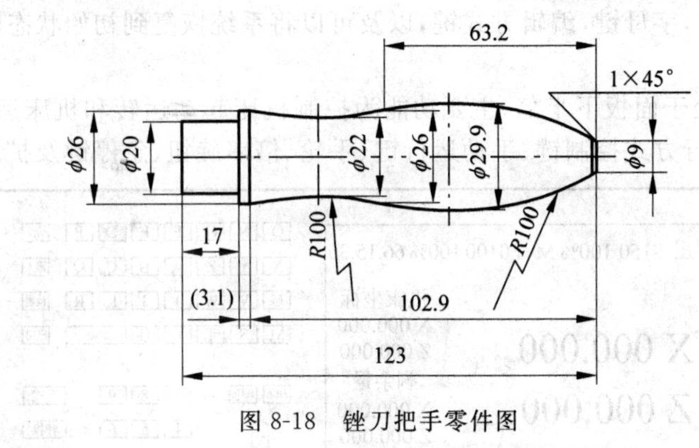

图 8-18 锉刀把手零件图

1. 参考程序

注：此程序以航天数控系统为例，不完全适合其他系统。其中 X? Z? 为对刀时所获数据。

```
O001;
G00  X-200  Z-300  T1;
G92  X? Z?;
M03;
G00  X0 Z5;
G01  Z0 F100;
X9;
X11  Z-1;
G03  X26 Z-63.2 R100 F100;
G02  X26  Z-102.9  R100  F100;
G01  Z-130 F100;
X50  F300;
G00  X? Z?;
G92  X-200 Z-300;
M30;
O002;
G00  X-150 Z-300  T2;
G92  X? Z?;
M03;
G00  X50  Z-(106+H); (H 为切断刀宽)
G01  X20  F50;
Z-  (123+H)  F30;
X6  F20;
X50  F200;
G00  X100  Z100;
M30;
```

2. 航天数控系统面

图 8-19 所示为航天数控系统面板示意图,其主要由两部分组成。

(1) 编辑区：面板的上半部分,主要功能为功能选择及程序编辑。其上有 CRT,各主要功能选项键,数字键,字母键,编辑方式键,以及可以将系统恢复到初始状态的“复位”键和运行程序的“启动”键。

(2) 控制区：处于面板下半部,主要功能为控制机床起动运转和机床运行方式的选择。主要包括了机床运行方式控制键、手动运行键、手轮、倍率旋钮、急停键及扩展功能键。

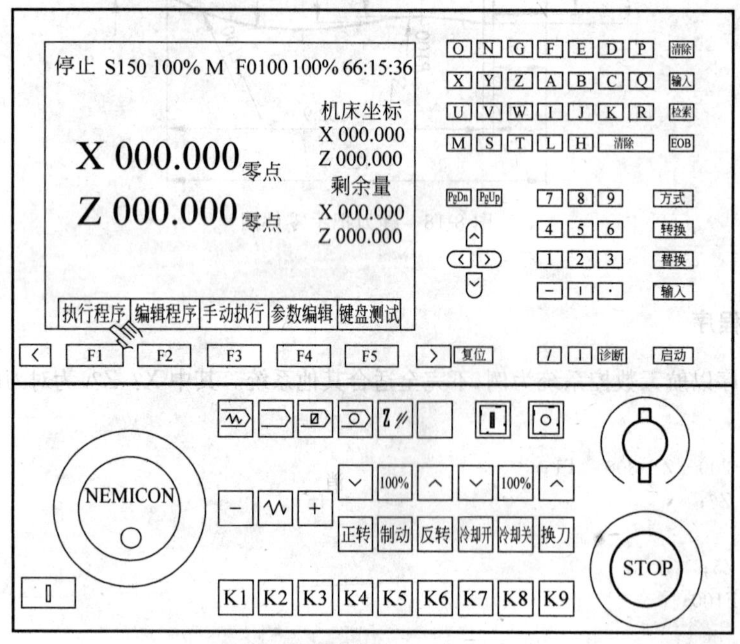

图 8-19 航天数控系统面板

3. 加工实例操作步骤

下面,对照面板示意图介绍一下图 8-18 所示零件的加工步骤(主要针对 J1CK6132 数控车配航天 901T 数控系统)。

1) 工件安装

利用机床三爪自定心卡盘装卡工件,工件伸出卡盘三爪右端面不少于 150mm(图 8-20)。检查装卡工具(必须取下三爪扳手并放置在安全位置)。

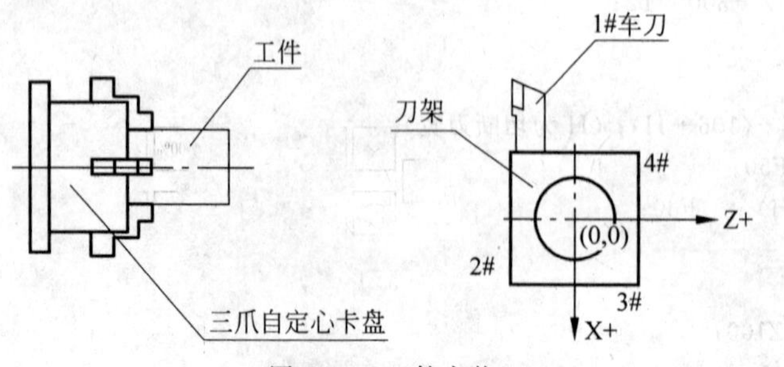

图 8-20 工件安装

2）建立工件坐标系

(1) 开启机床。机床上电，系统进入待机状态，并显示“急停”(图 8-21)，按照“急停”键所标箭头方向旋转释放，再按“复位”键，取消“急停”报警。

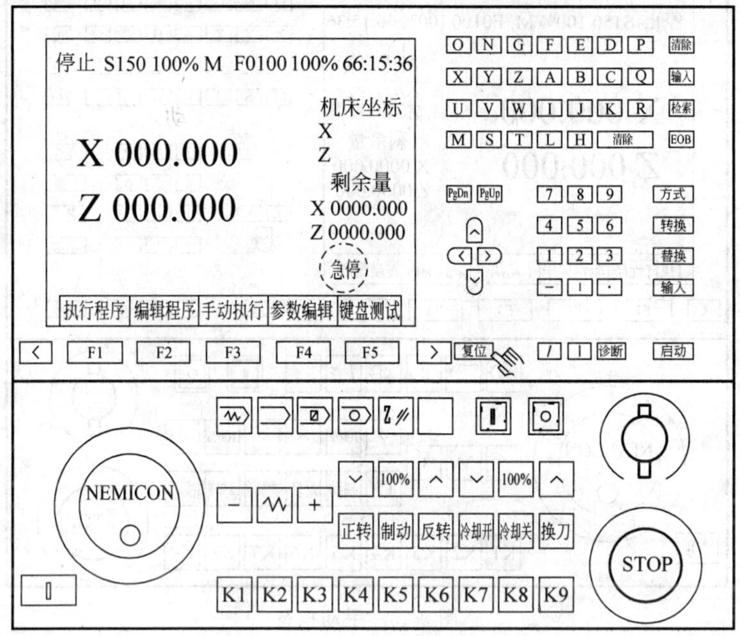

图 8-21 取消急停报警

屏幕右下角出现“X 轴伺服未准备”提示，按下“启动”键，伺服单元上电，等待数秒后，数控系统进入正常运行状态(图 8-22)。

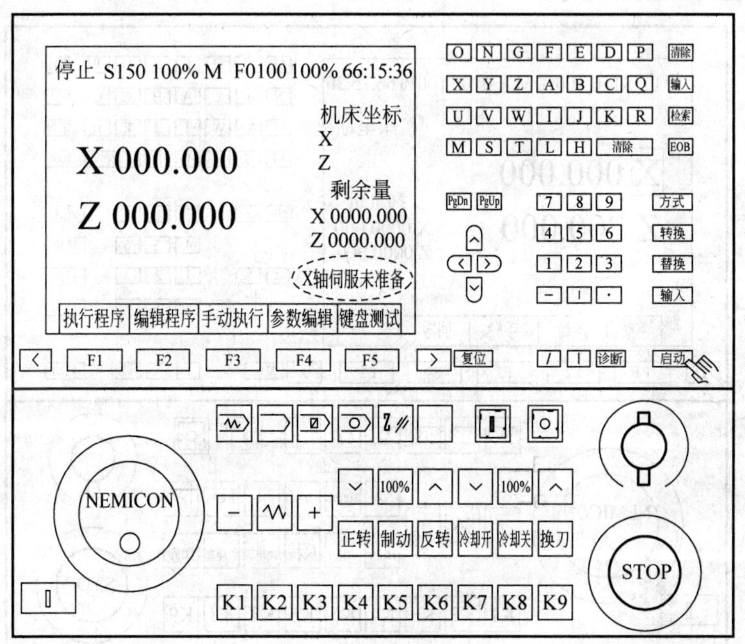

图 8-22 伺服单元上电

(2) 机床回零。航天系统在三种情况时必须回零：机床上电后；按下“急停”键；按“复位”键。具体操作步骤为：进入“手动执行”功能子菜单(图 8-23)。

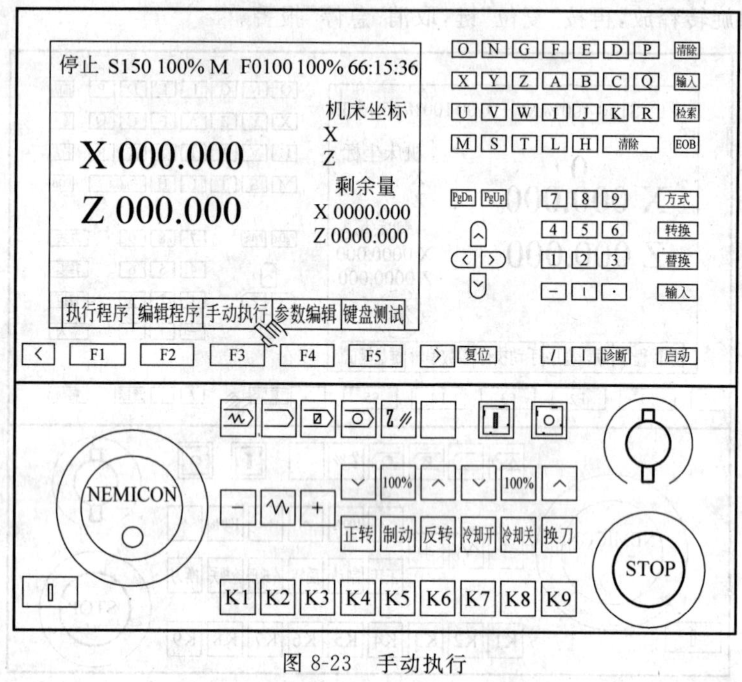

图 8-23 手动执行

选择“回零”功能，再选定 X 轴后，按下控制面板上的“＋”号，X 轴自动回零；然后选定 Z 轴，按下控制面板上的“＋”号，Z 轴自动回零(图 8-24)。此时，显示屏中“机床坐标”下“X”,“Z”便会出现“零”坐标值，同时，执行坐标的零值后会出现“零点”两字，说明已找到机械零点，机床已可以正常运行。

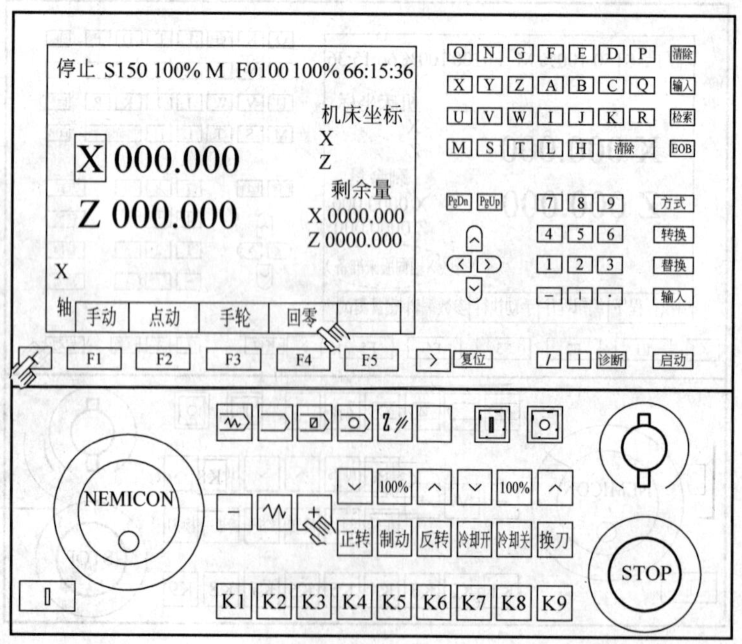

图 8-24 机床回零操作

按“方式”键返回主菜单，进入“执行程序”功能子菜单(图 8-25)。

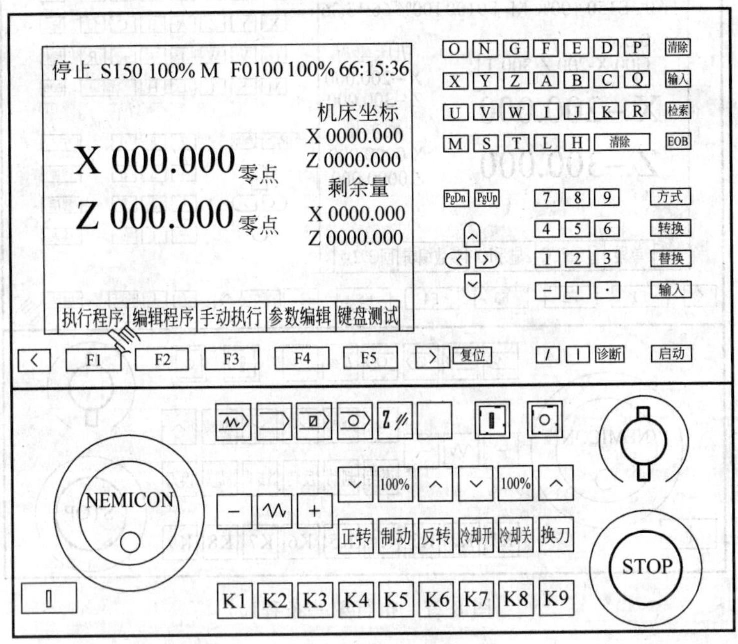

图 8-25 执行程序

将“自动”执行改为“单段”执行(图 8-26)。输入程序名“Oxxx”(Oxxx 为锉把程序名)，按“检索”键，调入程序。

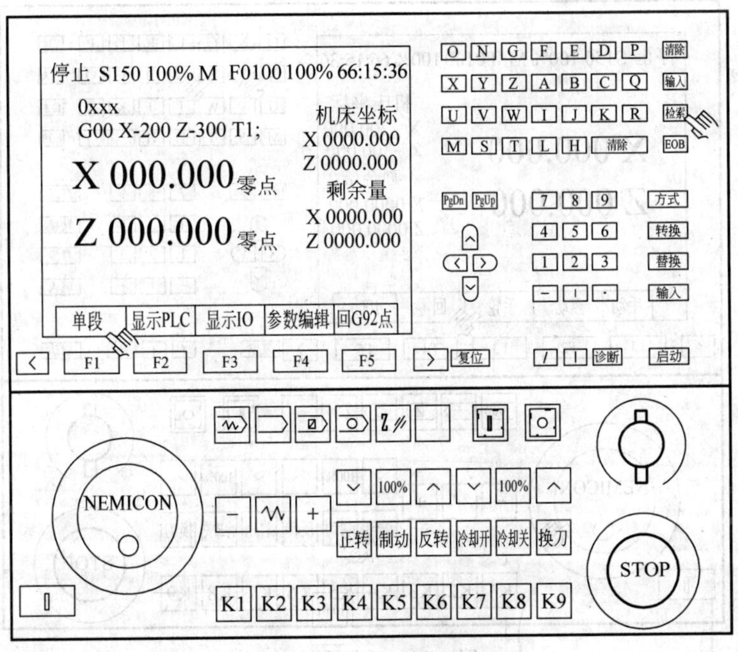

图 8-26 单段执行

按“启动”键执行第一条程序后(图 8-27)，按“复位”键退出程序执行状态(此处只执行一句)，按“方式”键返回主菜单。

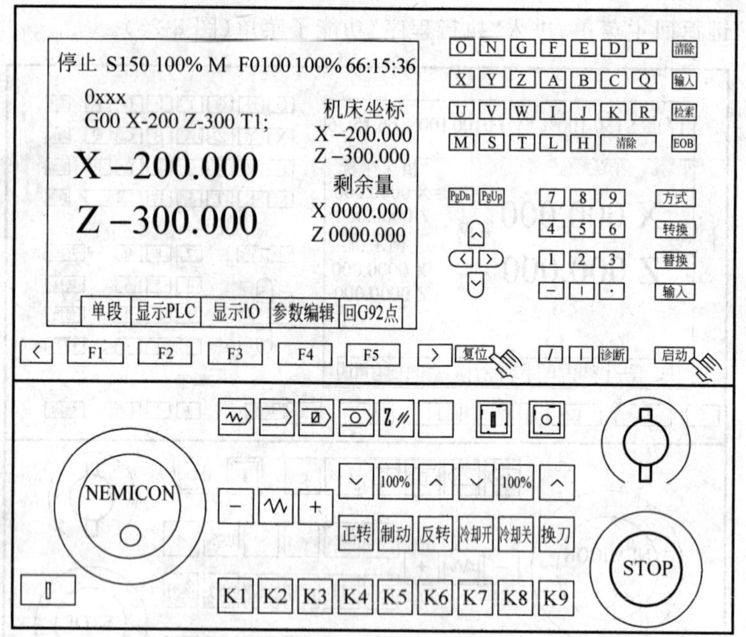

图 8-27 执行第一条程序

(3) 进入"手动执行"功能子菜单,分别按下编辑区字母"X"、"Z",将屏幕上 X 轴、Z 轴坐标值清零。选择"手轮"功能(图 8-28),并使机床主轴正转起动(手动按下控制面板上"主轴正转起动"键),开始对刀。

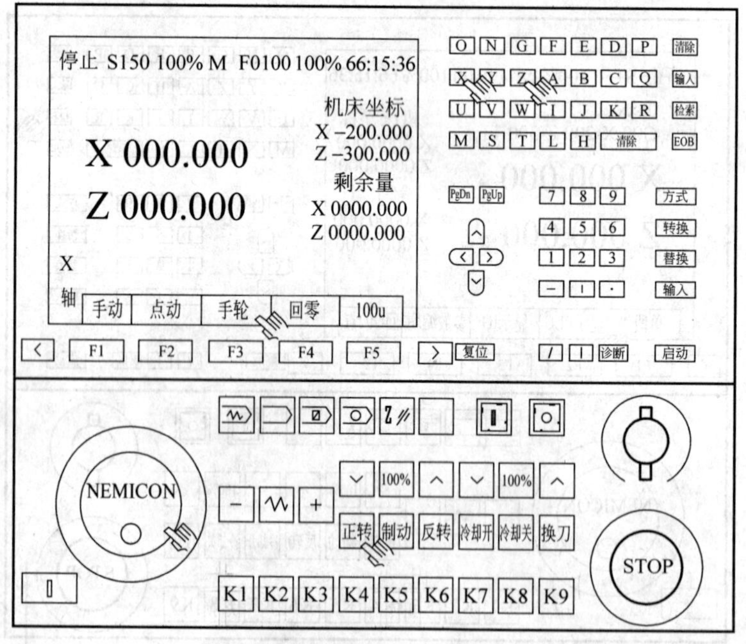

图 8-28 手轮方式对刀

旋转手轮使刀尖轻轻接触工件外圆面,记录屏幕上的 X 轴坐标值,记为 X1(取绝对值);旋转手轮使刀尖轻轻接触工件右端面,记录屏幕上的 Z 轴坐标值,记为 Z1(取绝对值)。

(4) 机床再次回零。第三步完成时按“复位”,回零方法按照第二步进行。

3) 程序编辑

(1) 进入“编辑程序”功能子菜单(图 8-29)。

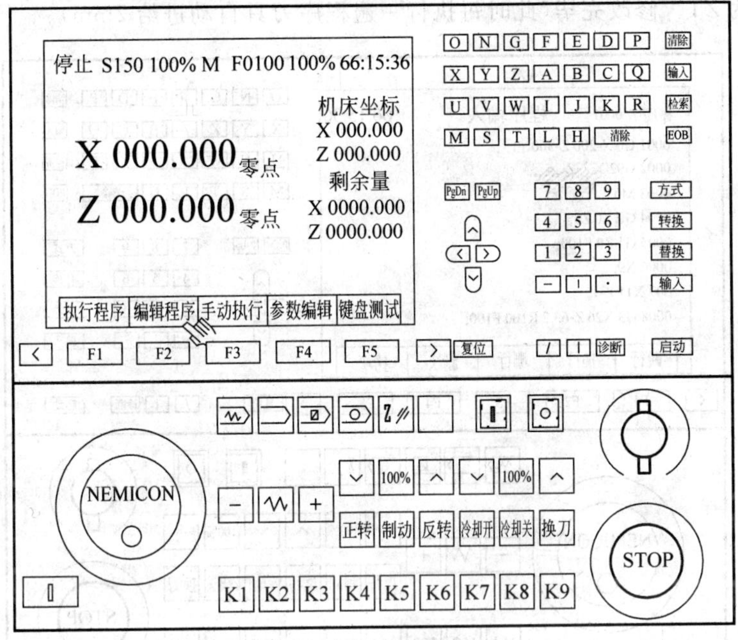

图 8-29 进入编辑程序

按 F1 键进入程序编辑界面(图 8-30)。

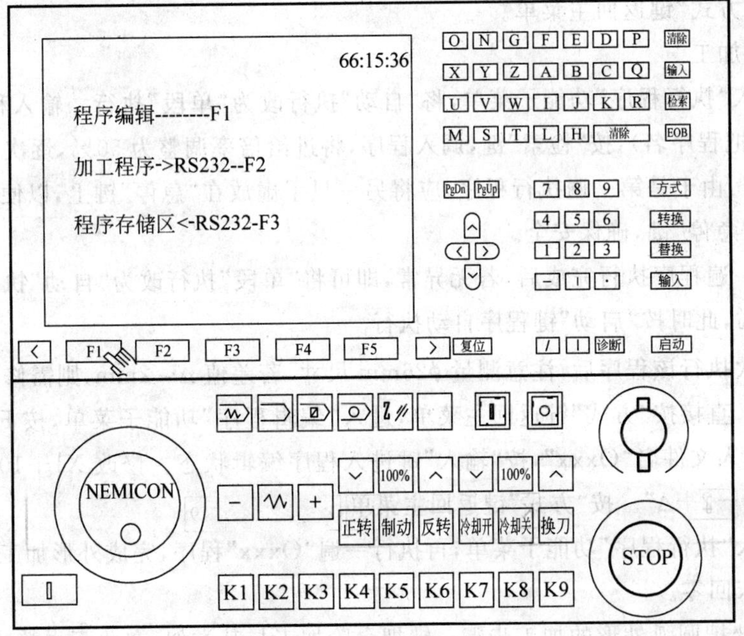

图 8-30 程序编辑界面

输入文件名“Oxxx”，按“输入”键进入程序编辑状态。修改程序中数值空白的两句程序（图 8-31），其中第一句空数值的 X 轴坐标值改为 $X1+10$（10 可根据加工余量变化），Z 轴坐标值改为 $Z1$。第二句空数值的 X 轴坐标值改为 $X1+8$（8 可根据吃刀深度的要求变化），Z 轴坐标值改为 $Z1$。修改完毕（此时每执行一遍程序刀具自动进给 2mm）。

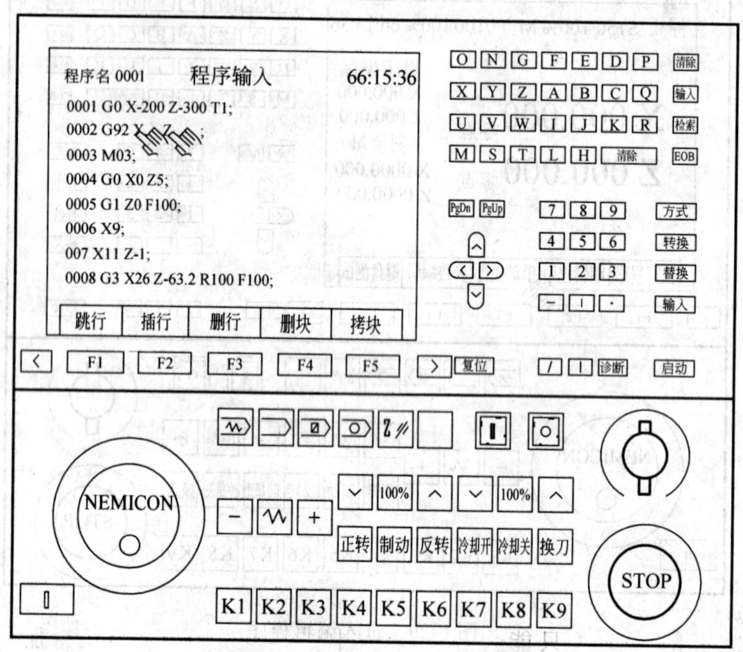

图 8-31　修改程序中的 X、Z 坐标值

(2) 按“方式”键返回主菜单。

4) 零件加工

(1) 进入“执行程序”功能子菜单，将“自动”执行改为“单段”执行。输入程序名“Oxxx”（Oxxx 为锉把程序名），按“检索”键，调入程序，将进给倍率调整为 50%，逐次按“启动”键逐条执行程序。由于是第一遍执行程序，应将另一只手虚放在“急停”键上，以便出现紧急情况时及时按下“急停”键，确保安全。

(2) 第一遍程序执行完成后，若无异常，即可将“单段”执行改为“自动”执行。进给倍率调整为 100%，此时按“启动”键程序自动执行。

(3) 多次执行该程序后，注意测量 $\phi 26$mm 尺寸，若差值 $\Delta<2$mm，则需修改程序以控制尺寸。步骤：直接按“方式”键返回主菜单，进入“编辑程序”功能子菜单，按 F1 键进入程序编辑界面，键入文件名“Oxxx”，按“输入”键进入程序编辑状态。修改 X1+10 处数值，公式为：“$X1+10-2+\Delta$”。按“方式”键返回主菜单。

(4) 进入“执行程序”功能子菜单，再执行一遍“Oxxx”程序，完成外形加工。

(5) 机床回零。

以上为锉把圆弧外形的加工步骤。锉把台阶加工与其类似，在此不再赘述。

8.2 数控铣床及加工中心

8.2.1 数控铣床概述

数控铣床是机床设备中应用非常广泛的机床。它可以进行平面铣削、平面型腔铣削、外形轮廓铣削、三维及三维以上复杂型面铣削，还可进行钻削、镗削、螺纹切削等孔加工。铣削加工中心将数控铣床、数控钻床等功能组合起来。并装有刀库和自动换刀装置，可以对零件进行铣、钻、扩、铰、镗、攻螺纹等加工。

8.2.2 数控铣床及加工中心基础知识

1. 数控铣床及加工中心的类型

数控铣床的分类方法有很多，按其主轴位置的不同可分为以下几类。

(1) 数控立式铣床

如图 8-32 所示，数控立式铣床主轴轴线垂直于水平面，这种铣床占数控铣床的大多数，应用范围也最广。目前数控铣床应用最多的为三轴数控立铣，一般可进行三坐标联动加工，但也有部分机床只能进行三坐标中任意两个坐标的联动加工（两轴半坐标加工）。

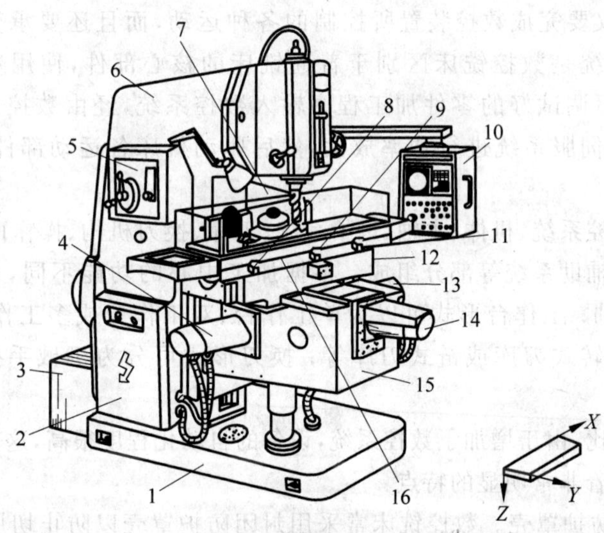

图 8-32 XK5040A 型立式数控铣床

1—底座；2—强电柜；3—变压器箱；4—垂直升降台进给伺服电机；5—主轴变速手柄和按钮板；6—床身；7—数控柜；8—保护开关；9—挡铁；10—操纵台；11—保护开关；12—横向溜板；13—纵向进给伺服电机；14—横向进给伺服电机；15—升降台；16—纵向工作台

(2) 卧式数控铣床

卧式数控铣床主轴的轴线平行于水平面。为了扩大加工范围和扩充功能,卧式数控铣床通常采用增加数控转盘(或万能数控转盘)来实现4、5坐标加工。这样既可以实现连续回转轮廓表面的加工,又可以实现在一次安装中通过转盘改变工位,进行多面加工。

(3) 立卧两用数控铣床

这类铣床的主轴可以更换,可在一台机床上进行立式加工或卧式加工,同时具备立、卧式铣床的功能。它的使用范围更广泛,功能更全。

2. 加工中心分类

加工中心实际上是装备了刀库和具有自动换刀功能的数控铣床,它主要用于箱体类零件和复杂曲面零件的加工。因为它具有自动换刀功能,一次装夹后,能自动完成或接近完成工件各面的所有加工工序。

(1) 加工中心根据数控系统控制功能的不同可以分为二轴联动、四坐标三轴联动、四轴联动、五轴联动等。可控轴数越多,加工中心的工艺适应能力越强。一般的加工中心多为三轴联动。

(2) 加工中心按主轴位置可以分为:立式加工中心、卧式加工中心及立卧加工中心。机床主轴垂直布置的称为立式加工中心,机床主轴水平布置的称为卧式加工中心。

3. 数控铣床及加工中心的基本组成及特点

数控铣床的基本组成包括机械部分和以数控装置为核心的控制部分,其中机械部分包括机体(床身、立柱、底座)、主轴系统、进给系统(工作台、刀架)及辅助系统(冷却、润滑)。机械部分不仅要完成数控装置所控制的各种运动,而且还要承受包括切削力在内的各种力。数控系统是数控铣床区别于普通铣床的核心部件,使用数控铣床加工工件时,由操作者将编写调试好的零件加工程序输入数控系统,经由数控系统将加工信息以电脉冲形式传输给伺服系统进行功率放大,然后驱动机床各运动部件协调动作,完成切削加工任务。

加工中心由数控系统、机体、主轴、进给系统、刀库、换刀机构、操作面板、托盘自动交换系统(多工作台)和辅助系统等部分组成。根据加工中心的功能不同,机床可以具有单主轴、双主轴或三主轴;工作台形式可以为单工作台、双工作台或多工作台托盘交换系统;刀库形式可以为回转式刀库或链式刀库等;换刀形式可分为机械手换刀和斗笠式刀库换刀。

与普通铣床相比,由于增加了数控系统,设备的自动化程度很高,这就使机床在安全性、可操作性等方面有着非常明显的特点:

(1) 采用封闭防护罩壳。数控铣床常采用封闭防护罩壳以防止切屑或切削液飞出,减少了给操作者带来的意外伤害。

(2) 主轴无级变速且变速范围宽。数控铣床的主轴一般采用伺服电动机实现无级变速,其调速范围较宽。这既保证了良好的加工适应性,同时也为小直径铣刀工作提供了必要的切削速度。高速铣削时采用无级传动方式的电主轴来提高主轴转速。

（3）采用装夹方便的手动换刀。同加工中心相比，数控铣床在结构上没有配备刀库，不能进行自动换刀，只能采用手动换刀，但由于采用了标准化的刀具，在主轴套筒内一般都设有自动拉、退刀装置，数控铣床的刀具安装也非常方便。

（4）进给传动系统一般采用滚珠丝杠螺母副传动，传动精度高。三个进给轴可联动，能够加工复杂的三维型面。如果再加上第四、第五轴，则可以加工发动机叶片、螺旋桨等空间扭曲的型面。高速加工时，进给系统采用直线电动机，进给速度更高。

（5）为了安全，每个进给轴的正负极限位置都装有限位开关。

（6）与数控车削相比，数控铣削有着更为广泛的应用范围，它在现代航空航天、民用工业、模具制造等领域都有不可替代的作用。

4. 数控铣床的应用

数控铣床可加工平面类工件（主要加工平行、垂直于水平面或者加工面与水平面的夹角为一定角度的工件）及各种曲面类工件，主要应用如下。

（1）周期性重复生产的零件。某些机械产品的市场需求具有一定的周期性和季节性，若采用专机生产则经济效益太差；采用普通设备则加工效率低，质量又难以保证。而采用数控铣床完成首件（批）加工后，该零件的加工程序和相关的生产信息都可以保存下来，当下一批同样产品再生产时，只需要很短的准备时间，使得生产周期大大缩短。

（2）高精度零件。有些设备上的关键部件，需求量小，但要求其精度高、一致性好。而数控铣床本身所具有的高精度正好可以满足产品要求，同时由于整个生产加工过程完全由程序自动控制，从而避免了人为因素的干扰，保证了同一批产品的质量一致性。

（3）形状复杂的零件。多轴联动的应用以及各种CAD/CAM技术的不断成熟与完善，使得被加工零件的形状复杂程度可以大大提高。另外，DNC加工（在线加工）方式的使用使复杂零件的自动加工变得更加容易和方便。

（4）数控铣床适合中、小批量的生产加工，甚至是单件生产。

8.2.3 工艺路线制定

确定进给路线应考虑保证加工质量，尽可能地缩短进给路线，编程计算要简单，程序段数要涉及“少换刀”等原则。

（1）先面后孔。由于平面定位比较稳定，同时在加工过的平面上钻孔，精度高且轴线不易偏斜。在加工有面和孔的零件时，为了提高孔的加工精度，应先加工面，后加工孔。

（2）先粗加工后精加工。

（3）先主后次。精度要求较高的主要表面的粗加工一般应安排在次要表面粗加工之前，这样有利于及时发现毛坯的内在缺陷。加工大表面时，内应力和热变形对工件影响较大，一般也需先加工；对于较小的次要表面，一般都把粗、精加工安排在一个工序完成。次要表面的加工工序一般放在主要表面和最终加工工序之间进行。

（4）先进行内腔加工，后进行外形加工。

（5）要确定进给路线与最佳进给方式。加工进给路线应保证被加工零件的精度和表面粗糙度。如铣削轮廓时，由于数控铣床及加工中心的传动系统的反向间隙很小，且控制系统中均提供软件间隙补偿功能，因此应尽量采用顺铣方式，而顺铣过程中刀具切入工件的方式为由厚至薄可起到“压住”工件的作用。可有效减少加工中的颤动，便于提高加工质量。如图 8-33 所示，在铣削封闭的凹轮廓时，刀具的切入、切出最好选在两面的交界处，否则会产生接刀痕。为保证表面质量，最好选择图(b)和图(c)所示的走刀路线。

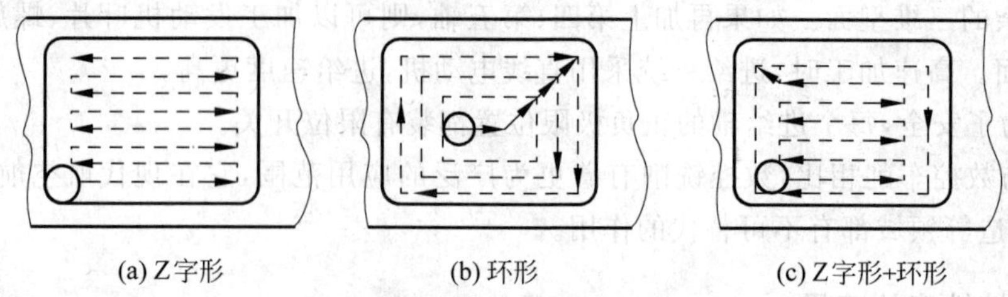

图 8-33　封闭凹轮廓的走刀路线

(6) 尽量减少进、退刀时间和其他辅助时间，尽量使加工路线最短。

(7) 进、退刀位置应选在不太重要的位置，并且使刀具沿切线方向进、退刀，避免采用法向进、退刀和进给中途停顿而产生接刀痕。铣削平面零件时，一般采用立铣刀侧刃进行切削。为减少接刀痕迹，保证零件表面质量，应对刀具的切入和切出程序精心设计。如图8-34(a)所示，铣削外表面轮廓时，铣刀的切入、切出点应沿零件轮廓曲线的延长线上切向切入和切出零件表面，而不应沿法线方向直接切入零件，切入点选在尖点处较妥。如图 8-34(b)所示，铣削内轮廓表面时，切入和切出无法外延。这时铣刀可沿法线方向切入和切出或将切入、切出弧改向，并将其切入、切出点选在零件轮廓两几何元素的交点处。但是，在沿法线方向切入、切出时，还应避免产生过切的可能性。

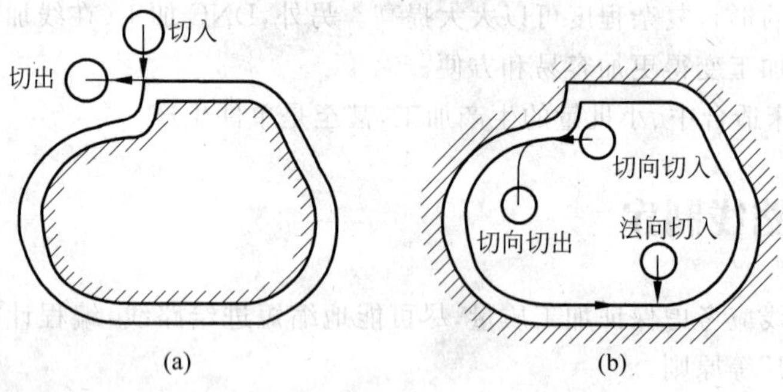

图 8-34　切入和切出

(8) 为了减少换刀次数、压缩空行程和换刀时间，可按刀具集中工序的方法加工工件，用同一把刀具加工出可能加工的所有部位。

8.2.4　数控铣床及加工中心的编程特点及基本指令

1. 编程要点

数控铣床及加工中心主要用于平面、台阶、沟槽、切断、成形面和复杂曲面的加工，并能进行钻孔、镗孔、铰孔、扩孔、锪孔和攻螺纹等加工。为了完成上述这些加工，现代数控铣床及加工中心具备了以下主要的加工和编程功能。

(1) 基本型面轮廓的加工功能。直线和圆弧是构成任何复杂型面的最基本单元,所以数控铣床首先应具备直线和圆弧运动的基本功能。G00 可快速高效地实现刀具的直线定位,用 G01、G02、G03 命令刀具进行直线和圆弧的切削运动。由 G00、G01、G02、G03 完成的加工功能是数控铣床最基本也是最主要的功能。

(2) 螺纹的加工功能。螺纹加工也是数控铣床的重要加工功能,由系统提供的 G33、G32 和相关固定循环功能可以完成螺纹加工。

(3) 固定循环应用功能。固定循环是由系统生产厂家预设的某种固定程序,它适用于某类特定的加工,因此具有一定的通用性。其根本目的是为了方便用户简化编程工作。使用时用户只需根据该循环规定的格式填写相关参数即可,省去了为此而编写大段的、有时又多次重复繁琐的程序指令。

(4) 子程序调用功能。由于加工零件的特殊性,在编程中有时会出现某些一连串的指令要重复书写多次,为了避免重复劳动、简化编程工作,可以在主程序外编写子程序。虽然子程序与固定循环有很多相似之处,但一般来讲子程序不具备固定循环的通用性。

(5) 数控铣床及加工中心的数控系统中都有刀具补偿功能。刀具补偿功能为编程提供方便,编程人员可以按工件的实际轮廓编写加工程序。在加工过程中,对于刀具位置的变化、刀具几何长短的变化,都无需更改加工程序,只要将变化的尺寸或圆弧半径输入到存储器中,刀具便能自动进行长度和半径补偿。

(6) 用户变量编程功能。在编程中,有时候某些参数需要随另外一些参数按一定的规律变化。用变量编程的方法,用户给自变量赋上初值,并告诉系统应变量与自变量的函数关系。系统通过运算就可以得出所需要的参数。用户变量编程功能解决了有时用常量无法编程的矛盾,并且使得编程工作的灵活性大大增加。

(7) 通信功能。通信功能可以通过两个途径来解决程序录入问题:其一从联网的计算机或数控设备读入程序后再运行加工;其二是由联网的计算机或数控设备向本机一边传输一边执行加工。

2. 数控加工中心的基本指令

与数控铣床相比,加工中心的编程除了增加了自动换刀的功能指令外,其他和数控铣床编程基本相同。不同的数控铣床及加工中心,采用不同的数控系统,其编程指令基本相同。但也有个别的指令定义有所不同。Fanuc Oi 系统广泛用于数控铣床、数控车床、数控磨床及加工中心,本章主要介绍 Fanuc Oi 系统的常用编程指令。

1) 准备功能(G 指令)

准备功能常用代码见表 8-3。

2) 辅助功能(M 指令)

辅助功能代码见表 8-4。

表 8-3　准备功能常用代码

代码	组别	功　能	附注	代码	组别	功　能	附注
G00		快速定位	模态	G43		刀具长度正补偿	模态
G01		直线插补	模态	44	08	刀具长度负补偿	模态
G02	01	顺时针圆弧插补	模态	G49		刀具长度补偿取消	模态
G03		逆时针圆弧插补	模态	G50		工件坐标原点设置，最大主轴速度设置	非模态
G04	00	暂停	非模态	G52	00	局部坐标系统设置	非模态
G17		*XY* 平面选择	模态	G53		机床坐标系统设置	非模态
G18	02	*ZX* 平面选择	模态	*G54～G59	14	第 1～6 工件坐标系设置	模态
G19		*YZ* 平面选择	模态	G73		高速深孔钻孔循环	模态
G20	06	英制(in)	模态	G74		攻左旋螺纹循环	模态
G21		米制(mm)	模态	G75		精镗循环	模态
*G22	04	行程检查功能打开	模态	*G80		钻孔固定循环取消	模态
G23		行程检查功能关闭	模态	G81		钻孔循环	
*G25	08	主轴速度波动检查关闭	模态	G84	09	攻右旋螺纹循环	模态
G26		主轴速度波动检查打开	模态	G85		镗孔循环	
G27		参考点返回检查	非模态	G86		镗孔循环	模态
G28	00	参考点返回	非模态	G87		镗孔循环	模态
G31		跳步功能	非模态	G89		镗孔循环	模态
G40		刀具半径补偿取消	模态	G90		绝对坐标编程	模态
G41	07	刀具半径左补偿	模态	G91	03	增量坐标编程	模态
G42		刀具半径右补偿	模态	G92		工件坐标原点设置	模态

注：标有“*”的 G 代码为数控系统通电后的状态。对 G20 及 G21，保持电源关闭前的 G 代码。

表 8-4　辅助功能代码

代码	功　能	附注	代码	功　能	附注
M00	程序停止	非模态	M30	程序结束并返回	非模态
M01	程序选择停止	非模态	M31	旁路互锁	非模态
M02	程序结束	非模态	M52	自动门打开	模态
M03	主轴顺时针旋转	模态	M53	自动门关闭	模态
M04	主轴逆时针旋转	模态	M74	错误检测功能打开	模态
M05	主轴停止	模态	M75	错误检测功能关闭	模态
M06	换刀	非模态	M98	子程序调用	模态
M07	切削液打开	模态	M99	子程序调用返回	模态
M08	切削液关闭	模态			

3）进给功能(F 指令)

F 功能指令是表示进给速度，它是用地址字母 F 和其后的若干数字来表示，单位为 mm/min(公制)或 in/min(英制)。

4）刀具功能(T 指令)

T 指令后跟两位数字，表示刀具编号。

5）刀具长度补偿功能(H 指令)

H 功能指令是表示刀具长度补偿功能，它是用地址字母 H 和其后的数字来表示。H00

表示取消刀具长度补偿。

6）主轴转速功能指令(S 指令)

S 功能指令是表示主轴转速功能。它是用地址字母 S 和其后的数字来表示，单位为 r/min。

8.2.5 刀具补偿

铣削加工中，不同的刀具，其直径、长度是不同的。刀具零点是数控镗铣类机床主轴装刀锥孔端面与轴线的交点，是刀具半径、长度的零点。为了编程方便，按工件轮廓轨迹编制程序。执行程序时的走刀轨迹实际上是刀具零点的轨迹，因此使用不同的刀具时，应进行刀具半径及长度补偿。

1. 刀具半径补偿

(1) 不同平面内的刀具半径补偿。刀具半径补偿用 G17、G18、G19 指令在被选择的工作平面内进行补偿。比如当 G17 命令执行后，刀具半径补偿仅影响 X、Y 轴移动，而对 Z 轴不起作用。

(2) 刀具半径左补偿 G41、刀具半径右补偿 G42 指令。G41、G42 指令的判定同数控车床一样，如图 8-35 所示。

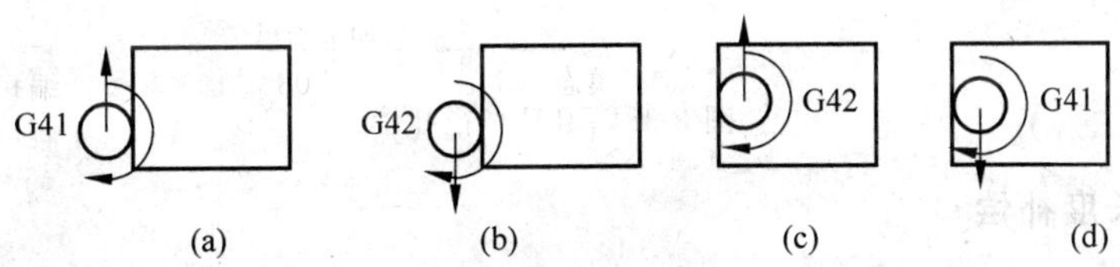

图 8-35 G41、G42 的判定

(3) 使用刀具半径补偿注意事项。

① 使用刀具半径补偿时应避免过切削现象。

(a) 使用刀具半径补偿和去除刀具半径补偿时，刀具必须在所补偿的平面内移动，且移动距离应大于刀具补偿值。

(b) 加工半径小于刀具半径的内圆弧时，进行半径补偿将产生过切削，如图 8-36 所示，只有过渡圆角 $R \geqslant$ 刀具半径 $r+$ 精加工余量的情况下才能正常切削。

(c) 被铣削槽底宽小于刀具直径时将产生过切削，如图 8-37 所示。

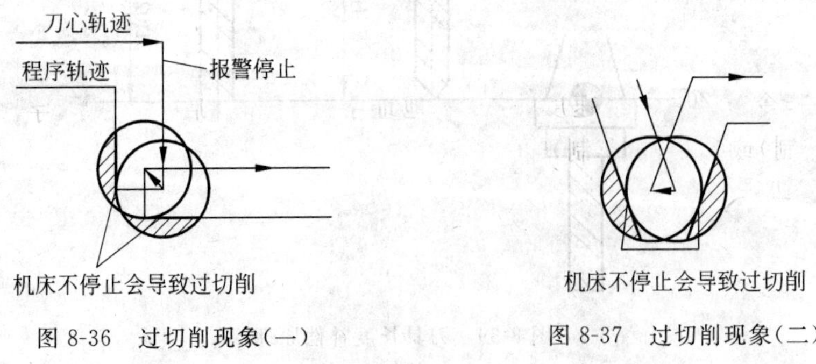

图 8-36 过切削现象(一)　　图 8-37 过切削现象(二)

② G41、G42、G40 需在 G00 或 G01 模式下使用，现在有一些系统也可以在 G02,G03 模式下使用。

③ D00～D99 为刀具补偿号，D00 意味着取消刀具补偿，刀具补偿值在加工或试运行之前需设定在补偿存储器中。

2. 刀具半径补偿的作用

刀具半径补偿除方便编程外，还可以用改变刀具半径补偿大小的方法，实现利用同一程序进行粗、精加工。即：

粗加工刀具半径补偿＝刀具半径＋精加工余量

精加工刀具半径补偿＝刀具半径＋修正量，如图 8-38 所示。

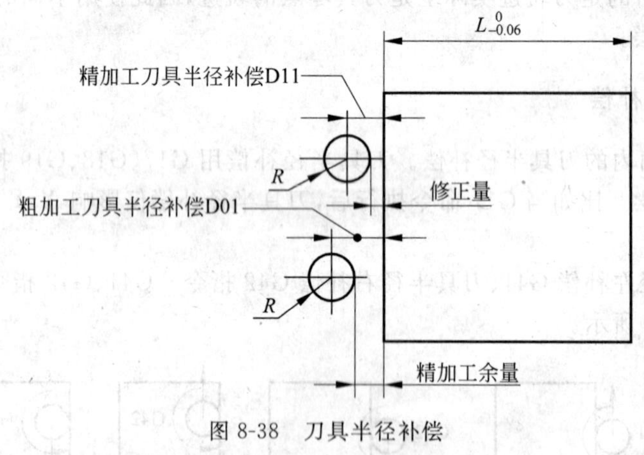

图 8-38　刀具半径补偿

3. 刀具长度补偿

刀具长度补偿原理如图 8-39 所示。设定工件坐标系时，让主轴锥孔基准面与工件上的理论表面重合，在使用每一把刀具时可以让机床按刀具长度升高一段距离，使刀尖正好在工件表面上，这段高度就是刀具长度补偿值，其值可在刀具预调仪或自动测长装置上测出。实现这种功能的 G 代码是 G43、G44、G49。G43 是把刀具向上抬起，G44 是使刀具向下补偿，G49 取消 G43、G44 命令。

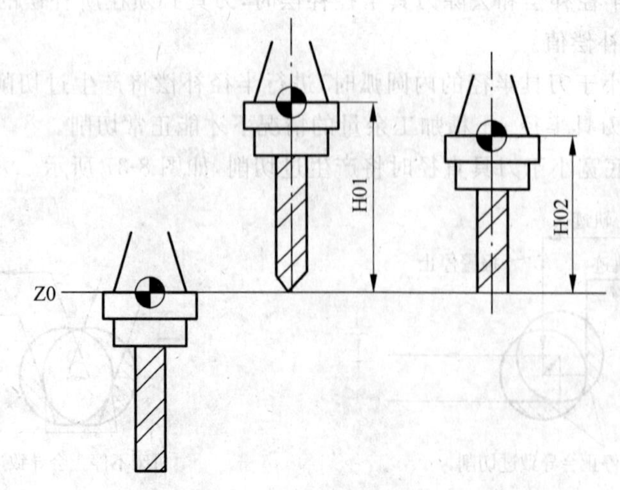

图 8-39　刀具长度补偿原理

图 8-40 中钻头用 G43 命令正向补偿了 H01 值，铣刀用 G43 命令向上正向补偿了 H02 值。刀具长度补偿使用格式如下：

G43 G00/G01 Z____ H____；

G49 取消 G43　G44

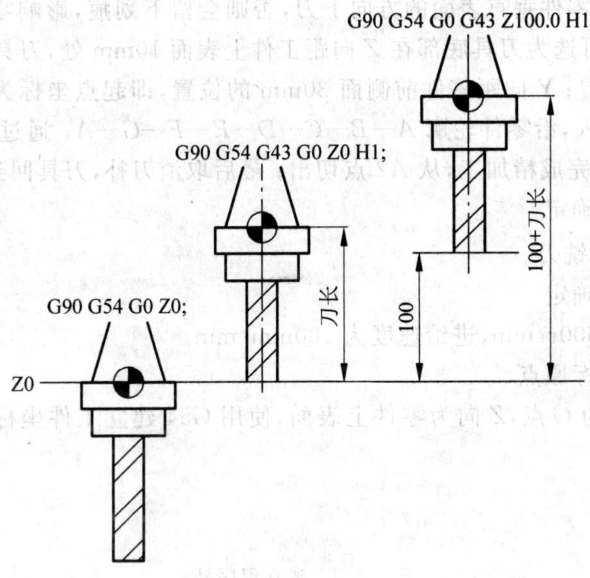

图 8-40　刀具长度补偿

8.2.6　加工实例

如图 8-41(a)所示零件，对该零件外形精加工，深度为 6mm。用刀具半径补偿功能完成零件的精加工。

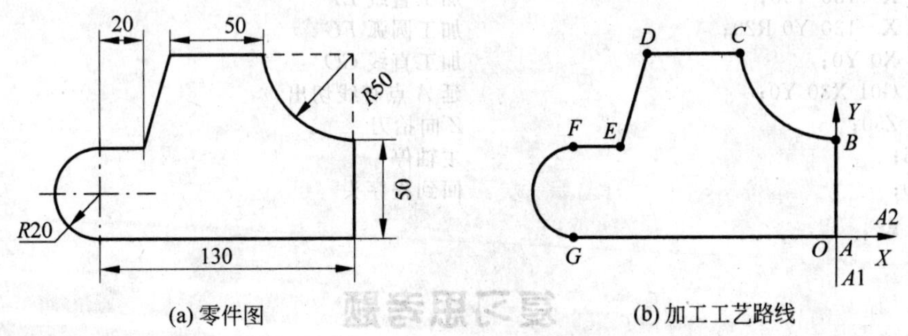

图 8-41　外轮廓的铣削加工

1. 工艺分析

1）装夹定位的确定

用螺栓将两块压板固定零件的两侧，使零件处于工作台中心位置。

2）刀具加工起点及加工路线的确定

如图 8-41(b)所示。刀具加工起点位置应在工件上方，不接触工件，但不能使空刀行程太长。由于铣削零件平面轮廓时用刀的侧刃，为了避免在零件轮廓的切入点和切出点处留下刀痕，应沿轮廓外形的延长线切入和切出。切入和切出点一般选在零件轮廓两几何元素的交点处。此外，应避免在零件垂直表面的方向下刀，否则会留下划痕，影响零件的粗糙度。所以刀具加工起点位置可选为刀具底部在 *Z* 向距工件上表面 10mm 处，刀具中心在 *X* 向距零件右侧面 30mm 的位置；*Y* 向距零件前侧面 30mm 的位置，即起点坐标为(30，－30，10)。采用逆铣，从 *A*1 点切入，沿零件轮廓 *A*—*B*—*C*—*D*—*E*—*F*—*G*—*A*；通过建立右刀补，调用刀具半径补偿偏置量，完成精加工，从 *A*2 点切出；最后取消刀补，刀具回到起点位置。

3）加工刀具的确定

选用 ϕ12mm 立铣刀。

4）切削用量的确定

取主轴转速为 600r/min，进给速度为 100mm/min。

5）确定加工坐标原点

加工坐标原点为 *O* 点，*Z* 向为零件上表面，使用 G54 建立工件坐标系，加工起点为 *A*1(0，－30，50)。

2. 程序

```
O0001;                      建立程序号
G54 G00 X0 Y－30;           建立工件坐标系快速定位 A1 点
Z50;                        Z 轴安全高度
M03 S600;                   主轴正转 600r/min
G01 Z－1 F100;              Z 向铣削深度
G42 G01 X0 Y0 D01;          建立右刀补调用 1 号刀具半径补偿
G01 X0 Y50;                 加工直线 OB
G02 X－50 Y100 R20;         加工圆弧 BC
G01 X－100 Y100;            加工直线 CD
G01 X－110 Y90;             加工直线 DE
G01 X－130 Y90;             加工直线 EF
G03 X－130 Y0 R20;          加工圆弧 FG
G01 X0 Y0;                  加工直线 GO
G40 G01 X30 Y0;             延 A 点直线切出
G00 Z50;                    Z 向抬刀
M05;                        主轴停
M30;                        回到程序头
```

复习思考题

1. 数控车床适合加工哪些回转体零件？
2. 数控车床确定对刀点应注意哪些事项？如何确定换刀点？
3. 数控铣床及加工中心有哪些常用的装夹工具？
4. 试编写题 4 图所示工件的加工工艺过程，并编写加工程序。
5. 试编写题 5 图所示工件的加工工艺过程，并编写加工程序。

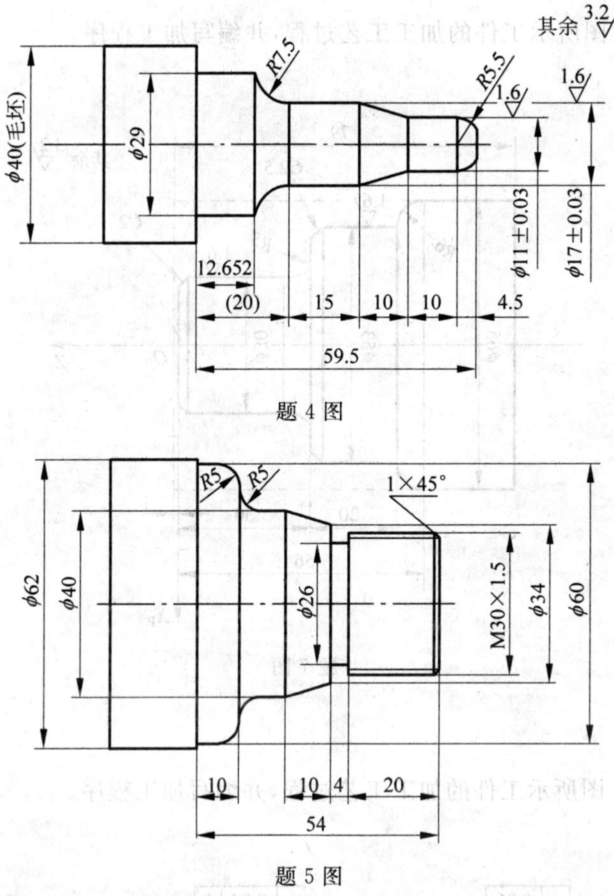

题 4 图

题 5 图

6．试编写题 6 图所示工件的加工工艺过程，并编写加工程序。

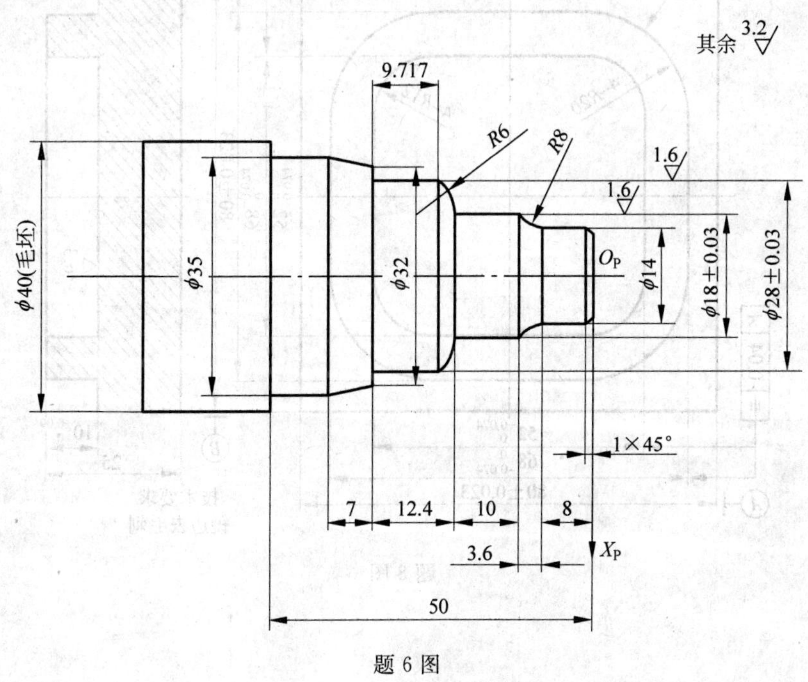

题 6 图

7. 试编写题7图所示工件的加工工艺过程，并编写加工程序。

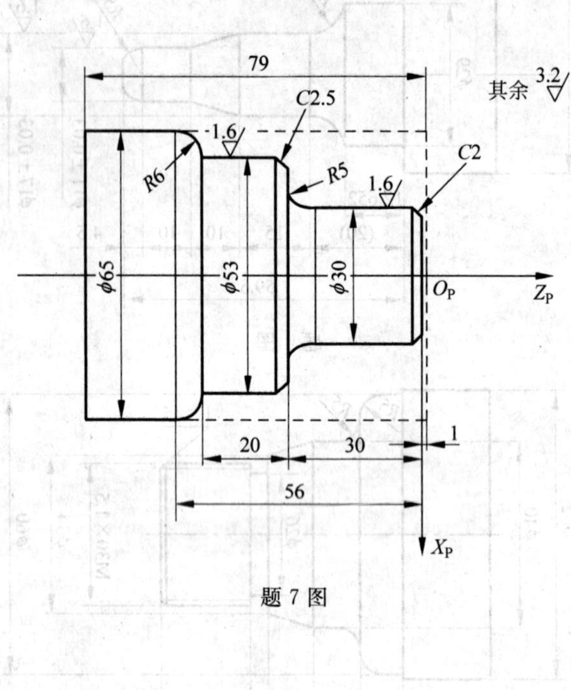

题7图

8. 试编写题8图所示工件的加工工艺过程，并编写加工程序。

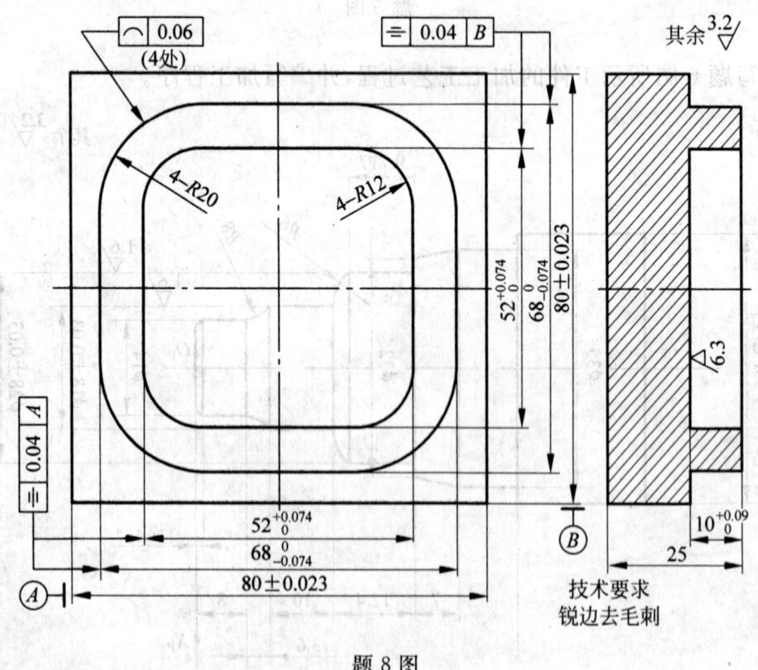

题8图

9. 试编写题 9 图所示工件的加工工艺过程，并编写加工程序。

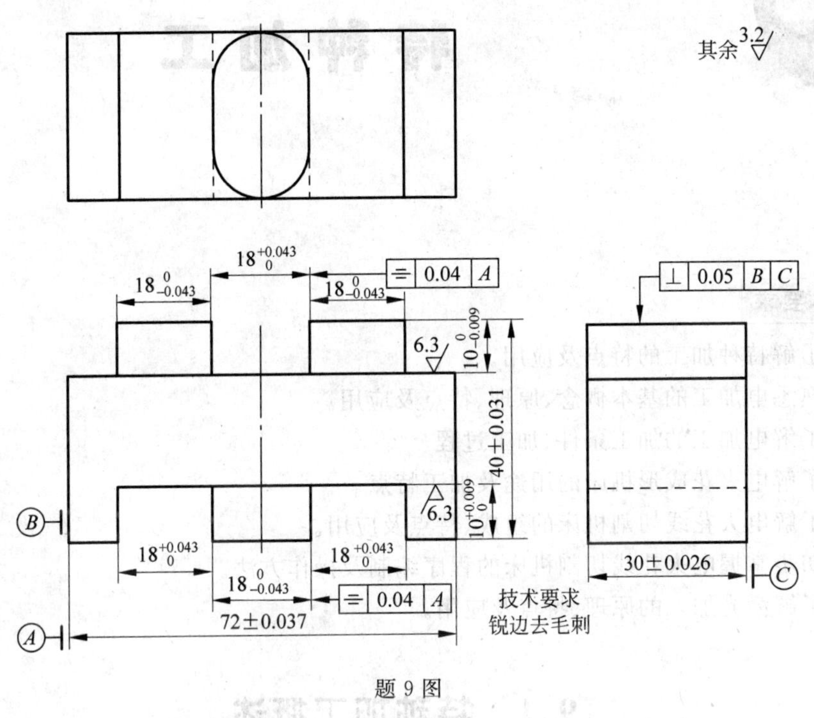

题 9 图

10. 试编写题 10 图所示工件的加工工艺过程，并编写加工程序。

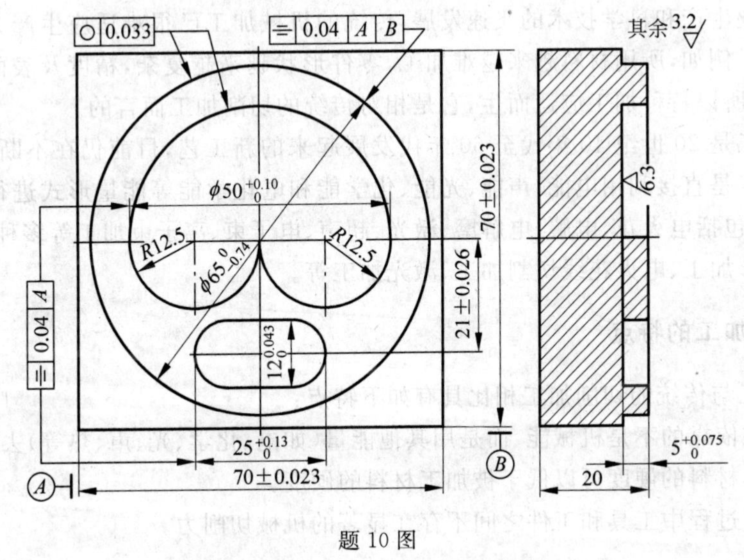

题 10 图

特种加工

基本要求

(1) 了解特种加工的特点及应用。
(2) 熟悉电加工的基本概念、原理、特点及应用。
(3) 了解电加工的加工条件、加工过程。
(4) 了解电火花成形机床的用途及加工特点。
(5) 了解电火花线切割机床的组成、特点及应用。
(6) 初步掌握电火花线切割机床的程序编制及操作方法。
(7) 了解激光加工的原理、特点及应用。

9.1 特种加工概述

1. 特种加工的产生及发展

随着工业生产和科学技术的飞速发展,传统的机械加工已很难适应生产力和科学实验发展的需要。例如,所用材料越来越难加工,零件形状越来越复杂,精度及表面粗糙度要求也越来越高,所以特种加工应运而生,它是相对传统的切削加工而言的。

特种加工是20世纪40年代至60年代发展起来的新工艺,目前仍在不断地推陈出新。所谓特种加工是直接利用电能、声能、光能、化学能和电化学能等能量形式进行加工的一类方法的总称,包括电火花、电解、电解磨、激光、超声、电子束、离子束加工等多种方法,常用的有电火花成形加工、电火花线切割加工、激光加工等。

2. 特种加工的特点

特种加工与传统的切削加工相比具有如下特点:

(1) 主要依靠的不是机械能,而是用其他能量(如电、化学、光、声、热等)去除金属材料。
(2) 工具材料的硬度可以低于被加工材料的硬度。
(3) 加工过程中工具和工件之间不存在显著的机械切削力。

3. 特种加工的应用

特种加工主要用于下列情况:

(1) 各种难切削材料，如硬质合金、耐热钢、不锈钢、金刚石、宝石、石英及锗、硅等各种高熔点、高硬度、高强度、高韧性、高脆性的金属及非金属材料。

(2) 各种复杂、微细表面的零件，如喷气涡轮机叶片，冲模、冷拔模的型腔和型孔，栅网、喷丝头上的小孔、窄缝等。

(3) 各种超精、光整或具有特殊要求的零件，如对表面质量和精度要求非常高的航空陀螺仪以及细长轴等低刚度零件。

9.2 电火花加工

1. 电火花加工的原理

电火花加工又称放电加工，其原理是基于工具电极和工件电极之间脉冲性火花放电时的电腐蚀现象来蚀除多余的金属，以达到对零件的尺寸、形状和表面质量的加工要求，如图 9-1 所示。

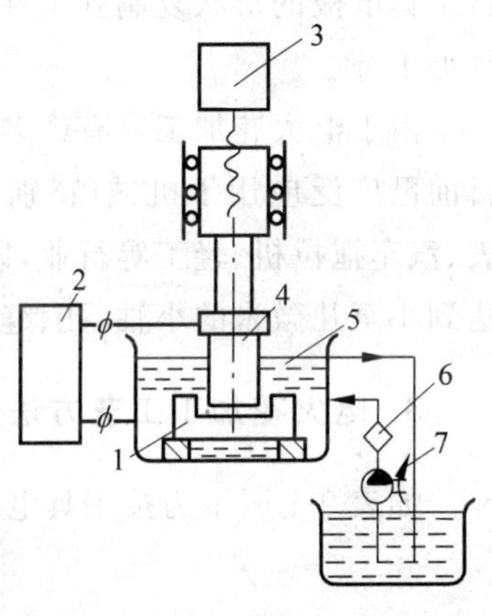

图 9-1 电火花加工原理示意图
1—工件；2—脉冲电源；3—自动进给调节装置；4—工具；5—工作液；6—过滤器；7—工作液泵

工件 1 与工具 4 分别与脉冲电源 2 的两输出端相连接。自动进给调节装置 3(此处为电动机及丝杠螺母机构)使工具和工件间经常保持一很小的放电间隙，当脉冲电压加到两极之间，便在当时条件下相对某一间隙最小处或绝缘强度最低处击穿介质，在该局部产生火花放电，瞬时高温使工具和工件表面都蚀除掉一小部分金属，各自形成一个小凹坑，如图 9-2 所示。其中图 9-2(a)表示单个脉冲放电后的电蚀坑，图 9-2(b)表示多次脉冲放电后的电极表面。脉冲放电结束后，经过一段间隔时间，使工作液恢复绝缘后，第二个脉冲电压又加到两极上，又会在当时极间距离相对最近或绝缘强度最弱处击穿放电，又电蚀出一个小凹坑。这样随着相当高的频率，连续不断地重复放电，工具电极不断地向工件进给，就可将工具的形状复制在工件上，加工出所需要的零件，整个加工表面将由无数个小凹坑所组成。

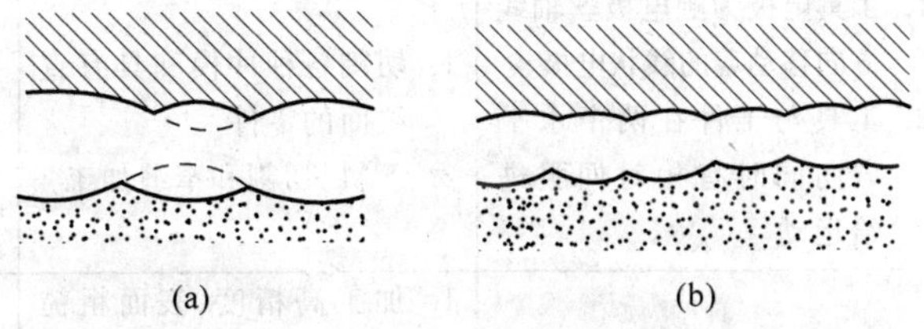

图 9-2 电火花加工表面局部放大图

综上所述，电火花放电需具备的三个条件是：

(1) 必须使两极间经常保持一定的放电间隙；

(2) 必须是瞬时的脉冲性放电；

(3) 必须在有一定绝缘性能的液体介质中进行。

2. 电火花加工的特点及应用

(1) 适合于任何难切削导电材料的加工。由于加工中材料的去除是靠放电时的电热作用实现的,材料的可加工性主要取决于材料的导电性及其热学特性,如熔点、沸点、比热容、热导率、电阻率等,而几乎与其力学性能(硬度、强度等)无关。这样可以突破传统切削加工对刀具的限制,可以实现用软的工具加工硬韧的工件,甚至可以加工像聚晶金刚石、立方氮化硼一类的超硬材料。目前电极材料多采用纯铜(俗称紫铜)或石墨,因此工具电极较容易加工。

(2) 可以加工特殊及复杂形状的表面和零件。由于加工中工具电极和工件不直接接触,没有机械加工宏观的切削力,因此适宜加工低刚度工件及作微细加工。由于可以简单地将工具电极的形状复制到工件上,因此特别适用于复杂表面形状工件的加工,如复杂型腔模具加工等。

由于电火花加工具有许多传统切削加工所无法比拟的优点,因此其应用领域日益扩大,目前已广泛应用于机械(特别是模具制造)、宇航、航空、电子、电机电器、精密机械、仪器仪表、汽车拖拉机、轻工等行业,以解决难加工材料及复杂形状零件的加工问题。加工范围已达到小至几微米的小轴、孔、缝,大到几米的超大型模具和零件。

3. 电火花加工工艺方法分类

如表 9-1 所示为按工具电极和工件相对运动的方式和用途不同而分类。

表 9-1 电火花加工工艺方法分类

类别	工艺方法	特 点	用 途	备 注
Ⅰ	电火花穿孔成形加工	1. 工具和工件间主要只有一个相对的伺服进给运动 2. 工具为成形电极,与被加工表面有相同的截面和相反的形状	1. 型腔加工:加工各类型腔模及各种复杂的型腔零件 2. 穿孔加工:加工各种冲模、挤压模、粉末冶金模、各种异形孔及微孔等	约占电火花机床总数的 30%,典型机床有 D7125、D7140 等电火花穿孔成形机床
Ⅱ	电火花线切割加工	1. 工具电极为顺电极丝轴线方向移动着的线状电极 2. 工具与工件在两个水平方向同时有相对伺服进给运动	1. 切割各种冲模和具有直纹面的零件 2. 下料、切割和窄缝加工	约占电火花机床总数的 60%,典型机床有 DK7725、DK7740 数控电火花线切割机床
Ⅲ	电火花内孔、外圆和成形磨削	1. 工具与工件有相对的旋转运动 2. 工具与工件间有径向和轴向的进给运动	1. 加工高精度、表面粗糙度值小的小孔,如拉丝模、挤压模、微型轴承内环、钻套等 2. 加工外圆、小模数滚刀等	约占电火花机床总数的 3%,典型机床有 D6310 电火花小孔内圆磨床等

续表

类别	工艺方法	特　点	用　途	备　注
Ⅳ	电火花同步共轭回转加工	1. 成形工具与工件均作旋转运动,但二者角速度相等或成整倍数,相对应接近的放电点可有切向相对运动速度 2. 工具相对工件可作纵、横向进给运动	以同步回转、展成回转、倍角速度回转等不同方式,加工各种复杂型面的零件,如高精度的异形齿轮,精密螺纹环规,高精度、高对称度、表面粗糙度值小的内、外回转体表面等	约占电火花机床总数不足 1%,典型机床有 JN-2、JN-8 内外螺纹加工机床
Ⅴ	电火花高速小孔加工	1. 采用细管(>ϕ0.3mm)电极,管内冲入高压水基工作液 2. 细管电极旋转 3. 穿孔速度较高(60mm/min)	1. 线切割穿丝预孔 2. 深径比很大的小孔,如喷嘴等	约占电火花机床 2%,典型机床有 D703A 电火花高速小孔加工机床
Ⅵ	电火花表面强化、刻字	1. 工具在工件表面上振动 2. 工具相对工件移动	1. 模具刃口,刀、量具刃口表面强化和镀覆 2. 电火花刻字、打印记	约占电火花机床总数的 2%～3%,典型设备有 D9105 电火花强化器等

其中以电火花穿孔成形加工和电火花线切割应用最为广泛。

4. 电火花成形加工机床

电火花成形加工机床主要由主机、脉冲电源、工作液循环系统几部分组成,如图 9-3 所示。

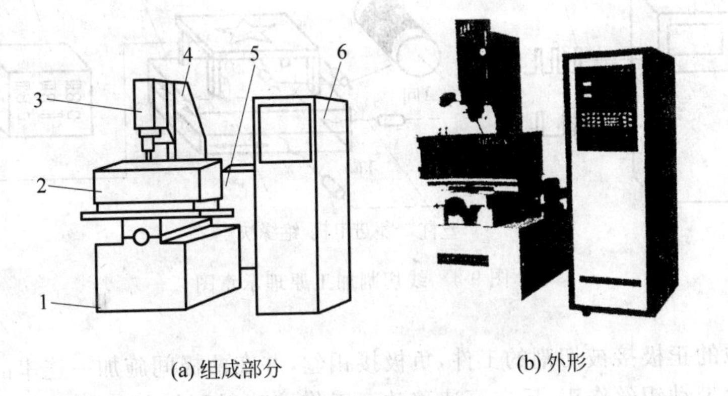

(a) 组成部分　　(b) 外形

图 9-3　电火花成形加工机床

1—床身; 2—工作液槽; 3—主轴头; 4—立柱; 5—工作液箱; 6—电源箱

1) 主机

主机由床身、立柱、主轴头、工作台、工作液槽组成。

(1) 床身和立柱。床身和立柱是机床的主要结构件,要有足够的刚度和精度。

(2) 主轴头。主轴头是机床中最关键的部件,其下部安装工具电极,能自动调整工具电极的进给速度,随着工件蚀除而不断进行补偿进给,使火花放电持续进行。

(3) 工作台。工作台用于支撑和安装工件,并通过纵、横向坐标的调节,找正工件与电极的相对位置。

(4) 工作液槽。工作液槽，用于容纳工作液，使电极和工件的放电部位浸泡在工作液中。

2）脉冲电源

脉冲电源的作用是把工频交流电流转换成一定频率的单向脉冲电流，供给电火花放电间隙所需要的能量来蚀除金属。

3）工作液循环系统

工作液循环系统由工作液泵、工作液箱、过滤器和导管等组成，它的主要作用是使工作液（多采用煤油）循环，排除加工中的电蚀物、降温等。

9.3 电火花线切割加工

1. 电火花线切割加工的原理

电火花线切割加工简称线切割加工，是在电火花成形加工的基础上发展起来的一种新工艺，它不是靠成形的工具电极"复印"在工件上，而是利用移动的细金属丝（钼丝或黄铜丝）作电极，对工件进行脉冲性火花放电，并按数控编程指令切割成形。其加工原理如图 9-4 所示。

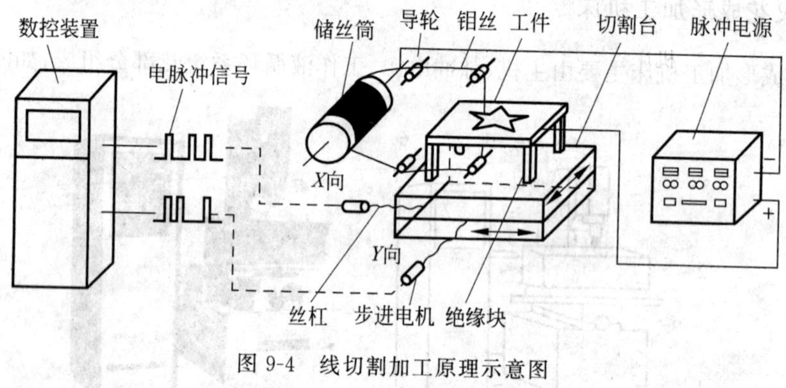

图 9-4 线切割加工原理示意图

脉冲电源的正极接被切割的工件，负极接钼丝，并在两极间施加一连串的脉冲电压。储丝筒通过导轮带动钼丝作正、反向高速移动。工作液喷射到切割部位（图中未画出）。数控装置输出电脉冲信号控制步进电机在工作台的两个坐标方向各自按预定的控制程序，根据火花间隙状态作伺服进给移动，从而把工件切割成所需要的形状。

2. 电火花线切割加工的特点和应用

线切割加工的主要特点是：

(1) 刀具（电极丝）结构简单、材料软，不需制造成形电极；

(2) 切削力小，两极间有一定间隙就可放电加工；

(3) 切屑少、省料；

(4) 热影响区小；

(5) 精度高，尺寸精度可达 0.01～0.02mm，表面粗糙度 Ra 值可达 1.6μm；

(6) 自动化程度高，操作方便；

(7) 不能加工不导电和不通型腔的零件。

由以上线切割加工特点可看出：线切割适合加工各种高硬度、高强度、高韧性、高脆性、高熔点的金属材料及导电的非金属材料，适合加工各种几何形状复杂及精细的零件。具体应用于以下几个方面：

(1) 加工模具：各种形状的冲模、挤压模、粉末冶金模、塑压模等，也可加工带锥度的模具。

(2) 加工零件：各种电火花成形电极、形状复杂的工艺美术品、成形刀具、特殊齿轮等，以及机械切削难加工的小孔、窄缝等微细零件和带锥度、"天圆地方"等上下异形面的零件。

(3) 加工特殊材料：高温合金、钛合金、硬质合金、导电陶瓷等难加工材料。

3. 电火花线切割加工机床

电火花线切割机床按电极丝运动的速度，可分为高速走丝机床和低速走丝机床。电极丝运动的线速度在 7～10m/s 范围内的为高速走丝，低于 0.2m/s 的为低速走丝。常用的 DK7725 机床为高速走丝线切割机床，其型号含义如表 9-2 所示。

表 9-2 型号 DK7725 的含义

D	K	7	7	25
机床类别代号 (电加工机床)	机床特性代号 (数控)	组别代号 (电火花加工机床)	型别代号 (线切割机床)	基本参数代号 (工作台横向宽度 或行程 250mm)

电火花线切割机床由机床本体、脉冲电源、数控装置等部分组成，如图 9-5 所示。

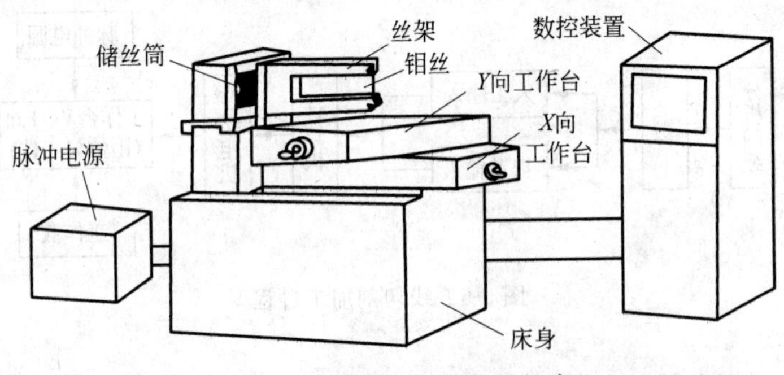

图 9-5 电火花线切割加工机床

(1) 机床本体由床身、工作台、运丝机构(丝筒和丝架)、工作液循环系统等部分组成。

① 床身：用于支撑和连接工作台、运丝机构等部件。

② 工作台：用于安装并带动工件在工作台平面内作 X、Y 两个方向的移动。工作台 X、Y 向分别与滚珠丝杠相连，由两个步进电机驱动。步进电机每接收计算机发出的一个脉冲信号，其输出轴就旋转一步距角，再通过一对变速齿轮带动丝杠转动，从而使工作台在相应的方向上移动 0.001mm。

③ 运丝机构：电动机通过联轴节带动储丝筒交替作正、反向转动，钼丝整齐地排列在

储丝筒上，并通过丝架、导轮作往复高速移动。

④ 工作液循环系统：除用于冷却、润滑、排屑外，还能起绝缘、灭弧、产生高气压等作用。

(2) 脉冲电源为提供加工动力的能源装置，它是把普通的50Hz交流电转换成高频率的单向脉冲电压。

(3) 数控装置按照预编的程序指令控制机床的动作(轨迹控制和加工控制)。

4. 电火花线切割加工工艺

电火花线切割加工工艺包含了加工程序的编制，工件加工前的准备、合理选择电规准等几个方面。

1) 线切割加工程序的编制

(1) 确定正确的装夹位置及切割路线。

(2) 确定加工补偿量。

2) 工件加工前的准备

(1) 加工工件必须是可导电材料，尺寸在机床允许范围内。

(2) 正确装夹工件并找正。

(3) 合理选择穿丝孔位置。

3) 合理选择电规准

根据加工工件的材质不同、厚度不同、精度要求不同等合理选择电规准，尽量达到切割效率高、质量好的目的。

5. 电火花线切割机床的加工过程及操作步骤

1) 加工过程(如图9-6所示)

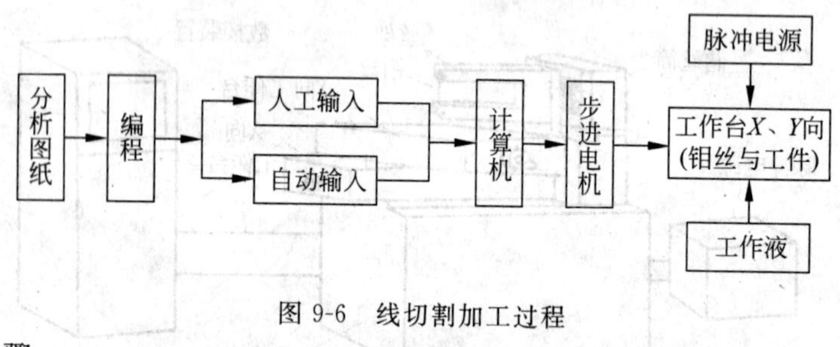

图9-6 线切割加工过程

2) 操作步骤

(1) 打开控制柜上的总电源开关，启动机床的控制系统。

(2) 在计算机绘图界面编程并送到控制界面。

(3) 在工作台上装夹工件并找正。

(4) 根据加工要求合理地设置电规准(脉宽、功放管等)。

(5) 将红色蘑菇头按钮旋开，按下绿色按钮，待丝筒转动后，启动工作液泵，待工作液浇注到切割部位时，单击“加工”或“单段”，即可放电切割。

(6) 加工完毕后，机床可自动停机，此时方可取下工件，清理机床，最后关闭控制框总电源开关。

6. 电火花线切割机床的编程

电火花线切割机床编程的方法可分为手工编程和计算机辅助自动编程，程序格式主要有 ISO 和 3B，下面介绍 3B 格式编程。

1) 手工编程

3B 程序格式如表 9-3 所示。

表 9-3 3B 程序格式

B	X	B	Y	B	J	G	Z
分割符号	*X* 坐标值	分割符号	*Y* 坐标值	分割符号	计数长度	计数方向	加工指令

其中 3 个 B 为分隔数值的分隔符，B 后的数值为零时，可省略不写。编程时，采用相对坐标系，即坐标系原点和坐标值随程序段的不同而变化，均取绝对坐标值，单位为 μm。

(1) *X*、*Y* 坐标值的计算

直线(斜线)：以直线(斜线)起点为坐标系的原点，*X*、*Y* 取直线(斜线)终点的坐标值。规定直线加工 *X*、*Y* 值取零，可不写；斜线 *X*、*Y* 值可缩小相同倍数。

圆弧：以圆弧的圆心为坐标系的原点，*X*、*Y* 取圆弧起点的坐标值。

(2) 计数方向 G 的确定

不管是加工直线还是圆弧，计数方向均按终点的位置确定。

直线(斜线)：终点靠近哪个轴，则计数方向取该轴。如图 9-7 中，加工直线 *OA*，计数方向取 *X* 轴，记作 GX；加工直线 *OB*，计数方向取 *Y* 轴，记作 GY；加工直线 *OC*，计数方向取 *X* 轴、*Y* 轴均可，记作 GX 或 GY。

圆弧：终点靠近哪个轴，则计数方向取相反轴。如图 9-8 中，加工圆弧 *AB*，计数方向取 *X* 轴，记作 GX；加工圆弧 *MN*，计数方向取 *Y* 轴，记作 GY；加工圆弧 *PQ*，计数方向取 *X* 轴、*Y* 轴均可，记作 GX 或 GY。

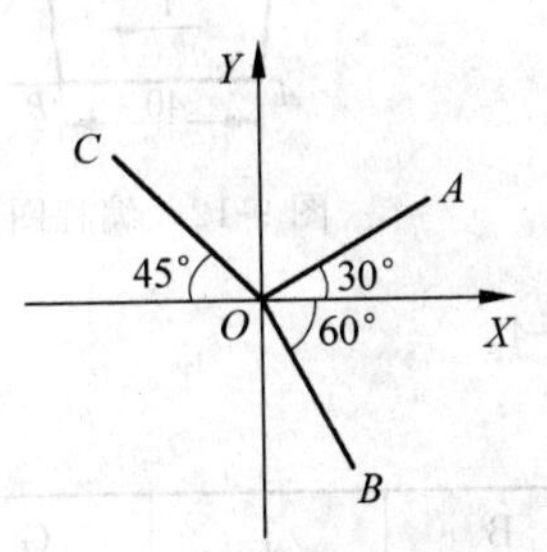

图 9-7 直线计数方向的确定

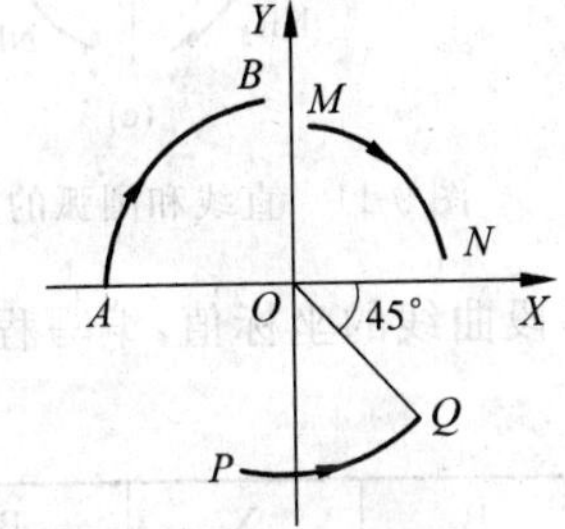

图 9-8 圆弧计数方向的确定

(3) 计数长度 J 的计算

先确定计数方向，计数长度是被加工的直线(斜线)或圆弧从起点到终点在计数方向的坐标轴上投影的绝对值总和。

如图 9-9 中，加工直线 *OA*，计数方向为 *X* 轴，计数长度为 *OB*，其数值等于 *A* 点的 *X* 坐标值。在图 9-10 中，加工半径为 0.5mm 的圆弧 *MN*，计数方向为 *X* 轴，计数长度为 $500\times3=1500\mu$m，即 *MN* 中三段 90°圆弧在 *X* 轴上投影的绝对值总和，而不是 $500\times2=1000\mu$m。

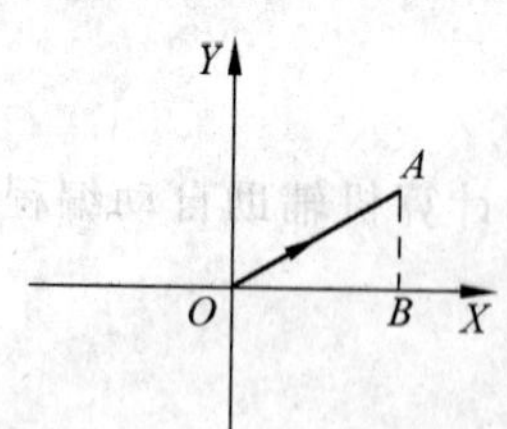

图 9-9　直线计数长度的确定

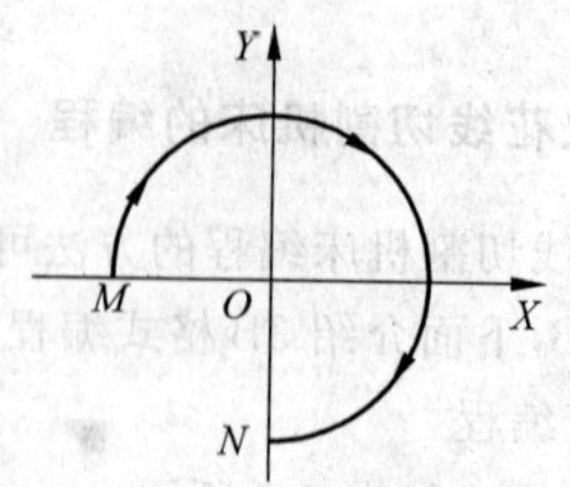

图 9-10　圆弧计数长度的确定

(4) 加工指令 Z 的确定(共 12 种)

直线(斜线)：按走向和终点所在象限而分为 L_1、L_2、L_3、L_4 4 种(以坐标轴为分界)，如图 9-11(a)所示。

圆弧：按起点所在象限及走向而分为顺圆 SR_1、SR_2、SR_3、SR_4 和逆圆 NR_1、NR_2、NR_3、NR_4 8 种，如图 9-11(b)、(c)所示。

(5) 编程实例

下面以图 9-12 所示零件为例，按 3B 格式编写加工程序。

分析图纸、确定加工路线 $A\rightarrow B\rightarrow C\rightarrow D\rightarrow A$(起点终点均为 A，未考虑切入段共 4 个程序段)。

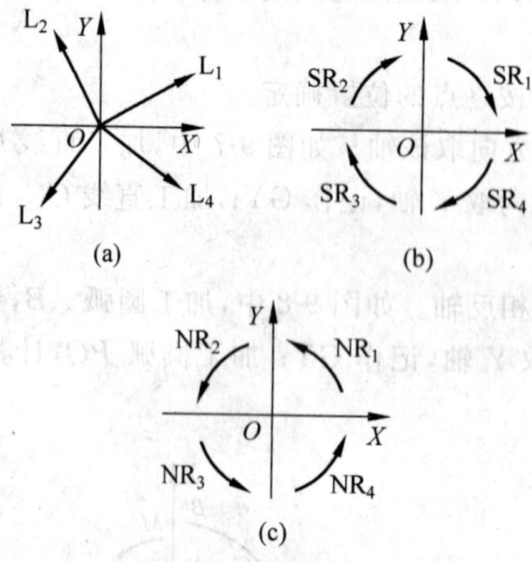

图 9-11　直线和圆弧的加工指令

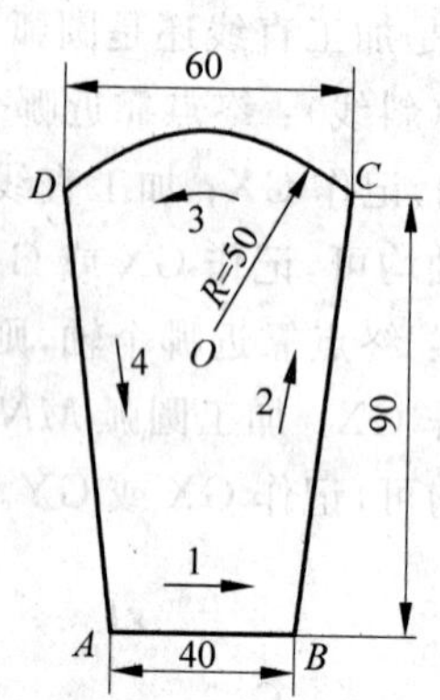

图 9-12　编程图形

计算各段曲线的坐标值，编写程序单，程序见表 9-4。

表 9-4　程序表

程序	B	X	B	Y	B	J	G	Z
1	B		B		B	40 000	GX	L_1
2	B	1	B	9	B	90 000	GY	L_1
3	B	30 000	B	40 000	B	60 000	GX	NR_1
4	B	1	B	9	B	90 000	GY	L_4
5								D

2) 自动编程

电火花线切割自动编程是借助于线切割软件来实现复杂图形的程序编制的，常用软件有 YH、CAXA-V2 等。它是根据零件图纸尺寸绘出零件图，计算机内部软件即可自动转换成 3B

或ISO代码线切割程序，非常方便。下面以CAXA-V2编程软件为例，介绍其使用方法。

(1) 加工工件图形的绘制

① 双击Windows桌面上的WEDM图标或在CAXA-V2软件文件夹内双击WEDM图标，进入CAXA-V2线切割编程软件的主界面中，如图9-13所示。

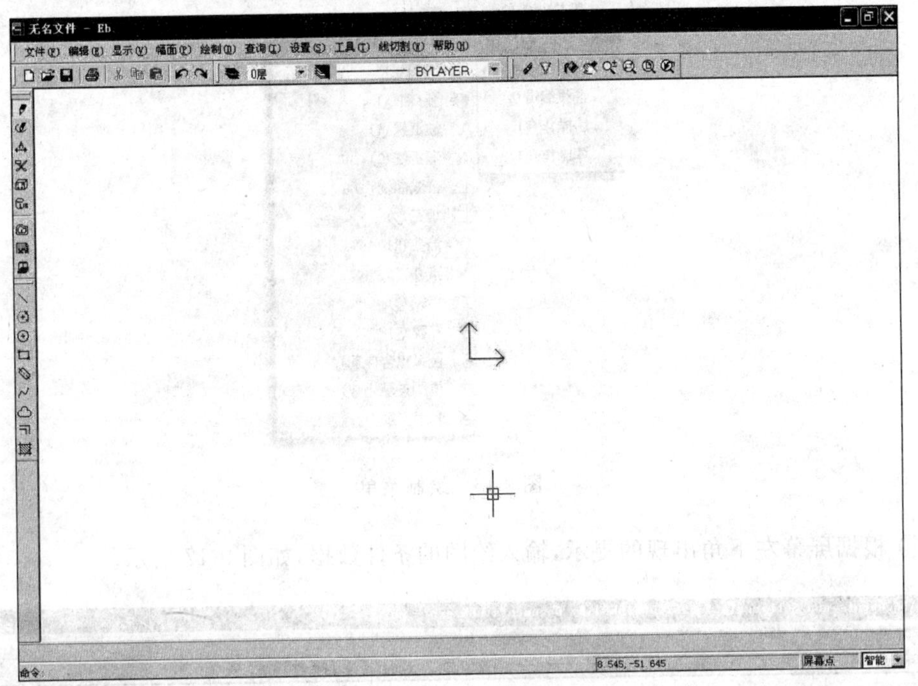

图 9-13　CAXA-V2线切割软件的主界面

② 建立新文件，文件名为LBX。单击菜单条上的"文件"，选择"新文件"，然后选择"存储文件"，如图9-14和图9-15所示。

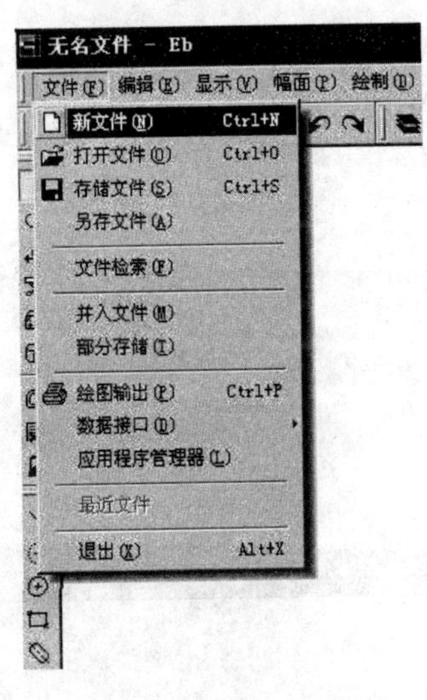

图 9-14　建立新文件

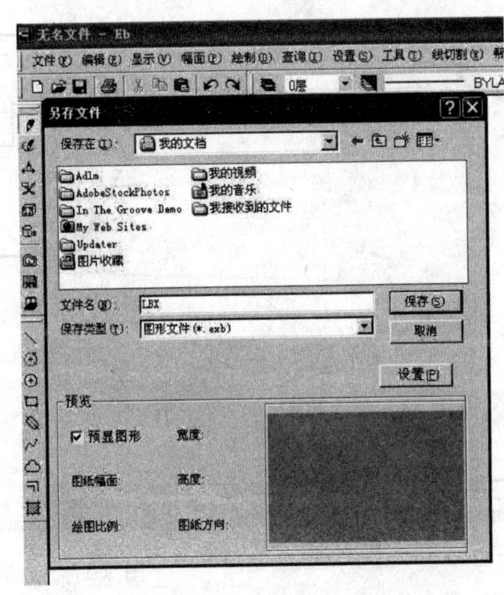

图 9-15　存储文件

③ 单击菜单栏中的“绘制”菜单，选择“高级曲线”中的“正多边形”，如图 9-16 所示。此外，可在“绘制”工具条中选择“正多边形”来画图。

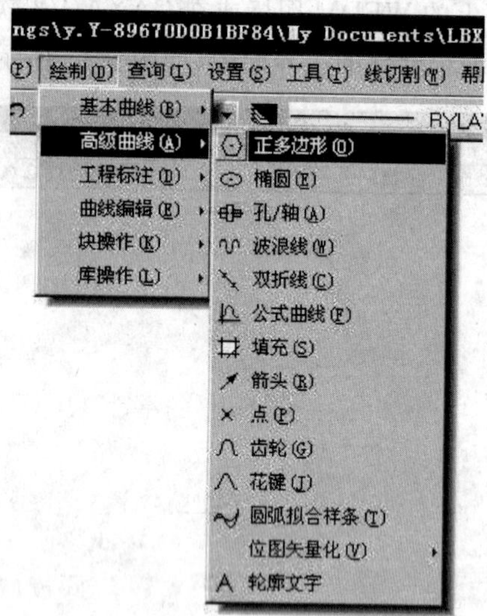

图 9-16 绘制菜单

④ 根据屏幕左下角出现的提示，输入绘图的条件数据，如图 9-17 所示。

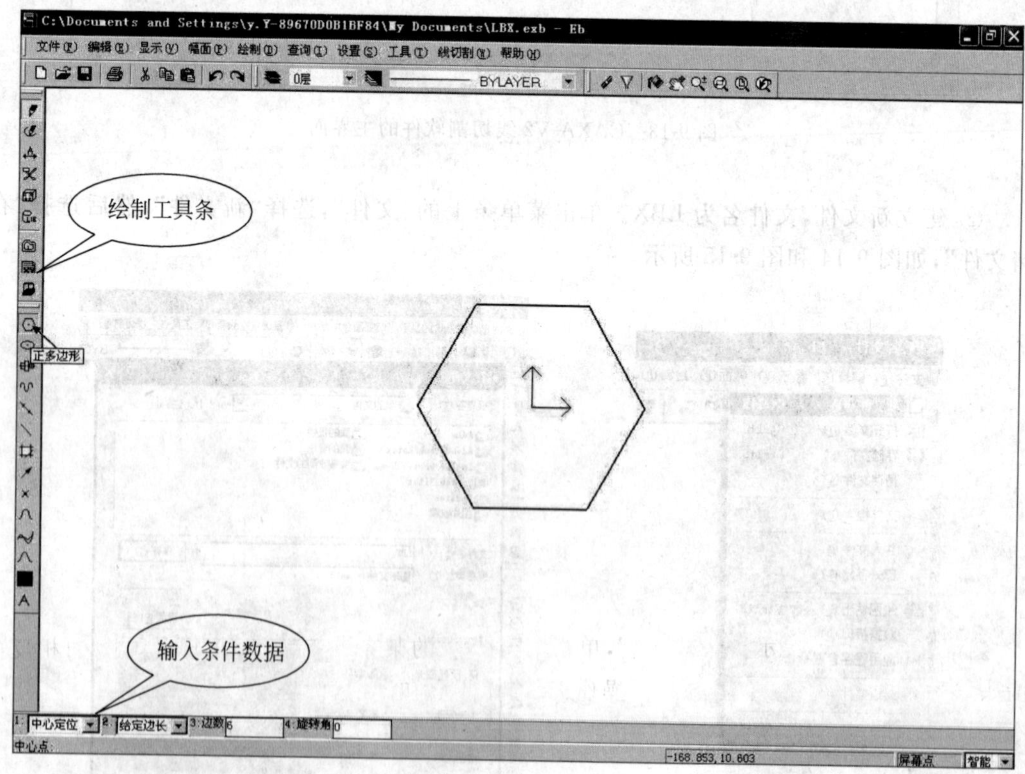

图 9-17 绘制六边形

⑤ 屏幕上生成绘制的六边形，六边形的中心放在(0,0)坐标上。

(2) 加工工件图形的轨迹生成

① 单击“线切割”菜单栏，选择“轨迹生成”，如图 9-18 所示。也可在工具条中选择“轨迹生成”图标。

② 在弹出的线切割轨迹生成参数表中填写相关参数，如图 9-19 所示。

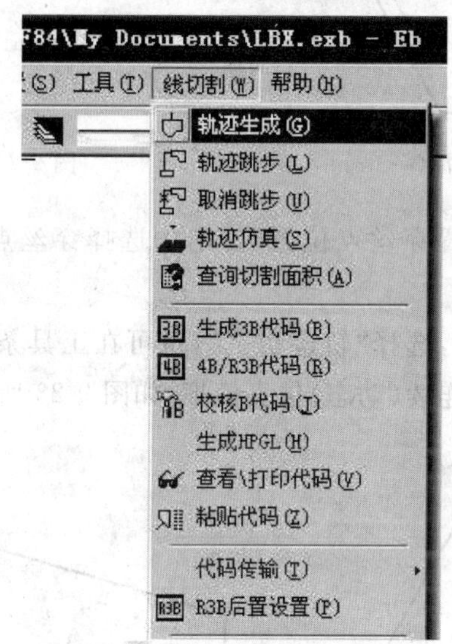

图 9-18 线切割菜单条

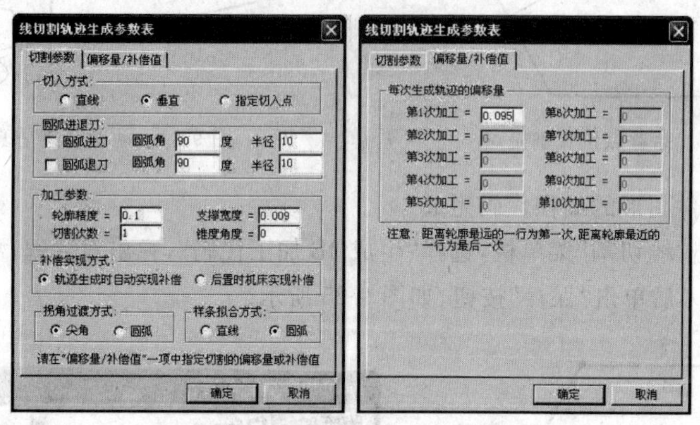

图 9-19 线切割轨迹生成参数表

③ 屏幕左下方提示“拾取轮廓”，单击六边形上的某条边，该边上出现两个方向相反的箭头，表示切割路径选择方向，要求操作者选择采用顺时针加工还是逆时针加工模式。本例选择逆时针加工模式，如图 9-20 所示。

④ 选择逆时针路径后，该图形的边显示红色(若软件背景是黑色，该图形的轨迹将显示绿色)，并出现与该边垂直方向的两个箭头，提示操作者给出是切割内轮廓还是外轮廓。本例给出的是切割内轮廓，如图 9-21 所示。

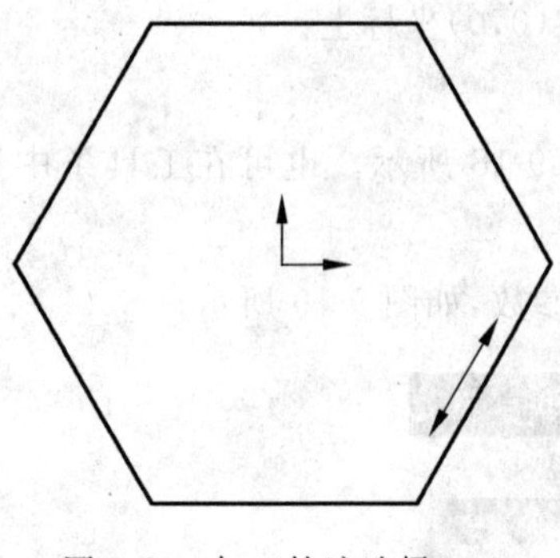

图 9-20 加工轨迹选择(一)

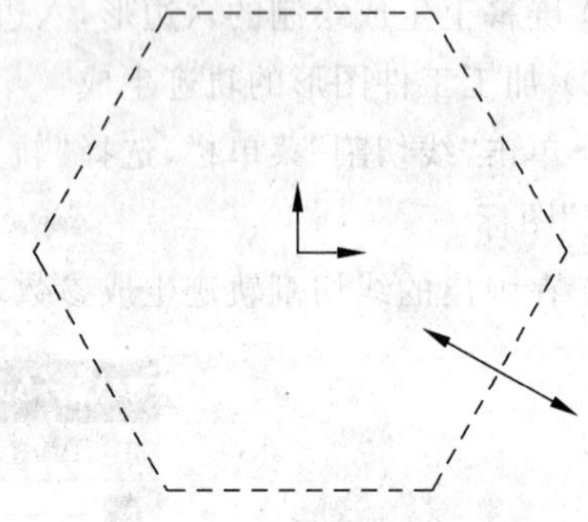

图 9-21 加工轨迹选择(二)

⑤ 屏幕左下方提示“设置穿丝点位置”。本例选择穿丝点和退出点均为坐标原点，如图 9-22 所示。

⑥ 单击“线切割”菜单栏，选择“轨迹仿真”，也可在工具条中选择“轨迹仿真”图标。轨迹仿真有两种方法：一种是连续(动态)仿真模拟，如图 9-23 所示；另一种是静态仿真模拟，如图 9-24 所示。

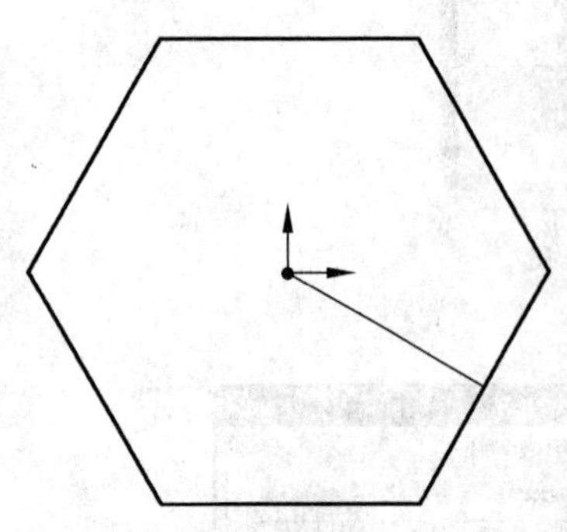

图 9-22 穿丝点位置确定

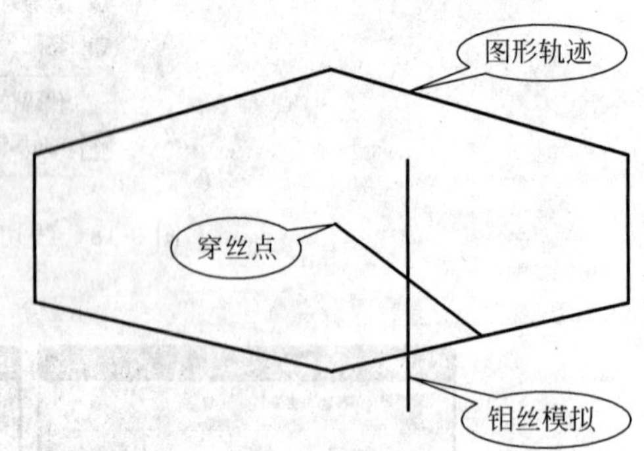

图 9-23 动态轨迹仿真

(3) 加工工件图形的编程代码生成

① 鼠标单击“线切割”菜单栏，选择“生成 3B 加工代码”，弹出对话框，要求输入 3B 代码文件名 LBX，输入后单击“保存”按钮，如图 9-25 所示。

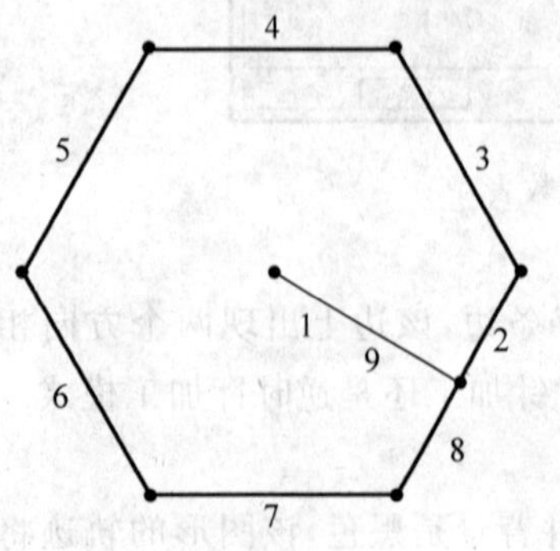

图 9-24 静态轨迹仿真

图 9-25 输入 3B 代码文件名

② 屏幕左下方提示拾取轮廓，鼠标拾取六边形后，该六边形的边呈现红色线条，单击鼠标右键，弹出记事本对话框。对话框内容为加工工件图形所需的3B代码文件，如图9-26所示。

③ 同理，也可选择“G代码生成”，生成加工工件图形的G代码文件。

```
LBX.3b - 记事本
文件(F) 编辑(E) 格式(O) 查看(V) 帮助(H)
****************************************
CAXAWEDM -Version 2.0 , Name : LBX.3B
Conner R=   0.00000     , Offest F=    0.10000 ,Length=        76.428 mm
****************************************
Start Point  =    0.00000 ,    0.00000    ;          X  ,          Y
N   1: B   7413 B   4280 B   7413 GX   L4
        (直线起点:    0.0000 ,   0.0000)  (终点:   7.4130,    -4.2800)
N   2: B   2472 B   4280 B   4280 GY   L1
        (直线起点:    7.4130 ,  -4.2800)  (终点:   9.8850,     0.0000)
N   3: B   4943 B   8560 B   8560 GY   L2
        (直线起点:    9.8850 ,   0.0000)  (终点:   4.9420,     8.5600)
N   4: B   9884 B      0 B   9884 GX   L3
        (直线起点:    4.9420 ,   8.5600)  (终点:  -4.9420,     8.5600)
N   5: B   4943 B   8560 B   8560 GY   L3
        (直线起点:   -4.9420 ,   8.5600)  (终点:  -9.8850,     0.0000)
N   6: B   4943 B   8560 B   8560 GY   L4
        (直线起点:   -9.8850 ,   0.0000)  (终点:  -4.9420,    -8.5600)
N   7: B   9884 B      0 B   9884 GX   L1
        (直线起点:   -4.9420 ,  -8.5600)  (终点:   4.9420,    -8.5600)
N   8: B   2471 B   4280 B   4280 GY   L1
        (直线起点:    4.9420 ,  -8.5600)  (终点:   7.4130,    -4.2800)
N   9: B   7413 B   4280 B   7413 GX   L2
        (直线起点:    7.4130 ,  -4.2800)  (终点:  -0.0000,     0.0000)
N  10: MJ
```

图9-26 3B代码文件

9.4 激光加工

激光加工是利用能量密度很高的激光束使工件材料熔化或气化而进行打孔、切割和焊接等的特种加工，它涉及光、机、电、材料、计算机及检测等多门学科。

1. 加工原理

从激光器输出的具有单色性好、方向性好、亮度高、相干性强等特点的激光束，通过光学系统聚焦成极小的光斑，其焦点处的功率密度高达$10^8 \sim 10^{10}$ W/cm^2，温度高达万度左右，使工件表面的材料都会瞬时熔化或气化并迅速蒸发。激光加工就是利用这种光能的热效应对材料进行加工的。通常用于加工的激光器主要是固体激光器和气体激光器，激光器的作用是将电能转变为光能，产生所需的激光束。图9-27是利用固体激光器加工原理的示意图。

2. 特点和应用

1）激光加工的特点

(1) 激光束能聚焦成极小的光点（达微米数量级），适合于微细加工（如微孔、小孔、窄缝等）。

(2) 功率密度高，可加工坚硬高熔点材料，如钨、钼、钛、淬火钢、硬质合金、耐热合金、宝石、金刚石、玻璃和陶瓷等。

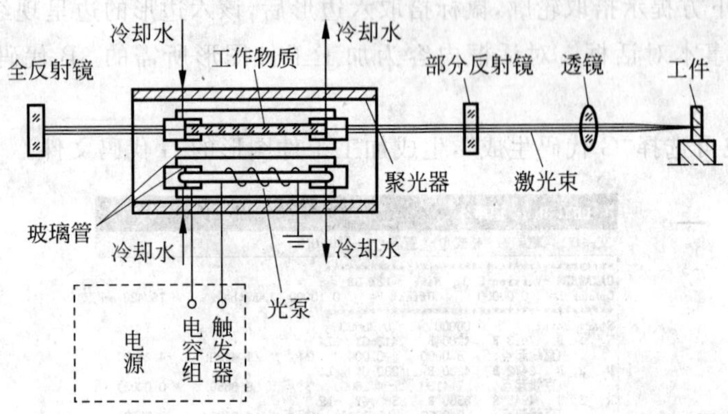

图 9-27 激光加工原理示意图

(3) 加工时不需加工工具，无机械接触作用，不会产生加工变形。

(4) 加工速度极快，对工件材料的热影响小。

2) 激光加工应用

(1) 激光打孔主要是加工小孔，孔径范围一般为 0.01～1mm，最小孔径可达 0.001mm。可用于加工钟表宝石轴承孔、金刚石拉丝模孔、发动机喷嘴小孔和哺乳瓶乳头小孔等。

(2) 激光切割不仅用于多种难加工金属材料的切割或板材的成形切割，而且大量用于非金属材料的切割，如塑料、橡胶、皮革、有机玻璃、石棉、木材、胶合板、玻璃钢、布料、人造纤维和纸板等。切割的优点是速度快，切缝窄(0.1～0.5mm)，切口平整，无噪声。

(3) 激光焊接具有焊接迅速、热影响区小、无熔渣等特点，应用于汽车车身薄板、汽车零件、锂电池、心脏起搏器、密封继电器等密封器件以及各种不允许焊接污染和变形的器件。

(4) 材料表面热处理在汽车工业中应用广泛，如缸套、曲轴、活塞环、换向器、齿轮等零部件的热处理，同时在航空航天、机床行业和其他机械行业也应用广泛。

此外，激光加工还广泛用于划线、打标、微调和快速成形等加工。

复习思考题

1. 简述特种加工的特点。
2. 简述电火花加工的原理和应用。
3. 简述电火花线切割机床的组成及加工过程。
4. 简述电火花线切割加工的特点和应用。
5. 简述激光加工的原理和应用。

6. 试用"3B"格式和 CAXA-V2 线切割软件编制下面零件图的加工程序。

(1)

(2)

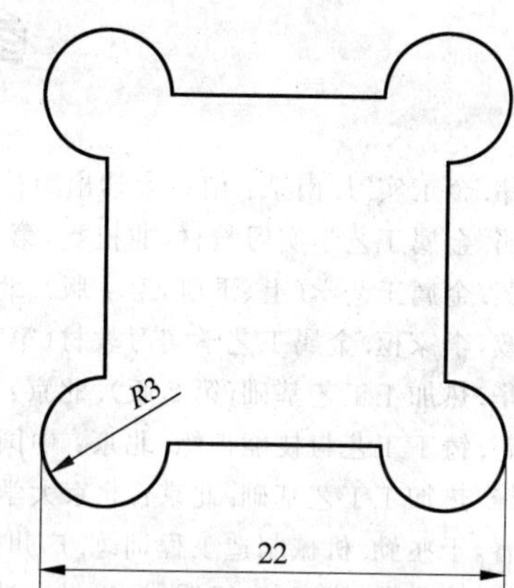

(3)

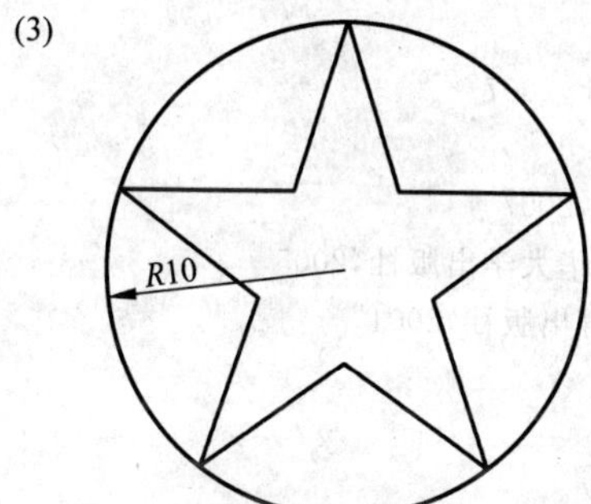

(4)

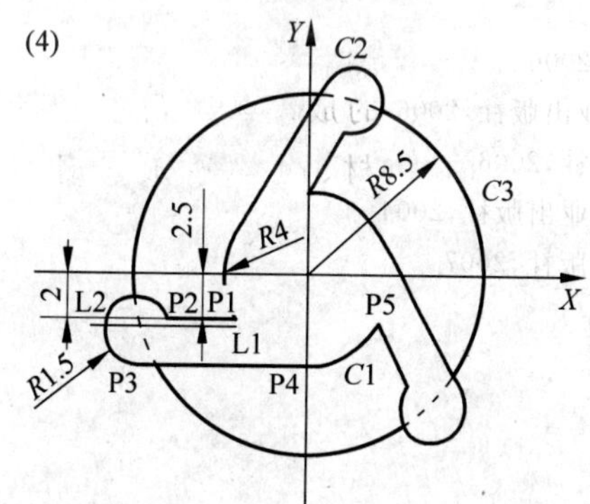

(5)

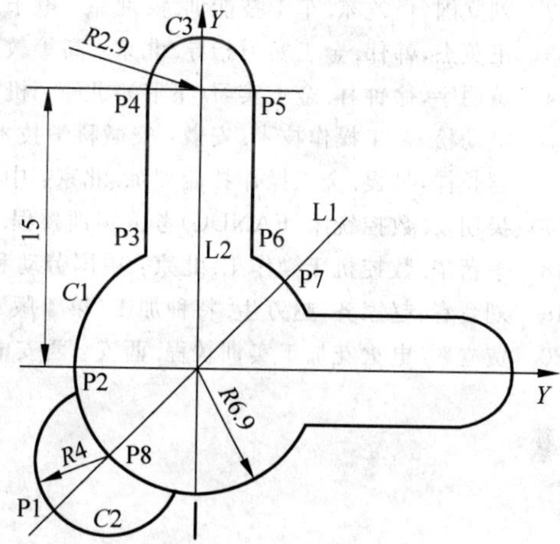

参考文献

1 周伯伟.金工实习.南京：南京大学出版社，2006

2 张远明.金属工艺学实习教材(非机类，第2版).北京：高等教育出版社，2003

3 邓文英.金属工艺学(上、下册，第4版).北京：高等教育出版社，2001

4 张学政，李家枢.金属工艺学实习教材(第3版).北京：高等教育出版社，2003

5 严绍华.热加工工艺基础(第2版).北京：高等教育出版社，2004

6 秦正超.铸工工艺与技能训练.北京：中国劳动和社会保障出版社，2007

7 钱继锋.热加工工艺基础.北京：北京大学出版社，2006

8 张木青，于兆勤.机械制造工程训练.广州：华南理工大学出版社，2007

9 王平嶂，戚晓霞，张玉英，丁明成.机械制造工艺与刀具.北京：清华大学出版社，2005

10 张力真，徐允长.金属工艺学实习教材(第3版).北京：高等教育出版社，2001

11 王增强.普通机械加工技能实训.北京：机械工业出版社，2007

12 刘立国，卢屹东.车工技能训练.北京：电子工业出版社，2008

13 王英杰，韩伟.金工实习指导.北京：高等教育出版社，2005

14 黄明宇，徐钟林.金工实习(下册).北京：机械工业出版社，2006

15 吴幼松.金工操作技术.安徽：安徽科学技术出版社，2008

16 赵长祥，吴畏.金工操作技能训练.北京：中国电力出版社，2006

17 吴明友.数控铣床(FANUC)考工实训教程.北京：化学工业出版社，2006

18 李蓓华.数控机床操作工.北京：中国劳动和社会保障出版社，2006

19 刘晋春，赵家齐，赵万生.特种加工(第4版).北京：机械工业出版社，2004

20 贾立新.电火花加工实训教程.西安：西安电子科技大学出版社，2007